Kulturlandschaft China

Perthes Geographie im Bild

Herausgegeben von Prof. Dr. Detlef Busche
Geographisches Institut der Universität Würzburg

Perthes Geographie im Bild

JOHANNES MÜLLER

KULTURLANDSCHAFT
CHINA

Anthropogene Gestaltung
der Landschaft
durch Landnutzung
und Siedlung

Justus Perthes Verlag Gotha

Die Deutsche Bibliothek – CIP-Einheitsaufnahme

Müller, Johannes:
Kulturlandschaft China : anthropogene Gestaltung der Landschaft
durch Landnutzung und Siedlung / Johannes Müller. – 1. Aufl. –
Gotha : Perthes, 1997
    (Perthes Geographie im Bild)
    ISBN 3-623-00551-7

Schlagwörter: China/Kulturlandschaft/Länderkunde/Landschaftsökologie/Ländliche Architektur

Titelfoto:
Gestaltung der Landschaft durch Landnutzung und Siedlung: Umgestaltung des Reliefs durch Terrassierung, Kanalisierung und Bewässerung für den Reisanbau, Seßhaftigkeit als Folge des ortsgebundenen Ackerbaus; bei Tengchong (Yunnan)

Rückseitenfoto:
Ackerbau und Seßhaftigkeit als Grundkomponenten des Beziehungsgefüges Mensch – Umwelt: Umgestaltung der Landschaft durch Terrassierung und Bewässerung, Nähe der Siedlung zum Arbeitsplatz Feld, Einbindung des Dorfes in die Kulturlandschaft; Jinjiang (Guangxi)

Zum Autor

Dr. Johannes Müller, Jahrgang 1959, studierte Geographie, Geologie und Botanik an den Universitäten Würzburg, Hull/GB und Caen/F und spezialisierte sich auf landschaftsökologische Fragestellungen. Träger des Preises für Nachwuchswissenschaftler der Akademie der Wissenschaften zu Berlin für die Arbeit „Funktionen von Hecken". 1997 Promotion mit der Arbeit „Naturgeographie von Unterfranken". Er arbeitet selbständig als Gutacher und Berater für Landschaftsarchitekten, Behörden und Gebietskörperschaften. Schon bei einem ersten Besuch 1982 erwachte das Interesse für China. Seither bereiste der Autor das faszinierende Land weitere sechs Mal, jeweils beschränkt auf eine bestimmte Region, und verbrachte dabei über ein Jahr vor Ort. Zahlreiche Vorträge und Veröffentlichungen zu den Themen Landschaftsökologie Frankens, Geographie Ostasiens, Eisenbahngeschichte und Fotografie.

Anschrift des Autors: Dr. Johannes Müller, Ziegelaustraße 1d, 97080 Würzburg

ISBN 3-623-00551-7
1. Auflage
© Justus Perthes Verlag Gotha GmbH, Gotha 1997
Alle Rechte vorbehalten.
Lektor: Dr. Eberhard Benser
Konzeption: Johannes Müller
Layout: Peter Spallek und Johannes Müller
Alle Fotos © Johannes Müller
Kalligraphien: Wang Yanxing
Einband: Peter Spallek, Gotha
Gesamtherstellung: Peter Spallek • UniPrint, Gotha
Gedruckt auf Papier aus chlorfrei gebleichtem Zellstoff.

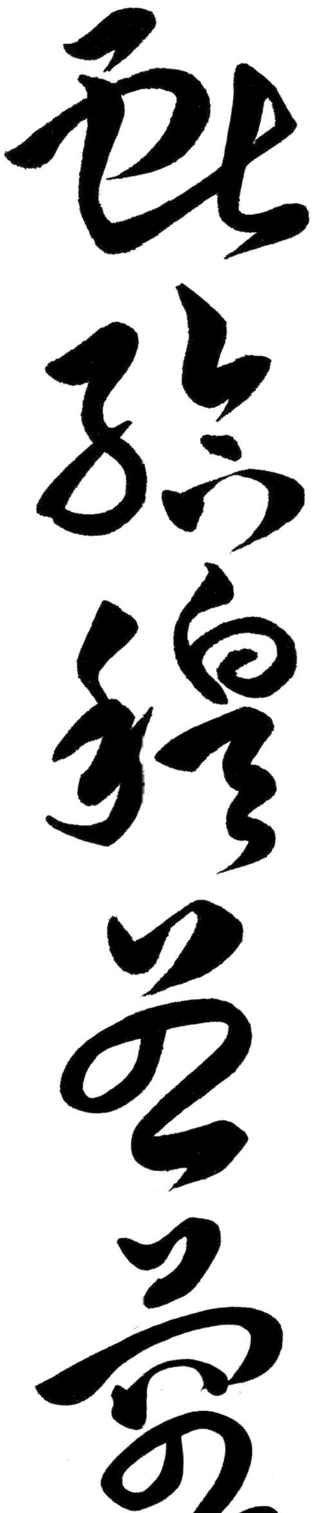

Inhalt

Abbildungsverzeichnis

Tabellenverzeichnis

Vorwort

Ich möchte mich ganz herzlich bei Herrn Prof. Dr. D. BUSCHE bedanken, der mich nicht nur durch Anregungen und Gespräche unterstützt hat, sondern dem ich auch den Kontakt zum Verlag verdanke. Erst dadurch ergab sich überhaupt die Möglichkeit, meine Erfahrungen und Bilder aus China in Form eines Buches umzusetzen, ein Gedanke, der mir schon lange im Kopf herumgespukt war. Als Herausgeber der Reihe „Geographie im Bild" bot er mir die Gelegenheit, einen Band beizusteuern, ließ mir dabei aber großzügigerweise den Freiraum, meine eigenen Ideen einzubringen und zu verwirklichen.

Ebenso herzlich sei meinen Freunden WANG YANXING und SHI HENG gedankt. Als Lehrer in den Chinesischkursen brachten sie mir die Grundkenntnisse ihrer Sprache bei, vermittelten mir in vielen Gesprächen darüber hinaus aber auch vielfältige Einsichten in die chinesische Mentalität und Kultur. Mit der Einbeziehung der Kalligraphie, die von Frau WANG gestaltet wurde, ging für mich ein großer Wunsch in Erfüllung: die Verbindung von Ästhetik und Information. Auch für weitere Hilfe bei der Literaturrecherche möchte ich ihr danken. Ohne die Übersetzung der chinesischen Originalliteratur, die vor allem Herr SHI vornahm, wären viele Datenangaben und Kartenauswertungen nicht möglich gewesen. Mehr als einmal traten beim genaueren Hinterfragen der Anwendung selbst geläufiger Begriffe Unterschiede in Bedeutung und Verständnis zutage, die tiefe Einblicke in die Eigenart und Verschiedenheit der Kulturen ergaben. Er übersetzte außerdem dankenswerterweise das Abschlußkapitel ins Chinesische.

Mein Dank gilt weiterhin allen Bekannten, die das Manuskript gelesen, Mißverständnisse aufgespürt, wertvolle Kritik und Anmerkungen beigesteuert haben, insbesondere meiner Mutter und Frau B. ULLRICH. Dadurch haben sie mich sehr im Bemühen unterstützt, den Text so zu formulieren, daß das Lesen bei aller wissenschaftlichen Korrektheit auch noch etwas Freude bereitet. Herrn Dr. E. BENSER danke ich für das gründliche Lektorat.

Meine Frau hat mich auf allen Reisen begleitet. Seit unserem ersten Besuch in China teilt sie das Interesse an der dortigen Kultur und Landschaft. Die Organisation und die Konzeption der Untersuchungen vor Ort erwuchsen aus gemeinsamen Erfahrungen. Meine Überlegungen und Vorstellungen hat sie längst gekannt und ihre Entstehung mit kritischem Verständnis begleitet, bevor sie nun Gestalt annahmen. Sie trug zusätzliche Beobachtungen und ergänzende Sichtweisen bei und auch die Hälfte der Fotoausrüstung für mich. Ich widme ihr dieses Buch.

Würzburg, im November 1996   JOHANNES MÜLLER

笔画	楷书	隶书	行书	草书	篆书	繁体
四画	丑	丑	丑	丑	醜	醜
	巴	巴	巴	巴	巴	
	予	予	予	予	予	
	水	水	水	水	川	
	书	书	书	书	書	書
五画	刊	刊	刊	刊	刊	
	巧	巧	巧	巧	巧	
	功	功	功	功	功	
	式	式	式	式	式	
	戋	戋	戋	戋	戔	戔

10

Zur Kalligraphie

In der chinesischen Kalligraphie, einer Pinselschreibkunst mit langer Tradition, gibt es insgesamt fünf Schriftstile: die Siegelschrift (zhuanshu), welche die älteste Schrift in der chinesischen Kalligraphiegeschichte ist; die Sklavenschrift (lishu), die von der zhuanshu abgeleitet und vereinfacht ist und in der Han-Dynastie (206 v. Chr.–220 n. Chr.) zur gebräuchlichen Kanzleischrift geworden ist; die Normalschrift (kaishu), deren Herkunft auf die lishu zurückzuführen ist; die fließende Schrift (xingshu) und schließlich die kursorische Schrift (caoshu), die im Deutschen unkorrekt auch „Grasschrift" genannt wird.

Der in diesem Buch verwendete Schreibstil ist caoshu. Die Festlegung der Entstehungszeit des Caoshu-Stils ist kontrovers. Einige datieren ihn auf auf die Qin-Dynastie (221–207 v. Chr.), während andere die Meinung vertreten, daß sie aus der Östlichen Zhou-Dynastie (770–256 v. Chr.) stammt. Unumstritten ist jedoch, daß sich caoshu aus lishu und zhuanshu entwickelt hat, weil man unter bestimmten Umständen, wie in einem Kriegszustand, ein Schriftstück schnell fertigbringen mußte, was mit den schwierig und langsam zu schreibenden anderen Stilen undenkbar war.

Die schnelle Schreibweise hat sich bis zur Han-Dynastie zu einem eigengesetzlichen und ästhetischen Schriftstil der chinesischen Kalligraphie herausgebildet. Ihre Eigenschaften sind unter anderem die vereinfachte Zeichenkonstruktion im Vergleich zu anderen Schriftstilen, die ineinanderfließenden Striche und die schwerer erkennbare Zeichenkonstruktion im Vergleich zu anderen Schriftstilen. Obwohl eine Ästhetik angestrebt ist, die für deutsche Augen spielerisch und leicht aussieht, besitzt caoshu doch ein aus der Tradition erwachsenes Regelwerk für die Abfolge der Striche und den Schreibfluß der Zeichen.

Innerhalb des Textteils stehen die kalligraphischen Zeichen für diejenigen Begriffe, die im Text der betreffenden Seite kursiv gedruckt sind und näher angesprochen werden.

Die Kalligraphien auf den Titelseiten der einzelnen Fallbeispiele sind Übersetzungen der Kapitelüberschriften.

WANG YANXING

Zur Aufnahmetechnik

Alle Aufnahmen wurden mit Mittelformatausrüstung auf Rollfilm aufgenommen. Zur Verfügung standen ein 50-mm-, ein-110-mm- und ein 250-mm-Objektiv. Die Panoramabilder wurden ebenfalls mit dem 110-mm-Objektiv mit einem Bildwinkel von 40° aufgenommen und bestehen aus zwei Teilbildern. Damit wird die Bildqualität einer 6 x 12-Aufnahme erreicht, bei allerdings anderen optischen Eigenschaften des Bildaufbaus. Eine Weitwinkelaufnahme von entsprechendem Bildwinkel (80°), aus der der Panoramastreifen herausgeschnitten würde, führte durch das kleinere Vorlageformat in jedem Fall zu einer schlechteren Bildqualität.

Die Weitwinkelaufnahme hätte zudem eine erhebliche Verzerrung zu den Rändern hin zur Folge, wobei der Vordergrund und vor allem die Seiten im Vergleich zum Bildmittelgrund überbetont erschienen. Dieser spielt bei den vorliegenden Motiven, Landschaftsbildern mit Überblickscharakter, aber gerade die größte Rolle, was optisch unterstützt werden soll. Die Aufnahmetechnik mit Panoramabildern eignet sich nur für einen begrenzten Motivbereich, da man nur in die Horizontale fotografieren kann, weil sonst der Horizont einen Knick aufweisen würde. Dasselbe würde mit allen anderen geraden Linien passieren, etwa in der Architekturfotografie.

Ein unbestreitbarer Vorteil zusammengesetzter Panoramas ist außerdem, daß die beiden Teilbilder nicht wie normal eine, sondern zwei Zentralperspektiven aufweisen. Dadurch wird das Auge des Betrachters nicht auf einen festen Fluchtpunkt gelenkt, sondern ist von vornherein optisch weniger fixiert. Damit wird erreicht, daß das Gesamtbild ruhiger wirkt und den Betrachter einlädt, mit dem Auge darin spazierenzugehen und auf die Vielfalt der Formen und der Farbnuancen zu achten.

Eine Seite aus der Schreibvorlage für gebräuchliche chinesische Zeichen (Shanghai shuhua chubanshe 1984, S. 21). Von links: kaishu, lishu, xingshu, caoshu, zhuanshu, eventuelle Form als Langzeichen

Verschiedene Umweltbedingungen und Ressourcen erfordern unterschiedliche Reaktionen bei der Inwertsetzung durch den Menschen: Nur im Talgrund ist genügend Wasser für Naßfelder und Reisanbau vorhanden; insbesondere Lößvorkommen an den Hängen ermöglichen ertragreichen Trockenfeldanbau nach Terrassierung; die felsigen Steilhänge müssen ungenutzt bleiben; die Dörfer liegen hochwasserfrei genau an der Nutzungsgrenze bei Wenchuan (Gansu). Insgesamt bewirken die permanenten Eingriffe des Menschen eine Umgestaltung der Natur- zur Kulturlandschaft, bei entsprechender Sorgfalt über Jahrtausende stabile Agrar-Ökosysteme.

1

Abbildung 1:
Verwaltungseinheiten Chinas und Lage der Fallbeispiele. Ausschlaggebend ist der Aufnahmeort des Panoramabildes zu Beginn des jeweiligen Fallbeispieles. Diese Karte enthält alle im Text genannten Orte.

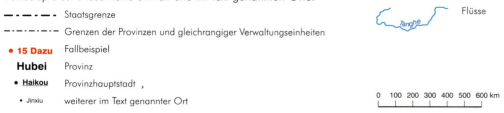

—·—·—·— Staatsgrenze

—·—·—·— Grenzen der Provinzen und gleichrangiger Verwaltungseinheiten

● **15 Dazu** Fallbeispiel

Hubei Provinz

● **Haikou** Provinzhauptstadt

· Jinxiu weiterer im Text genannter Ort

Flüsse

0 100 200 300 400 500 600 km

1. Charakterzüge des Kulturlandschaftsbildes Chinas

Einer der auffälligsten Aspekte der Landschaften Chinas, der wohl jedem Reisenden in diesem weiten Land auffällt, ist der intensive Umgang der Menschen mit ihrer Umwelt, der im Laufe der Jahrtausende zur Herausbildung äußerst interessanter Kulturlandschaftsbilder führte. Die in der Landwirtschaft weit verbreitete Handarbeit, aber auch die besonderen natürlichen Voraussetzungen bedingen ganz andersartige gestalterische Beziehungen zur Landschaft und ihren Gegebenheiten, als man sich das aus der Perspektive der industriell geprägten, mechanisierten Arbeitsweise und Lebensform der Industrieländer vorzustellen vermag.

Kleinste Fleckchen Erde können noch bearbeitet werden, wofür höchst spezialisierte Arbeitstechniken vonnöten sind. Dadurch entstand eine Sichtweise und Bewertung der Landschaft durch die Bauern, die viel unmittelbarer, kleinräumiger und direkter orientiert ist als bei der maschinellen Landnutzung. Im Vergleich fällt die behutsame und differenzierte Anpassung an die unterschiedlichsten Ausgangsbedingungen auf, die von sehr günstigen Naturfaktoren bis hin zu zunächst extrem schwierig erscheinenden Verhältnissen reicht. Aufgebaut auf genaue Beobachtung und Anpassung, hat sich die Inwertsetzung des natürlichen Potentials in Formen niedergeschlagen, die von kleinsten Ausmaßen bis zu landschaftsbeherrschenden Dimensionen reichen.

Das enge Beziehungsgefüge zwischen den Menschen und ihrer Umwelt kommt umgekehrt auch in der Entwicklung der sehr charakteristischen und im landesweiten Vergleich ganz unterschiedlichen ländlichen Architekturformen zum Ausdruck. Baumaterial und Aufbau der Häuser sowie Lage und Organisation der Dörfer spiegeln in vielen Teilen des Landes noch Traditionen und Bilder wider, deren Authentizität trotz aller Wirren des zwanzigsten Jahrhunderts bis jetzt ungebrochen erscheint. Dort werden die Lebensformen der Menschen vielfach noch stark vom eng begrenzten, aber sehr intensiven Beziehungsgefüge zu ihrer Umgebung geprägt, wobei sich der Aktionsraum kaum weiter als bis zur nächsten Kreisstadt erstreckt, sich die Bauweise der Häuser an der lokalen Tradition und dem vor Ort verfügbaren Material orientiert und die Jahreszeiten Lebensrhythmus, Arbeitskalender und Speiseplan bestimmen. Kaum ein Reisender, dem die Charakteristik der chinesischen Kulturlandschaft nicht auffiele und der sich nicht nach den Hintergründen und Ursachen fragte.

Die Gegenüberstellung zweier wegen ihrer Aussagekraft häufig zitierter Zahlenangaben kann die Intensität des Beziehungsgefüges Mensch – Umwelt in China illustrieren. Die hier lebenden 22 % der Weltbevölkerung verfügen nur über 7 % der Ackerfläche der Erde und müssen sich davon ernähren. Auch wenn die Bevölkerungszahl über die Jahrtausende angestiegen ist und man die Ackerfläche ausdehnen konnte, so war doch Ackerland in China stets ein knappes Gut, und das Bemühen der Chinesen um intensive Ausnutzung dieser Ressource führte zu einer nachhaltigen Überprägung der Landschaft durch den Menschen. Stärker und früher als in den meisten anderen Großräumen der Erde mußte man versuchen, erheblichen Einfluß auf die Umweltfaktoren zu nehmen, so daß sich hochentwickelte Systeme herausbildeten, deren Auswirkungen nicht nur die Landnutzung als solche betreffen, sondern auch das Wohnen und Arbeiten der Bauern mit einbeziehen.

Im Bild der Kulturlandschaften Chinas lassen sich einige wesentliche allgemeine Charakterzüge nachvollziehen, die immer wieder Gegenstand dieses Buches sein werden, sowohl bei der Frage nach den dahinter stehenden Zusammenhängen als auch in ihrer jeweiligen regionalen und lokalen Ausprägung:

– *die Enge des Beziehungsgefüges Mensch – Umwelt.* Sie kommt in vielfacher Form sichtbar zum Ausdruck: in der exakten Reliefanpassung der Ackerterrassen ebenso wie in der intensiven Nutzung und der gartenbaumäßigen Hege der Nutzpflanzen. Hier bestehen direkte Bezüge zur äußerst geringen Mechanisierung und zur Intensität des Einsatzes menschlicher Arbeitskraft. Indirekt zeigt sich das Beziehungsgefüge aber auch in der Siedlungsgestaltung, die sich verbreitet an landschaftlichen Bezügen orientiert, wofür die chinesische Kultur einen eigenständigen Verhaltenskodex entwickelte.

– *die Intensität der Landnutzung.* Dörfer im Abstand von manchmal nur wenigen hundert Metern machen deutlich, wie viele Menschen hier seit alters auf engstem Raum leben. In diesen Gebieten ist jeder Quadratmeter intensiv bestellt, und es werden teilweise noch die einzelnen Pflänzchen individuell umsorgt. An die differenzierten natürlichen Ausgangsbedingungen angepaßte Bewässerungssysteme, über Jahrhunderte weiterentwickelte Fruchtfolgen und ein ausgeklügelter Düngereinsatz zeigen die Nutzungsintensität, die die Grundlage der enormen Bevölkerungsdichte darstellen. Die trotz der vielfach gar nicht so günstigen Naturbedingungen erreichte hohe Produktivität pro Flächeneinheit wird als eine der wesentlichen Leistungen der bäuerlichen chinesischen Kultur angesehen.

– *der Gegensatz intensiv und extensiv genutzter Gebiete.* Die chinesische Kulturlandschaft ist von abrupten Unterschieden in der Nutzungsintensität gekennzeichnet. Im regionalen Maßstab kontrastieren intensiv bebaute Kulturlandschaften mit kaum besiedelten Berggebieten, meist ohne die Existenz von Übergangszonen. Im lokalen Maßstab liegen im gesamten Hügelland Südchinas intensiv bewässerte und höchst produktive Flächen direkt neben lediglich extensiv genutztem Gebüschland.

– *die stark reduzierten Feldgrößen.* Auch im Vergleich zum vorindustriellen Europa fällt die Kleinheit der Felder in China auf, die mit der Eigenart der chinesischen Landnutzung erklärt werden muß. In der Reduzierung der Feldgrößen spiegelt sich eine Individualisierung der Landbewirtschaftung wider, eng zusammenhängend mit den angewandten Nutzungsmethoden wie gezielter Düngung, exakter Bewässerung und sorgfältiger Terrassierung. Weder der frühere Großgrundbesitz noch die zwischenzeitliche Kollektivierung konnten an der weitgehend kleinbetrieblichen Struktur etwas ändern, die der individuellen Feldbestellung auf betrieblicher Ebene entspricht.

– *die weitestgehende Dominanz von Ackerbau im Inneren China.* Ackerland hat bei gegebenen Klimabedingungen generell eine höhere Produktivität als Weideflächen. Die Konzentration auf den intensiven Ackerbau ließ andere Landnutzungsformen in den Hintergrund treten und führte schließlich zum Verschwinden der Großviehhaltung. Weiden fehlen deshalb in den hanchinesisch besiedelten Landesteilen, obwohl im Süden vielfach entsprechende Flächen zur Verfügung stünden, die aber nur Gebüsch und Wald tragen. Der Gegensatz zu den Minderheiten im Norden und Westen des Landes, die teils nomadische, oft aber auch seßhafte Viehzucht betreiben, zeigt die zentrale Rolle der Landnutzung für die Besiedlungsgeschichte und für die Differenzierung der verschiedenen Kulturen.

– *die Einheitlichkeit und Geschlossenheit der Dörfer*. In China sind Einzelgehöfte oder Streusiedlungen die absolute Ausnahme, geschlossene, meist sehr enge Dörfer die Regel. Oft sind die Gassen so schmal, daß sie kaum von Lasttieren begehbar sind, geschweige denn Fuhrwerken Platz böten. Im Vergleich zur Vielgestaltigkeit europäischer Dorfbilder mit repräsentativen Gehöften, kleinen Tagelöhnerhäusern, Wohngebäuden, Scheunen und Ställen fällt die Einheitlichkeit im Aufbau der meisten chinesischen Dörfer auf. Die Häuser sind durchweg verhältnismäßig klein und stets nach Süden ausgerichtet, ein sakraler Mittelpunkt (Kirche, Moschee, Tempel) oder ein zentraler Dorfplatz fehlt.

– *die Einheitlichkeit der Architekturformen*. Konstruktion und Baumaterial der ländlichen Häuser entsprechen sich oft in größeren Bereichen so stark, daß ein Haus dem anderen zum Verwechseln gleicht. Die Dominanz bestimmter Architekturformen trägt stark zur eigenständigen Charakteristik der einzelnen Räume bei und bildet ein prägendes Element der chinesischen Kulturlandschaft, wobei dem Baumaterial und seinen konstruktiven Folgen eine besonders wichtige Rolle als differenzierendes Merkmal in der ländlichen Architektur Chinas zukommt.

– *der bevorstehende Wandel dieser Charakterzüge*. In mancher Beziehung erscheint aufgrund der aufgeführten Eigenheiten die chinesische Kulturlandschaft mit der Situation der vorindustriellen Kulturlandschaft Europas vergleichbar, auch wenn man keineswegs von einem Stillstand sprechen darf, sondern vielmehr von einer eigenständigen Entwicklung mit einer eigenen Dynamik ausgehen muß. Dennoch steht dieses jahrtausendealte Kulturlandschaftsbild am Ende des zwanzigsten Jahrhunderts vor tiefgreifenden Wandlungen. Sie betreffen den massiven Einbruch „modern"-westlicher Lebensformen, die zunehmenden sozialen Gegensätze zwischen ländlichen Jungunternehmern und glückloseren Bauern. Die Disparitäten hinsichtlich Prosperität, Einkommen und Entwicklungsstand zwischen Gunst- und Ungunstgebieten verstärken sich mehr und mehr, und sie beginnen, sich in der ländlichen Architektur wie auch in der Landnutzung deutlich zu zeigen.

Auch wenn hinter den angeführten Charakteristika ganz unterschiedliche Motive und Faktoren stehen, so liegt doch allen die Tätigkeit des Menschen zugrunde, mit der er auf die gegebene (Natur-) Landschaft einwirkt, sie verändert und umprägt. Genauso, wie sich verschiedene Kulturen voneinander unterscheiden, haben die dazugehörigen Landschaften ihr eigenes Gepräge, denn keine Kultur kann losgelöst von ihrer landschaftlichen Einbettung und deren Parametern gesehen werden. Aus dem vielschichtigen Beziehungsgefüge zwischen Mensch und Umwelt ergibt sich in seiner Gesamtheit ein gestaltender Einfluß, als dessen Ergebnis die Eigenständigkeit der Kulturlandschaften steht.

Intensiv bestellte Reisfelder, Gärten, Bambusanbau in der Ebene, extensiv genutztes Buschland am Hang: Dieser Gegensatz intensiv und extensiv genutzter Gebiete ist einer der Charakterzüge des Kulturlandschaftsbildes in China. Dakong bei Ganzhou (Jiangxi)

2. Der gestaltende Einfluß des Menschen auf die Landschaft

Sobald der Mensch seßhaft wurde, begann er in allen Kulturen Nutzpflanzen anzubauen und sich Behausungen zu konstruieren, beides zu Beginn noch mit sehr primitiven Mitteln. Diese als *neolithische Revolution* bezeichnete Umstellung, die in China zu einem im Weltmaßstab sehr frühen Zeitpunkt vonstatten ging, markiert einen der wichtigsten Schritte in der Entwicklung der Kultur, denn die Auseinandersetzung des Menschen mit seiner Umwelt erreichte damit eine neue Qualität. Nachdem der Mensch bis dato dem Nahrungsangebot und den Unbilden der Witterung im saisonalen Wechsel mehr oder weniger passiv ausgeliefert war, vermochte er nun, Strategien zu entwickeln, um seine Umwelt aktiv zu verändern und sie seinen Bedürfnissen anzupassen. Dabei ist von einem gewissen „Gleichgewicht der Kräfte" zwischen Mensch und Umwelt auszugehen, zumindest aus heutiger Sicht. Erst seit wenigen Jahrhunderten hat sich an dieser Situation wieder Grundlegendes verändert, denn seit der *industriellen Revolution* hat sich der Mensch mit seinen Maschinen Möglichkeiten eröffnet, die Umwelt in großem Stil und vor allem einseitig zu verändern. Das Ergebnis dieser Umwälzung ist derzeit noch nicht abzusehen und wird davon abhängen, ob es der Menschheit gelingt, Kontrollmechanismen zu entwickeln, welche die irreversible Zerstörung der Umwelt, die heute vielfach bereits sichtbar wird, verhindern können.

Man könnte angesichts dieser Entwicklung die neolithische Revolution als den Beginn der Naturzerstörung durch den Menschen ansehen, doch diese Sichtweise griffe zu kurz. Zwar ist hier der fundamentale Eingriff in die natürliche Vegetation zu erwähnen, die in den meisten heute dicht besiedelten Gebieten der Erde fast flächendeckend aus Wald bestand, der weitgehend beseitigt oder in seinem Artenbestand und Aufbau degradiert ist. Doch obwohl der Mensch die natürliche Vegetation im Laufe der letzten Jahrtausende größtenteils durch Gräser (Getreide, Weiden) ersetzt hat, führte diese Veränderung als solche nicht zum Zusammenbruch der betreffenden Ökosysteme, die nach wie vor mit ihren Erträgen die Lebensgrundlage der Bewohner liefern.

Sicherlich hat es immer, und wahrscheinlich auch gleich zu Beginn des Neolithikums, Umweltschäden gegeben, doch der entscheidende Punkt ist, ob der Mensch daraus lernen konnte, Gegenmaßnahmen zu ergreifen, sich bestimmten Naturfaktoren anzupassen und andere in seinem Sinn zu verändern, ohne das gesamte System zu zerstören. Aus der Notwendigkeit, diesbezügliches Wissen zu sammeln, die entsprechenden Erkenntnisse auszutauschen und die erforderlichen Maßnahmen zu koordinieren, erwuchsen so bedeutende kulturelle Leistungen wie die Entwicklung der Schrift, Ansätze zur Kodifizierung der Umweltphänomene oder die Herausbildung komplexer Gesellschaftsordnungen. Das Beziehungsgefüge zwischen Mensch und Umwelt ist als wesentliche Grundlage für die Herausbildung der Kultur eines Volkes seit langem unbestritten. Speziell in China ist es sehr eng und reicht bis in den künstlerischen Bereich hinein. Malerei und Gartenbaukunst nahmen die Landschaft seit Jahrhunderten zum Vorbild und verfeinern sie, im Gegensatz zu Europa, wo man die Landschaft eher als Wirtschaftsgut oder gar Bedrohung auffaßte und sie in der Kunst erst sehr viel später zur Kenntnis nahm.

Letzten Endes erfolgen Eingriffe in die Umwelt nicht willkürlich, sondern das Ziel besteht darin, die gegebenen Mittel so zu organisieren, daß sie einen Ertrag abwerfen. Materiell ausgedrückt, spricht man daher von *Inwertsetzung* der Landschaft. Sind die Eingriffe dauerhaft erfolgreich, zerstören sie also die natürlichen Grundlagen nicht, sondern modifizieren sie lediglich, dann kann man die Eingriffe berechtigterweise als *Gestaltung* der Umwelt ansehen, ganz gleich, wie man sie auch bewerten mag.

Dieser Sachverhalt läßt sich bereits an dem fundamentalen Eingriff in die Vegetation erkennen, der ja die Voraussetzung für den Übergang vom Jäger und Sammler zum seßhaften Ackerbauern überhaupt darstellt. Die Beseitigung der natürlichen Vegetation, auch in den Ackerbaugebieten von China überwiegend Wald, und ihr Ersatz durch Nutzpflanzen hat in den meisten Fällen die Tragfähigkeit der lokalen Ökosysteme nicht überschritten. Erst eine übermäßige Nutzung führt zu dauerhaften Schäden, wie Grundwasserabsenkung oder Bodenverlust, bis hin zur irreversiblen Schädigung, wie z. B. Badland-Bildung. Im überregionalen Maßstab betrachtet, führt erst die völlige Beseitigung des Waldes auch zwischen den Agrargebieten zu unumkehrbaren Verlusten. In diesen Fällen kann nicht mehr von Gestaltung, sondern nur noch von Zerstörung gesprochen werden. Über Jahrtausende bildeten die Beziehungen Mensch – Umwelt ein Gefüge, das heißt ein gegenseitiges Geben und Nehmen. Die so (um-) gestaltete *Kulturlandschaft* zeigt Bezüge zu beiden Einflußbereichen.

Erst in jüngster Zeit beginnen sich in größerem Maße die Gewichte innerhalb dieses Beziehungsgefüges zuungunsten der Umwelt zu verschieben. Neben Untersuchungen über den aktuellen ökonomischen Wandel Chinas treten inzwischen Berichte über Umweltprobleme nicht nur in den Städten, sondern auch auf dem Land sowie über die zunehmende Abwanderung der ländlichen Bevölkerung. In etlichen Gebieten ist die Tragfähigkeit der landwirtschaftlichen Flächen überschritten, und ökologische Probleme sind die Folge. Dazu gehören Bodenerosion, Versalzung von Bewässerungsflächen, Winderosion und Wüstenausbreitung oder sinkende Hektarerträge aufgrund mangelnder Regenerationskraft der Böden. Andernorts hat man die Nutzfläche auf Grenzertragsgebiete ausgedehnt, die man bis vor kurzem sich selbst überließ, weil man sich über ihre ökologische Anfälligkeit und geringe Ertragskraft im klaren war. Selbst in lediglich von Nomaden besiedelten Landschaften treten durch Überweidung inzwischen deutliche Schäden an der Pflanzendecke bis hin zu offener Erosion auf. Diese Probleme lassen sich zum größten Teil auf die Bevölkerungsexplosion der 50er und 60er Jahre zurückführen und können wohl tatsächlich nur durch die Abwanderung eines Teils der Landbevölkerung vermindert werden.

Gerade vor dem Hintergrund der aktuellen Entwicklung erscheint es mir aber wichtig, die Nutzung des Landes nicht auf die Perspektive der Umweltprobleme zu reduzieren. Die Landnutzung kann eben auch in Gestalt stabiler Systeme erfolgen, die eine langfristige Inwertsetzung ohne Übernutzung und Zerstörung der Grundlagen erlauben. Hierfür gibt es in China eine Vielzahl von Beispielen, die einen langen Entwicklungsprozeß zeigen. Aus dieser Perspektive erscheint die Umgestaltung der Natur- zur Kulturlandschaft als bewahrenswertes kulturelles Erbe, auf welchem andere kulturelle Leistungen aufbauten. Eine nachhaltig in Kultur genommene Landschaft hat eine eigenständige Ästhetik, die auf der Langfristigkeit der Umgestaltung durch den Menschen beruht.

Zielsetzung dieses Buches ist es, von diesem Ausgangspunkt ausgehend, den gestaltenden Einfluß des Menschen auf die Landschaft zu beschreiben und in Fotografien darzustellen, wofür sich China, die Kultur mit der längsten ungebrochenen Entwicklung an Ort und Stelle auf der Erde, anbietet. Es geht folglich weder um die Landwirtschaft als solche noch darum, was angebaut wird oder wie hoch die Ernten sind, was Gegenstand agrarwirtschaftlicher Untersuchungen ist. Angestrebt wird auch nicht eine Kausalanalyse aller möglichen natürlichen Bedingungen dafür. Vielmehr steht die Frage nach den *landschaftlichen Veränderungen* im Mittelpunkt, die der Mensch, gewollt oder ungewollt, verursacht hat, um sich eine dauerhafte Existenzgrundlage zu schaffen. Je nach natürlichen Gegebenheiten zielen seine Eingriffe auf bestimmte Faktoren des Ökosystems ab, es werden Modifikationen vorgenommen, oder sie ergeben sich als Folge über die Zeit hinweg.

Eine Beschränkung auf die reine Landwirtschaft würde dem Thema Kulturlandschaft allerdings nicht gerecht werden, denn Seßhaftigkeit und Wohnen gehören untrennbar zur Kultur einer Ackerbaulandschaft. Dennoch wurde die ländliche Architektur Chinas eher stiefmütterlich behandelt, während es über die Palast- und Tempelarchitektur und deren historische Entwicklung eine umfangreiche Literatur gibt. Obwohl selbstverständlich Beziehungen zwischen beiden bestehen, hat die ländliche Architektur ganz eigenständige Formen entwickelt, deren Charakteristik sich über Jahrhunderte herausgebildet hat. Angesichts solch spezifischer Architekturformen stellt sich die Frage, inwiefern sie aus dem Beziehungsgefüge Mensch – Umwelt abzuleiten sind, z.B. aus dem lokal verfügbaren Baumaterial oder den Besonderheiten der Landnutzung.

Gerade diese regionaltypischen Formen sind durch die Modernisierung der chinesischen Gesellschaft in starkem Maße gefährdet, und es dürfte in der Tat in wenigen Jahrzehnten kaum noch möglich sein, geschlossene Dorfbilder ohne Backstein- oder Betonbauten zu sehen. Dasselbe gilt für die Existenz von Landnutzungssystemen ohne jegliche Zugeständnisse an Maschineneinsatz und Mechanisierung, die man noch heute sehen kann. Teilweise stellen sie Anpassungen an extrem schwierige Gelände- oder Klimaverhältnisse dar, in welchen ein Ersatz menschlicher Arbeitskraft durch maschinelle Methoden überhaupt nicht in Frage kommt. Auch wenn man hierbei natürlich von anderen Ausgangsbedingungen ausgehen muß, so lassen sich doch in mancherlei Hinsicht Schlüsse auf den Zustand der europäischen Kulturlandschaft in vorindustrieller Zeit ziehen. In diesem Sinne ist dieses Buch auch eine Dokumentation schwindender Kulturlandschaftsbilder.

Die Mehrzahl der Studien über China konzentriert sich auf die Küstengebiete, in welchen die größten Entwicklungspotentiale stecken und wo der rascheste Wandel stattfindet, auch in der Kulturlandschaft. Viele Gebiete im Landesinneren waren lange Zeit kaum erreichbar und sind es für den motorisierten Verkehr zum Teil noch nicht einmal jetzt. Dennoch ist es heute möglich, selbst entlegene Winkel zu erreichen, wenngleich man sich der Tatsache bewußt sein sollte, daß parallel zur erleichterten Erreichbarkeit im selben Maße genau wegen ebendieser verbesserten Kommunikationsmöglichkeiten der Zerfall der alten Strukturen stattfindet oder unmittelbar bevorsteht. Ich lege aus diesen Gründen den Schwerpunkt der bildlichen Darstellungen in die bislang weniger von Veränderung erfaßten Bereiche des Binnenlandes, wo die Intensität und Unmittelbarkeit der Beziehungen zwischen Mensch und Umwelt noch am deutlichsten wahrzunehmen ist.

3. Die Kulturlandschaft

Den beiden Wörtern, aus denen sich der Begriff Kulturlandschaft zusammensetzt, werden im allgemeinen Sprachgebrauch aber auch in den verschiedenen Wissenschaften die unterschiedlichsten Inhalte zugewiesen. Die Spannweite, innerhalb derer „Landschaft" verwendet wird, reicht von der unberührten Naturlandschaft ohne jeglichen anthropogenen Einfluß bis hin zur Stadtlandschaft, die nur noch vom Menschen geprägt ist. In einer Anwendung wie der „urban landscape" der angelsächsischen Soziologie beinhaltet der Begriff lediglich soviel wie Ausprägung oder Form, gibt aber keinen Hinweis mehr auf eine Basis der Landschaft im Naturraum.

Das Hinzufügen von „Kultur" bringt zwar eine nähere Bestimmung, doch ist der Begriff als solcher immer noch sehr weit gefächert. Üblicherweise wird unter Kultur die Gesamtheit aller Lebensäußerungen des Menschen verstanden. Bezogen auf die Landschaft, können darunter sämtliche vom Menschen direkt oder indirekt hervorgerufenen Einflüsse und Veränderungen subsumiert werden, bis hin zum Bergbau, zur Bildung von Städten oder zur Konstruktion von Verkehrslinien. Daraus erhebt sich die Frage, auf welche Elemente der Landschaft der kulturelle Aspekt in diesem Buch bezogen wird.

Da diese Schlüsselbegriffe den zentralen Themenkomplex des Buches bilden und immer wieder auf sie zurückgegriffen werden muß, ist es sinnvoll, sie zumindest ansatzweise einzugrenzen und zu erläutern, in welchem Sinn sie hier gebraucht werden. Parallel dazu werden einige inhaltliche Zusammenhänge der Kulturlandschaft erwähnt, die allen späteren Ausführungen zugrunde liegen und auf die immer wieder Bezug genommen wird.

Landschaft und Ökosystem

Im geographischen Sinn hat *Landschaft* eine enger gefaßte Bedeutung. Unter Berufung auf ALEXANDER VON HUMBOLDT definierte SCHMITHÜSEN (1968, S. 23) Landschaft als „Totalcharakter einer Erdgegend", einen realen Ausschnitt der Erdoberfläche in seiner charakteristischen Erscheinungsform. Diese Sichtweise impliziert, daß bestimmte Landschaften eine eigenständige Charakteristik haben, aufgrund derer sie zu beschreiben und von anderen abzugrenzen sind. Daraus ergibt sich zwangsläufig ein Betrachtungsmaßstab in einer gewissen Überblicksebene. Weiterhin beinhaltet sie einen Ansatz, der auf die Gesamtheit bzw. Ganzheit einer Gegend abstellt und nicht Geologie, Vegetation, Gewässer, Böden oder Klima für sich herausgreift. Vielmehr geht es um das Ergebnis ihres Zusammenwirkens, eben die Landschaft.

Auch wenn man bei einer Landschaft vielleicht an einen statischen Zustand denken mag, so folgt bereits aus diesem Ansatz ihr Systemcharakter. Das Wesen einer Landschaft besteht nicht allein aus den genannten Einzelkomponenten, sondern ergibt sich erst aus der Art und Weise, wie diese Teilbereiche miteinander verknüpft sind und wie sie funktional miteinander in Verbindung stehen. Interessant an einer Landschaft ist nicht primär ihr Bild, sondern vor allem das hinter diesem Zustand stehende *Wirkungsgefüge* aus Beziehungen, Reaktionen und Abhängigkeiten. In diesem Sinn läßt sich jede Landschaft als ein *Ökosystem* ansehen. Jedes (Landschafts-)

Ökosystem ist ein Produkt aus dem Zusammenwirken seiner Geo- oder Ökofaktoren, d. h. aus allen Bestandteilen, deren Eigenschaften oder Einflüsse die Landschaft prägen: unbelebte (Gesteine, Gewässersystem) wie belebte (Vegetation, Tierwelt). Sie sind durch eine Vielzahl biologischer, chemischer und physikalischer Prozesse miteinander verbunden, durch die Stoffe, Energie und auch Informationen umgesetzt werden: Verwitterung und Abtragung, Erosion und Oberflächenabfluß, Temperatur und Verdunstung, Pflanzenwachstum und Bodenbildung. Im Vordergrund der Betrachtung steht bei der Landschaft der räumliche Ausdruck des Ökosystems, also gewissermaßen das Ergebnis, welches das System in Gestalt der Landschaft hervorbringt. Die Landschaft ist das Medium des Ökosystems.

Jedes Ökosystem hat neben der räumlichen auch eine zeitliche Komponente. Es ist fähig, sich an Veränderungen einzelner Bestandteile bis zu einem gewissen Grad dynamisch anzupassen. Landschaften sind keine statischen Gebilde, sondern verändern sich auch unter natürlichen Umständen, wenn genügend Zeit zur Verfügung steht und der Wandel Schritt für Schritt vor sich geht. Das läßt sich am Beispiel des Waldes zeigen, der bei der Wiedererwärmung nach dem Einschnitt der Kaltzeiten sein Terrain so lange wieder ausdehnte, bis es den größten Teil des heutigen Ackerlandes in China umfaßte. Der Impuls, welcher von der Veränderung eines bestimmten Teilbereichs des Ökosystems, wie hier von dem des Klimas, ausgeht, führt zu einer Anpassung der anderen Teile, bis wieder ein Gleichgewicht hergestellt ist und sich das Ökosystem in einem stabilen Zustand befindet. Ein wesentliches Merkmal eines stabilen Ökosystems, dessen Bestandteile im Gleichgewicht stehen, ist die Fähigkeit zur Selbstkontrolle. So würde sich der Wald nach einem Brand, einer Überflutung oder einer anderweitigen Zerstörung überall dort rasch wieder ansiedeln, wo er unter natürlichen Umständen die vorherrschende Vegetation bildet.

Agrar-Ökosystem und Kulturlandschaft

Der Mensch greift heute in den meisten Teilen der Erde direkt oder zumindest indirekt in die Ökosysteme der verschiedenen Landschaften ein und verändert sie. Im Falle der Landnutzung geschieht das ganz unmittelbar mit der Vegetation, da ja Nutzpflanzen angebaut werden sollen. Indirekt verändern sich allerdings weitere Bereiche wie die Böden oder der Wasserhaushalt. Die Folgen, die jeder einzelne *anthropogene Eingriff* nach sich zieht, werden oft erst über längere Zeiträume sichtbar, wenn sich die Eingriffe durch Häufigkeit oder Dauer summieren. Der Begriff anthropogen umfaßt dabei nicht allein das vom Menschen mit seinen Händen selbst Geleistete, sondern auch die zahlreichen indirekten Einwirkungen, wie die Verstärkung der natürlichen Bodenerosion, die Beweidung mit Nutztieren oder die Veränderung der lokalen Verdunstungsrate bei veränderter Pflanzendecke. Allein diese Beispiele zeigen das hohe Maß, in dem der Mensch Landschaften verändern kann.

Kurzfristige Eingriffe bewirken kaum gravierende Veränderungen des Landschafts-Ökosystems. Da es sich in einem dynamischen Gleichgewicht befindet, ist ein Ökosystem in der Lage, kurzfristige Eingriffe auszugleichen und wieder in den urspünglichen, stabilen Zustand zurückzukehren. Nutzungsformen, die sich mit Eingriffen dieser Art begnügten und kaum dauerhafte Veränderungen bewirkten, waren früher häufiger. Primitive Nutzungsformen wie der Brandrodungsfeldbau führen bei geringer Bevölkerungsdichte über lange Zeiträume nicht zum Verschwinden des Waldes. Wenn die einzelnen Eingriffe kurzzeitig erfolgen und die Rodungen nur zwei oder drei Jahre dauern, wenn sie weit genug auseinander liegen und der Wald genügend Zeit hat, sich wieder zu etablieren, dann ist auch dieses Nutzungssystem stabil. Doch seine Erträge sind insgesamt sehr gering und ernähren nur eine sehr spärliche Bevölkerung, denn die durch Verbrennung aus der Biomasse gewonnenen Nährstoffe sind schnell erschöpft.

Parallel zum Bevölkerungswachstum und dem Streben nach Seßhaftigkeit war der Mensch gezwungen, das Ökosystem der Landschaft in seiner Umgebung in gewisser Weise seinen eigenen Anforderungen nach dauerhaft hohem Nahrungsmittelertrag anzupassen. Er organisiert und bündelt daher seine auf agrarische Nutzung ausgerichteten Eingriffe und prägt das ursprüngliche Ökosystem nach seinen Anforderungen um. Damit tritt zu den eingangs erwähnten Ökofaktoren ein weiterer, der *Ökofaktor Mensch*. Aufgrund jahrhundertelanger Erfahrungswerte bildeten sich Erkenntnisse heraus, wie häufig und wie intensiv die Eingriffe stattfinden müssen, um bestimmte Prozesse im gewünschten Umfang zu verändern: Das reicht vom allmonatlichen Unkrautjäten, um das Aufwachsen von Konkurrenten für die Nutzpflanzen zu verhindern, bis hin zur einmaligen, aber aufwendigen Umgestaltung des Reliefs, wenn mittels Terrassierung die Hangneigung verringert wird. Die Einflüsse sind so stark und derart prägend, daß man nicht mehr einfach vom Ökosystem, sondern vom *Agrar-Ökosystem* sprechen muß. In einem Agrar-Ökosystem sind die Prozesse als quasinatürlich zu bezeichnen, das heißt, sie laufen nach wie vor nach den natürlichen Gesetzen ab, aber mit dem Menschen als auslösendem oder zusätzlich beeinflussendem Faktor.

Ein wesentlicher Unterschied zum natürlichen Ökosystem besteht darin, daß das Agrar-Ökosystem nicht mehr zur Selbstkontrolle befähigt ist, sondern zum Teil durch den Menschen kontrolliert wird. Er unterbindet das Aufwachsen von Wald auf seinen Feldern, er erhöht durch Bewässerung das Wasserdargebot auf bestimmten Flächen, er verändert den Nährstoffkreislauf durch Nahrungsentnahme und Düngung und verhindert durch all diese kontrollierenden Eingriffe die Rückkehr des Agrar-Ökosystems zu Verhältnissen, wie sie ohne ihn existieren würden. Daraus ergibt sich eine Sichtweise, die auf die Kontrolle bestimmter Ökofaktoren durch den Menschen bezogen ist. Neben dem Grad der Eingriffe spielt hier die Persistenz eine grundlegende Rolle. Erst aus der Dauerhaftigkeit der Kontrolle bestimmter Ökofaktoren folgt letzten Endes eine Umprägung der Landschaft zur *Kulturlandschaft*, ein Begriff, der auf RITTER (1852, S. 156) zurückgeht.

Es ist in diesem Zusammenhang interessant, dem Ursprung des im allgemeinen Sprachgebrauch so weit gefaßten und zumeist stark auf gesellschaftliche Errungenschaften bezogenen Begriffs „Kultur" nachzuspüren. Die sprachliche Wurzel von Kultur liegt in der Tat bei der Veränderung der Landschaft im Sinne menschlicher Belange. Verfolgt man seine Herkunft, so stößt man auf den etymologischen Ursprung im lateinischen „colere", das zunächst nichts weiter bedeutet als bearbeiten, urbar machen. Demselben Wortfeld läßt sich „kultivieren", verfeinern, sorgsam pflegen, zuordnen, daneben der „Kult" in seiner Grundbedeutung „Hingabe". Zunächst bedeutet Kultur also nichts weiter als Ackerbau oder hingebungsvolle Pflege. Der kulturelle Aspekt der Landschaft beschränkt sich nicht auf den unmittelbar sichtbaren Anbau, sondern umfaßt auch die dahinter stehenden immateriellen Grundlagen wie die damit

verbundenen Lebensformen oder religiösen Vorstellungen. Es geht weder um einseitige Abhängigkeiten des Menschen und seines Schaffens von den Naturbedingungen noch um die einseitige Veränderung der Landschaft durch den Menschen. Vielmehr bezieht sich der Begriff Kulturlandschaft auf das *Wirkungsgefüge Mensch – Umwelt* mit seinen gegenseitigen Beeinflussungen und Abhängigkeiten.

Erst in diesem umfassenden Sinn ist ja auch von einer Kultur zu sprechen, die neben den Bedingungen und Problemen auch Überlegungen und Lösungen beinhaltet. Dabei sind keineswegs überall direkte kausale Zusammenhänge herzuleiten, sondern auch Einflußparameter hinzunehmen, die allenfalls indirekt abzuleiten sind, wie es vielfach beim Durchschimmern historischer Sachverhalte in der Kulturlandschaft der Fall ist. Rückwirkungen auf die Kultur einer Gesellschaft ergeben sich, indem die Wertvorstellungen der Bewohner geprägt werden. Das bezieht sich beispielsweise auf Fragen der Umweltbewertung, wenn, ganz einfach ausgedrückt, der Wert von Wasser in einem Steppenvolk anders eingeschätzt wird als bei den von Taifunen heimgesuchten Bewohnern der Tropen. Durch das kulturlandschaftliche Umfeld werden ebenso Anschauungen und Gefühle, wie etwa der Begriff Heimat, geprägt und mit von Gebiet zu Gebiet unterschiedlichen Inhalten gefüllt. Die Kulturlandschaft ist damit das Aktionsfeld der Mensch-Umwelt-Beziehungen.

Elemente der Kulturlandschaft

Ausgehend von diesen Überlegungen, die die Auseinandersetzung des Menschen mit seiner Umwelt in den Mittelpunkt stellen, ergibt sich die Frage, in welchen Elementen der kulturelle Aspekt einer Landschaft zum Ausdruck kommt, wo sich die Gestaltungskraft des Beziehungsgefüges Mensch – Umwelt räumlich zeigt. HASSINGER (1937, S. 244, zitiert in WIRTH 1979, S. 94) beantwortete sie folgendermaßen: „Eine ‚Kulturlandschaft' enthält aber doch neben den aufdringlichen Erscheinungen der materiellen Kultur auch den Niederschlag der geistigen Verfassung ihrer Bewohner und empfängt ihr Wesen ebensosehr aus den künstlerischen Ausdrucksformen ihrer Bauten wie aus den in ihr herrschenden Sprachen, Nationalitäten, Religionen und staatlichen Gemeinschaften." Moderner und nüchterner ausgedrückt, läßt sich die Kulturlandschaft definieren als „höchste Integrationsstufe der anthropogenen Geofaktoren. Die Kulturlandschaft entsteht durch die dauerhafte Beeinflussung, insbesondere auch die wirtschaftliche und siedlungsmäßige Nutzung der ursprünglichen Naturlandschaft durch menschliche Gruppen und Gesellschaften... Ihre regional differenzierte Ausprägung ist nicht durch die Natur determiniert, wohl aber von ihr beeinflußt, und zwar um so stärker, je geringer die technologische Entwicklung der die Kulturlandschaft gestaltenden Gruppen ist..." (LESER et al. 1993, S. 191). Drei Teilbereiche lassen sich als Elemente der Kulturlandschaft herausgreifen, welchen im folgenden Text und ganz besonders im Bildteil die zentrale Aufmerksamkeit gewidmet sein soll:

1. die *Umgestaltung der Landschaft* selbst. Davon sind nicht nur die Vegetation und ihr Ersatz durch landwirtschaftliche Anbaufrüchte oder Weideflächen betroffen. Darüber hinaus geht es allgemein um die tiefgreifende Veränderung der natürlichen Gegebenheiten, von der Modifikation der Wasserbilanz über die Anpassung ans Relief durch Terrassierung bis hin zum Versuch, die Folgen der menschlichen Eingriffe, namentlich die Erosion, zu kontrollieren. Aus dem Geflecht dieser Aktionen und Reaktionen haben sich über lange Zeiträume hinweg nicht nur spezifische Landnutzungssysteme,

sondern ganze Landschaftsbilder entwickelt, die die Handschrift des Menschen deutlich widerspiegeln. Auch wenn man betonen muß, daß alle Eingriffe letztlich nur dem Zweck der Nutzung und Ertragssteigerung dienen, so handelt es sich dennoch insgesamt um eine Gestaltung der Landschaft, wenn die Grenzen nachhaltiger Nutzung und die Regenerationsfähigkeit des Agrar-Ökosystems nicht überschritten werden.

2. die *ländliche Architektur*. Die dauerhafte Umgestaltung der Landschaft setzt Seßhaftigkeit voraus, weshalb der Aspekt der Besiedlung nicht von dem der Nutzung zu trennen ist. Hier bestehen vielfältige Bezüge zur Landschaft, angefangen von der Einbindung und Orientierung der Ortschaften über die verwendeten Baumaterialien und die dafür notwendigen Konstruktionsarten der Gebäude bis hin zu den betrieblichen Notwendigkeiten der Landnutzung mit ihren Arbeitsabläufen, deren Auswirkungen ebenfalls in den ländlichen Architekturformen wiedergefunden werden können. Diese direkten und indirekten Bezüge zur Landschaft führen zu einer deutlichen regionalen Differenzierung, worin sich die ländliche grundlegend von der städtischen Architektur unterscheidet. Die ländliche Architektur – die Struktur und der Aufbau der Dörfer sowie die Bauweise der Häuser – bildet damit einen wichtigen identitätsstiftenden Faktor der Kulturlandschaft.

3. die *Lebensweise* der bäuerlichen Bevölkerung. Aus der Landschaft heraus ergeben sich derart prägende Bezüge zur bäuerlichen Lebensweise, daß dieser eher soziologische Aspekt als kulturelles Element immer wieder deutlich erkennbar wird und auch fotografisch auszudrücken ist. Im Gegensatz zur Landschafts- und Siedlungsgestaltung durch den Menschen sind im Falle der Lebensweise mehr die Rückwirkungen der Landschaft auf die bäuerliche Bevölkerung gemeint. Mit diesem ideellen Element soll nochmals auf den wechselseitigen Charakter des Beziehungsgefüges Mensch – Umwelt hingewiesen werden, der auch Wertvorstellungen, Heimatbewußtsein und Umwelteinschätzungen einschließt. Insbesondere in Gebieten, wo Mechanisierung und Industrialisierung erst wenig wirksam sind, fällt jedem Besucher die Intensität und Unmittelbarkeit der Beziehungen zwischen den Menschen und ihrer Umwelt auf. Erwähnt seien hier und in den Fallbeispielen die Art und Weise der Feldbestellung, die sich mit den agrarökologischen Anforderungen (Trockenfeldbau, Naßfeldanbau, Zusatzbewässerung) wandelt, der Jahresgang der Feldarbeiten und die verwendeten Gerätschaften, die in der Regel spezialisierte Produkte des dörflichen Handwerks darstellen.

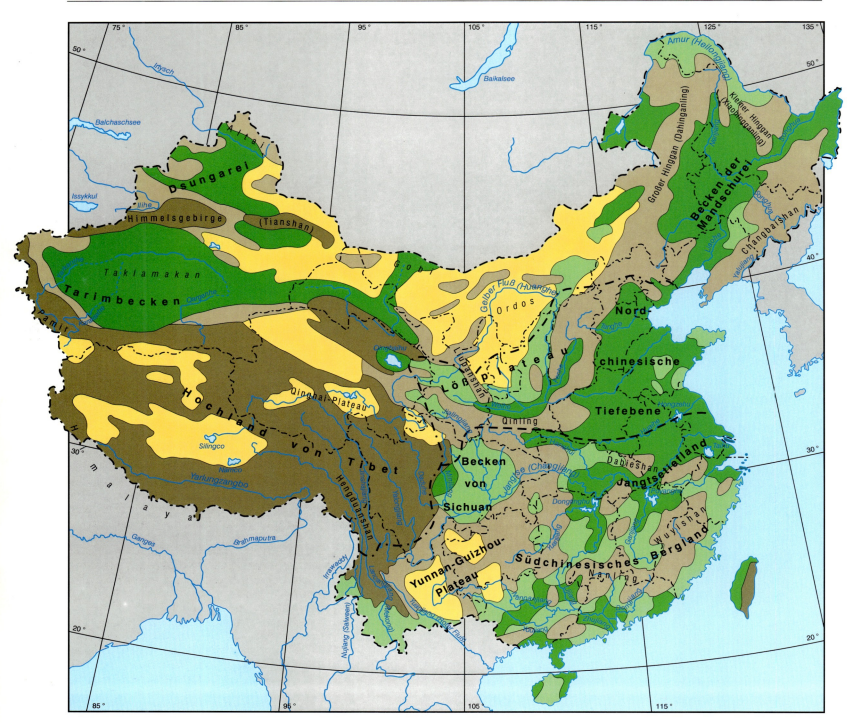

Abbildung 2:
Großlandschaften Chinas. Reliefformen in Anlehnung an CHENG u. LU in BÖHN (1987, S. 60), verändert. Entwurf: JOHANNES MÜLLER

	Hochgebirge
	Hochplateaus
	Mittelgebirge
	Hügelland
	Tiefebenen und Binnenbecken

Dsungarei wichtigste Landschaftsbezeichnungen

~~Tanghe~~ Flüsse

—·—·—·—· Grenze Äußeres/Inneres China

— — — — Grenze Trocken-/Naßfeldanbau

0 100 200 300 400 500 600 km

4. Großräumige Landnutzungszonen Chinas

China hat mit 9,6 Mio. km² nahezu die Größe Europas bis zum Ural (10,5 Mio. km²). Wenn man sich diese Ausdehnung vor Augen hält, kann es nicht überraschen, daß das Spektrum der Landschaften von sommerfeuchten, randtropischen Gebieten bis hin zu Vollwüsten reicht, vom Küstentiefland bis zu Hochplateaus und von Ebenen über Hügelländer bis zu schroffen Gebirgen. Entsprechend unterschiedlich stellen sich die Möglichkeiten des Menschen für eine Nutzung der Landschaft als Basis für die Herausbildung der verschiedenen Kulturlandschaften dar. Dabei treten oft, je nach Blickwinkel des Betrachters, die lokalen Einflußfaktoren derart stark in den Vordergrund, daß man von der Individualität der jeweiligen Kulturlandschaft beeindruckt ist.

Neben die kleinräumig wirksamen, individuellen Einflußfaktoren treten die im ganzen Land gültigen Faktoren. Um den Zusammenhang zwischen dem einzelnen Landschaftsausschnitt und den übergeordneten Faktoren herzustellen, ist es daher wichtig, sich zunächst einen Überblick über die großräumige Gliederung der Landnutzung zu verschaffen. Da sich dieses Buch auf den Aspekt der anthropogenen Landschaftsgestaltung konzentriert und nicht die Landwirtschaft als Teil des nationalen Wirtschaftskreislaufs herausarbeiten will, kann dieser Überblick nicht ins Detail gehen. Es geht vielmehr darum, in groben Zügen ein Schema der Landnutzung vorzustellen, in welches die später genauer behandelten Fallbeispiele eingeordnet werden können. Eine Darstellung von Kulturlandschaften muß sich stärker auf den intensiver anthropogen überformten Ackerbaubereich konzentrieren, wo sich die Anbauzonen weiter differenzieren, mit den entsprechenden Folgen für das Beziehungsgefüge Mensch – Umwelt.

Während eine Karte der Landnutzung Europas einen kleinräumigen Flickenteppich zeigt, auf dem sich Viehwirtschaft und Ackerbau abwechseln und vielfach auch parallel existieren, lassen sich die Grundzüge dieses Schemas in China viel einfacher darstellen, denn man kann zwei Grenzen ziehen, an denen sich das Bild der Kulturlandschaft fundamental ändert. Diese Grenzen sind darüber hinaus für die Besiedlung, für die ethnische Differenzierung, für die historische Entwicklung, ja für die heutige Raumwahrnehmung und selbst für die Politik Chinas von eminenter Bedeutung. Die beiden wichtigsten Kulturlandschaftsgrenzen gliedern das gesamte Land in drei klar abgrenzbare und im Charakter völlig verschiedene Großräume, die sich primär aus dem Klima heraus ableiten lassen:

- Die Randgebiete im Norden und Westen, das Äußere China, wo Viehwirtschaft vorherrscht und allenfalls als minderwertig betrachtete Getreidearten, *zaliang*, angebaut werden.
- Diesem Gebiet steht im Osten und Süden der traditionelle Kernraum, das Innere China, gegenüber, dessen Norden von *Trockenfeldbau* mit Weizen als Hauptfrucht eingenommen wird.
- Davon läßt sich das südliche Zentralchina klar abgrenzen, denn der als Anbaufrucht vorherrschende Reis stellt so weitreichende Anforderungen an die Kontrolle des Wasserstands, daß *Naßfeldanbau* nötig ist. Ein Merkmal dieser Zone ist der Mehrfachanbau, die Möglichkeit, mehrere Ernten pro Jahr zu erzielen.

Zaliang – „grobes Getreide" und das Äußere China

Wie ein roter Faden ziehen sich durch die Geschichte Chinas zwei Phänomene, deren Wurzeln in der landschaftlichen Ausstattung und der Möglichkeit, Ackerbau zu treiben, liegen. Zum einen war die chinesische Gesellschaft von Anbeginn ihrer kulturellen Entwicklung eine Ackerbaugesellschaft, was sich auf die Sozialstruktur mit ihrer engen Clanorganisation wie auch auf die Besiedlung mit ihrer Bevorzugung von Beckenlandschaften und ihrer sehr hohen Bevölkerungsdichte auswirkte. Zum anderen bestand über den gesamten historischen Zeitraum die Auseinandersetzung des „Reichs der Mitte" mit seinen Randgebieten. Über weite Strecken der Geschichte gehörten das Hochland von Tibet, die Wüsten Zentralasiens und die Steppen der Mongolei nicht zum Territorium Chinas. Obwohl es mit diesen Regionen stets in intensivem kulturellem Austausch stand, waren die Zeiträume, zu welchen sie von China tatsächlich beherrscht wurden, historisch gesehen kurz. Häufiger ging von den Randgebieten vielmehr eine Bedrohung des Kernraums aus, und die Usurpation des chinesischen Kaiserthrons war keine Einmaligkeit, sondern wiederholte sich mehrfach. Es gehört zu den wichtigsten historischen Erfahrungen, daß diese fremden Einflüsse sich in kultureller Hinsicht niemals gegenüber der chinesischen Kultur, die sich auf Ackerbau, Seßhaftigkeit und intensive Landnutzung stützte, durchsetzen konnten, sondern stets von ihr aufgesogen wurden.

Der Dualismus zwischen Äußerem und Innerem China kommt sogar in der chinesischen Sprache zum Ausdruck, woraus man weitreichende Schlüsse für die Raumwahrnehmung in der chinesischen Gesellschaft ziehen kann. Unter *zaliang* werden sämtliche Getreidearten außer Winterweizen und Naßreis subsumiert, wofür es in keiner europäischen Sprache eine Entsprechung gibt. Der Begriff läßt sich am ehesten mit „grobes Getreide" oder „Restgetreide" übersetzen, das den wichtigen, geschätzten und positiv eingestuften Getreidearten gegenübersteht. Selbst der erst nach der Winterpause gesäte Frühlingsweizen und der im Trockenfeld angebaute Bergreis fallen mit unter die Zaliang-Getreidearten. Das weitere Bedeutungsfeld des Zeichens *za* ist durchweg negativ besetzt, und es erscheint stets in Kombinationen mit Inhalten wie „unordentlich", „derb", „gemein", „durchmischt", „unrein". Unkraut heißt auf chinesisch *zacao*, wörtlich „unordentliches Gras". Wesentlich ist die räumliche Assoziation, die mit dem Begriff verbunden wird. Für die Bewohner des zentralen Ackerbaugebietes gelten nur die im Kerngebiet des Landes, im Inneren China, angebauten Getreidearten Winterweizen und Naßreis als hochwertig. *Zaliang* findet man genau in den Gebieten, die entweder von Nichtchinesen bewohnt werden oder an den Rändern des chinesischen Kernraums liegen, die früher einer ständigen Bedrohung von außen unterlagen. Noch heute ist jemandem, der dorthin versetzt wird und sich von *zaliang* er-

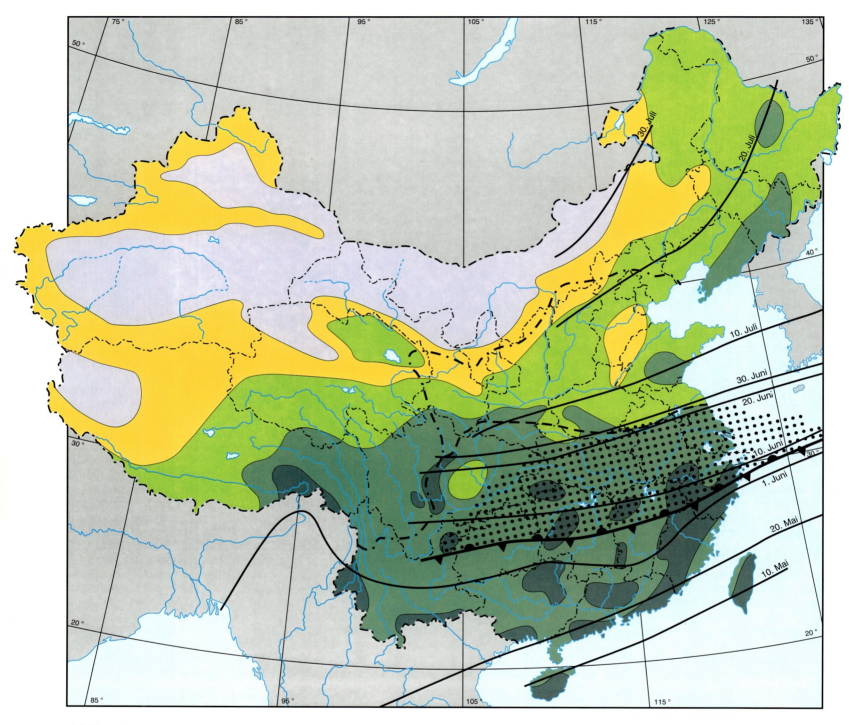

Abbildung 3:
Humidität, Lage der Tropikfront und Beginn des Sommermonsuns. Die Verbindung zwischen Humidität, Vegetation und Agrar-Ökosystem ist nur bis zur entsprechenden Höhengrenze in den Gebirgen zutreffend, die vor allem im Hochland von Tibet flächenhaft überschritten wird. Humidität nach Narjing dili yu hupo yanjiusuo et al. (1989, S. 41), Tropikfront und Beginn des Sommermonsuns nach DOMRÖS u. PENG (1988, S. 53, 61). Entwurf: JOHANNES MÜLLER

Klimatyp	Natürliche Vegetation	Vorherrschende Landnutzung		
perhumid	halbimmergrüner Regenwald	Naßfeldanbau, Teeanbau, im Süden tropische Anbausysteme	⎯⎯⎯	Beginn des Sommermonsuns
humid	subtropischer Feucht-wald (Lorbeerwald), im SW Kiefernwald	Naßfeldanbau, reliefbedingt Trockenfeldbau		nördlichste Lage der Tropikfront
subhumid	Laubmischwald, Mischwald	Trockenfeldbau, teilweise mit Zusatzbewässerung		sommerliches *Meiyu*-Regengebiet
semiarid	Steppe, im Nordosten Wiesensteppe	Weidewirtschaft, teils nomadisch, im Osten auch Trockenfeldbau mit Zusatzbewässerung	—·—·—	Grenze Äußeres/Inneres China
arid	Vollwüste, Zwerg-strauch-Halbwüste, am Ostrand Kurzgrassteppe	teilweise extensive nomadische Weidewirtschaft, Oasenwirtschaft	— — —	Grenze Trocken-/Naßfeldanbau

0 100 200 300 400 500 600 km

Ackerland			95,7 Mio. ha	10,0 %
davon	Trockenfeld 47,0 %		45,0 Mio. ha	
	Trockenfeld mit Zusatzbewässerung 22,9 %		21,9 Mio. ha	
	Naßfeld 26,6 %		25,5 Mio. ha	
	Dauerkulturen (Plantagen, Obstbäume) 3,5 %		3,3 Mio. ha	
Grasland			400,0 Mio. ha	41,7 %
	davon nutzbares Dauergrünland 56,0 %		224,3 Mio. ha	
Wald			124,6 Mio. ha	13,0 %
Gewässer			16,6 Mio. ha	1,7 %
Sonstiges (Ödland, Siedlungen, Verkehrsflächen etc.)			322,6 Mio. ha	33,6 %

Tabelle 1: Flächennutzung Chinas im Jahre 1990 (State Statistical Bureau 1991, S. 2, 4, 299, 283)

nähren muß, das Bedauern seiner im Inneren China lebenden Kollegen und Verwandten sicher. Der andauernde Konsum von *zaliang* wird mit ungesunder Ernährung und Krankheiten, kurz mit Unterentwicklung verknüpft.

Die Abgrenzung des Äußeren China läßt sich in erster Linie auf das Klima zurückführen, dessen Gliederung Abb. 3 zeigt. Die klimatische Einstufung ergibt sich aus der Kombination von Niederschlägen und Verdunstung sowie deren jahreszeitlicher Verteilung. Da hierbei die Temperaturen nur indirekt über die Verdunstungsrate berücksichtigt werden, lassen sich die absoluten Höhengrenzen der Landnutzung nicht darstellen, die in Hochgebirgen und vor allem im Hochland von Tibet überschritten werden. Klar fallen im Kartenbild die ariden Bereiche Westchinas auf, wo die Verdunstung den Niederschlag in allen Monaten übertrifft und die von den Wüsten Taklamakan, Gobi und der Dsungarei eingenommen werden. Nur zum Rand hin, wo auch in diesen Gebieten Zwergstrauchhalbwüsten und nach Nordosten und Nordwesten Kurzgrassteppen gedeihen können, ist eine sehr extensive nomadische Weidewirtschaft möglich.

In einer breiten Zone schließen daran die semiariden Gebiete an, in denen für weniger als ein halbes Jahr die Niederschläge die Verdunstung übertreffen, was Steppen und im Nordosten Wiesensteppen eine Existenz ermöglicht. Sie bilden die Basis für weitflächige Weidewirtschaft in den Gebirgen Xinjiangs, dem Tianshan und dem Pamir, auf dem Hochland von Tibet sowie in der Mongolei. Nur in bestimmten, inselhaft eingestreuten Gunstgebieten wie den Oasen der Trockenräume oder den Tälern der Hochgebirge wurde und wird Ackerbau betrieben. Die betreffenden Getreidearten sind den besonderen Bedingungen wie kurze Vegetationszeit, geringe Temperatursumme, wenig entwickelte Böden oder unsichere Niederschläge angepaßt, erbringen allerdings nur geringe Erträge. Ein Blick auf Tabelle 1 gibt eine Vorstellung von den riesigen Dimensionen der viehwirtschaftlich geprägten Landesteile, die fast ein Viertel der Gesamtfläche Chinas ausmachen, zweieinhalbmal soviel wie die Ackerflächen.

An der Eigenständigkeit der kasachischen, tibetischen und mongolischen Kultur sind die kulturellen und landschaftlichen Folgen einer auf Viehwirtschaft gestützten Landnutzung abzulesen. Hier findet nur eine verschwindend geringe Bevölkerungszahl eine ausreichende Lebensgrundlage und muß zumindest zeitweise ihren Lebensmittelpunkt verlagern oder völlig nomadisch leben, woraus eine lockerere Gesellschaftsstruktur mit geringerem Organisationsgrad als auf Ackerbau gestützten Völkern folgt. Außerhalb der kleinräumigen Oasen, wo sich ja auch die jeweiligen kulturellen Zentren herausgebildet haben, stehen viel zu wenige Überschüsse zur

Verfügung, um aufwendigere kulturelle Projekte überhaupt zu ermöglichen. Die anthropogene Einflußnahme auf das Ökosystem beschränkt sich in den Weidegebieten im wesentlichen auf die Veränderung der Vegetation mit im allgemeinen weniger prägenden Eingriffen wie der Veränderung der Artenzusammensetzung auf den Weiden, der Erniedrigung der Waldgrenze oder im schlimmsten Fall der Überweidung. Veränderungen des Kleinreliefs, der Bodenbeschaffenheit oder der Wasserverteilung werden bei dieser Nutzungsform nicht vorgenommen, weshalb hier nicht von einer Umgestaltung der Kulturlandschaft im eigentlichen Sinn gesprochen werden kann.

Die Trockenfeldbauzone des Inneren China

Grob gesprochen, ist mit den ariden und semiariden Räumen das Äußere China umschrieben, dem das Innere China und damit das Ackerbaugebiet gegenübersteht. Hinsichtlich der Ausprägung der Kulturlandschaft bestehen derart gravierende Unterschiede, daß das Innere China nochmals zweigeteilt werden muß: in die Trockenfeldbauzone im Norden und die von Reisanbau geprägte Naßfeldanbauzone im Süden.

Subhumides (semihumides) Klima, in welchem während mehr als sechs, aber nicht in allen Monaten Niederschlagsüberschuß gegeben ist, ermöglicht die Existenz von Laubmischwaldformationen und bietet gleichzeitig günstige Voraussetzungen für Trockenfeldbau. Zu dieser Zone gehören das Lößplateau und die Nordchinesische Tiefebene, die Ausgangsgebiete der chinesischen Zivilisation. Da aufgrund des gebirgigen Reliefs auch in Südchina viele Felder nur im Trockenfeldbau bestellt werden können, beträgt der Anteil dieses Agrar-Ökosystems 50 % der Gesamtackerfläche Chinas (vgl. Tab. 1). Die Wasserversorgung der Pflanzen stützt sich im Trockenfeldbau auf die Niederschläge, weshalb man auch von Regenfeldbau spricht. Charakteristisch sind die lange winterliche Ruhephase und die Dominanz von Winterweizen, der im Herbst ausgesät und im folgenden Sommer geerntet wird.

Mit dem Trockenfeldbau gehen eine höhere Bevölkerungsdichte und eine erheblich stärkere anthropogene Einflußnahme auf die Landschaft einher als in den Weidegebieten, denn die natürliche Vegetation wird völlig beseitigt, die Erosion erhöht, und erhebliche Nährstoffmengen werden dem Boden entzogen. Aus diesen Eingriffen ergeben sich umgekehrt intensivere Bezüge des Menschen zum Agrar-Ökosystem, sichtbar an der Herausbildung von Düngungsmethoden, passenden Fruchtfolgen oder der Terrassierung der Feldflur, deren Aufwand sich nur aufgrund der höheren Erträge aufrechterhalten läßt.

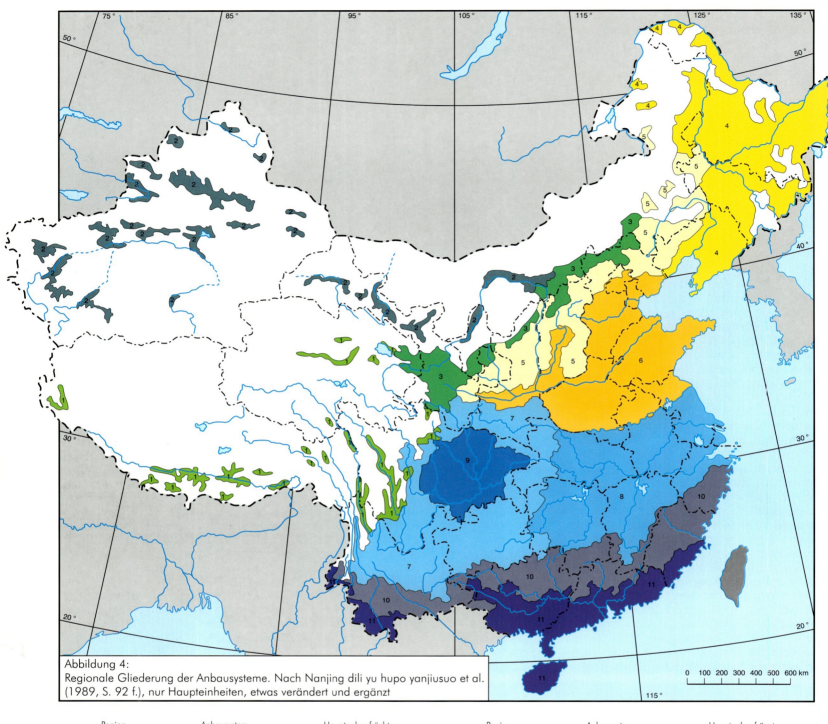

Abbildung 4:
Regionale Gliederung der Anbausysteme. Nach Nanjing dili yu hupo yanjiusuo et al.
(1989, S. 92 f.), nur Haupteinheiten, etwas verändert und ergänzt

	Region	Anbausystem	Hauptanbaufrüchte
1	Flußtäler im Hochland von Tibet	Trockenfeldbau mit Brache, meist zus. mit Weidewirtschaft	Hochlandgerste, Frühlingsweizen
2	Xinjiang, Westgansu, Ordosbogen	Trockenfeldbau nur mit Zusatzbewässerung	Frühlings- u. Winterweizen, Mais, Baumwolle
3	Nordwesten des Löß-plateaus, Randbereich der Inneren Mongolei	Trockenfeldbau, teils Brache unter semiariden Bedingungen, mit geringen Erträgen	Frühlingsweizen, Nackthafer, Kartoffeln, Hirsearten, Bohnen
4	Becken der Mandschurei	Trockenfeldbau, relativ stark mechanisiert, lokal auch Naßfeldanbau	Frühlingsweizen, Sojabohnen, Hirsearten, Tabak, Zucker-rüben, Sonnenblumen, Reis (schnellreifend)
5	Lößplateau, Mittelgebirge in Shanxi und Ostteil der Inneren Mongolei	Trockenfeldbau	Winterweizen, Hirsearten, Gaoliang (Sorghum), Mais

	Region	Anbausystem	Hauptanbaufrüchte
6	Nordchinesische Tief-ebene, Weihe- und Fenheniederung	Trockenfeldbau, vielfach mit Zusatzbewässerung	Winterweizen, Mais, Baumwolle, Süßkartoffeln
7	Bergland von Südwest-china (Sichuan, Yunnan, Guizhou)	Naßfeldanbau mit 2 Ernten und Trockenfeldbau mit 1–2 Ernten	Mais, Naßreis, Süßkartoffeln, Kartoffeln
8	Tief- und Hügelland am Jangtse und Binnen-becken Südchinas	Naßfeldanbau mit 3 Ernten: 2 Ernten Reis und eine weitere, höchster Mehrfachbauindex	Naßreis, Gründünger, Klee, Raps, Winterweizen
9	Becken von Sichuan	Naßfeld- und Trockenfeldbau im kleinräumigen Wechsel mit 2 Ernten	Naßreis, Winterweizen, Mais, Süßkartoffeln, Raps
10	Mittelgebirge im Süd-chinesischen Bergland	Naßfeld- und Trockenfeldbau mit 2–3 Ernten, verbreitet Winterbrache im Naßfeld	Naßreis, Zuckerrohr, Winterweizen, Mais, Süßkartoffeln
11	Berg- und Flachland an der Küste Südchinas und im Süden von Yunnan	Naßfeldanbau mit 2–3 Ernten, trop. Früchte u. Dauerkulturen, etwas Brandrodungsfeldbau	Naßreis, Zuckerrohr, Süßkartoffeln, Bananen, Trockenreis (Bergreis)

Zwar ist ein Teil der Nordchinesischen Tiefebene lediglich als semiarid eingezeichnet, dort bieten sich aber aufgrund des hohen Grundwasserspiegels gute Möglichkeiten für Zusatzbewässerung. Die Wurzeln dieser Methode liegen in der Weihe-Niederung, wo Trockenfeldbau mit Zusatzbewässerung schon seit Jahrtausenden praktiziert wird, während sie auf weite Teile der Nordchinesischen Tiefebene erst in der zweiten Hälfte dieses Jahrhunderts ausgedehnt wurde. Trotzdem ist hier nach wie vor von Trockenfeldbau zu sprechen, denn die Zusatzbewässerung hilft lediglich kurzfristige Trockenheit auszugleichen, während das Anbausystem, die angepflanzten Getreidearten, die Bearbeitungsmethoden und die Bodenverhältnisse im großen und ganzen bestehen bleiben. Auch in den Oasen im Westen Chinas gibt es kaum Naßfeldanbau, sondern überwiegend Trockenfeldbau mit Zusatzbewässerung. Dieses Agrar-Ökosystem umfaßt 23,3 % der Gesamtackerfläche Chinas.

Die Naßfeldanbauzone des Inneren China

Im Jangtsetiefland und im Südchinesischen Bergland herrschen weithin humide Klimabedingungen, wobei die Niederschläge trotz gewisser Schwankungen in sämtlichen Monaten des Jahres die Verdunstung übersteigen. Da auch die Temperaturen zumindest im Sommer beständig hoch liegen, bestehen günstige Bedingungen für Naßfeldanbau und für die Kultivierung von Reis, dem – wo immer vom Relief und von der Wasserversorgung her möglich – der Vorzug gegeben wird, insgesamt auf 26,7 % der Gesamtackerfläche Chinas. Nur bei entsprechendem Relief oder ungünstiger Hydrologie muß auch hier auf Trockenfeldbau zurückgegriffen werden. Ursprünglich wuchs in diesem Raum subtropischer Feuchtwald (Lorbeerwald), im Südwesten auch Kiefernwald. Lediglich inselhaft in diese Klimazone eingestreut sind perhumide Bereiche, die sich mit den Hochlagen der Mittelgebirge decken. Dort herrscht ganzjährig ein erheblicher Niederschlagsüberschuß, Voraussetzung für halbimmergrünen Regenwald und auch für Teeanbau. In diesen Räumen gibt es fast nur Naßfeldanbau.

Erstaunlich ist die Deutlichkeit, mit der sich die Kulturlandschaft am Übergang von Trocken- zu Naßfeldanbau ändert. Wenn man auf dem Weg von Peking nach Shanghai die ausgedehnte Tiefebene von Norden nach Süden durchquert, bekommt man auf eine Entfernung von fast 1500 km weder Wald noch Gebirge, ja kaum einmal einen verbuschten Hügel zu Gesicht. Dennoch fällt in der Monotonie der intensivst beackerten Ebene auch dem ungeübten Auge eine Veränderung sofort auf. Das Landschaftsbild wandelt sich im Süden der Norchinesischen Tiefebene innerhalb kurzer Distanz vom Trockenfeldbau mit größeren Feldern, Weizenanbau und geringerer Bevölkerungsdichte zum Naßreisanbau. Plötzlich wird die Kulturlandschaft geprägt vom Bemühen um die Kontrolle der hydrologischen Verhältnisse, sichtbar in Be- und Entwässerungskanälen, in zahllosen Tümpeln, in der Begrenzung jedes einzelnen Feldes mit einem kleinen Damm, im Wechsel der Anbaufrüchte und der Begleitkulturen, in der Kleinheit der Felder und in einem unglaublich engen Nebeneinander der Dörfer, Zeichen für die nochmals höhere Bevölkerungsdichte.

Die Anforderungen, die Trocken- und Naßfeldanbau an ihre Agrar-Ökosysteme stellen, sind derart gegensätzlich, daß völlig verschiedene Eingriffe des Menschen in die Landschaft erfolgen müssen. Naßfeldanbau zeichnet sich im Gegensatz zur Zusatzbewässerung durch die über Wochen und Monate andauernde Überstauung des Wassers im Feld aus, unabdingbare Voraussetzung für den Anbau von Naßreis. Da dafür nicht nur eine starke, sondern vor allem eine permanente Wasserzufuhr entscheidend ist, müssen die Bewässerungssysteme viel leistungsfähiger und zuverlässiger sein als bei der Zusatzbewässerung. Naßfeldanbau ist selbst in Oasen problematisch, wo ja auch ständig bewässert werden muß. Die erforderlichen hohen Wassermengen stehen selten zur Verfügung, und die extreme Verdunstungsrate würde außerdem Versalzungsprobleme hervorrufen. Auf die Dauer führt Naßfeldanbau zu einer völligen Veränderung des Bodens, der einen anthropogen umgeformten, wasser- und luftundurchlässigen oberen Horizont erhält, was auf die ökologischen Bedingungen der Reispflanze abgestellt ist. Andere Getreidearten können deshalb nur als Zwischenfrüchte im dann nicht wasserüberstauten Naßfeld angebaut werden, was sich zur Bodenverbesserung sogar anbietet.

Zwar gelang dank der Züchtung schnellreifender Sorten die Einführung des Reisanbaus während der letzten Jahrzehnte auch in den Neuerschließungsgebieten weit im Nordosten Chinas, doch konnte sich der Naßfeldanbau nicht über seinen unmittelbaren Nordrand ausdehnen. Wegen der damit verbundenen grundsätzlichen Umstellung des Agrar-Ökosystems, aber auch der Kenntnisse und Organisationsformen der Feldbestellung liegt die über Jahrhunderte der Landschaft aufgeprägte Grenze erstaunlich fest. Die „Reisgrenze" zeigt nicht nur die Konsequenzen auf, die sich aus dem Landnutzungssystem für die gesamte Kulturlandschaft ergeben können, sondern bietet ein aussagekräftiges Beispiel für die Persistenz von Kulturlandschaftsformen, wenn sich das gesamte Beziehungsgefüge Mensch – Umwelt einmal auf die Kontrolle bestimmter Ökofaktoren eingestellt hat.

„Reisgrenze", *meiyu* und Tropikfront

Zwischen Trocken- und Naßfeldanbauzone vollzieht sich der Wandel des Agrar-Ökosystems nicht etwa beim Durchqueren einer markanten Gebirgsschranke, sondern im Verlauf der flachen Nordchinesischen Tiefebene, ohne daß es irgendwelche Unterschiede in den Oberflächenformen, den Grundwasser- oder den Bodenverhältnissen gäbe, und das auf eine Entfernung von wenigen Dutzend Kilometern. Die Nordgrenze des Reisanbaus läßt sich über weite Strecken in Ost-West-Richtung klar verfolgen und erstreckt sich von der Küste quer durch die Tiefebene bis weit ins Landesinnere, wo sie dann erst mit dem Verlauf des Qinlinggebirges zusammenfällt. Auch die Lage der Reisgrenze kann auf klimatische Zusammenhänge zurückgeführt werden, wie sie in Abbildung 3 markiert sind.

In der Tiefebene fällt die Reisgrenze zwar ungefähr mit der Verbreitung eines Jahresniederschlags von 1000 mm zusammen, was jedoch als Erklärung für die Schärfe der Grenze nicht ausreicht. Neben der absoluten Menge kommt dazu noch das Auftreten des Niederschlagsmaximums im Frühsommer genau dann, wenn der Reis in diesem schon verhältnismäßig weit nördlichen Gebiet gesetzt werden muß. Ursache für Ausdehnung, Regelmäßigkeit und Ergiebigkeit des sommerlichen Regengebietes ist die im Jahresverlauf wandernde Tropikfront, die Grenze zwischen tropischen und kontinentalen Luftmassen (DOMRÖS u. PENG 1988, S. 39 ff.).

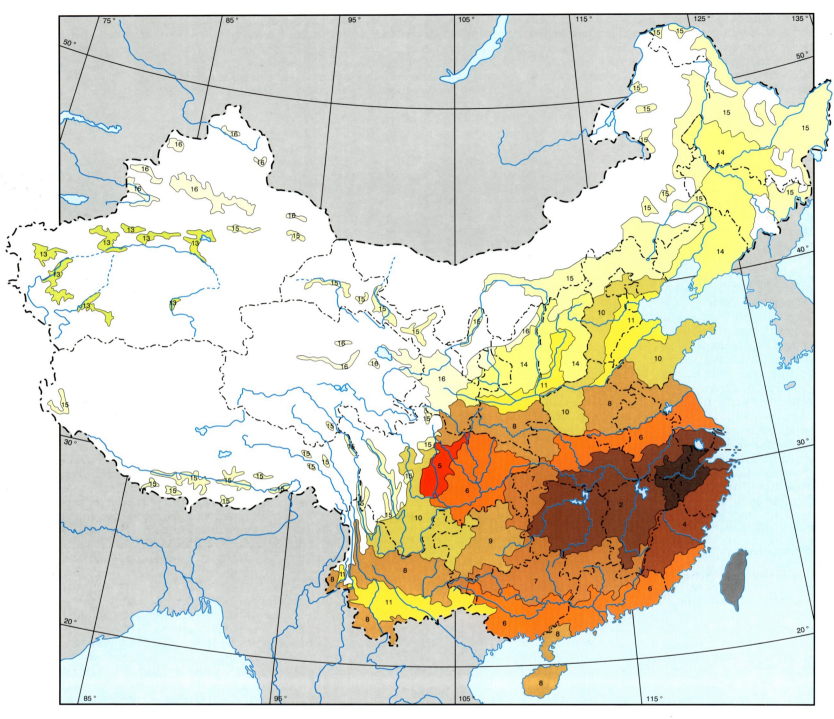

Abbildung 5:
Mehrfachanbauindex (multiple cropping index); Durchschnitt pro Anbauregion.
Nach Nanjing dili yu hupo yanjiusuo et al. (1989, S. 92). 1,2 – 1,3 und 2,1 – 2,2 nicht besetzt.

1	2,3 – 2,4
2	2,2 – 2,3
4	2,0 – 2,1
5	1,9 – 2,0
6	1,8 – 1,9
7	1,7 – 1,8
8	1,6 – 1,7
9	1,5 – 1,6

10	1,4 – 1,5
11	1,3 – 1,4
13	1,1 – 1,2
14	1,0 – 1,1
15	0,9 – 1,0
16	0,8 – 0,9

0 100 200 300 400 500 600 km

Die Tropikfront verlagert sich mit dem Monsun, dem zentralen Steuerungselement des Klimageschehens in Ostasien. Der ostasiatische Monsun ist nicht wie der indische allein an die Wanderung der innertropischen Konvergenzzone mit dem Sonnenstand gekoppelt. Er wird darüber hinaus von einem komplizierten System mit einer Reihe von Faktoren gesteuert, wozu die Meer/Landverteilung, das westpazifische Hochdruckgebiet, der tropische Ostjet und die von Westen heranziehenden Störungen der Mittelbreiten zählen. Die quasistationäre Tropikfront liegt im Januar in einer Position südlich von China und wandert dann nach Norden. In der Umstellungsphase zwischen Winter- und Sommermonsun fallen im Kontaktbereich der aufeinanderstoßenden Luftmassen an der Tropikfront die stärksten Niederschläge.

Im Süden Chinas zieht die Tropikfront relativ rasch durch, erkennbar am Beginn des Sommermonsuns, wie auf Abbildung 3 eingezeichnet. Dahinter wird das Witterungsgeschehen von labiler Luftschichtung mit fast täglich fallenden, aber weniger intensiven Zenitalregen bestimmt, und es herrscht eine hohe Luftfeuchtigkeit. Bis Mitte Juni erreicht die Tropikfront ihre nördlichste Position und kommt im Bereich des Jangtsetieflands zu liegen, wo sich aufgrund der regionalen Sonderfaktoren ein über mehrere Wochen quasistabiles Strömungssystem ausbildet. Auf der Vorderseite der Tropikfront wandern dann außertropische, von Nordwesten heranziehende Störungen entlang, vermischen polare Kalt- und tropische Warmluft und verursachen anhaltende, ergiebige Niederschläge, die jedes Jahr zu Überschwemmungen führen, mit alle paar Jahre verheerenden Ausmaßen. Die Regenfälle werden in China als „Pflaumenregen" (*meiyu*) bezeichnet, nicht wegen der Größe der Tropfen, sondern wegen der gleichzeitigen Wachstumsphase der Pflaumen. Sie markieren von alters her den Beginn der Reispflanzzeit im landwirtschaftlichen Jahr. Wie Abbildung 3 zeigt, endet diese stabile Situation Mitte Juli, und der Sommermonsun zieht rasch weiter, bis er sich innerhalb der kontinentalen Landmasse verliert.

Ackerbauzonen Chinas

Das Innere China kann hinsichtlich der Ackerbauzonen und ihres jeweiligen Anbausystems noch weiter als über die grobe Trennung in Reis- und Weizenanbaugebiete hinaus differenziert werden. Die Karte in Abbildung 4, die sich auf den Landwirtschaftsatlas der Volksrepublik China (Nanjing dili yu hupo yanjiusuo et al. 1989) stützt, gibt einen Überblick über die vorherrschenden Anbausysteme und listet die Hauptanbaufrüchte auf. Die signaturfreien Bereiche können entweder überhaupt nicht (Sand-, Stein- und Hochgebirgswüsten) oder ausschließlich viehwirtschaftlich genutzt werden. Man erkennt, zumindest bedingt, noch eine klimatische Abhängigkeit der Ackerbauzonen, dazu kommt auf dieser Unterscheidungsebene das Relief als wichtiger Einflußfaktor.

Der nordwestliche Rand des Lößberglands hat zwar lediglich semiarides Klima, die geringen Niederschläge fallen aber genau zur Vegetationsperiode, weshalb dauerhafter Trockenfeldbau möglich ist, jedoch nur mit Einschaltung einer Brache im Winter. Die Mandschurei im Nordosten Chinas gehört ebenfalls zur Trockenfeldbauzone, wird aber aus historischen Gründen zum Äußeren China gerechnet, denn ihre Besiedlung begann erst im letzten Jahrhundert, weshalb hier heute das wichtigste Neuerschließungsgebiet Chinas für die Landnutzung liegt. Beiden Gebieten gemeinsam ist die eingeschränkte Klimagunst, die sich im Anbau von *Zaliang*-Getreidearten widerspiegelt, wie in der Legende von Abbildung 4 aufgeführt.

Am Südrand Chinas fällt eine Zone mit dem Vorkommen tropischer Anbaufrüchte auf. Sie spielen jedoch nur im Süden von Yunnan, auf Hainan und im Süden von Taiwan teilweise eine dominierende Rolle, wogegen der gesamte südöstliche Küstenstreifen durch den Anbau von Reis charakterisiert wird. Im Gegensatz zu den in der Literatur häufig zitierten Angaben werden drei Reisernten pro Jahr aber auch hier nur in Ausnahmefällen erzielt; die Regel sind Fruchtfolgen mit zwei Reisernten, gefolgt von Süßkartoffeln, Gründünger oder sogar Brache im Winter. Eine dritte Reisernte in Folge bringt nur noch eine verringerte Rendite, weshalb es günstiger ist, den Boden durch entsprechende Fruchtfolgen sich erholen zu lassen. Die gelegentlich postulierten vier Reisernten in einem Jahr (Popp et al. 1992) sind ein Märchen.

Mehrfachanbauindex

Ein besonderes Merkmal der Landnutzung, das speziell in China weit entwickelt wurde, ist die Möglichkeit, mehr als eine Ernte pro Jahr von ein und derselben Fläche einzubringen. Mehrfachanbau wird insbesondere im Reisanbau angewandt. Der oft zitierte Mehrfachanbauindex (multiple cropping index) gibt das Verhältnis von Ernten pro Flächeneinheit als Zahlenwert an, wobei 1,0 für eine Ernte pro Jahr auf einer gegebenen Fläche steht. Der Mehrfachanbauindex kann vor allem als ein Anhaltspunkt für die Anbauintensität, den Arbeitseinsatz und die Möglichkeiten zu weiterer Nutzungsintensivierung dienen. Die Datengrundlage, auf die sich die Angaben von Abbildung 5 beziehen, bildet eine Landnutzungsstatistik auf der Basis der Landkreise Chinas (insgesamt 2083 inkl. der verwaltungsmäßig den bezirksfreien Städten zugeordneten Kreise, aber ohne Stadtbezirke und kreisfreie Städte; Nanjing dili yu hupo yanjiusuo et al. 1989, S. 93).

Es wäre ein Trugschluß anzunehmen, der Mehrfachanbauindex nähme in China parallel zur Klimagunst kontinuierlich nach Süden hin zu; vielmehr ist ein ganzes Bündel von Ursachen wirksam. Der Index schwankt von unter 0,9 in den Ackerbaugebieten am Rand des Hochlands von Tibet, wo die regelmäßige Brache eine große Rolle im Anbausystem spielt, bis zu einem Maximalwert von 2,3. Sein höchster Wert wird interessanterweise im Jangtsetiefland erreicht, was zum einen die hohe Arbeitsintensität in diesem dichtbesiedelten Raum widerspiegelt, zum anderen die Bodenbedingungen, die regionale Wirtschaftskraft und die Optimierung der Nährstoffkontrolle durch Fruchtfolgen und Düngung. Nach Süden sinkt der Mehrfachanbauindex trotz tropischen Klimas mit längerer Vegetationsperiode wieder ab, was an den ungünstigeren Bodenbedingungen und an den eingeschränkten Möglichkeiten für entsprechend anwendbare Fruchtfolgen liegt. Auch ist dort die Bevölkerungsdichte im ganzen geringer und die Ausnutzung der Felder weniger stark als im altbesiedelten Jangtsetiefland.

Aus diesen Angaben ist ersichtlich, daß neben den klimatischen auch eine ganze Reihe weiterer Faktoren den Mehrfachanbauindex beeinflussen: reliefbedingte (Beckenlage), hydrologische (Bewässerungsmöglichkeiten), bodenbedingte (Nährstoffausstattung), wirtschaftliche (schnellreifende Sorten, Pestizideinsatz, Fruchtfolgeoptimierung) und bevölkerungsmäßige Faktoren (Ausstattung mit Arbeitskräften). Die Aussagekraft des Mehrfachanbauindexes liegt vor allem in der Intensität der Landnutzung durch den Menschen. Aus dem Verteilungsbild dieses Wertes in Abbildung 5 kann gefolgert werden, daß sich eine Vielfalt von natürlichen und anthropogenen Einflußfaktoren auf das Streben des Menschen nach hohen Erträgen auswirkt. Deren Kontrolle erfordert unterschiedliche Maßnahmen und zeitigt, je nach lokaler Ausprägung, verschiedene Ergebnisse, die sich recht unterschiedlich auf die Kulturlandschaft im ganzen auswirken.

5. Agrarökologische Faktoren und ihre Kontrolle durch den Menschen

Aus der Sichtweise des natürlichen Ökosystems gelten drei im Zusammenhang mit der Landnutzung wesentliche Prinzipien (ODUM 1980). Zum einen kann man davon ausgehen, daß sich die Ökosysteme der Erde mit den jeweils an ihrem Ort gegebenen Ökofaktoren im Gleichgewicht befinden. Das bedeutet beispielsweise, daß sich unter der Kombination der verschiedenen Umweltbedingungen ein charakteristischer Boden mit der entsprechend angepaßten Vegetation entwickelt, die in diesem Zustand bestehen bleiben. Die Zusammensetzung von Böden und Vegetation spiegelt das Bündel der Ökofaktoren, angefangen von der Regenmenge über die Temperatur, deren jahreszeitliche Verteilung, den mehr sauren oder stärker basischen Chemismus des Ausgangsgesteins, die Verwitterungsbedingungen bis hin zum mehr oder weniger stark geneigten Relief usw., wider.

Zum zweiten spielen die Ausbreitungsgeschichte der Pflanzen und die Veränderungen gewisser Parameter wie etwa die Einwirkungsdauer der Verwitterung und damit die Bodenmächtigkeit, das Überdauern von Altformen aus früheren Perioden der Reliefgeschichte und der Ausgleich des Reliefs durch die natürliche Abtragung eine Rolle, Veränderungen, welchen sich das Ökosystem selbst dynamisch anzupassen vermag. Die Fähigkeit des Ökosystems zur dynamischen Anpassung wird zum Beispiel nach einem Erdrutsch, Vulkanausbruch oder bei der Aufschüttung neuer Küsten durch die Flüsse sichtbar. Im Laufe der Zeit bildet sich auch dort ein Ökosystem heraus, das die Endstufe der Entwicklung in einem stabilen Gleichgewicht erreicht hat, wobei man diesen Zustand für die Vegetation wie auch das Ökosystem insgesamt als Klimax bezeichnet. Die Klimaxvegetation kann sich allerdings nicht spontan einstellen. Zunächst besiedeln Pionierpflanzen den neuen Standort, und zwar aufgrund ihrer Eigenschaften, schnell wachsen und hohe Nährstoffüberschüsse produzieren zu können. Auf diesen Überschüssen beruhen mit vielen Zwischenstadien das Einwandern zusätzlicher Tiere und Pflanzen, die Vernetzung von Nahrungsketten und der Aufbau komplexer Lebenszyklen.

Das dritte Prinzip natürlicher Ökosysteme ist für den nach Ausbreitung und Vermehrung strebenden Menschen weniger erfreulich, denn sobald es seine Klimax erreicht hat, bildet ein Ökosystem keine Überschüsse an Nährstoffen mehr. In diesem Stadium werden sämtliche durch die Photosynthese erzeugten Nährstoffe durch den kompliziert vernetzten Gemeinschaftsstoffwechsel von Flora und Fauna verbraucht, befinden sich also in einem geschlossenen Kreislauf von Produzenten, Konsumenten und Destruenten. Die Nährstoffe sind innerhalb des Ökosystems gebunden und stehen, abgesehen von einigen Wurzeln, Früchten oder den gejagten Tieren, nicht in für den Menschen verwertbarer Form zur Verfügung. Ein ausgereiftes Ökosystem bietet deshalb nur wenigen Menschen eine Ernährungsgrundlage und unterbindet damit die Weiterentwicklung der Bevölkerung und das, was gemeinhin als Kultur angesehen wird.

China gehört zu den Räumen auf der Erde, wo der Mensch am frühesten den Mechanismus entdeckte, um diesen Engpaß in seinem Sinn zu umgehen. Die meisten Getreidearten gehören zum Typus der Pionierpflanzen, die zwar eine hohe Überschußproduktion aufweisen, sich jedoch der Konkurrenz von Büschen und Bäumen auf Dauer nicht zu erwehren vermögen.

Nur dort, wo diese nicht mehr gedeihen können, wachsen die zu den Gräsern gehörenden Getreidearten unter natürlichen Bedingungen: Weizen, Hirse etc. in der Steppe, Reis in Sumpfgebieten. Der Bauer muß bewußt in das Ökosystem eingreifen und den Ökofaktor Vegetation verändern. Er beseitigt die Klimaxvegetation dort, wo hohe Energiereserven eine starke Entwicklungsdynamik ermöglichen und ersetzt sie durch Pionierpflanzen. Deren Überschußproduktion schöpft er in Form der Ernte ab und verbraucht sie für sich selbst. Die Veränderung der Vegetation stellt den grundlegenden Eingriff des Menschen in jedem Agrar-Ökosystem dar.

Dieser Eingriff hat allerdings erhebliche Folgen. Das zuvor bestehende Gleichgewicht wird nun empfindlich gestört, denn die übrigen Ökofaktoren bleiben ja in ihrer früheren Form bestehen. Der Mensch ist folglich gezwungen, auch die Kontrolle über andere Ökofaktoren zu gewinnen, um durch seinen dauernden anthropogenen Eingriff das Ökosystem auf einem anderen Niveau zu stabilisieren, eben auf dem des Agrar-Ökosystems. Auch dieses ist ständig bestrebt, seine Überschußproduktion in die eigene Entwicklung in Richtung Klimax zu stecken, was der Bauer in Gestalt des Unkrauts zu spüren bekommt und beim Jäten jedesmal aufs neue unterbindet. Die Kontrolle anderer Ökofaktoren macht weitere Eingriffe nötig, von welchen sich einige so deutlich in der Umgestaltung der Landschaft niederschlagen, daß sie zu wichtigen prägenden Faktoren der Kulturlandschaft werden.

Je nach den lokalen Voraussetzungen fallen die anthropogenen Eingriffe recht differenziert aus, wobei zwei der weitreichendsten und landschaftlich prägendsten eine genauere Betrachtung hinsichtlich ihres Ursachengefüges erfordern. Dort, wo die Beseitigung der Klimaxvegetation auf hohe Reliefunterschiede trifft, äußert sich das Ungleichgewicht des Agrar-Ökosystems in verstärkter Erosion. Das ist insbesondere in Teilen Nordchinas der Fall, wo der Löß zwar sehr günstige Bedingungen für den Getreideanbau bietet, man der enormen Erosion aber durch Terrassierung begegnen muß. Beim Anbau der Sumpfpflanze Reis hingegen stellt die Kontrolle des Wasserkreislaufs das zentrale agrarökologische Problem für die Bauern dar, dessen Lösung je nach gegebenem Relief verschiedene Reisanbausysteme erforderlich macht. Da solch weitreichende Umgestaltungen kaum von einem einzelnen zu bewerkstelligen sind und gemeinschaftliche Organisationsformen bedingen, steht die Bewässerungskontrolle auch im Wechselspiel mit den gesellschaftlichen Entwicklungen und der Bevölkerungsdichte. Auch wenn sich beide Eingriffe rein äußerlich in der Landschaft in Gestalt von auffälligen Ackerterrassen zeigen, so ist ihr agrarökologischer Hintergrund doch vollkommen verschieden.

Aus agrarökologischer Sicht bedeutet die Entnahme der Ernte einen weiteren anthropogenen Eingriff, in diesem Falle in den Nährstoffkreislauf. In Abhängigkeit von der natürlich vorhandenen Bodenfruchtbarkeit sind differenzierte Bearbeitungsmethoden wie Bodenpflege, geeignete Fruchtfolgen und vor allem Düngung erforderlich, deren hoher Entwicklungsstand eine der wesentlichen Grundlagen für die Intensität der Landnutzung in China ist. Die Kontrolle der Nährstoffe hängt über die Düngerproduktion auch direkt mit Viehhaltung zusammen, die jedoch in Flächenkonkurrenz mit dem Ackerbau steht, der höhere Erträge verspricht. Weil man deshalb im Inneren China schließlich fast völlig auf Großviehhaltung verzichtete, waren um so exaktere Bearbeitungsmethoden notwendig, was wiederum eine hohe Arbeitsintensität bewirkte. Die Möglichkeit zur Intensivierung des Ackerbaus mittels verstärkten Arbeitskräfteeinsatzes wurde zu dem anthropogenen Ökofaktor schlechthin mit nachhaltigen Auswirkungen auf die Kulturlandschaft Chinas. Insgesamt wird an diesen Beispielen deutlich, wie eng die natürlichen Ausgangsbedingungen, die agrarökologischen Faktoren und die gesellschaftliche Entwicklung zusammenhängen.

5.1. Erosionskontrolle und Relief

Eine der auffälligsten Reaktionen des Ökosystems auf den Eingriff des Menschen ist die Verstärkung der Erosion, weil der Boden nach dem Umpflügen brach daliegt und die keimenden Pflänzchen ihn auch danach über längere Zeiträume nicht vor der Abspülung zu schützen vermögen. Unter gegebenen Bedingungen – hohe Reliefunterschiede und lockere, abtragungsgefährdete Böden – wird für den landwirtschaftlich tätigen Menschen die Kontrolle der *Erosion* zum zentralen agrarökologischen Problem. Die Antwort darauf ist in Gestalt der Terrassierung der Hänge sichtbar, die heute ganze Landschaften prägt und einen Schlüssel für das Verständnis dieser Kulturlandschaft darstellt.

Am deutlichsten schlägt sich das Bestreben der Erosionskontrolle in der Kulturlandschaft dort nieder, wo *Löß* als Ausgangsmaterial der Bodenbildung vorliegt. Zwar ist Löß mit das erosionsanfälligste Substrat überhaupt, bietet andererseits aber beste Voraussetzungen für den Menschen, ertragreichen Ackerbau zu betreiben. Analog zu den Altsiedlungsräumen in Europa liegt die Wiege der chinesischen Ackerbaukultur gerade im Lößgebiet mit seinem besonderen Ökosystem. Die Terrassierung der Hänge hat man auch auf andere Räume mit leicht erodierbarem Material übertragen, wenn auch nicht in dieser Konsequenz und Ausdehnung. Der Einfluß des Lösses auf die Kultur reicht aber noch viel weiter, denn er prägte als Baumaterial die Formen der ländlichen Architektur in diesem Raum Chinas, weshalb man Löß als Basis der Kultur Chinas betrachten kann.

Das Beispiel der Erosion des Lösses zeigt, wie vernetzt die Abläufe in Ökosystemen sind und daß die Betrachtung nur eines einzelnen Ökofaktors als Erklärungsansatz kaum ausreicht. In diesem Fall modifiziert das *Relief* die Prozesse im Ökosystem erheblich. Es macht sich als Einflußfaktor der Kulturlandschaftsentwicklung nicht nur in den Lößgebieten, sondern auch in anderen Räumen bemerkbar, auch wenn der Mensch dort keine derart weitreichenden Veränderungen vornehmen konnte. Für die regionale bis hinab zur lokalen Differenzierung der Landnutzung spielt die Verschiedenartigkeit der Oberflächenformen, wie z. B. das Vorhandensein hoher oder geringer Reliefgegensätze, die Anteile von Verebnungen und starken Hangneigungen, der Grad der Zertalung oder die Kammerung des Reliefs, eine zentrale Rolle. Je stärker die Reliefierung in einem Gebiet wird, um so deutlicher tritt dieser Einfluß in den Vordergrund. Beispiele dafür lassen sich vor allem in Südchina finden, wo die Nutzungsverteilung recht kleinräumig den Hangformen folgt. Im regionalen Maßstab zeigt sich der Einfluß des Reliefs schließlich, wenn man den Wandel der Kulturlandschaft im Hochgebirge verfolgt, was sich auch hier nicht allein auf die Landnutzung, sondern gleichzeitig auf die ländliche Architektur und die Besiedlung ausdehnt.

Löß als Basis der Kultur Nordchinas

Löß spielt in kaum einem Raum der Erde eine so wichtige Rolle für die Entwicklung der Kultur wie in China. Auch wenn in Europa die altbesiedelten Landschaften ebenfalls genau in den Lößgebieten liegen, erreichen sie nicht im entferntesten die Dimensionen des chinesischen Lößgebietes. Hier, im zentralen Lößgebiet, steht die Wiege der chinesischen Kultur, die sich auf Ackerbau stützt, dessen Ertragskraft frühzeitig ausreichte, um aufwendige kulturelle Leistungen zu ermöglichen, wofür die weltbekannte Tonkriegerarmee bei Xi'an ein prägnantes Beispiel bietet. Nach seiner Farbe wird Löß in der chinesischen Sprache als „gelbe Erde" (*huangtu*) bezeichnet, ein relativ moderner, eher wissenschaftlich augerichteter Terminus. Die Verbindung zwischen der Erde und der Farbe Gelb reicht allerdings weit in die Etymologie der chinesischen Sprache zurück. Bereits in den ältesten Überlieferungen, im Yi Qing, dem Buch der Wandlungen, wird im Kapitel *kun* die Farbe Gelb der Erde ganz allgemein zugewiesen und dem Dunkel des Himmels gegenübergestellt. Man kannte damals keine Gebiete, wo die Böden eine andere Farbe gehabt hätten, etwa braun, wie in Mitteleuropa. Das Schriftzeichen *huang* selbst stand ursprünglich für Jadeschmuck und wurde erst später auf die Farbe übertragen. Gelb blieb eine symbolträchtige, mit positiven Assoziationen verbundene Farbe, lange Zeit dem Kaiser allein vorbehalten, wie man an der ausschließlichen Verwendung gelb glasierter Ziegeln auf kaiserlichen Bauten erkennen kann.

Angesichts der tief verwurzelten Bedeutung des Lösses fragt man sich nach den Besonderheiten gerade dieses Materials, nach seiner Entstehung und seiner Verbreitung. Grundsätzlich sind drei Räume zu trennen (vgl. Abb. 2): das im Durchschnitt 1000 – 1600 m hoch gelegene Lößplateau (Lößbergland) mit sehr mächtigem und auf weite Entfernungen zusammenhängendem Lößvorkommen, die ebenso ausgedehnte Nordchinesische Tiefebene, die aus umgelagertem Schwemmlöß aufgebaut ist, und die zahlreichen kleinen, teilweise nur Quadratkilometer messenden Lößinseln im Gebirgsbereich am Nordostrand des Hochlands von Tibet.

Löß ist ein wenig verfestigtes Staubsediment mit einer feinen Struktur aus Einzelkörnern, deren Größe ihr Maximum im Schluffbereich (0,02 – 0,06 mm), also zwischen dem gröberen Sand und dem feineren Ton hat. Im Gegensatz zum schwereren Sand der Dünen wird Schluff nicht nur umgelagert, sondern vom Wind aufgenommen und weithin verfrachtet. Anders als Ton ist Schluff stabil genug, um über größere Entfernungen transportiert und schließlich abgelagert zu werden. Nach und nach zu mächtigen Decken aufgeschüttet, wird das windverfrachtete, äolische Sediment als Löß bezeichnet.

Nach ZHANG, L., et al. (1991) fällt der Beginn der Lößbildung mit dem Klimaumschwung am Beginn des Eiszeitalters (Quartär) zusammen und wird auf 2,4 Mio. Jahre vor heute datiert. Die Abkühlung brachte einerseits eine Verstärkung der physikalischen Verwitterung mit der Bildung von gröberen Partikeln bei Zurücktreten der Tonverwitterung mit sich, andererseits die Ausdehnung vegetationsfreier Bereiche sowohl als Folge zunehmender Kälte als auch verstärkter Trockenheit. Der überwiegende Teil des chinesischen Lösses stammt aus den seit damals anwachsenden Wüstengebieten Zentralasiens, von wo er ausgeweht und im heutigen Lößplateau abgelagert wurde, dessen Gebirgsumrandung als Sedimentationsfalle wirkte. Trotz der Einheitlichkeit des riesigen Lößplateaus mit einer

Ausdehnung über vier Provinzen wird die Entstehungsgeschichte heute nach Teilräumen differenziert gesehen, wobei die vorher existierenden Oberflächenformen eine wichtige Rolle spielten. Die hauptsächliche Bildungsphase begann vor 1,27 Mio. Jahren mit parallel zur allmählichen Austrocknung der Wüsten zunehmender Akkumulationsrate. Die größte Mächtigkeit wird mit über 200 m im zentralen Bereich um Lanzhou erreicht, mit einem Extremfall von 335 m (DERBISHIRE 1983, S. 173). Im Gegensatz zum rein kaltzeitlich entstandenen Löß Europas geht die Lößbildung in China noch heute weiter. Die beiden Fallbeispiele 1 und 2 liegen im Zentrum dieses Raumes, Fallbeispiel 9 am östlichen Rand.

Lediglich die inselhaften Lößvorkommen in Südgansu und Westsichuan haben ihren Ursprung auf dem Hochland von Tibet und stammen aus glazialem Verwitterungsmaterial, was ihre Zusammensetzung verändert und die Bildungsmenge entsprechend stark einschränkt. Vielfach findet man hier nur ganz kleinräumige Vorkommen, die aber trotz ihrer geringen Ausdehnung allein anhand der Charakteristik ihrer Landnutzung und ländlichen Architektur als Lößgebiete auffallen. Die Deutlichkeit, mit der sie sich von der Umgebung unterscheiden, demonstriert den enormen Einfluß des Lösses auf die Herausbildung der Kulturlandschaft. Einen typischen Fall einer etwas größeren Lößinsel stellt Fallbeispiel 3 vor, während im Fallbeispiel 16 sogar nur einzelne Teile der Flur auf Lößablagerungen liegen, sich aber in ihrer Struktur sofort von der lößfreien Umgebung abheben.

Von den genannten erhöht gelegenen und daher auch erosionsanfälligen Lößgebieten unterscheidet sich die Nordchinesische Tiefebene. Das Material gelangte als Schwemmlöß dorthin, nachdem es in den primären Ablagerungsgebieten abgetragen und fluviatil weitertransportiert worden war. Auch der Weihe-Graben am Südrand des Lößplateaus, wo um die Stadt Xi'an herum das Zentrum der frühesten kulturellen Entwicklung Chinas lag, ist mit Schwemmlöß angefüllt. Der weiträumige Umlagerungsprozeß fand schon unter den Bedingungen der natürlichen Erosion statt, unter anthropogenem Einfluß wurde er noch verstärkt. Fast das gesamte Material wird vom Gelben Fluß (huanghe) transportiert, der das Lößplateau entwässert und mit seiner ungeheuren Schwebstofffracht von 35 kg/m³ bzw. 1640 Mio. t pro Jahr (POPP et al. 1992, S. 83) die Tiefebene aufschüttete, verbunden mit Dammflußbildung, Überschwemmungen und Laufverlagerungen. Abgesehen von diesen Katastrophenereignissen, sind die Folgen der andersartigen Lößablagerungsgeschichte in der Kulturlandschaft klar ersichtlich. Die pedologischen Qualitäten des Lösses bestehen im allgemeinen unverändert fort, wobei Erosion und Wasserversorgung kein Problem darstellen. Vor allem dort, wo inzwischen Zusatzbewässerung eingeführt werden konnte, liegen die Erträge verbreitet bei mehr als 37,5 dz/ha und damit über dem chinesischen Durchschnitt von 31 dz/ha (Nanjing dili yu hupo yanjiusuo et al. 1989, S. 98, Statistisches Bundesamt 1991, S. 65). Infolge des hohen Grundwasserspiegels mußten andere Architekturformen entwickelt werden (vgl. Fallbeispiele 7 und 8).

Es würde dem Charakter des Lösses kaum gerecht werden, ihn pauschal als „fruchtbar" zu bezeichnen. Vielmehr ergibt sich seine Fruchtbarkeit aus den Methoden zur Nutzung und zur Bodenverbesserung, also aus der Inwertsetzung der potentiellen Möglichkeiten. Besonders wichtig für die Landnutzung ist die Tatsache, daß im Gegensatz zu Festgesteinen mit einer dünnen Bodendecke Ackerbau auch noch im Ausgangsmaterial des Rohlösses stattfinden kann. Auch wenn wegen der Erosion der eigentliche Boden abgetragen worden ist, bleiben die strukturellen Eigenschaften des Lösses nämlich weiterhin bestehen. Die Kornstruktur aus vorwiegendem Schluff bedingt

einerseits ein großes Porenvolumen mit einer hohen Speicherkapazität für Wasser und steht damit im Gegensatz zu stärker durchlässigem, sandigem Material. Andererseits erlaubt, im Gegensatz etwa zu schwerem Ton, das wenig verfestigte Lokkermaterial den Pflanzenwurzeln ein rasches Eindringen, weshalb die effektive Durchwurzelungstiefe im Löß mit keinem anderen Substrat vergleichbar ist. Dadurch erreicht die Pflanzenverfügbarkeit von in Lößböden gespeichertem Wasser und Nährstoffen Höchstwerte. Schließlich darf man die Tatsache nicht außer acht lassen, daß den ersten Bauern des Neolithikums noch nicht einmal der Pflug, geschweige denn weiter entwickelte Ackergeräte zur Verfügung standen und sie mit ihrem Grabstock und ihrer Hacke auf die Bearbeitung leichter Böden in lockerem Material angewiesen waren.

Lößerosion und Terrassierung

Aus der Sicht der Landnutzung steht diesen Eigenschaften das Problem der hohen Anfälligkeit des Lösses für die Erosion entgegen. Wo die Bodenbildung mit der Erosion nicht Schritt halten konnte und deshalb der Anbau im rohen Löß erfolgt, fehlen die Puffer- und Speicherkapazitäten des Bodenhumus mit der Folge von Nährstoff- und Wasserengpässen. Auch die Erosionsneigung läßt sich auf die Korngrößenzusammensetzung zurückführen, denn es fehlt dem Löß sowohl die Porosität, um größere Wassermengen versickern zu lassen, als auch die Haftwirkung der Tone, die die Bodenpartikel zusammenhält. Die primär natürliche Erosion wird durch den anthropogenen Eingriff mit der Veränderung der Vegetationsdecke zumindest an der Oberfläche zu einem verstärkten, quasinatürlichen Prozeß. Da beide nach denselben (natürlichen) Mechanismen ablaufen, ist es schwierig, den anthropogenen Anteil abzuschätzen. Festzuhalten bleibt die Tatsache, daß die Ackerbau treibenden Bewohner des Lößplateaus überall in reliefiertem, zertaltem und erhöht gelegenem Gelände der Notwendigkeit ausgesetzt waren, die Erosion ihrer Felder zumindest einzudämmen, und daß diese Bemühungen in der Kulturlandschaft in Gestalt der Terrassenfelder zum prägenden Element werden.

Die Erosion wird von einem Gefüge von Ökofaktoren gesteuert, die nur zum Teil anthropogen verändert werden können. Je nach lokaler Ausprägung gestalten sich Art und Intensität der Erosion, die resultierenden Oberflächenformen und schließlich das Relief selbst. Im Lößplateau Chinas treffen einige Faktoren in einer Ausprägung zusammen, wie sie sonst nirgendwo auf der Erde vorkommen (RICHTER 1988, 1992). Eine wichtige Grundlage ist das vor der Lößablagerung bestehende Altrelief, über das keine genauen Vorstellungen existieren. Es ist jedoch klar, daß Bereichen mit tektonisch bedingter Absenkung auch solche mit Anhebung (und entsprechender Abtragung) gegenüberstehen und daß sich beide Tendenzen in Teilgebieten auch abwechselten. Die Lößakkumulation erfolgte weder zeitlich kontinuierlich noch räumlich einheitlich und wurde in vielen Bereichen von (natürlicher) Erosion unterbrochen. Von entscheidender Bedeutung für die vielfach starke Schluchtbildung ist die nach wie vor bestehende Tendenz des Gewässernetzes zur Eintiefung, die nicht nur tektonische (Anhebung), sondern auch klimatische Ursachen hat.

Nur im Lößgebiet Chinas sind die Niederschläge derart extrem auf wenige Starkregen konzentriert. In Yan'an (Shaanxi) fallen etwa 70 % der Gesamtregenmenge (388 von 549 mm) während der Sommermonate Juni bis September, unter Bedingungen des monsunalen Witterungsgeschehens auf 48 Tage beschränkt (DOMRÖS u. PENG 1988, S. 304). Die plötzlichen Regenmengen können vom ausgetrockneten Boden zunächst nicht aufgenommen werden (Benetzungswiderstand) und werden dafür verantwortlich gemacht, daß die Abspülung verstärkt linienhaft und nicht flächenhaft erfolgt. Ganz anders als bei festen Gesteinen sind die einzelnen Partikel des Lösses nicht fest aneinander gebunden, sondern nach der Anwehung nur zusammengedrückt. Das Lößgefüge ist durch fließendes Wasser daher recht leicht aufzulösen, und seine Einzelbestandteile können dann leicht weggeführt werden. Dies geschieht nicht nur an der Oberfläche (Erosion), sondern mit dem zirkulierenden Grundwasser auch im Untergrund (Subrosion), wo Hohlräume und Röhren entstehen. Bei der gegebenen Mächtigkeit von mehreren hundert Metern führt dies zum Nachsacken der darüberliegenden Schichten und zur Bildung von Lößkarst: eingebrochenen Formen der Tunnelerosion (Trichter, Lößbrunnen, Pipes). Da die Niederschläge überall fallen, versickern und unterirdisch als Grundwasser abfließen, findet man Lößkarst sogar auf völlig ebenen Flächen, unabhängig von etwaigen menschlichen Eingriffen.

Oft markieren die Einsturzformen dann den Beginn der an der Oberfläche wirksamen Schluchterosion. Viele Schluchtsysteme, die sich durch ihre Scharfkantigkeit auszeichnen, sind junge, aus eingestürzten Tunnelsystemen hervorgegangene Formen. Für die Scharfkantigkeit erst kürzlich entstandener Oberflächenformen ist die hohe Standfestigkeit des Lösses verantwortlich, der bei seiner Zerschneidung steile Wände anstatt sanfter Hangprofile bildet. Bei entsprechenden Höhenunterschieden kommen dazu die relativ häufigen Abbrüche und Rutschungen, die ganze Hänge erfassen können und große Materialmengen umsetzen.

Es ist klar, daß die Landnutzung zu einer Verschärfung der Oberflächenerosion geführt hat, weil der Mensch die dauerhaft schützende Decke der natürlichen Vegetation entfernte. Bis zu dem Zeitpunkt, wo die Anbaufrüchte herangewachsen sind, fehlen dem Boden der Schutz vor dem abfließenden Niederschlagswasser und die Festigung durch das Wurzelwerk. Dazu kommt noch die Auflockerung des Bodens durch die Pflugtätigkeit. Sehr schädlich wirkt sich die Beweidung der Schluchtflanken durch Kleinvieh (Schafe und Ziegen) aus, was zu ihrer Instabilität nur noch weiter beiträgt. Besonders gravierend ist die Situation im westlichen Lößplateau (Zentralgansu, Südningxia). Dort fallen weniger als 400 mm Niederschlag im Jahr, weshalb die Bodenfeuchte für eine Wintersaat nicht ausreicht und das Land zwischen der Ernte im Herbst und der Einsaat im Frühsommer völlig brach daliegt. Hier fallen zwar im Winter nur wenig Niederschläge und zudem als Schnee, der allerdings bei der Schneeschmelze in kurzer Zeit abfließt und in dem dort stark zertalten Relief mit großen Höhenunterschieden zusammentrifft. Dazu kommt noch die Winderosion, die vor allem während der Stürme im Frühjahr gravierende Ausmaße annimmt.

Weil sich all diese Faktoren kaum trennen lassen, beziehen sich Angaben über die Erosion im Lößplateau stets auf den Gesamtabtrag, der meist auf Rückrechnungen der Materiallast der Flüsse beruht und auf Werte von weit über 100 t/ha kommt. Er schließt alle Formen von der Oberflächenerosion über die Schluchtbildung bis zur Subrosion ein, wovon letztere wohl die Hauptmenge beisteuert. Dieser Rate steht eine Neubildung von nur etwa 1 t/ha pro Jahr gegenüber (ZHANG et al. 1991, S. 11). Wenn bei dieser Problematik allein der Oberflächenabfluß berücksichtigt wird, was in anderen Lößgebieten ausreicht, kommt man zu verzerrten Angaben. Sobald man nämlich erreicht hat, daß das Wasser nicht mehr oberflächlich abfließt und Schluchten reißt, kommt es zu einer Verstärkung der Subrosion. Mit den Terrassen sind verbreitet Lößbrunnen (Pipes) vergesellschaftet, regelrechte Löcher, in denen das Wasser von der Oberfläche der Felder versickert und unterhalb wieder hervortritt. Dieselben Verhältnisse herrschen allerdings auch unter natürlicher Vegetationsbedeckung, die zwar

die Oberflächenerosion praktisch verhindert, nicht aber die Subrosion und Schluchteintiefung. Jedenfalls zeigen sich die Folgen dieser Umstände und der damit verbundenen geringen Bodenbildung in den niedrigen Erträgen im Lößplateau, die für Weizen verbreitet bei nur 7,5 – 15 dz/ha, teils sogar darunter liegen und damit weniger als die Hälfte des chinesischen Durchschnitts betragen (Nanjing dili yu hupo yanjiusuo et al. 1989, S. 98).

Unter diesen Bedingungen hat sich im Lößplateau ein ganz charakteristisches Spektrum von Oberflächenformen entwickelt (ZHANG, Z., 1980). Weitläufige, unzerschnittene Flächen finden sich nur in tiefliegenden Becken mit hohem Grundwasserstand, wo weder die Höhenunterschiede für die Schluchteintiefung noch die Umstände für die Subrosion gegeben sind und Flächenspülung mit Rillenerosion vorherrscht (Taiyuan-Relief). Hier liegen die Zentren der Besiedlung und der Landnutzung, allen voran das vom Weihe durchflossene Gebiet um Xi'an in der Provinz Shaanxi, wo sich das historische Zentrum und der Ausgangspunkt der chinesischen Kultur befinden. Wurden solche Bereiche erst vor relativ kurzer Zeit angehoben oder schnitt sich das regionale Gewässernetz rasch ein, dann erscheint die Landschaft als scharfkantig von Schluchten unterbrochene Tafel (Yuan-Relief). Wo die Erosion länger andauerte und sicher älter als der anthropogene Einfluß ist, kam es zu einer allmählichen Zurundung der langgestreckten Rücken, und das Verhältnis Hochflächen/Hänge/Täler weist eine gewisse Stabilität auf (Liang-Relief). Nur in Teilen des Lößplateaus findet man einen Typus, wo das Relief kaum mehr Hochflächenbereiche aufweist und zum überwiegenden Teil in einzelne Hügel aufgelöst ist (Mao-Relief), was sich nur zum Teil mit lang anhaltender Erosion erklären läßt. Dazu kommt dort vor allem der Einfluß des vorher bestehenden Reliefs und Talsystems.

Die Verteilung der Landnutzung und die Maßnahmen gegen die Bodenabspülung sind eng mit den Relieftypen gekoppelt. Auf den Flächen des Taiyuan- und des Yuanreliefs sind die Höhenunterschiede oft gering. Trotzdem findet man auch hier eine flache Terrassierung mit großen Abständen, die einen relativ wirkungsvollen Weg darstellt, die Rillenerosion auf der Oberfläche einzudämmen. Die stark geneigten, aber nicht schluchtartig steilen Hänge im Liang- und Mao-Relief müssen, da sie zunehmend große Flächenanteile einnehmen, in die Akkerbaunutzung mit einbezogen werden. Eine Bearbeitung ist hier allein aufgrund des Neigungswinkels ohne eng gestaffelte Terrassierung unmöglich. Trotzdem läßt sich der dauernde Bodenverlust nur vermindern und nicht aufhalten.

Auch wenn die Terrassierung den einzigen Weg darstellt, um unter diesen Umständen – große Reliefunterschiede, Böden aus Löß, sommerliche Starkregen – überhaupt Ackerbau betreiben zu können, so bleibt doch ein Charakteristikum dieser Landschaften erhalten. Die Bauern müssen mit einer permanenten Erosion und einer schleichenden Umwandlung des Landes leben. In ihrem Reisebericht beschreibt MAILLART (1938), wie die Bauern in diesem Kreislauf versuchten, die wertvolle verlorene Erde in Körben wieder an ihren Platz zurückzubringen. Die Großformen der Erosion, wie die Schluchtbildung, die Erdrutsche oder die tiefreichende Subrosion, hängen allerdings wenig mit anthropogenen Einflüssen zusammen. Innerhalb eines Menschenlebens kann es durchaus vorkommen, daß ein Bauer das langsame Verschwinden erheblicher Teile seiner Felder oder seines Dorfes miterlebt. Schon seit langem hat der Mensch Methoden und Geräte entwickelt, um auch andere Landschaften in Kultur zu nehmen, deren Nutzung weniger Probleme bereitet und wo höhere Erträge zu erzielen sind. Heute gehört das einstige Zentrum der Ackerbaukultur zu den Problemgebieten Chinas.

Hangformen und Nutzungsverteilung im Hügel- und Bergland Südchinas

Das Beispiel des Lößplateaus hat die enge Verknüpfung zwischen Landnutzung und Relief veranschaulicht. Unter umgekehrten Vorzeichen ist diese Feststellung auch in der riesigen Aufschüttungsebene Nordchinas gültig, wo bei fehlenden Reliefunterschieden und überall gegebenem Grundwasseranschluß eine praktisch lückenlose landwirtschaftliche Nutzfläche entstanden ist. Im Hügelland im Süden und im Bergland im Südwesten Chinas, die beide noch ganz innerhalb der Akkerbauzone liegen, wirkt sich die Ausprägung des Reliefs in wiederum ganz anderer Weise aus.

Aus den meisten Landschaften Europas ist uns als typische Form der Hänge ein flaches, gestrecktes Profil geläufig, das von oben her langsam steiler wird und, nach einem Neigungsmaximum im Mittelhang, allmählich flacher werdend auf den Talboden ausläuft. Der Grund für die meist relativ sanften Anstieg und vor allem den ausgeprägt flachen Hangfuß ist in der Landschaftsentwicklung zu suchen. Während der Kaltzeiten im Quartär lag Europa nur zum Teil unter Gletschern, ansonsten aber im Einflußbereich periglazialen Klimas. Die Frostverwitterung wirkte im anstehenden Gestein, brach Spalten auf und bereitete es tiefgründig auf. Die entstandenen Frostschuttdecken wanderten auf dem nur oberflächlich auftauenden Permafrostboden hangabwärts (Solifluktion), führten zu einer erheblichen Massenverlagerung und im Laufe der Zeit zu einer deutlichen Profilveränderung. Aufgrund der weiter südlichen Lage wirkten derartige Pozesse nur auf kleine Teile der chinesischen Landschaft, die zudem außerhalb der heutigen Ackerbauzone liegen.

Für China ist bis weit nach Norden in Festgesteinen eine andere Hangform typisch, die dem Typus der Glockenberge ähnelt. Das Hangprofil wird hier von oben bis unten zunehmend steiler oder zumindest im unteren Bereich nicht wieder flacher. Das Maximum der Hangneigung liegt also nicht im mittleren, sondern im unteren Bereich, weswegen überall ein markanter Hangknick ausgeprägt ist, der den Hang deutlich sichtbar von der Talaue oder der anschließenden Verebnung absetzt. Die Frostverwitterung war weder früher noch heute bei der Oberflächenformung von größerer Bedeutung, vielmehr spielt sich das Verwitterungsgeschehen vorwiegend im Sommer ab, wo Feuchte und Wärme zusammenfallen und chemische Prozesse überwiegen. Dazu kommt die schalenförmige Abschuppung in kristallinen Gesteinen, die glatte, steil abfallende Formen hervorbringt. Außerdem wird die Verwitterung durch das vom Hang ablaufende und sich am Fuß sammelnde Wasser gerade dort vorangetrieben, während sie ohne die vorherige Aufbereitung durch Frostsprengung in die Oberhangbereiche nur wenig tief eindringen kann. Die extremste Ausprägung dieser Art der Oberflächenformung bilden die Karstkegel im Kalkgebiet Südchinas. Als Folge dieser Verwitterungsformen kommt es, anders als in Europa, weniger zu einer Zertalung von Gebirgen mit Abtragung vom Rand her und Ausbildung einer markanten Wasserscheide. Insbesondere im Südosten Chinas, wo kristalline Gesteine weiträumig anstehen, lösen sich die Gebirgsstöcke in ein buntes Muster isolierter Hügel- und Bergländer auf, die von kleinen bis hin zu weiträumigen Beckenlandschaften unterbrochen werden.

Die Folgen der unterschiedlichen Hangformung für die Kulturlandschaft können gar nicht hoch genug eingeschätzt werden. In Europa besteht fast überall ein sanfter Übergang von der Grünlandnutzung im Talgrund zur Ackernutzung am Hang. Der Übergang zwischen beiden Bereichen ist unregelmäßig, verläuft teils höher, teils tiefer im Bereich des Unterhangs. Vielfach reichen Wiesen und Weiden von der Ebene auf den Hang hinauf, oder Felder ziehen sich von erhöhtem Gelände bis über den Hangfuß hinab. Entsprechend den jeweiligen Umständen wird die Verteilung auch verändert, etwa wenn unter neuen Marktbedingungen Wiesen trockengelegt und in Äcker umgebrochen oder aber die Weideflächen ausgedehnt werden. Zwischen Hang und Talgrund besteht auch agrarökologisch gesehen kein krasser Gegensatz, vielmehr verändern sich Böden, Grundwasser, Hangneigung und Anbaubedingungen allmählich.

In China ist demgegenüber fast durchweg eine markante Trennungslinie zwischen dem intensiv genutzten Flachbereich der Täler und den verbuschten oder bewaldeten Hängen charakteristisch. Nur in manchen Fällen ist die Bodendecke am Unterhang noch mächtig genug, um Terrassenfelder anzulegen. Meist aber beginnt über einem scharfen Knick der Steilbereich der Hänge, der nur eine dünne Bodendecke trägt. Im kleinräumigen Verteilungsbild besteht diese klare Trennung in Talaue und Talhänge mit dem unmittelbaren Gegensatz von intensiver Nutzung und Ödland innerhalb der einzelnen Flur (vgl. Fallbeispiele 12 und 22). In großräumiger Betrachtung besteht der krasse Gegensatz zwischen den übervölkerten Beckenlandschaften mit Landwirtschaft auf nahezu 100 % der Fläche und den dazwischen liegenden, einsamen Hügel- oder Berggebieten, wo teilweise noch größere Waldgebiete existieren.

Hypsometrischer Kulturlandschaftswandel im Hochgebirge

Die Feststellung, für die Hügel- und Bergländer habe man kaum Nutzungsmöglichkeiten entwickelt, gilt allerdings nur für den von Han geprägten Teil Chinas. Eine gravierende Ausnahme bilden die Hochgebirge sowohl im Südwesten (Nanling, Hengduanshan, Hochland von Tibet) wie auch im zentralasiatischen Westen (Tianshan). Dort wurden jeweils eigenständige Methoden und Landnutzungssysteme entwickelt, die sich teils auf Almwirtschaft, teils auf sorgfältige Terrassierung und ausgeklügelte Bewässerung speziell der unzugänglich erscheinenden Hangbereiche stützen. Der ethnische Bezug ist augenfällig, denn dabei handelt es sich praktisch durchweg um nicht von Han-Chinesen kultivierte, sondern von Minderheitenvölkern besiedelte Regionen.

In diesen Hochgebirgen läßt sich eine Zonierung der Kulturlandschaft beobachten, die sich analog zur Abfolge der Vegetationszonen mit der Höhe wandelt (*hypsometrischer Kulturlandschaftswandel*). Dieses Phänomen läßt sich beobachten, wenn mit Temperaturabnahme und Niederschlagszunahme die Möglichkeiten zur Landnutzung verändert werden, wie etwa in den Alpen in der Abstufung Ackerbau – Viehwirtschaft – Almwirtschaft. Die Abfolge in den Hochgebirgen Xinjiangs und am Rand des Hochlands von Tibet mit dem Gegensatz zwischen Ackerbau in den Oasen bzw. Tälern und Viehzucht in den Hochlagen kommt der alpinen Zonierung noch einigermaßen nahe (Fallbeispiele 4 und 17).

Dagegen stützt sich der hypsometrische Kulturlandschaftswandel in Südwestchina auf die Abfolge verschiedener Anbausysteme. In der Regel konzentriert sich dort die Besiedlung durch Chinesen auf die ausgesprochenen Beckenlagen, während in den Bergen darüber eine oder sogar zwei verschiedene Minderheiten leben und das, obwohl deren Landnutzung ebenfalls noch vollständig auf Ackerbau basiert. Um unter den schwierigen Bedingungen eine dauerhafte Existenzgrundlage sicherzustellen, mußten spezielle, dem unterschiedlichen Relief und Klima angepaßte Nutzungssysteme entwickelt werden (Fallbeispiele 16, 21 und 25). Dazu kommt im allgemeinen noch ein markanter Wandel der ländlichen Architekturformen.

In den extrem tief zertalten Hochgebirgen in Yunnan besteht darüber hinaus teilweise auch ein Ost-West-Gegensatz in der Kulturlandschaft (Fallbeispiel 26).

Bestimmte Verteilungsmuster wiederholen sich immer wieder, was am Beispiel der in einzelne Gebirgsstöcke aufgelösten Höhenzüge mit ihrem kleinräumigen Wechsel zwischen Becken und Hügelländern deutlich wird, der von der Bevölkerungsverteilung, der ländlichen Architektur und der Landnutzung nachgezeichnet wird. Der hypsometrische Kulturlandschaftswandel läßt sich kaum in Überblickskarten, sondern nur lokal darstellen, was mit einigen der Fallbeispiele versucht wird, von denen mehrfach relativ nahe beieinander liegende Lokalitäten paarweise gegenübergestellt werden. Im Extremfall spielt sich der Wandel ganz kleinräumig auf einer Distanz von wenigen Kilometern ab.

Relief, Erosionskontrolle und Folgen für die Kulturlandschaft

Das Relief macht sich als steuernder Faktor für die Ausprägung der Kulturlandschaft bemerkbar, wenn man sich die Verteilung der Landnutzung näher betrachtet, die wiederum stark mit den Möglichkeiten zusammenhängt, die Erosion des wertvollen Ackerbodens zu kontrollieren. In ebenen Räumen, wie der Nordchinesischen Tiefebene, bestehen keine dadurch bedingten Restriktionen, und Ackerbau ist deshalb weitflächig ohne Beschränkung möglich. Sobald Hänge anteilsmäßig von Bedeutung sind, bestehen für den Ackerbau treibenden Menschen im Prinzip zwei Möglickeiten, sich den Bedingungen des Ökosystems anzupassen, die beide für die Kulturlandschaft Chinas wichtig sind: Konzentration auf die begünstigten Bereiche oder Terrassierung der Hänge.

Dort, wo die verbesserte Ertragssituation den Aufwand der Terrassierung nicht aufwiegt, kommt es zu einer *Konzentration* der Landnutzung auf die begünstigten Lagen, womit eine Trennung in intensiv genutzte Becken und Talböden und höchstens extensiv genutzte, verbuschte oder bewaldete Hänge einhergeht, wie sie kleinräumig für ganz Südchina zutrifft. Als Gründe dafür kommen ein zu geringer Bevölkerungsdruck oder aber bessere Möglichkeiten der Ertragssteigerung in den ohnehin schon begünstigten, flachen Bereichen in Frage, was den reliefbedingten Gegensatz dann noch weiter steigert.

Wenn Ackerland in hängiges Gelände ausgedehnt werden soll, ist es unabdingbar, die Erosion unter Kontrolle zu bekommen, wofür sich neben schonender Bodenpflege vorwiegend die *Terrassierung* anbietet. Die Terrassierung einer Landschaft läßt sich immer als Zunahme der Arbeitsintensität interpretieren, denn der Stabilisierung und der Erhöhung der Erträge steht ein erheblicher Aufwand an Arbeitseinsätzen gegenüber, welcher neben der aufwendigen Konstruktion die immer wiederkehrende Ausbesserung von Schäden umfaßt. In eng terrassiertem Gelände macht die Aufteilung der Ackerflur darüber hinaus die Anlage von Wegen teurer und schwieriger, schränkte deshalb schon früher den Einsatz von Zugtieren ein und stellt heute ein Modernisierungshindernis dar. Mit der Terrassierung wird die Tendenz zu kleineren Feldgrößen gefördert, die um so stärker individuell gepflegt werden. Dabei ergeben sich Zusammenhänge zur Nährstoffkontrolle, weil die Erosion nicht nur zum Abtrag von Bodenmaterial, sondern auch zum Verlust von Nährstoffen führt.

Auch wenn die Terrassierung im Naßfeldanbaugebiet auf den ersten Blick den Formen der Lößterrassen ähneln mag, so dient sie im Gegensatz dazu einer völlig anderen Methode, nämlich der Kontrolle der Bewässerung.

5.2. Bewässerungskontrolle und Reisanbausysteme

Die Wasserversorgung ist einer der wesentlichen Ökofaktoren, die das Gedeihen der Pflanzen bestimmen, und zwangsläufig versucht der Mensch auch hier, kontrollierend einzugreifen. Mit der *Bewässerung* als solcher verfolgt man dabei verschiedene Ziele. Erstens soll der Ertrag von Anbaufrüchten, die im Trockenfeld auch ohne Bewässerung gediehen, durch Zusatzbewässerung erhöht werden. Zweitens geht es um die Sicherung vor Dürreperioden, die zur Trockengrenze der Ackerbauzonen hin gehäuft vorkommen und das Anbaurisiko steigern. Drittens läßt sich bei dauerhafter Bewässerung der Anbau in Gebiete ausdehnen, die unter natürlichen Bedingungen überhaupt keinen Ackerbau trügen (Oasen). Und viertens benötigen bestimmte Feldfrüchte einen anderen Zyklus der Wasserversorgung oder andere Bedingungen als die natürlicherweise vorherrschenden. Entsprechend der Unterschiedlichkeit der Zielsetzung wie auch der natürlich vorgegebenen Umstände entwickelten die Bauern ein ganzes Spektrum von Bewässerungssystemen. Die Folgen dieser Eingriffe sind recht verschiedener Art und bedingen vielfach eine weitreichende Umgestaltung von Landschaften, die mit zu den eindrucksvollsten Kulturlandschaften gehören.

Die schwerwiegendsten Eingriffe macht der *Naßreisanbau* nötig, denn die Ökologie der Reispflanze stellt die höchsten Ansprüche aller Kulturpflanzen an die Wasserversorgung und bedarf der Dauerbewässerung im Naßfeld. Der damit verbundene enorme Aufwand wird durch die Möglichkeit hoher Erträge aufgewogen, die selbst unter relativ einfachen Bedingungen zu erzielen sind und die seit Jahrtausenden die Basis der großen Bevölkerungsdichte in den „Reiskammern" Asiens bilden. Reisanbau ohne ausgeklügelte Bewässerungssysteme ist weder in der notwendigen Zuverlässigkeit noch in derart verschiedenen Landschaften mit unterschiedlichen Ausgangsbedingungen denkbar. Die Anforderungen des Reisanbaus bestimmen dabei sowohl die Modifikation der Kulturlandschaft als auch den Lebensrhythmus der Bauern und reichen bis hin zur Bevölkerungsdichte und zu gesellschaftlichen Implikationen.

Bewässerung landwirtschaftlicher Kulturen in China

Techniken zur Bewässerung haben in China eine lange Tradition und fanden bereits früh Beachtung bei höchsten staatlichen Stellen. Das älteste ist das Bewässerungsprojekt von Dujiangyan, welches die Ebene von Chengdu im Osten des Beckens von Sichuan mit Wasser versorgt und bereits um das Jahr 250 vor Christi Geburt unter dem Provinzgouverneur Li Bing begonnen wurde. Das Ziel dieses Projekts war es, die mit der Schneeschmelze im Hochland von Tibet extrem schwankende Wasserführung des Minjiang, die im Frühjahr stets zu weitflächigen Überschwemmungen führte, unter Kontrolle zu bekommen und für die Bewässerung nutzbar zu machen. An dem Punkt, wo der reißende Fluß sein enges Gebirgstal verläßt, wurde sein Lauf mittels einer strommittigen künstlichen Insel, Fischmaul genannt, aufgespalten und das Überschußwasser in einen Kanal ausgeleitet, der sich später in ein kompliziertes Bewässerungssystem verzweigt. Ein Überlauf erlaubt bei einer zu hohen einströmenden Wassermenge deren Rückfluß und sorgt für die Regulierung des Wasserstands im Hauptkanal. Die Konstruktion ist derart stabil angelegt, daß sie niemals ernsthaft beschädigt wurde oder in Zeiten mangelhafter Pflege verfiel. Die ursprünglich bewässerte Fläche von 200 000 ha

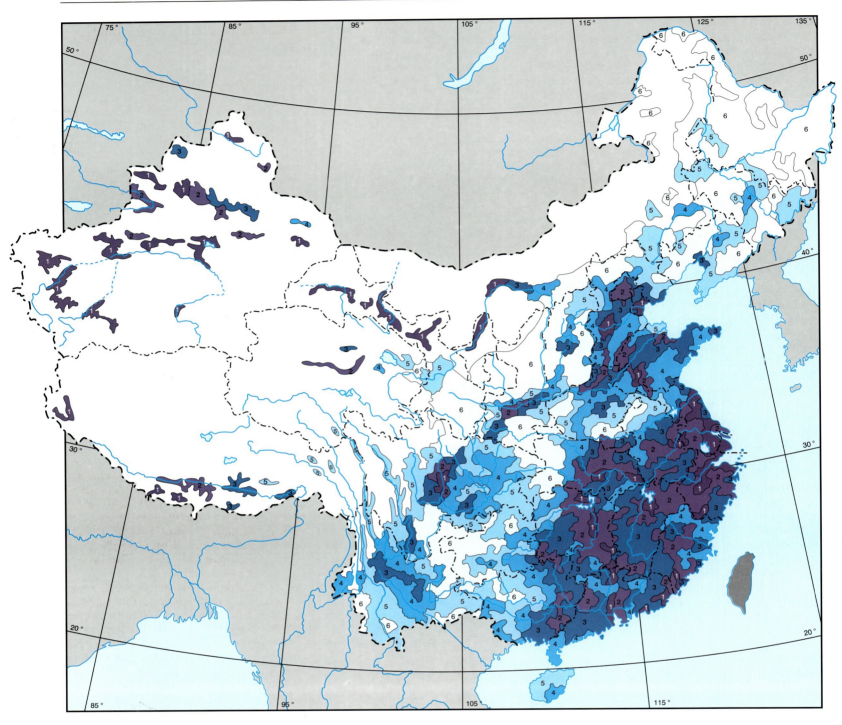

Abbildung 6:
Anteil der effektiven Bewässerungsfläche an der Ackerfläche (Zusatzbewässerung im Trockenfeldbau sowie Naßfeldbau).
Nach Nanjing dili yu hupo yanjiusuo et al. (1989, S. 81 f.), generalisiert

1	über 90 %
2	90 – 75 %
3	75 – 60 %
4	60 – 40 %

| 5 | 40 – 20 % |
| 6 | unter 20 % |

0   100 200 300 400 500 600 km

Jahr	1952	1957	1965	1978	1985	1990
Bewässerungsfläche [Mio. ha]	20,0	27,3	33,1	45,0	44,0	47,4
Anteil an der Ackerfläche [%]	18,5	24,5	32,3	44,5	44,8	49,5
davon maschinell bewässert [%]	1,6	4,4	24,5	55,4	55,9	57,3

Tabelle 2: Entwicklung der Bewässerungsfläche in China (Naßfeld und Zusatzbewässerung) und Anteil an der Ackerfläche (State Statistical Bureau 1991, S. 299; Flächenangaben vor 1990: Statistisches Bundesamt 1969, 1985, 1993)

Ackerland konnte inzwischen mehr als verdoppelt und soll noch erheblich ausgedehnt werden (VOGEL 1994, S. 34 f.).

Spätere Regierungen blieben der Tradition, sich um die Bewässerung zu sorgen, treu. So wurde unter kommunistischer Herrschaft während des „Großen Sprungs vorwärts" 1958/61 das Projekt des Rote-Fahne-Kanals im Norden der Provinz Henan ins Leben gerufen und während der Kulturrevolution als Modellfall propagiert. Hier ging es um die Erweiterung der landwirtschaftlichen Nutzfläche um rund 40 000 ha in bis dato nicht ackerbaulich zu nutzende Hügelbereiche, verbunden mit Elektrizitätsgewinnung (JERVIS 1992).

Trotzdem blieben derart große und organisatorisch aufwendige Projekte Einzelmaßnahmen, und die Bewässerung basiert, vor allem im Süden Chinas, überwiegend auf lokalen Anlagen von dörflichen Dimensionen. Im Jahre 1990 war knapp die Hälfte der Ackerfläche Chinas bewässert (49,5 %; vgl. Tab. 2), was mit 47,4 Mio. ha dem Dreifachen der gesamten landwirtschaftlich genutzten Fläche Deutschlands entspricht und etwa ein Fünftel der Gesamtbewässerungsfläche der Erde umfaßt. Die Bewässerungsfläche wurde während der fünfziger und sechziger Jahre fast verdreifacht, eine Entwicklung, die sich seit den siebziger Jahren allerdings verlangsamte und inzwischen allmählich an ihre natürlichen Grenzen stößt.

Die Karte in Abbildung 6 zeigt die großen regionalen Unterschiede in der Verteilung der Bewässerungsgebiete in China. Die angeführten Werte beziehen sich auf den Anteil der Bewässerungsfläche an der Gesamtfläche auf der Basis der Landkreise, trennen allerdings nicht zwischen Zusatz- und Dauerbewässerung im Naßfeld. Man erkennt das weitaus größte zusammenhängende Gebiet in der Naßfeldanbauzone im Südosten Chinas, wo durchweg 60 – 75 % der Ackerfläche bewässert werden und diese Methode eine lange Tradition hat. Schwerpunkte mit einer Rate bis 90 % markieren die Beckenlandschaften innerhalb dieser stark hügeligen Region. Das untere Jangtsetiefland in den Provinzen Jiangsu und Zhejiang fällt als Schwerpunkt mit verbreitet 75 – 90 % Bewässerungsanteil auf. Hier liegt, zusammen mit dem Becken von Sichuan, das Kerngebiet des chinesischen Reisanbaus mit den höchsten Erträgen.

Interessant ist der deutlich zurückgehende Anteil im Südwesten des Landes, der gleichfalls zur Naßfeldanbauzone gerechnet wird, wo aber die Bewässerungsfläche trotz der gegebenen klimatischen Voraussetzungen auf unter 40 %, verbreitet sogar unter 20 % absinkt. Die Gründe hierfür sind in der gebirgigen Landesnatur, aber auch parallel in der Bevölkerungs- und Wirtschaftsstruktur zu suchen. Hiervon ausgenommen sind nur zwei Bereiche: die Hochebene von Kunming (Zentralyunnan) und das Becken von Sichuan, wo um Chengdu über 90 % bewässert werden. Ähnlich hohe Werte erreichen zwangsläufig die Oasenkulturen in Westchina, wo aber kaum Reis angebaut wird, sondern Trockenfeldbau mit Zusatzbewässerung zur Anwendung kommt.

Außerhalb der Naßfeldanbauzone fällt der hohe Bewässerungsgrad in der Nordchinesischen Tiefebene auf, wo weithin 40 – 60 % erreicht werden. Für die hier angebauten Getreide-

arten, allen voran Weizen, ist Bewässerung im Prinzip nicht notwendig, erhöht und sichert aber die Erträge, ist also Zusatzbewässerung. Die Ausdehnung in diesen Raum, wo die Zusatzbewässerung ursprünglich wenig verbreitet war, ist für die starke Zunahme der Gesamtrate der Bewässerung zwischen 1949 und 1970 verantwortlich und beruht weitgehend auf dem Einsatz von Pumpanlagen (Tab. 2). Sie hängt nicht nur mit dem Getreideanbau zusammen, sondern auch wesentlich mit der Gemüsezucht im Umfeld der Städte sowie der Ausweitung des Baumwollanbaus. Noch in den dreißiger Jahren lag die Rate weit darunter, bei meist weniger als 10 % und nur in Ausnahmefällen zwischen 10 und 20 % pro Kreis (BUCK 1937, S. 137). Das inzwischen auch in der Nordchinesischen Tiefebene recht einheitlich hohe Niveau läßt erkennen, daß die Möglichkeiten einer weiteren Ausdehnung von Bewässerungsflächen inzwischen stark eingeschränkt sind.

Im gesamten Lößplateau können wegen der Durchlässigkeit des porösen Lösses höchstens die Talauen zusätzlich bewässert werden, was in der geringen Rate von unter 20 % zum Ausdruck kommt. Eine Ausnahme bildet lediglich die Niederung des Weihe mit ihrem flachen Taiyuan-Relief wenig oberhalb der Wasserläufe und des Grundwasserniveaus. Die Zusatzbewässerung ist in diesem historischen Kernland Chinas seit langem üblich. Ebenfalls sehr gering sind die Anteile der Zusatzbewässerung an der Ackerfläche im gesamten Nordosten, was die dort geringe Flächenproduktivität widerspiegelt. Der Naßfeldanbau, der erst mit der Einführung schnellreifender Reissorten seit den sechziger Jahren möglich wurde, ist auf geringe Flächenanteile beschränkt.

Insgesamt läßt die Verteilung der Bewässerungsflächen Beziehungen zu natürlichen Bedingungen (Klima, Böden), teilweise aber auch zu agrarwirtschaftlichen (Anbauintensität) oder agrarstrukturellen (Neuerschließung) Ursachen erkennen. Die Schwerpunkte der kapital- und arbeitsintensiven Bewässerung liegen im ganzen Land in den am intensivsten genutzten, bevölkerungsreichsten Gebieten, also den wirtschaftlich stärksten Regionen mit hoher erzielbarer Rendite, was sowohl für den Norden (Zusatzbewässerung im Gemüse- und Baumwollanbau) als auch für den Süden (Schwerpunkte des Naßreisanbaus) gilt. Klar ist die Dominanz der Bewässerung im Naßreisanbaugebiet des Südens zu erkennen, dessen ökologische Anforderungen dauerhafte Bewässerung im Naßfeld verlangen.

Die Ökologie der Reispflanze

Obwohl die Reispflanze recht hohe Anforderungen an die Wasserregulierung stellt, ermöglichten ihre züchterische Vielfalt und ökologische Flexibilität eine Anpassung an verschiedenste Nutzungssysteme und Umweltbedingungen, Grundlage für die enorme Verbreitung, die diese Kulturpflanze in vielen Ländern Asiens erreichte. Die Bedeutung, die der Reis hier im Leben und in der Kultur hat, umfaßt nicht nur die Ausprägung der Kulturlandschaft, sondern reicht bis ins Sprachliche, erkennbar an der genauen begrifflichen Differenzierung.

Während man im Deutschen unter „Reis" sämtliche Erscheinungsformen von der Pflanze bis zum fertigen Essen versteht, unterscheidet das Chinesische zwischen der Reispflanze im Naßfeld *(shui dao)*, dem gedroschenen Reis als Getreide *(dao gu)*, dem geschälten, weißen Reis als Nahrungsmittel *(mi)* und dem fertig gegarten, zum Essen angerichteten Reis *(fan)* – Zeichenfolge links von oben nach unten. Die Selbstverständlichkeit, die der Reis als Symbol für die alltägliche Ernährungsgrundlage in China erreicht hat, zeigt sich daran, daß *fan* neben seiner konkreten noch die übertragene Bedeutung für „essen" allgemein hat. Ganz gleich, ob man Reis, Nudeln oder Brot zu sich nimmt, man kann nichts anderes sagen als „Reis essen" *(chi fan)*.

Die Daten des folgenden Überblicks stammen vorwiegend aus BRAY (1986, S. 9 ff.), daneben aus ANDREAE (1983, S. 124 ff.) und WILHELMY (1975, S. 23, 29). Reis ist ein Rispengras, dessen Varietäten recht unterschiedliche Längen von etwa einem bis zu mehreren Metern erreichen. Obwohl man mehr als 120 000 kultivierte Reissorten in Asien kennt, gehören alle derselben Art *(Oryza sativa)* an, ganz gleich, ob sie im Naß- oder Trockenfeld angebaut werden. Man gruppiert sie lediglich grob regional nach den Unterarten ssp. *indica* mit länglichem Korn, ssp. *japonica* mit runderem, klebrigem Korn und ssp. *javanica*. Da sich ihre Eigenschaften hinsichtlich Reifezeit, Abhängigkeit von der Tageslänge und ökologischer Ansprüche stark unterscheiden, finden in allen Regionen Sorten der verschiedenen Unterarten nebeneinander Verwendung.

Das günstige Ernte/Saatgut-Verhältnis von Reis spielte eine wesentliche Rolle in der frühzeitigen Bevorzugung dieser Nutzpflanze. Aus einem einzigen Reiskorn können bis zu 500 Körner wachsen. Auch für einfache, vorindustrielle Anbaubedingungen wird die Rate zwischen Saatgut und Ernte auf bis zu 1 : 75 oder 100 geschätzt, weit mehr als das Zehnfache der mittelalterlichen Werte in Europa für Weizen oder Roggen, die im Extremfall lediglich bei 1 : 3 oder 4 lagen. Selbst völlig ohne Düngung läßt sich ein Ertrag von 15 – 20 dz/ha erzielen. Das ist für Subsistenzbauern ein wichtiger Sachverhalt, und Reis ist eine typische Selbstversorgerfrucht. Dennoch reagiert Reis auf Düngung sehr sensibel, und die Erntemengen sind dadurch wesentlich steigerungsfähig.

Reis stellt, im Naßfeld angepflanzt, hohe Ansprüche an seine Umgebung, vor allem hinsichtlich der Wasserversorgung und Saatbettbereitung. Die Pflan-
zung muß in ein Saatbett aus äußerst feinem Schlamm erfolgen, für dessen Herrichtung ein Mehrfaches an Arbeitsschritten erforderlich ist als für andere Getreidearten, angefangen vom mehrmaligen Umpflügen des trockenen Bodens über das Einleiten der entsprechenden Wassermenge bis zu deren sorgfältiger Vermischung, bis eine völlig einheitliche Suspension zähflüssiger Konsistenz entsteht. Der Wasserstand ist anschließend genau zu regeln und muß zunächst ansteigen, liegt zwischen Blüte und Fruchtansatz am höchsten und hat dann langsam zurückzugehen, bis das Feld mit der Reife austrocknet (zu den einzelnen Arbeitsschritten im Naßreisanbau vgl. Fallbeispiele 12 und 14).

Die durchschnittliche Tagestemperatur sollte während des Reifezeitraums zwischen 25 und 30 °C liegen. In den inneren Tropen wird dieser Wert teilweise überschritten, weshalb der Ertrag im rand- und subtropischen Bereich, zu dem Südchina gehört, am höchsten ist. Die Höhengrenze des Reisanbaus (vgl. Tab. 3) wird ebenfalls in den Randtropen erreicht, ist allerdings nicht allein von klimatischen Faktoren, sondern vor allem von den Bewässerungsmöglichkeiten und aufgrund des Arbeitskräftebedarfs vom Bevölkerungsdruck abhängig, der die Bauern veranlaßt, neue Felder immer höher im Gebirge zu erschließen. Die weltweit größte Höhenlage erreicht der Reisanbau mit 2700 m im Norden Yunnans am Yulongshan/Kreis Lijiang (vgl. Fallbeispiel 25).

Die Nährstoffansprüche von Reis sind demgegenüber bescheiden, denn zum einen wird mit dem Bewässerungswasser eine große Menge gelöster Nährstoffe bereitgestellt, zum anderen binden die sich im stehenden Wasser entwickelnden Blaualgen erhebliche Mengen an Stickstoff und machen ihn für die Reispflanzen verfügbar. Naßreis gehört deswegen neben Roggen und Mais zu den wenigen sogenannten selbstfolgestabilen Getreidearten, die fortwährend auf demselben Feld angebaut werden können, ohne daß der Ertrag unter eine gewisse Grenze absinkt.

Die weitgehende Unabhängigkeit von den Bodennährstoffen ermöglicht die Verbreitung von Naßreis auch in Gebieten mit alten, ausgelaugten Böden, wie sie u. a. in Südchina verbreitet sind. Naßreissorten sind im allgemeinen wenig krankheitsgefährdet und geringer Unkrautkonkurrenz ausgesetzt, was auch an den Standortbedingungen im Naßfeld liegt. Der Einsatz von Pestiziden ist daher beim Anbau der traditionellen Sorten weniger wichtig. Für viele der neu gezüchteten, ertragreichen Reissorten, denen es an diesen Eigenschaften mangelt, ist der Pestizideinsatz aber erforderlich – wegen der Abhängigkeit von den Blaualgen, die dadurch beeinträchtigt werden, eine recht kritische Maßnahme.

Die Steigerung des Ertrags stützt sich beim Anbau von Naßreis vor allem auf sehr effiziente arbeitstechnische Methoden: erstens die möglichst genaue Kontrolle der Bewässerung, zweitens die Ansaat im Saatbeet mit späterem Verpflanzen sowie drittens der Mehrfachanbau mit zwei (oder mehreren) Ernten pro Jahr. All diese Maßnahmen erfordern weder weiteren Kapitalaufwand noch zusätzliche Anbauflächen und standen schon seit langem, weit vor der Einführung industrieller Landnutzungsmethoden, zur Verfügung, womit Naßreisanbau im Gegensatz zu allen anderen Getreidearten steht. Die Tatsache, daß für die ertragssteigernden Methoden im Reisanbau keine Ausweitung des Ackerlandes, sondern eine Erhöhung der Arbeitsintensität nötig ist, war sowohl für die Kulturlandschaftsentwicklung als auch für die Besiedlungsggeschichte und die Bevölkerungsverdichtung in China von enormer Bedeutung.

Die Fähigkeit des Reises, sich an unterschiedliche Bedingungen anzupassen und vor allem die Möglichkeiten, seinen Ertrag mit einfachen Mitteln zu steigern, sind letztlich der

Java	1200 – 1500 m
Sumatra	1500 m
Philippinen (Luzon)	1800 m
Hindukusch	2000 m
Kashmirbecken	2200 m
Westnepal	2400 m
Yunnan (Lijiang)	2700 m

Tabelle 3: Höhengrenzen des Reisanbaus in Ost- und Südostasien (nach WILHELMY 1975, S. 23)

Grund für die weite Verbreitung und die Kultivierung in verschiedenen Anbausystemen. Es gibt Reissorten, die bis zu einem gewissen Grad salztolerant sind und in Marschland angebaut werden können, andere reagieren unterschiedlich auf ausbleibende oder verstärkte Düngung, vertragen schlechtere Wasserversorgung oder kältere Temperaturen, während das unterschiedliche Längenwachstum neben dem normalen Feldbau auch die Kultivierung als Flach- und Tiefwasserreis ermöglicht, letzteres vor allem in den großen Flußdeltas Südostasiens. Das Spektrum reicht bis hin zu Reissorten, die im Trockenfeld angebaut werden können.

Reisanbausysteme

Die große Variabilität der Reissorten ermöglichte die Kultivierung in recht unterschiedlichen Anbausystemen, deren Veränderungen des Ökosystems wesentlich zur Vielfalt der Kulturlandschaft in China beitragen. Reisanbausysteme unterscheiden sich vor allem hinsichtlich ihrer Bewässerungstechnik und -kontrolle, deren Parameter sich aus dem Wechselspiel zwischen den Ansprüchen der Reispflanze und den Bedingungen des Ökosystems ergeben. Die folgende Gliederung ergibt sich aus dem Grad der anthropogenen Umgestaltung der Landschaft, die aus diesen Notwendigkeiten resultiert und eng mit dem lokalen Relief korrespondiert. Auch wenn in den allermeisten Fällen kein Dauerreisanbau betrieben wird, sondern Fruchtfolgesysteme mit anderen Pflanzen zur Anwendung kommen, so wird die Feldstruktur trotz Fruchtwechsel dennoch von den Erfordernissen des Naßreises bestimmt. Die Angaben stützen sich auf UHLIG (1981, 1984), BRAY (1986) und eigene Beobachtungen.

Natürliche Überschwemmungssysteme

Die ursprüngliche Form des Reisanbaus, der Überschwemmungsreis, basierte auf der Aussaat in Sumpfgebiete oder niedrig gelegene Uferbereiche der großen Stromebenen zu Beginn der Monsunzeit. Mit steigendem Wasserstand wachsen die Pflanzen dann heran. Bei diesem Anbausystem werden, von einigen kleinen Dämmchen am Rand der Felder abgesehen, durch den Menschen keine größeren landschaftlichen Veränderungen wie Kanalbauten oder Feldterrassierung vorgenommen, und der Wasserstand ist nicht kontrollierbar. Solche auf natürlichem Niederschlag beruhenden Systeme nehmen in China, im Gegensatz zu den tropischen Reisanbaugebieten, nur etwa 8 % der Anbaufläche ein (UHLIG, 1981, S. 307). Je nach erforderlicher Wassertiefe stehen Varietäten mit unterschiedlichen Halmlängen zur Verfügung.

Tiefwasser- oder Schwimmreis erreicht Wassertiefen zwischen einem und sechs Metern und ist vor allem in den Deltabereichen Südostasiens verbreitet, wo er 5 – 10 % der Anbaufläche erreicht, die sonst kaum zu bebauen wären. Seine Erträge liegen trotz fehlender Düngung bei 15 dz/ha, denn mit den Monsunfluten bringen die Flüsse mit Nährstoffen beladenes Wasser heran. Umpflanzen ist nur teilweise möglich und bringt dann die entsprechende Ertragssteigerung, Mehrfachanbau ist jedoch ausgeschlossen. Schwimmreis benötigt relativ große Betriebseinheiten von 4 – 8 ha Anbaufläche, weshalb dieses Anbausystem wenig intensivierbar ist. Der Anbau von Tiefwasserreis spielte früher auch in China eine Rolle, wurde aber inzwischen von Systemen verdrängt, die besser kontrollierbar sind, auch wenn der Aufwand dabei ansteigt.

Von Flachwasserreis spricht man bei unter einem Meter Halmlänge, wobei die Wassertiefe selten mehr als 50 cm erreicht. Man findet Flachwasserreis auch in China noch an vielen Seen, deren Ufer dann wie schlecht geplante und überflutete Felder aussehen. Der Wasserstand der Seen schwankt mit dem Monsun ebenfalls, wenn auch nicht in den Ausmaßen der ungeschützten Flußufer und Deltas, weswegen der Anbau von Flachwasserreis die einzige Möglichkeit bietet, die Anbaufläche dort bis zum äußersten auszudehnen (vgl. Fallbeispiel 26).

Sumpfreisanbau auf Gezeitenrückstau ist ein weiteres Überschwemmungsreissystem, wobei wiederum nur besondere Varietäten der Pflanze den täglich schwankenden Wasserstand ertragen. Der Reis steht natürlich nicht im direkten Kontakt mit dem salzhaltigen Meerwasser; vielmehr werden die Felder durch das Flußwasser, das bei Flut in den Mündungstrichter hinein angestaut wird, bewässert. Dieses Anbausystem ist auf geringe Bereiche der inneren Tropen beschränkt (Borneo, Bangladesch).

Zu den natürlich bewässerten Systemen gehört auch der Anbau auf der Basis von Regenstau auf Hangterrassen ohne Anschluß an Bewässerungskanäle. Hierbei werden Terrassenfelder konstruiert, deren Versorgung aber nur durch das vom Hang abfließende Regenwasser gewährleistet wird, welches auf den ebenen, von Dämmchen umgrenzten Terrassen zurückgehalten und gestaut wird. Diese vollkommen regenabhängige Methode bietet eine verringerte Anbausicherheit und ist nur in Gebieten mit während der Vegetationszeit andauernd hohen Niederschlägen anwendbar. Sie bringt mit einer Ernte nur eine geringe Flächenproduktivität, und die Nutzung der betreffenden Flächen ist nur durch Anschluß an eine sichere Bewässerung intensivierbar. In China ist Reisanbau auf Regenstau kaum zu finden.

Pumpbewässerungssysteme der Niederungen und Tiefebenen

Ein wesentlicher Schritt zur Intensivierung des Reisanbaus in den Tiefebenen und Marschen entlang flacher Küsten ist mit der Landgewinnung verbunden. Die Eingriffe des Menschen in das flache, versumpfte und von Seen durchsetzte Schwemmland beziehen sich nicht nur auf die Bewässerung, sondern auf die Kombination mit Entwässerung und Überflutungskontrolle. Zu diesen Zwecken war nach und nach neben dem Bau von Schutzdeichen entlang der Flüsse und Küsten die Anlage eines Netzes kleiner Kanäle und Gräben notwendig, deren Wasserspiegel oft nur ein oder zwei Meter unterhalb des Landes liegt. Zur Anlage der Äcker selbst genügt hier in den meisten Fällen deren Umgrenzung mit niedrigen, $1/2 – 1$ m hohen Dämmchen, die das Wasser im Feld halten. Die Kontrolle über Be- und Entwässerung erfolgt, im Gegensatz zu kanalbewässerten Systemen, individuell vom einzelnen Bauern, da er sein Wasser direkt aus dem Grabensystem entnimmt bzw. über einen Brunnen verfügt.

Pumpbewässerungssysteme der Niederungen und Tiefländer nehmen in China über die Hälfte der Naßfeld-Anbaufläche ein, auch wenn sie im Landschaftsbild viel weniger auffallen als die Terrassensysteme der Gebirge und die unübersehbaren Reisebenen eher monoton wirken. Hier befinden sich auch die Schwerpunkte der Bevölkerungskonzentration. Dazu gehören die teils kleinräumigen Küstenhöfe im Süden (Guangdong), der Mittel- und Unterlauf des Jangtse, die tiefliegenden Teile der großen Binnenbecken (in Hunan und Jiangxi) und vor allem das weitläufige Tiefland, das große Teile der heutigen Provinzen Jiangsu und Zhejiang einnimmt. Ein derartiger Kulturlandschaftstyp wird in Fallbeispiel 10 vorgestellt. Unter den günstigen Bedingungen mit intensiven und hochentwickelten Bewässerungs-, Dünge- und Bearbeitungsmethoden erreichen diese Gebiete die höchsten Erträge in China mit über 50 dz/ha.

Viele weitflächige Niederungen und Tiefebenen Südostasiens konnten erst in jüngerer Zeit kanalisiert, trockengelegt und genutzt werden (Umgebung von Bangkok, Mekongdelta). Die Marschen von Jiangsu und Zhejiang waren bereits seit der Tangzeit (618 – 906) bevorzugte Ziele der Binnenkolonisation mit entsprechender Trockenlegung und Umwandlung in bewässerbare Äcker. Die Techniken dazu waren seit der Frühlings- und Herbst-Periode (722 – 481 v. Chr.) bekannt und wurden seit der Han-Dynastie (206 v. – 220 n. Chr.) lokal in vielen Bereichen Südchinas angewandt. Während der nördlichen Song-Dynastie (960 – 1127) verfolgte man Programme zur planmäßigen Marschlandgewinnung in größerem Stil, wofür zum Teil umfangreiche Organisationen unter Einschluß des Militärs nötig waren. Die weitere Pflege und Offenhaltung der Kanalsysteme wurde von den Großgrundbesitzern organisiert, zunächst auf der Basis von Fronarbeit der Bauern, später teilweise auch als Lohnarbeit (BRAY 1986, S. 30, 90 – 93).

Aufgrund der ebenen Landschaft und der beschriebenen Hydrologie lassen sich die gewonnenen Felder nicht auf natürliche Weise bewässern. Vielmehr mußte stets das benötigte Wasser aus den Gräben und Kanälen in die Felder heraufgepumpt werden, wofür eine ganze Anzahl von Techniken und Geräten entwickelt wurde, die teilweise seit Jahrtausenden in unveränderter Form im Einsatz sind (vgl. Fallbeispiel 10). Heute werden in den genannten Bereichen von Jiangsu und Zhejiang zwischen 65 und 95 % der Flächen mit elektrischen oder Dieselpumpen bewässert, während diese Rate im gesamten übrigen Südchinesischen Bergland weit darunter liegt und je nach Reliefcharakter vielfach unter 5 % fällt. Demgegenüber werden die neu erschlossenen Bewässerungsgebiete in der Nordchinesischen Tiefebene und der Mandschurei ebenfalls überwiegend durch motorisierte Pumpen versorgt (Nanjing dili yu hupo yanjiusuo et al. 1989, S. 75).

Flußgespeiste Kanalbewässerungssysteme der Täler und Becken

Bereits in nur wenig stärker reliefiertem Gelände, wo das Wasser mit der Schwerkraft abwärts fließt, ist die natürliche Bewässerung möglich. Zur Kontrolle der Wasserführung und ihrer Verteilung in der Flur legt der Mensch in diesen Fällen ein Netz von Kanälen zur Be- und Entwässerung an. Es kann je nach lokalen Bedingungen große Ausmaße erreichen, wie das Beispiel Dujiangyan zeigt, der Prototyp eines flußgespeisten Kanalbewässerungssystems. Zusätzlich ist eine gewisse Terrassierung erforderlich, um das Relief auszugleichen und ebene Felder zu erhalten, wobei die Höhe der Terrassenstufen im Verhältnis zur Ausdehnung der Terrassenflächen gering bleibt. Um die völlige Abhängigkeit dieser Bewässerungssysteme von der Wasserführung der Flüsse und damit vom Niederschlagsgang zu mildern, werden vielfach in das Kanalsystem Teiche integriert, deren Wasserauslaß regelbar ist. Dadurch wird nicht nur eine Kontrolle über die abfließende Wassermenge ermöglicht, die Teiche dienen gleichzeitig als Reservoir zum Ausgleich der Wasserstandsschwankungen. Solche Bewässerungssysteme versorgen in der Regel höchstens ein Dorf, oft aber nur einen Teil der Flur. Sie gehören zu den ältesten in Südchina entwickelten Methoden und erfordern eine nur lokale Organisation, die weitgehend unabhängig von höheren Verwaltungsebenen agieren konnte (BRAY 1986, S. 77).

Flußgespeiste Kanalbewässerungssysteme stellen im gesamten Südchinesischen Bergland wohl die am häufigsten angewandte Methode der Bewässerung dar. Sie finden sich sowohl am Rand der größeren Binnenbecken als auch in den zahllosen kleineren Becken und Talweitungen des stark gegliederten Reliefs. Auch die Täler kleinerer und mittlerer Flüsse werden auf diese Weise umgeformt. Bei der flußgespeisten Kanalbewässerung werden im Fluß Wehre errichtet, an welchen das Wasser ausgeleitet und in Kanäle mit geringerem Gefälle gelenkt wird. Je nach Gefälle des Talbodens erreicht es einige hundert oder tausend Meter flußabwärts die höher gelegenen, älteren Flußsedimente (Flußterrassen im geomorphologischen Sinn) über dem natürlichen Überschwemmungsniveau, auf denen die Felder liegen. Die Ausdehnung der Bewässerung ist, in Anlehnung an die Form der Hangprofile, in der Kulturlandschaft als markante Grenze sichtbar. Unübersehbar ist der Gegensatz zwischen den intensiv bestellten und sorgsam gepflegten flachen Terrassen in den Tal- und Beckenbereichen und den von degradiertem Buschwald bestandenen Hängen (Fallbeispiele 12, 20, 22).

Zum Ausgleich der Wasserführung werden innerhalb der Flur häufig Teiche und Reservoire angelegt. Oft sind in der Praxis flußgespeiste Kanal- und Pumpbewässerung miteinander verknüpft, weil über die Kanäle nur ein Teil der Flur mit dem natürlichen Gefälle mit Wasser versorgt werden kann. In diesen Fällen werden die etwas höher gelegenen Bereiche aus den Kanälen oder aus Rückhaltebecken versorgt. Andererseits ist auch die Kombination mit Hangkanalsystemen möglich, mit deren Hilfe die Naßfeldterrassen dann weit die Hänge hinauf gezogen werden können. Da deren Wasserversorgung oft weniger gesichert ist und nicht für die gesamte Flur ausreicht, bewässert man die Felder im Tal lieber mit Flußwasser.

Hangkanalbewässerungssysteme der Bergländer

Die aufwendigsten und auffälligsten Kulturlandschaften mit den weitreichendsten anthropogenen Eingriffen basieren auf Hangkanalbewässerungssystemen. Sie stellen den einzigen Weg dar, um den ertragreichen Reisanbau in stark reliefiertes Berggelände ausdehnen zu können. Die Wasserversorgung erfolgt hierbei nicht durch Ausleitung eines Teils des Flußwassers im Talgrund, sondern durch Umlenkung und Kanalisierung kleiner Bäche, die von den Bergen herabströmen. Ihr Wasser wird abgefangen und am Oberhang höhenlinienparallel auf die verschiedenen Segmente des Hangs gelenkt. Trotz der Einschaltung von Teichen zur Dämpfung und Kontrolle von Abflußspitzen kann nur ein Teil dieser Systeme ständig mit Wasser versorgt werden, und nur dieser Teil ist völlig regenunabhänig. Der gesamte zu bewässernde Hang muß exakt höhenlinienkonform terrassiert werden, wobei das Verhältnis von Höhe zu Breite der Terrassen im Extremfall den Wert von 1 : 1 erreicht oder sogar unterschreitet, so daß in Einzelfällen nur eine einzige Reihe Reispflanzen in dem betreffenden Feld angepflanzt werden kann. Das Wasser rieselt von oben nach unten nacheinander durch sämtliche Felder, die es gleichzeitig laufend be- und entwässert. Bei großen Hängen stehen oft mehrere Dörfer in einem Gesamtsystem in Verbindung, wobei sie auch übereinander gestaffelt in verschiedenen Höhen des Hangs angeordnet sein können.

Die sozialen Zusammenhänge dieser Systeme liegen auf der Hand. Für die Wasserverteilung muß ein äußerst exakter Plan aufgestellt werden, der die ein- und ausfließenden Wassermengen genauestens regelt, wofür üblicherweise ein umfangreiches soziales, strafrechtliches und manchmal auch religiöses Regelwerk aufgestellt wurde. Der enorme Konstruktionsaufwand, zu dem auch noch ein erheblicher Reparaturbedarf nach den alljährlichen Schäden durch Starkregen kommt, lohnt sich nur wegen der hohen Erträge im Reisanbau. Methoden zur Intensivierung des Anbaus und zur Steigerung der Produktion auf den kostbaren Flächen, wie Verpflanzen, Mehrfachanbau und Düngung, sind hier unabdingbar. Zwangsläufig entwickelt sich eine enge soziale Kontrolle, denn schon der Aufbau des Systems erfordert gemeinsame Planung und Ausführung der Arbeiten. Jedes Feld ist später dauerhaft auf die Einbindung ins Gesamtsystem angewiesen, um die erforderliche Wassermenge zur richtigen Zeit in der entsprechenden Dauer zu erhalten und anschließend weiterzugeben. Die Vernachlässigung einzelner Terrassenmauern oder Wasserführungen durch den einzelnen könnte das ganze unterhalb gelegene System gefährden und damit die Lebensgrundlage eines Mehrfachen an weiteren Menschen zerstören.

In großen Teilen Südostasiens fehlen derart aufwendige Anbausysteme weitgehend (Vietnam, Laos, Thailand, Malaysia, Myanmar, Sumatra). Sie haben sich nur in Gebieten mit extremer Bevölkerungsdichte (Zentraljava, Bali, Japan) oder dort entwickelt, wo bestimmte Bevölkerungsgruppen auf den Lebensraum Gebirge beschränkt oder spezialisiert waren. Dort können sie riesige Dimensionen erreichen, wofür das bekannteste Beispiel die Ifuago, Bontoc und Kalinga auf der Insel Luzon (Philippinen) sind. Aber auch in Südwestchina gibt es einige Bereiche, die sich allein auf hochentwickelte Hangkanalbewässerungssysteme stützen. Auffällig ist dabei die ethnische Trennung, denn während sich die Han-Chinesen mit Ausnahme weniger Gebiete (Fallbeispiel 14) auf die vorgenannten Systeme spezialisiert haben, werden Agrar-Ökosysteme, die praktisch ausschließlich auf Hangkanalbewässerung beruhen, vor allem von Minderheiten errichtet, wie die Fallbeispiele 21 und 25 demonstrieren.

Trockenreissysteme (Bergreis)

Außerhalb dieser Gliederung stehen die Trocken- oder Bergreissysteme, die mit geringerer Nutzungsintensität infolge niedrigerer Bevölkerungsdichten zusammenhängen. Der Begriff Trockenreis bezieht sich darauf, daß die Pflanzung nicht im Naßfeld erfolgt, weshalb keine Bewässerungskontrolle erforderlich ist und die anthropogenen Eingriffe ins Agrar-Ökosystem ganz anderer Art sind. In den sommerfeuchten Randtropen (und mehr noch in den immerfeuchten inneren Tropen) ist dauerhafter Anbau mit der rasch abnehmenden Bodenfruchtbarkeit konfrontiert. Dort, wo der Bevölkerungsdruck nicht zum Aufbau von Naßfeldsystemen ausreichte und normaler Regenfeldbau betrieben wird, müssen, damit sich der Boden erholen kann, Brachejahre eingeschaltet werden, deren Zahl äquatorwärts zunimmt.

Das Spektrum der Landnutzungsformen reicht von der Landwechselwirtschaft (land rotation), bei der jeweils nur etwa die Hälfte der Felder eines Dorfes bebaut wird, bis zum Brandrodungs-Wanderfeldbau (shifting cultivation). Dieses Anbausystem basiert auf dem Abbrennen immer neuer Waldflächen (Brandrodung) und ist mit der Verlagerung der Siedlungen (Wanderfeldbau) parallel zur Erschließung neuer Felder verbunden. Nachdem man den vorhandenen Wald abgebrannt hat, können wegen der Aschendüngung kurzfristig gute Erträge erzielt werden, bevor die Erntemengen rasch wieder absinken. Nach maximal drei Jahren Nutzungszeit ist der Wechsel der Felder nötig, die frühestens nach 20 – 30 Jahren, nachdem sich ein Sekundärwald eingestellt hat, wieder bebaut werden können. Bei geringer Bevölkerungsdichte waren früher Rotationszeiten von über 100 Jahren die Regel, wobei sich bereits wieder das volle Artensprektrum aufbauen konnte. Dadurch wurde das Ökosystem nicht nachhaltig geschädigt, obwohl es bis zur Regeneration eines Primärurwaldes mit mehreren Baumstockwerken noch erheblich länger dauert. Heute läßt sich diese traditionelle Nutzungs- und Lebensform mit ihrem enormen Landbedarf aufgrund der überall stark angestiegenen Bevölkerungsdichte und der reduzierten Urwaldflächen nur noch beschränkt praktizieren.

Im randtropisch-sommerfeuchten China ist die Bevölkerungsdichte in Guangdong und Südtaiwan längst so stark angestiegen, daß man zu intensiveren Landnutzungssystemen, vor allem Naßreisanbau, übergegangen ist. Trockenreissysteme spielen nur im Süden Yunnans und im Nanling-Gebirge im Norden von Guangxi eine Rolle, wo sie zwar ebenfalls an Bedeutung verloren haben, aber noch heute Anwendung finden. Der Anbau erfolgt als Brandrodungsfeldbau, wobei die Siedlungen allerdings stationär und die Umtriebszeiten relativ kurz sind. Wegen der weiten Distanzen zwischen Dörfern und Feldern übernachten die Bauern während Saat und Ernte in besonderen Feldhütten. Der Anbau von Trockenreis läßt sich in dieses Landnutzungssystem gut einpassen, weil er ansonsten relativ wenig Pflege benötigt (vgl. Fallbeispiel 24).

Im Trockenfeld anbaufähige Reissorten stellen nicht die Ahnen der Reispflanze dar, wie man vielleicht analog zur Primitivität des Nutzungssystems annehmen könnte. Aufgrund der Physiognomie des Zell- und Gewebeaufbaus geht man vielmehr davon aus, daß die an sumpfige Ökosysteme angepaßten Formen die ursprünglichen sind (GRIST 1975, S. 27). Trockenreis erträgt niedrigere Durchschnittstemperaturen, die bei nur 18 °C liegen, allerdings verbunden mit geringeren Ernteerträgen (5 – 10 dz/ha bei der ersten Ernte) und längerer Reifezeit (1/2 Jahr). Die Höhengrenze liegt in den randtropischen Hochgebirgen trotz der Bezeichnung Bergreis, die das Gegenteil suggerieren mag, unter derjenigen des Naßreises. Nur in den inneren Tropen dringt Trockenreis in größere Höhen vor (Indonesien 1500 m, Philippinen 2000 m).

Bewässerungskontrolle und Folgen für die Kulturlandschaft

Sowohl in der Ebene als auch verstärkt bei zunehmender Steilheit der Hänge zieht die Kontrolle der Bewässerung einige Folgen für die Kulturlandschaft nach sich, die sich sogar auf die Gesellschaftsstruktur auswirken. Zunächst ist ein hoher *organisatorischer Aufwand* zu nennen, der sich schon aus dem Bau der Bewässerungsanlagen ergibt. Er umfaßt zunächst die Konstruktion selbst mit ihrer Anpassung auch an kleinste Reliefunterschiede. Weil die gerechte Verteilung und Kontrolle der Ressource Wasser im weiteren Betrieb gewährleistet sein muß, bleibt eine Organisation in erheblichem Umfang auch darüber hinaus eine Voraussetzung für das Funktionieren des gesamten Bewässerungssystems. Auf die Notwendigkeit eines derartigen organisatorischen Aufwands bei gemeinsamen Projekten werden allgemein der starke Gruppenzusammenhalt in China und die Herausbildung einer Gesellschaft zurückgeführt, die sich insbesondere im Süden auf große Familienclans stützt.

Auf der anderen Seite lohnen sich derart hohe Aufwendungen nur, weil mit dem Naßreisanbau schon früher auf verhältnismäßig geringen Flächen durch Methoden wie Verpflanzen und Mehrfachanbau eine Erhöhung der Erträge erwirtschaftet werden konnte. Es besteht deshalb ein klarer Zusammenhang zwischen dem Aufwand für Bau und Instandhaltung der Bewässerungssysteme und der *Arbeitsintensität*, mit der das Land genutzt wird. Damit geht eine Konzentration auf wenige, dafür um so intensiver bebaute Flächen einher, wie sie vom Relief vielfach schon vorgegeben wird.

Während sich in Europa die Tenzdenz zur *Reduzierung der Feldgröße* vorrangig aus der Erbteilung ergibt, hängt sie in den Naßfeldanbaugebieten Ostasiens vor allem von den Notwendigkeiten der Landnutzung ab. Die genaue Kontrolle des Wasserstands wie auch die Methoden zur Nutzungsintensivierung erfordern kleine, exakt kontrollierbare Feldeinheiten, die eine Individualisierung der Bestellung ermöglichen. Parallel dazu wird eine genauere Nährstoffkontrolle möglich, die einen weiteren Impuls zur Intensivierung des Anbaus bildet und damit die Arbeitsintensität weiter vorantreibt.

5.3. Nährstoffkontrolle und Bodenfruchtbarkeit

Der Übergang vom Jäger und Sammler zum Ackerbauern in der neolithischen Revolution war deshalb für die Ausbreitung der Menschheit auf Dauer so erfolgreich, weil es durch diesen Schritt gelang, die Kontrolle über den Nährstoffkreislauf zu gewinnen und damit eine gewisse Unabhängigkeit zu erlangen. Beim Ackerbau wird die natürliche Vegetation beseitigt und durch Pionierpflanzen mit dem Ziel ersetzt, deren Nährstoffüberschuß abzuschöpfen und als Nahrung zu verwerten. So betrachtet, stellt jede Ernte einen anthropogenen Eingriff dar, der den Nährstoffkreislauf unterbricht und Nährstoffe aus dem Agrar-Ökosystem entnimmt. Wie lange das Agrar-Ökosystem den Nährstoffentzug verkraftet und welche Ernteerträge es zu liefern vermag, hängt zunächst von der *natürlichen Bodenfruchtbarkeit* ab.

Die natürliche Bodenfruchtbarkeit unterliegt einem gewissen Reifeprozeß, der sich im Zeitraum von Jahrtausenden abspielt, hängt also wesentlich vom *Bodenalter* ab. Aus agrarökologischer Sicht erreicht ein Boden das Optimum seiner Leistungsfähigkeit zwischen dem Beginn seiner Entstehung, wo die Nährstoffe zunächst noch nicht in pflanzenverwertbarer Form aufgeschlossen sind, und der Endphase, wo sie durch Auswaschung weitgehend verloren sind. Im Gegensatz zu vielen Gebieten Europas und Nordamerikas, wo die Böden über eine relativ hohe natürliche Fruchtbarkeit verfügen, herrschen in den meisten *Bodenzonen in China* weniger günstige Verhältnisse vor, weil die Böden entweder recht jung oder relativ alt sind.

Je ungünstiger die natürliche Nährstoffversorgung der Böden ist, um so wichtiger wird es, für die entnommenen Nährstoffe einen Ausgleich zu schaffen und den Kreislauf wieder zu schließen, will man ertragreichen Ackerbau auf Dauer betreiben. Immer wieder wird die Besonderheit der gartenbaumäßigen Hege hervorgehoben, die in China selbst den Anbau von normalem Getreide bestimmt und sich aus der Notwendigkeit einer gezielten, wohlüberlegten Bodenpflege erklärt. Die entsprechenden Methoden, der Aufbau ausgeklügelter *Fruchtfolgen* und eine sorgfältige *Düngung*, waren hier schon weit entwickelt, als man in Europa noch kaum daran dachte, und sind in der bäuerlichen Lebensweise und der Einstellung zur Nutzung der Kulturlandschaft entsprechend tief verwurzelt.

Natürliche Bodenfruchtbarkeit

Einer der wichtigsten Faktoren für die natürliche Fruchtbarkeit eines Bodens ist der Gehalt an Tonmineralen und an Humusbestandteilen, die sich im Ton-Humus-Komplex miteinander verbinden (vgl. WEISCHET 1980, SCHULTZ 1995). Er ist deshalb von zentraler Bedeutung, weil er als Puffer im Boden Wasser und Nährstoffe speichert und ihre Verteilung steuert. Ohne die Existenz des Ton-Humus-Komplexes können die Nährstoffe mit dem Bodenwasser zusammen ungehindert versickern, wie es bei reinem Sand der Fall ist. Dagegen fehlt es in reinen Tonböden an frei zirkulierendem Wasser und Luft für die Bodenlebewesen, und es kommt zu Staunässe. Anteil und Aufbau des Ton-Humus-Komplexes im Boden schwanken in Abhängigkeit vom Ausgangsgestein und vom Klima stark, denn Feuchtigkeit und Temperatur in ihrer jahreszeitlichen Verteilung steuern die Verwitterung, den Umfang der biologischen Aktivität (Winterruhe) und die chemische Reaktionsgeschwindigkeit.

Die tonigen Bestandteile eines Bodens, das meist dunkel gefärbte, plastisch verformbare Feinmaterial, entstehen durch die Verwitterung des anstehenden Gesteins, verfügen über eine aufweitbare Kristallstruktur und haben daher eine große chemische Reaktionsfähigkeit. Das ist bei der Veränderung des Wassergehaltes im Boden am Wachsen oder Schrumpfen von Trockenrissen erkennbar, gilt aber ebenso für die Speicher- und Austauschkapazität von Nährstoffen, das Sorptionsvermögen. Die Bildung von Tonmineralen hängt von zwei Parametern ab: Die Zusammensetzung des Ausgangsgesteins und der Anteil von primären Silikaten entscheiden über die Menge der Ausgangsstoffe. Auf quarzreichen Gesteinen (viele Sandsteine, Granit) können sich keine tonmineralreichen Böden bilden, ganz im Gegensatz etwa zu Löß mit einem hohen Anteil an Feldspäten oder zu Basalt mit Augit und Olivin, die alle zu Tonmineralen verwittern. Von den herrschenden Klimabedingungen hängt der Typus der gebildeten Tonminerale ab. Unter tropischen Bedingungen entstehen zweischichtig aufgebaute Tonminerale mit kleinerer chemisch aktiver Oberfläche, während in kühl-feuchtem Klima dreischichtige, chemisch um ein mehrfaches reaktionsfreudigere Tonminerale gebildet werden. Die Austauschkapazität für Wasser und Nährstoffe, über die ein Boden verfügt, schwankt daher in einer weiten Spanne.

Humus, der aus der Verwesung der abgestorbenen Pflanzen und Tiere entsteht, bildet den Gegenpol zu den Tonmineralen. Über bakterielle Prozesse werden die organischen Stoffe am Ende wieder in die Nährstoffe aufgelöst, die von den lebenden Pflanzen in molekularer Form wieder aufgenommen werden können, und der Nährstoffkreislauf schließt sich. Humus kann in verschiedenen Formen vorliegen, und jeder Gärtner weiß, daß Mull, eine enge Verbindung zwischen Humus- und Tonbestandteilen, für das Pflanzenwachstum am günstigsten ist. In den Tropen mit ihrem feuchtwarmen Klima und der deshalb permanent hohen biochemischen Aktivität vollzieht sich der Zerfalls- und Umsatzprozeß sehr schnell (kurzgeschlossener Nährstoffkreislauf). Im günstigeren Fall des gemäßigten Klimas können sich stabile Verbindungen (Huminstoffe) aufbauen und mit den Tonmineralen zum Ton-Humus-Komplex zusammengebaut werden, wofür wiederum Bodenlebewesen wie bestimmte Würmer verantwortlich sind. Kommen die biochemischen Prozesse im Winter lange zum Erliegen und sind durch Trockenheit herabgesetzt, dann überschreitet der Aufbau- sogar den Abbaurate, und Humus reichert sich als Nährstoffdepot in größerer Menge an, wie es bei den Schwarzerden in den Steppengebieten der Fall ist.

Die Rolle des Ton-Humus-Komplexes für die Bodenfruchtbarkeit ergibt sich aus der Diskrepanz zwischen „Angebot und Nachfrage" von Wasser und Nährstoffen im Boden. Während des Lebens einer Pflanze bestehen große Unterschiede im Bedarf an Nährstoffen, der zur Hauptwachstumszeit und bei der Fruchtbildung am höchsten ist. Wasser wird dagegen ständig benötigt, und sein Verbrauch hängt eher mit den Temperaturschwankungen der Luft zusammen. Auf der anderen Seite fallen Niederschläge fast nirgends gleichmäßig; auch der Anfall an Blattstreu und verwesenden Organismen erfolgt weder permanent noch gleichmäßig verteilt, von der Düngung durch den Menschen, die die natürliche Nährstoffzufuhr ergänzt, ganz abgesehen. Aus dieser Diskrepanz erwächst die Bedeutung von Tonmineralen und Humus als Komplex mit hoher Speicher- und Austauschkapazität, die in jedem Ökosystem die zentrale Funktion eines Puffers für die Lebenselemente Wasser und Nährstoffe ausüben.

Bodenalter und natürliche Fruchtbarkeit

Wie aus dem bisher Gesagten leicht abgeleitet werden kann, ist der Ton-Humus-Komplex im Boden nicht statisch gegeben, sondern sein Gehalt verändert sich im Laufe der Zeit. Dazu kommen noch Verlagerungs- und Durchmischungsprozesse im Boden selbst, die über Zeiträume von Jahrtausenden zu einer deutlich erkennbaren Differenzierung in verschiedene Horizonte führen, die in Schichten im Profil untereinander angeordnet sind. Ein für die Landnutzung optimal aufgebautes Bodenprofil hat durch ausreichend lange Bildungszeit seinen Ton-Humus-Komplex aufbauen können, wobei die Huminstoffe vorwiegend im oberen Humushorizont konzentriert sind, während die Tonminerale sich im darunterliegenden Verbraunungshorizont anreichern, oftmals unter Verlagerung von weiter oben. Der Boden hat eine Mächtigkeit erreicht, die den Pflanzenwurzeln ihre volle Entfaltung ermöglicht, enthält aber noch genügend strukturgebende, gröbere Bestandteile, um Wasserzirkulation und ausreichenden Bodenluftgehalt für Wurzeln und Bodenlebewesen zu gewährleisten.

Dem allmählichen Aufbau der Bodenfruchtbarkeit wirken allerdings Prozesse entgegen, die zu Veränderungen führen, welche die Bodenfruchtbarkeit wieder reduzieren. Das Bodenprofil erreicht mit zunehmendem Alter eine immer größere Mächtigkeit, die es den Pflanzenwurzeln nicht mehr erlaubt, an frische, durch die Verwitterung des Ausgangsgesteins freigesetzte Nährstoffe zu gelangen. Gleichzeitig sinkt der Gehalt an Tonmineralen in den oberen Bodenhorizonten, da das Ausgangsgestein bis in immer größere Tiefen zersetzt ist. Mit der Auflösung und Abfuhr der strukturgebenden Bodenpartikel mit dem Sickerwasser steigt die Verdichtung der Böden, der Gehalt an Bodenluft und -wasser geht zurück, die Durchwurzelungstiefe sinkt, und die Pflanzen kommen mit ihren Wurzeln an weniger Nährstoffe.

Das Alter bildet somit einen der wichtigsten Faktoren für die Fruchtbarkeit der Böden, wobei ein mittleres Alter die besten Bedingungen für die Landnutzung bietet. Ein Land von der Ausdehung Chinas weist zwangsläufig eine ganze Palette verschiedener Böden auf (FAO/UNESCO 1977, HSEUNG et al. 1984), die allerdings in einem Faktor eine erstaunliche Gemeinsamkeit aufweisen. Mit geringen Ausnahmen ist dem Ackerbaugebiet Chinas gemeinsam, daß entweder relativ junge, wenig entwickelte oder aber recht alte, ausgelaugte Böden vorherrschen. Parallel zur landschaftlichen Grobgliederung (Kapitel 4.) lassen sich deshalb im Ackerbaugebiet fünf große Bodenzonen anhand ihres Alters charakterisieren, mit den entsprechenden Folgen für die Fruchtbarkeit und die Landnutzung.

Bodenzonen in China

Im Großteil der Trockenfeldbauzone sind junge Böden auf Löß entwickelt, welchen wenig ausgereifte Profile gemeinsam sind, wenn auch aus ganz verschiedenen Gründen. In weiten Teilen fehlt die notwendige Stabilität, die zur Anreicherung von Humusbestandteilen im Oberboden, zur Tonmineralakkumulation und zur Horizontdifferenzierung, also zu ausgereiften Böden (calcaric Cambisols) führen würde. Für den größten Teil des Lößplateaus ist dagegen eine permanente Umlagerung der oberen Bodenschichten charakteristisch, ausgelöst durch den Wechsel von Akkumulations- und Erosionsbereichen. Inzwischen ist auf fast allen auch nur schwach geneigten Feldern der Oberboden entweger abgetragen oder an den Terrassenkanten aufgehäuft, weshalb der Anbau normalerweise in Rohböden (Regosols) oder sogar im Rohlöß selbst stattfindet, denen Tonminerale und damit ein größerer Nährstoffspeicher fehlen. In Richtung auf den Nord- und Westrand des Lößplateaus reichen die Ackerbaugebiete sogar in die natürliche Kurzgrassteppe hinein, wo die Bodenbildung sehr langsam vor sich geht, was an der geringen Vegetationsbedeckung und der zunehmenden Trockenheit liegt, weshalb die Entwicklung bei sehr humus- und tonmineralarmen, gering entwickelten Böden (Kastanozems und Xerosols) stehenblieb.

Das Gegenstück zum Erosionsgebiet des Lößplateaus bildet die Nordchinesische Tiefebene, wo auf einer riesigen Fläche der von den Flüssen herangebrachte Schwemmlöß abgelagert wurde und wird. Unter diesem andauernden Akkumulationsprozeß bilden sich Aufschüttungsböden (Fluvisols), sehr junge, immer wieder umgelagerte Böden, welchen die Möglichkeiten zu Humusanreicherung und differenziertem Horizontaufbau und damit ein natürlicher Nährstoffspeicher fehlen. Auch wird die Bodenentwicklung hier zum Teil durch den hohen Grundwasserstand und durch Staunässe beeinflußt und gehemmt (Gleysols). Lediglich in den Bergen von Shanxi und Shandong finden sich auf den anstehenden Gesteinen bessere Böden mit teilweiser Lößbeimengung: zimtfarbene Böden mit Lessivierung (Luvisols) und mäßig entwickelte Braunerden (Cambisols). Dennoch dominieren wegen des unruhigen Reliefs aber auch hier nur flachgründige, gesteinsbestimmte Böden (Lithosols).

Im völligen Gegensatz zu den jungen Böden in Nordchina steht fast das gesamte Südchina, das weithin sehr alte Böden aufweist. Die Gesteine, aus denen das Südchinesische Bergland aufgebaut ist, liegen bereits seit Jahrmillionen an der Oberfläche und sind den Einflüssen der Verwitterung ausgesetzt. Während im Großteil Europas die Bodenentwicklung während der Kaltzeiten unterbrochen war und die älteren Böden vollständig erodiert wurden, reichte dazu in Südchina die Abkühlung nicht aus, weshalb die bodenbildenden Prozesse eine um ein vielfaches längere Dauer und Kontinuität aufweisen. Zu den Folgen für die Bodenfruchtbarkeit gehören die Verarmung an Kalk, Phosphor und anderen für das Pflanzenwachstum wichtigen Nährelementen im Boden, denn mit zunehmender Verwitterungstiefe werden sie aus dem anstehenden Gestein in immer geringerem Umfang dem Oberboden nachgeliefert. Tonminerale werden aus dem Oberboden in immer tiefere Horizonte verlagert (Lessivierung). Zudem entstehen unter den gegebenen Klimabedingungen mit dem Zusammentreffen von Wärme und Feuchtigkeit während des langen Sommers und der auch im Winter nicht unterbrochenen chemischen Verwitterung ohnehin vorwiegend zweischichtige Tonminerale (Kaolinite) mit reduzierter Austauschkapazität. Außerdem wird bei der hohen Durchfeuchtungsrate der Humus schnell abgebaut und mit dem Bodenwasserstrom rasch nach unten verlagert, weshalb sich kaum stabile Humin-

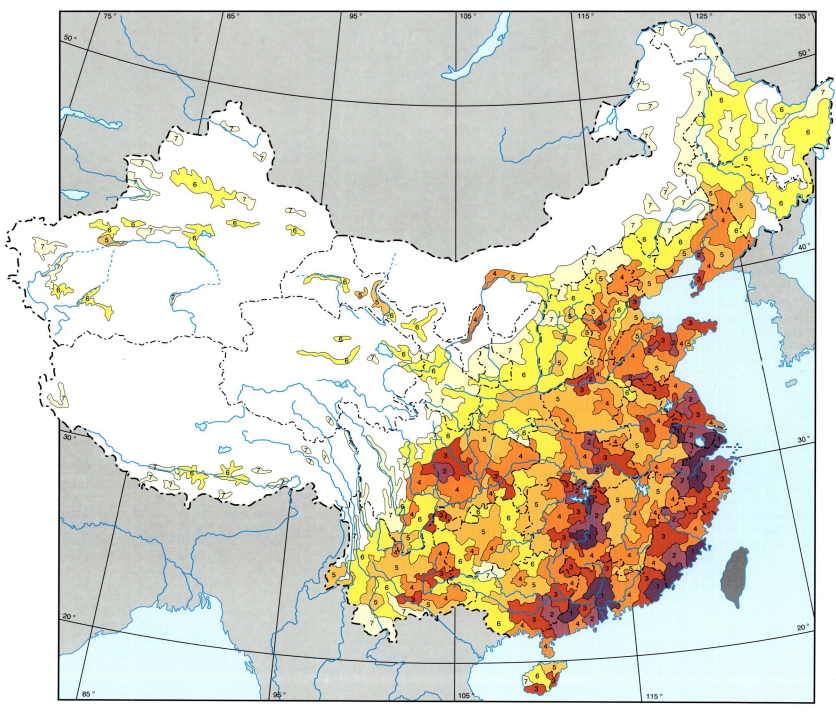

Abbildung 7:
Ausbringungsmengen von chemischem Dünger pro Hektar. Die ungeraden Datenangaben beruhen auf der Umrechnung der Flächeneinheit von mu auf ha (x15, auf volle Werte gerundet). Nach Nanjing dili yu hupo yanjiusuo et al. (1989, S. 83 f.), generalisiert

1	über 413 kg		**5**	113 – 188 kg
2	338 – 413 kg		**6**	38 – 113 kg
3	263 – 338 kg		**7**	unter 38 kg
4	188 – 263 kg			

0 100 200 300 400 500 600 km

Jahr	1952	1957	1965	1978	1985	1990
Gesamtmenge in Mio. t Reinnährstoff	0,08	0,37	1,94	8,84	17,76	25,90
Verbrauch in kg/ha Ackerfläche	0,7	3,3	19,0	87,4	180,9	270,6

Tabelle 4: Entwicklung des Verbrauchs von chemischem Dünger (Reinnährstoff) in China
(State Statistical Bureau 1991, S. 299; Flächenangaben vor 1990: Statistisches Bundesamt 1969, 1985, 1993)

säuren oder gar ein Ton-Humus-Komplex bilden können. Mit der mangelnden Pufferwirkung des Ton-Humus-Komplexes nehmen Nährstoffauslaugung und Versauerung der Böden weiter zu. In den derart ausgelaugten, alten Böden (haplic und ferric Acrisols) reichern sich immobile Eisen- und Aluminiumverbindungen sowie Quarz als Restprodukt der Verwitterung an, was ihnen die nicht ganz treffende Bezeichnung „red and yellow podzolic soils" eingetragen hat. In allen Bergländern Südchinas sind Acrisols in steilem Gelände mit flachgründigen, steinigen Rohböden auf Festgestein vergesellschaftet (Lithosols).

Lediglich das Becken von Sichuan stellt trotz ähnlicher klimatischer Bedingungen eine gewisse Ausnahme innerhalb Südchinas dar. Aufgrund des besonderen Ausgangsgesteins verfügen seine Böden über einen sehr hohen Tonanteil (Pelosole) mit dreischichtigen Tonmineralen (Smectite) und damit über eine sehr hohe Austauschkapazität und eine erheblich bessere Nährstoffversorgung. Dieser Sachverhalt hilft die frühe und dichte Besiedlung des entlegenen Sichuan, einer der Reiskammern Chinas, zu verstehen. Die Schwemmlandbereiche wiederum sind aus Aufschüttungen aufgebaut, die wie in der Nordchinesischen Tiefebene aus der Erosion von Bodenmaterial weiter westlich stammen. Daher finden sich im Jangtsetiefland, in den Becken und einigen Küstenhöfen ebenfalls junge Auenböden mit vergleichbaren Eigenschaften (Gleysols).

Die einzige größere Ausnahme hinsichtlich des Bodenalters betrifft den Nordosten Chinas, die Mandschurei. Hier findet man voll ausgereifte, nährstoffreiche Braunerden (eutric Cambisols) mit hohem Tonmineralgehalt sowie Schwarzerden (Chernozems) auf lößähnlichen Sedimenten. Beiden gemeinsam ist der Neuanfang der Bodenbildung nach dem Einschnitt der letzten Kaltzeit und die lange winterliche Ruhephase. Als Folge dominiert bei der Braunerde Tonmineralneubildung in situ (Verbraunung) und ohne Verlagerung und bei der Schwarzerde die Anreicherung von Humusbestandteilen zu einem mächtigen schwarz gefärbten Horizont, beides Voraussetzungen für hohe Bodenfruchtbarkeit. Neben der historisch bedingten geringen Bevölkerungsdichte und der günstigen Betriebsstruktur bilden nicht zuletzt die guten Bodenverhältnisse die Grundlage für sehr ertragreichen Ackerbau, weshalb die Mandschurei das wichtigste landwirtschaftliche Ausbaugebiet Chinas darstellt.

Nährstoffkreislauf, Fruchtfolgen und Düngung

Wie nun läßt sich der offenkundige Widerspruch zwischen der geschilderten, altersbedingt höchstens mäßigen Bodenfruchtbarkeit auf der einen und der intensiven, ertragreichen Bodennutzung mit hohen Bevölkerungszahlen auf der anderen Seite erklären? Eine der wichtigsten Leistungen der bäuerlichen Kultur Chinas besteht in der Beherrschung des *Nährstoffkreislaufs*. Durch die Entwicklung entsprechender Fruchtfolgen und die Anwendung geeigneter Düngungsmethoden gelang es, die mit den Nutzpflanzen entnommenen Nährstoffe dem Boden wieder zuzuführen und den Kreislauf zu schließen. Erst dadurch konnten den vorherrschenden Bodenverhältnissen zum Trotz vergleichsweise hohe Ernten eingefahren werden, die eine seit langem hohe Bevölkerungsdichte tragen. Die ausgefeilten und aufwendigen Kontrollmethoden des Nährstoffkreislaufs bildeten im Verein mit dem vorhandenen Arbeitskräftepotential die Basis für die Konzentration auf flächensparenden, intensiv betriebenen Ackerbau ohne Weidewirtschaft.

Art und Umfang des Düngereinsatzes waren in den letzten Jahrzehnten mit Einführung der chemischen Düngemittel (Handelsdünger) einem erheblichen Wandel unterworfen; dennoch spielt die Verwendung organischen Düngers (Wirtschaftsdünger) nach wie vor eine sehr wichtige Rolle, wie jedem Chinareisenden in Erinnerung ist, der die Fäkalieneimer balancierenden Bauern zu ihren Feldern streben sah. Die Umstellung ist zum einen nicht problemlos, weil beispielsweise viele traditionelle Reissorten entweder überhaupt nicht oder sogar mit Ernterückgang auf Kunstdünger reagieren. Dessen verstärkter Einsatz ist parallel zur Einführung neuer Hochertragssorten in den siebziger Jahren zu sehen, die umgekehrt einen sehr hohen Düngerbedarf haben. Zum anderen stellt organischer Dünger für viele Bauern in den ärmeren Gebieten nach wie vor die billigere Alternative dar.

Chemischer Dünger wurde in China 1930 erstmals verwendet, die ausgebrachte Menge spielte jedoch landesweit lange Zeit kaum eine Rolle. Erst mit den landwirtschaftlichen Reformen und dem Aufbau einer eigenen Düngemittelindustrie in den siebziger Jahren schnellte der Verbrauch empor und lag 1990 bei 25,9 Mio. t, wie Tabelle 4 zeigt. Daraus ergibt sich eine durchschnittliche Menge von 269 kg chemischen Düngers pro Hektar Ackerfläche, die damit fast drei Viertel des Niveaus von Deutschland (370 kg/ha) erreicht hat und sogar über dem EU-Durchschnitt von 250 kg/ha liegt (Statistisches Bundesamt 1993, S. 63, und 1992, S. 52). Man muß dabei allerdings sowohl den Mehrfachanbau im Süden Chinas, der hohe Düngergaben erfordert, als auch die großen regionalen Unterschiede beachten, die Abbildung 7 zeigt. Auffällig ist hier die klare Parallelität zwischen den Einsatzgebieten hoher Kunstdüngermengen pro Flächeneinheit und den Zentren der allgemeinen wirtschaftlichen Konzentration, weniger mit den Schwerpunkten der Landnutzung oder hoher Erträge. Der Einsatz erreicht Höchstwerte in allen Küstenprovinzen von Liaoning im Trockenfeldgebiet bis Guangdong in der Naßfeldzone, während im Landesinneren die Becken von Hunan und Sichuan Einsatzschwerpunkte bilden.

Auch wenn sich die Verwendung *organischen Düngers* kaum statistisch erfassen läßt, ermöglicht das Kartenbild von Abbildung 7 im Umkehrschluß doch eine Abschätzung seiner immer noch vorhandenen Bedeutung in vielen Gebieten des Landes. Die Düngung im gesamten Lößplateau und in allen gebirgigeren Teilen Südchinas beruht im wesentlichen noch auf organischem Dünger; stets ein sehr knappes Gut, dessen

45

Einsatz vor dem Hintergrund der geringen natürlichen Bodenfruchtbarkeit sorgfältig geplant werden mußte. In diesem Verteilungsbild spiegeln sich das nach wie vor existierende wirtschaftliche Gefälle und das bestehende Transportproblem wider.

Eine Möglichkeit, trotz Düngermangels hohe Erträge zu erzielen, ist der Reisanbau, auf den sich folgerichtig nicht nur in Südchina, sondern in ganz Südostasien die Getreideversorgung weitgehend stützt. Hier leisten die Bewässerungsmethoden der verschiedenen Reisanbausysteme den wichtigsten Beitrag zur Nährstoffkontrolle, denn durch die im Wasser gelösten Nährstoffe und die Stickstoffixierung der Blaualgen kommt Naßreis sogar ohne geregelte Düngung aus. Trotzdem lassen sich seine Erträge durch geeignete Düngemaßnahmen noch erheblich steigern. Eine gewisse Verbesserung der Nährstoff- und Bodenverhältnisse bringt schon die seit langem übliche Säuberung der Wassergräben von Schlamm, der in die Felder zurücktransportiert wird. Zumindest in den dichtbesiedelten Tiefebenen und Küstenhöfen wurde außerdem schon frühzeitig gezielte Düngung praktiziert, was den Aufbau einer organisierten Düngerwirtschaft zur Folge hatte.

Die Bedeutung, die der Düngung traditionell in der chinesischen Landwirtschaft zugemessen wurde, läßt sich in mehrfacher Weise zeigen. Bereits in agrarwirtschaftlichen Abhandlungen des 17. Jh. werden Ölkuchen, ein Abfallprodukt der Ölmühlen, Fischmehl, die Abfälle der Tofuherstellung und der Seidenraupenzucht sowie, wegen ihres Kalkgehaltes, Muschelschalen als Dünger erwähnt. Diese Produkte waren so begehrt, daß sie teils über größere Entfernungen gehandelt und transportiert wurden (BRAY 1986, S. 49). Sicherlich sind die Methoden selbst noch weitaus älter, und die Kenntnis vom Kreislauf der Nährstoffe muß tief in der chinesischen Bauernschaft verankert sein. In die komplizierte Düngerorganisation sind nicht zuletzt auch die menschlichen Fäkalien eingebunden. Teilweise waren früher die Pachtbauern sogar dazu verpflichtet, ausschließlich die Toiletten ihres Grundherrn zu benutzen (WEGGEL 1987, S. 26).

Auf dem Land und selbst in den traditionellen Wohngebieten der größeren Städte ist es auch heute noch die Regel, daß menschliche Fäkalien in gemeinschaftlich benutzten Toilettenhäuschen gesammelt, von Zeit zu Zeit in Eimern abtransportiert und gezielt auf die Felder verbracht werden. Diese Arbeit wird, wie auch in Mitteleuropa, von einer speziellen Berufsgruppe ausgeführt, allerdings früher auf der Basis eines Handelsgeschäfts, wie JOHANN (1955, S. 159 f.) berichtet. Die Kloakenkulis holen die Fäkalien in den Privathäusern ab, wobei die Privatleute für diese Dienstleistung früher nicht etwa zu bezahlen hatten, sondern ihnen das wertvolle Material abgekauft wurde. Sie verkauften die Fäkalien an Großhändler weiter, die sie zu den Bauern transportierten und abermals mit einem kleinen Gewinn weiterveräußerten. Wenn auch die finanziellen Transaktionen im heutigen Wirtschaftssystem der Vergangenheit angehören, so blieb doch die Organisation in ähnlicher Form weithin bestehen. Fäkalienträger mit zwei am Tragholz baumelnden Kübeln oder zu diesem Zweck reservierte Transportschiffe gehören noch heute zum Bild der Städte und Dörfer in China. Ein positiver Nebeneffekt des derart geschlossenen Nährstoffkreislaufs ist die trotz fehlender Kläranlagen relativ geringe Fäkalienbelastung der chinesischen Gewässser. Man fragt sich allerdings angesichts der gegebenen Geruchsbelästigung, wie lange sich dieses System gegenüber der modernen Wasserspülung nach Art westlicher Toiletten wird halten können.

Zu einer ausgewogenen Landnutzung, die das prekäre Nährstoffgleichgewicht des Bodens schont, gehören auch ausgefeilte *Fruchtfolgen*, die in China ebenfalls eine lange Ent-

wicklungstradition haben. Hier spielt die klimabedingte Möglichkeit der zwei- oder gar dreifachen Ernten eine wichtige Rolle, die das Problem der Nährstoffauslaugung enorm verschärft, weil die Ruhezeiten, in denen sich der Boden regenerieren kann, verkürzt sind oder fehlen. Eine intensive Bodenpflege mit exakten Pflügemethoden ist notwendig, um den Bodenluftgehalt aufrechtzuerhalten und die Durchmischung mit Humusbestandteilen zu gewährleisten. Vor allem aber geht es darum, geeignete Nutzpflanzen aufeinanderfolgen zu lassen, die dem Boden verschiedene Nährstoffe in wechselndem Maß entziehen (vgl. Fallbeispiel 3 mit der Fruchtfolge Kartoffeln – Gerste oder Fallbeispiel 16 Winterweizen – Mais).

Mittels *Gründüngung* läßt sich der Stickstoff- und auch der Phosphatgehalt im Boden entscheidend verbessern, denn bestimmte Kulturpflanzen, Leguminosen wie Sojabohnen, Raps und Klee, verfügen in ihren Wurzeln über stickstoffbindende Pilze (Mykorrhiza). Selbst wo es theoretisch möglich wäre, läßt man deshalb auf die eine oder zwei Reisernten keine weitere folgen, sondern baut Klee oder Raps an. Raps läßt man in manchen Gebieten ausreifen, und China produziert heute 28 % der Weltrapsernte (Geographie aktuell 1993, S. 33), während er andernorts nur alls Gründünger angebaut wird und nicht ausreift (Fallbeispiele 10 und 13). Klee wird mangels Viehzucht nicht zur Verfütterung, sondern überhaupt nur zur Gründüngung angebaut und untergepflügt (vgl. Fallbeispiel 12). Im Hügel- und Bergland läßt man die Reisfelder zur Erholung des Bodens über die kalte Jahreszeit auch brach liegen (Fallbeispiel 21).

Nährstoffkontrolle und Folgen für die Kulturlandschaft

Die Folgen des intensiven Düngereinsatzes, der gezielten Ausbringung und der hochspezialisierten Fruchtfolgen schlagen sich in der Art der Landnutzung und im Bild der Kulturlandschaft nieder. Die gezielte Düngung von teilweise – und nicht nur im Gemüseanbau – jeder einzelnen Pflanze bringt eine *Individualisierung* des Anbaus und der Bearbeitungsmethoden mit sich oder, anders ausgedrückt, eine zunehmende Enge des Beziehungsgefüges Mensch – Umwelt. Das Wachstum der Pflanzen, die lokale Eignung der verschiedenen Varietäten und ihre Reaktion auf geringste Bodenunterschiede oder Witterungsschwankungen müssen genau beobachtet werden, damit die wertvollen, teuren und jeweils geringen Düngergaben gezielt zum exakten Zeitpunkt im Reifeprozeß ausgebracht und gegebenenfalls durch Bewässerung, Jäten oder andere Maßnahmen ergänzt werden können.

Eine wesentliche Folge der Individualisierung des Anbaus ist die zunehmende *Reduzierung der Feldgröße*, da für diese Bewirtschaftungsmethoden individuell bearbeitbare Einheiten zur Verfügung stehen müssen. Rationalisierungsmaßnahmen oder Zusammenlegungen der Feldeinheiten würden dagegen kaum Vorteile erzielen und eine Umstellung des gesamten Landnutzungssystems bedingen. Allgemeine Düngergaben auf größeren Feldern sind mit höheren Verlusten verbunden, wenn nicht einheitliche Bedingungen auf der gesamten Fläche herrschen, was selbst in der industrialisierten Landbewirtschaftung schwierig zu erreichen ist. Unterstützt wurde diese Entwicklung vom Erbrecht (Realteilung) und den Möglichkeiten, auf kleinen Feldern die Arbeitsspitzen (Saat, Ernte u. a.) zu entzerren, was wegen der kurzen Vegetationsperiode nur ganz im Norden, in der erst seit dem letzten Jahrhundert erschlossenen Mandschurei, nicht möglich ist.

Mit der individuellen Hege der Pflanzen nehmen sowohl der Arbeitskräftebedarf als auch die Erntemengen zu, deren Steigerung in gegenseitiger Abhängigkeit stehen. Die teilweise gartenbaumäßige Pflege der Feldfrüchte, die Arbeitsintensität in der Landnutzung und die Bevölkerungsdichte lassen sich nur aus diesem Wechselspiel heraus ableiten. Dieser Zusammenhang gilt nicht allein für den Reisanbau, sondern in abgeschwächter Form auch im übrigen Getreideanbau, vor allem aber im *Gemüseanbau*. Er ist ganz besonders abhängig von der Nährstoffsituation, reagiert aber auf der anderen Seite sehr positiv auf individuelle Pflege und gezielte Düngung und läßt sich in starkem Maße intensivieren. Der Anbau von Gemüse spielt in der Ernährung der Chinesen nicht zuletzt deshalb eine zentrale Rolle, weil die Viehhaltung für die Eiweißversorgung von untergeordneter Bedeutung ist, was wiederum eine Parallelentwicklung zur Intensivierung des Ackerbaus darstellt.

In der europäischen Kulturlandschaft spielte der Anfall von Gülle und Mist für die Düngung der Felder eine wichtige Rolle, die sich mit der Zunahme der Viehhaltung sogar noch verbesserte. Die fast fehlende Rinderhaltung in China hängt ebenfalls mit der Reduzierung der Feldgröße und der Nutzungsintensivierung in der Ackerbauzone zusammen. Das Fehlen von Rindern auf der einen und das Vorhandensein billiger, weil zahlreicher menschlicher Arbeitskraft auf der anderen Seite förderte in China den zunehmenden Arbeitskräfteeinsatz. Dieser führte angesichts der kritischen Nährstoffbilanz und des knappen Düngers wiederum zur weiteren Individualisierung der Pflege der Pflanzen und damit zur weiteren Intensivierung der Landnutzung.

5.4. Viehhaltung, Groß- und Kleinviehbestand

Tiere spielen in allen bäuerlichen Kulturen eine wichtige Rolle, sei es als Eiweißlieferanten in der Nahrung, sei es als Arbeitstiere oder auch als Kultobjekte. Die Verschiedenartigkeit ihrer Existenz und ihrer Einbindung in den Wirtschaftskreislauf macht sich im Lebensrhythmus und in der Lebensweise der Bauern, in der Ausgestaltung der Siedlungen und in der Landnutzung, mithin in mehrfacher Weise in der Kulturlandschaft bemerkbar. Dabei ist die Größe der Tiere ein wesentlicher Faktor der *Viehzucht*, denn sie entscheidet über den Nahrungsbedarf und damit nicht zuletzt über die Nutzung des Landes. Alle Rinderarten bis hin zum Wasserbüffel und Yak, dazu Pferde, Maultiere, Esel und Kamele werden als Großvieh zusammengefaßt und sind Grasfresser, woraus die Notwendigkeit zum Weidegang und zur Bereitstellung entsprechender Flächen folgt. In allen traditionellen Formen der Landnutzung ist daher die Bedeutung der *Großviehhaltung* aus dem Anteil des Weidelands an der Kulturlandschaft ersichtlich. Dazu kommen noch Viehtriebe und die Stallungen in den Dörfern oder aber die Lebensform der Bauern selbst, wenn die Weiden so karg sind, daß Seßhaftigkeit nicht mehr möglich ist und Nomadismus nötig wird. Die Haltung von Großvieh hat stets einen erheblichen Einfluß auf das Betriebssystem und die Flächennutzung, wenn sie nicht sogar der gesamten bäuerlichen Kultur ihren Stempel aufdrückt.

Grundsätzlich besteht in der kulturlandschaftlichen Entwicklung die Tendenz, Ackerbau zu bevorzugen, denn dadurch kann die Ernährung auf kleinerer Fläche gesichert werden als mit Viehzucht. Völlig verzichtbar sind die kohlenhydratreichen Feldfrüchte nur unter größten Schwierigkeiten, weshalb auch Nomaden auf Stützpunkte mit Ackerbau oder den Zukauf von Getreide, Kartoffeln o. ä. angewiesen sind. Unter diesem

Blickwinkel stellt sich die Frage, welche Flächen für welche Nutzungsart bereitgestellt werden sollen. Sie hängt wesentlich von der *Agrar-Ökologie* der Nutzflächen ab, d. h., es geht zum einen um die Frage, welche Flächen für *Weideland* vorhanden sind, zum anderen um die ackerbaulichen Alternativen. Beide Faktoren sind in China deutlich anders gelagert als in Europa, was namentlich die Möglichkeit des Naßfeldanbaus betrifft.

Die kulturlandschaftlichen Folgen der *Kleinviehhaltung* sind demgegenüber völlig anders und im ganzen von viel geringerer Tragweite. Schweine, Schafe, Ziegen und Geflügel sind sowohl von ihren Nahrungsansprüchen her viel flexibler als auch in ihrer Haltung problemloser und benötigen zudem erheblich weniger Platz. Sie lassen sich deshalb ohne weiteres in die Arbeitsabläufe und die Flächenaufteilung einer auf Ackerbau gestützten Landnutzung einbinden. Hier ist es also umgekehrt, nicht die Viehhaltung prägt die Kulturlandschaft, sondern sie wird den betrieblichen und flächenmäßigen Verhältnissen angepaßt. Dennoch spielt Kleinvieh eine wichtige Rolle in der Ernährung, denn Getreide allein liefert hauptsächlich Kohlenhydrate, Gemüse zwar Vitamine und pflanzliches Eiweiß, aber kaum Fett. Eine rein vegetarische Ernährung erfordert einen hohen Aufwand zur Aufrechterhaltung der Eiweißbilanz, die in vielen Ländern das Hauptproblem der Unterernährung darstellt.

Viehzucht und Großviehbestand in China

Bei einem Blick auf Tabelle 5 erkennt man, daß der Rinderbestand in China zwar an die Größenordnung der Europäischen Union heranreicht, wobei aber die Rindfleischproduktion Chinas nur wenig mehr als die Hälfte derjenigen von Deutschland oder ein Siebtel der EU erreicht und die Milcherzeugung praktisch keine Rolle spielt. Ursache für den hohen Bestand ist die Einrechnung der nomadisch gehaltenen Rinder der Minderheiten mit geringer Produktivitätsrate und der Zugtiere, namentlich der Wasserbüffel Südchinas. Anders sieht es dagegen beim Schweinebestand aus, der die dreifache Größe des Wertes der EU erreicht und damit über vierzig Prozent des Weltbestandes ausmacht. Wenn man die Daten vergleicht, dann fragt man sich nach den Ursachen für die auffälligen Bedeutungsunterschiede zwischen Rinderhaltung und Schweinezucht.

Viehzucht wird überall im westlichen China aus klimatischen Gründen im breiten Steppen- und Halbwüstengürtel von der Mongolei über Xinjiang bis zum alpinen Hochland von Tibet betrieben, wo Ackerbau entweder überhaupt nicht mehr möglich ist oder die Erträge sehr gering werden. In diesen Fällen liegt die Produktivitätsrate (kcal pro Flächeneinheit) des Weidelandes über der (theoretischen) Rate von Ackerland. Schon die vorhandenen Oasenkulturen in Xinjiang und die ackerbaulich genutzten, tiefliegenden Täler am Ostrand des Hochlandes von Tibet zeigen, daß es einen historischen Trend zugunsten des Ackerbaus dort gibt, wo er klimatisch möglich ist und sich kulturell als überlegen erweist. Gemischte Betiebssysteme mit der Verbindung von Ackerbau und Viehwirtschaft sind in China die absolute Ausnahme und betreffen die Minderheiten, lassen sich also primär kulturell erklären (vgl. Fallbeispiel 17).

Eine wichtige Ausnahme bildet der Wasserbüffel, der im Reisanbau in Südchina eine wichtige Rolle als Nutztier spielt. Wasserbüffel *(Bubalus arnee)* sind mit den übrigen Vertretern der Unterfamilie der Rinder weniger eng verwandt und werden hier deshalb als eigene Gattung ausgegliedert. Die verschiedenen Büffelrassen lassen sich nur entweder als Nutztie-

	Bestand [Mio. Stück]	Darunter Milchvieh	Produktion [Mio. t]
Rinder			
China	102,9	2,6 %	1,3
davon Zugtiere	76,1 (73,9 %)		
Deutschland	20,3	34,0 %	2,2
Europäische Union	91,0	34,5 %	8,9
Schweine			
China	362,4		22,8
Deutschland	34,2		4,7
Europäische Union	121,2		15,7

		Produktion [Mio. t]	
Geflügel		Geflügelfleisch	Hühnereier
China	1372 (1985)	3,2	7,9
Deutschland	121	0,6	1,1
Europäische Union	865	6,2	5,4

Tabelle 5: Tierhaltung und Fleischproduktion Chinas und Europas im Vergleich im Jahre 1990 (State Statistical Bureau 1991, S. 325; Statistisches Bundesamt 1987, S. 66; 1992, S. 58 f.; 1993, S. 67); Gebietsstand für Deutschland ab 3.10.1990, für die EU Gebietsstand der 15 Staaten (zusammengerechnete Werte)

re mit eingeschränkter Fleischproduktion oder aber als ausgesprochenes Milchvieh mit hoher Fleischleistung, dann aber mit schlechter Nutzleistung einsetzen. Die Nutztiere (Sumpfbüffel) stehen züchterisch der Wildform, die aus dem Raum Nordostindien – Hinterindien stammt, noch relativ nahe. Milchbüffel spielen in China im Gegensatz zu Indien keine Rolle (LEGEL 1990, Bd. 2, S. 24 f.). Tabelle 5 weist aus, daß fast drei Viertel der Rinder in China nicht zur Zucht, sondern als Zugtiere verwerden werden, ein beträchtlicher Teil davon Wasserbüffel. Sie sind im Gegensatz zu den Zuchtrindern in den Betriebsablauf eingebunden, der sich aus dem Reisanbau ergibt, und benötigen während der übrigen Zeit nur wenig Pflege oder sonstigen Aufwand. Man kann die genügsamen Tiere in der intensiv genutzten Landschaft nur deshalb halten, weil sie sich ihr Futter auf den Dämmen und Feldrainen weitgehend selbst suchen und wegen des warmen Klimas allenfalls ganz einfache Unterstände im Dorf benötigen. Dennoch war selbst für sie nicht überall ausreichend Platz und vor allem das nötige Kapital zum Kauf vorhanden, weshalb bis weit in die kommunistische Zeit hinein die Mehrzahl der Felder von Hand umgegraben wurden, was man teilweise noch heute beobachten kann. Aus diesen Gründen weisen auf die Existenz der Wasserbüffel weder aufwendige Ställe noch Weiden als die ansonsten typischen Merkmale der Rinderhaltung hin.

Allgemein gesprochen, ist die Produktivitätsrate von Weide- gegenüber Ackerland abhängig von der Marktsituation für Fleisch und Getreide und müßte deshalb in Preisen angegeben werden. Diese Parameter verändern sich über die Zeit und sind im internationalen Vergleich kaum exakt numerisch zu erfassen, schon gar nicht für eine staatsmonopolkapitalistische Wirtschaft oder für subsistenzorientierte (auf Eigenverbrauch ausgerichtete) Betriebe. Man kann allerdings einige Feststellungen treffen, die die Entscheidungen für oder gegen die eine oder andere Form der Landnutzung beeinflussen. Hier zeigt sich, daß die Daten der Tabelle 5 nicht nur die heutigen Unterschiede zwischen Europa und China widerspiegeln, sondern daß dahinter eine lange zurückreichende Entwicklung von Ackerbau und Viehzucht steht, die ihre Wurzeln in der unterschiedlichen Agrar-Ökologie hat.

Agrar-Ökologie und Weideland

Im Gegensatz zu China schließt sich an die klimatisch bedingte Grünlandzone in Nord- und Westeuropa ein breiter Gürtel an, wo gemischte Betriebssysteme oder doch zumindest Landschaften, in denen Viehzucht und Ackerbau parallel betrieben werden, eher die Regel als die Ausnahme sind. Aber auch in den Ackerbaugebieten Mitteleuropas war die Viehhaltung ursprünglich von geringerer Bedeutung als heute, denn diese Form der Landnutzung ist insgesamt weniger produktiv als der Weg der direkten Nahrungsverwertung vom Getreide zum Menschen. Die „Veredelung" der Getreideproduktion über die Viehwirtschaft ist überhaupt nur möglich, wenn die Grundversorgung der Bevölkerung mit Kohlenhydraten (Getreide oder Kartoffeln) gewährleistet ist, sei es durch entsprechend verfügbare Flächenreserven oder durch Importe. Nur unter dieser Voraussetzung können Flächen für Weiden oder Futteranbau abgezweigt werden. Erst während der letzten beiden Jahrhunderte war die großflächige Aufgabe des subsistenzmäßig betriebenen Ackerbaus in allen klimatisch ungünstigen Gebieten Europas möglich. Über das entstehende Verkehrsnetz konnten Getreide- und Fleischprodukte regional ausgetauscht werden, und parallel zu dem Rückgang des Arbeitskräftebedarfs bei der Viehzucht standen genügend Arbeitsplätze in der aufstrebenden Industrie zur Verfügung. Nun konnten sich gemischte Betriebssysteme und schließlich reine Viehhaltungssysteme entwickeln. Mit dem Übergang zur ganzjährigen Stallfütterung verschwanden zwar viele Weideflächen wieder, dennoch standen sie nicht dem Getreideanbau zur Verfügung, weil ja nach wie vor Futteranbau – zunächst Wiesen, später vielfach Mais – nötig war.

Mehrere Faktoren haben zu der bestehenden einseitigen Ausrichtung auf Ackerbau im Inneren China und zu der scharfen Trennung zwischen Viehzucht- und Ackerbauzone geführt. Sie sind sowohl in den spezifischen Umweltbedingungen als auch im Entwicklungsgang der Landnutzung begründet, der als jahrtausendelanger historischer Prozeß zu verstehen ist. Prinzipiell stünden auch im Inneren China zumindest im Süden genügend Niederungsgebiete zur Verfügung, die potentiell als Weiden oder Wiesen geeignet wären. Man fragt sich deshalb, warum Viehzucht und Großviehhaltung hier niemals eine Rolle in der Landnutzung spielten.

Zunächst ist in diesem Zusammenhang der Naßfeldanbau zu nennen, der im kühlen Mittel-, West- und Nordeuropa aus klimatischen Gründen ausscheidet. Im Naßfeld ahmt man die ökologischen Bedingungen des Sumpfes nach, da Reis wild als Sumpfpflanze wächst. Von seinen ökologischen Ansprüchen her ermöglicht der Naßreisanbau also genau auf denjenigen Flächen die ertragreichste Nutzung, die in Europa über eine geringe Produktivität verfügen: feuchte, sumpfige Talniederungen, Becken und Schwemmländer an Flüssen und Küsten (Marschen). Hier stellt Naßreis die ertragreiche Alternative zur Viehzucht dar, auf die sich die gesamte Landnutzung seit langer Zeit ausrichten konnte.

Doch nicht nur das; bald entdeckte man, daß mit dem Naßreisanbau die höchsten Erträge aller Getreidearten zu erzielen waren, und man konzentrierte sich in der Landnutzung gerade auf die Niederungen, die in Europa lange vernachlässigt wurden. Wegen der von der Bewässerungskontrolle ausgehenden Einflüsse führte der chinesische Entwicklungsweg dann in Richtung Arbeitsintensivierung, Nutzungskonzentration, Bevölkerungswachstum und Reduzierung der Feldgrößen. Dies ging mit einer viel höheren Produktivitätsrate pro Flächeneinheit einher, mit der die Viehhaltung keinesfalls Schritt halten konnte.

Ein weiterer landschaftlicher Grund für den Mangel an Weideland ist in der Entwicklung des Reliefs in China zu sehen. Weil die Überprägung der Oberflächenformen durch die Eiszeiten in weiten Teilen des Landes fehlt, stehen sich flache Bereiche und steile Hangformen scharf getrennt gegenüber. „Mittlere", flachwellige Bergregionen mit für Ackerbau zu kühlem Klima und zu wenig entwickelten Böden, für Viehzucht aber nicht zu steilem, felsigem Relief fehlen in China weithin. Und schließlich kommt für Nordchina dazu, daß alle Lößgebiete zwar ideale Ackerbaustandorte bilden, da die oberen Bodenschichten im Löß gut abtrocknen, Weiden dagegen selbst in den Niederungen unter mangelnder Feuchtigkeit leiden und oft einfach vertrocknen würden. Damit waren aus ökologischen Gründen im ursprünglichen Siedlungsraum der Chinesen schon vor Jahrtausenden grundsätzlich andere Voraussetzungen gegeben als in Europa.

Schließlich wären noch die gesellschaftlichen Implikationen anzuführen, die sich aus dem hohen Organisationsgrad der Bewässerungssysteme, des Terrassenbaus und auch des Düngereinsatzes ergeben. Der hohe infrastrukturelle Aufwand erfordert gemeinschaftliches Handeln und fördert den Zusammenhang gesellschaftlicher Gruppen, ja ganzer Dörfer. Viehhaltung und deren Anforderungen hinsichtlich betrieblicher Abläufe und Flächennutzung lassen sich damit kaum in Einklang bringen, was gemischte Betriebssysteme gar nicht zuläßt. In einem System, das von hoher Intensität der Landnutzung und hohem Einsatz an Arbeitskräften gekennzeichnet ist, hat Großvieh mit den benötigten Weideflächen und dem andersartigen Lebensrhythmus seiner Halter keinen Platz. Die sich daraus ergebende fast absolute Trennung in Weidegebiete auf der einen und eine reine Ackerbauzone auf der anderen Seite kann als eines der Hauptmerkmale der Kulturlandschaft Chinas gelten.

Kleinvieh in der bäuerlichen Kultur Chinas

Ganz im Gegensatz zur Rinderzucht spielt die Kleinviehhaltung eine große Rolle in der Ernährung Chinas. Die Gründe dafür liegen im geringen Flächenbedarf, in der Möglichkeit zur Haltung in den Höfen selbst, in der einfachen Integration in die durch Ackerbau vorgegebenen Betriebsabläufe und in den geringen Futterkosten.

Schweine fressen sowohl pflanzliche als auch tierische Nahrung, stellen also die idealen Verwerter der im Haushalt immer anfallenden Abfälle dar und produzieren darüber hinaus noch wertvollen Dünger. Sie benötigen keine großen Stallungen und können ohne größeren Aufwand gehalten werden, bieten aber trotzdem aufgrund ihres schnellen Wachstums einen günstigen Fleischertrag. Die wenig gezielte Form der Schweinemast, die in China weithin die Regel ist, läßt sich auch aus den Daten von Tabelle 5 ablesen: Während der Gesamtbestand an Schweinen in China dreimal so hoch liegt wie in der Europäischen Union, erreicht die Fleischproduktion nur den eineinhalbfachen Wert; die Produktivitätsrate entspricht etwa 50 % des EU-Wertes.

Hühner sind als Legehennen und zusammen mit Enten als Fleischlieferanten sehr geschätzt. Die Zahl der Enten am Geflügelbestand erreicht weniger als 1 % der Hühner. Bei einem Bestand, der eineinhalbmal so hoch ist wie in der Europäischen Union, wird nur halb soviel Geflügelfleisch produziert (vgl. Tab. 5). Dagegen liegt die Erzeugungsrate bei Eiern sogar etwas höher, woraus man deutlich die Präferenz bzw. Notwendigkeit für die längerfristige Nutzung der Tiere ersehen kann. Geflügelfleisch wie auch Eier liefern wichtige Eiweißbestandteile im bäuerlichen Speiseplan, der im warmen Klima Südchinas mit einem reduzierten Fettanteil auskommt. Wegen seines fettarmen Fleisches auf der einen und der geringen Anfälligkeit für auf den Menschen übertragbare Krankheiten auf der anderen Seite spielt Geflügel in allen subtropischen und tropischen Ländern eine größere Rolle als im Norden. Hinsichtlich des Aufwands für Futter, für das Hüten und für Ställe gilt ähnliches wie bei den Schweinen, ebenso wie für die Wertschätzung des Geflügelkots als Dünger. Hühner läßt man normalerweise im Dorf frei herumlaufen, wo sie sich unter Abfällen, heruntergefallenem Getreide oder am Wegrand ihre Nahrung suchen. Enten werden darüber hinaus gezielt auf die Reisfelder getrieben, wo sie zur Bekämpfung der Schnecken beitragen (vgl. Fallbeispiel 12).

Mit Ausnahme des Hundes stellen Schafe und Ziegen die am frühesten domestizierten Tiere dar. Sie stammen aus dem Vorderen Orient und gelangten über Zentralasien nach China. Es ist interessant, daß die enge zoologische Verwandschaft von Schafen und Ziegen, die beide der Unterfamilie Ziegenartige (Caprinae) angehören, auch in der chinesischen Sprache zum Ausdruck kommt. Die Ziege wird dort wörtlich übersetzt als „Bergschaf" bezeichnet (shanyang), ein deutlicher Hinweis auf die Lebensgewohnheiten der Ziege, die viel besser klettert als das Schaf (yang).

Schafe und in einem geringeren Maß auch Ziegen stellen wiederum höhere Ansprüche an ihre Nahrung als Schweine und benötigen regelmäßigen Weidegang. Andererseits geben sich Schafe mit wesentlich ärmeren Weiden zufrieden als Rinder; Ziegen suchen auch die unwegsamsten Felspartien nach Futter ab und können notfalls sogar niedrige Bäume erklettern. Außerdem ist der Aufwand größer; beide Tierarten benötigen eine Person zum Hüten und sind deshalb nur sinnvoll in Herden zu halten, wozu noch die Notwendigkeit für den Bau einfacher Ställe kommt (vgl. Fallbeispiel 9).

Schafe konzentrieren sich dort, wo agrarökologische und gesellschaftliche Faktoren zusammentreffen. Sie spielen vorwiegend in den moslemisch besiedelten Gebieten eine größere Rolle, wo das religiöse Verbot des Schweinefleischverzehrs gilt (vgl. Fallbeispiel 4). Moslems leben in den Provinzen Xinjiang, der Inneren Mongolei, Gansu, Ningxia und Yunnan. Dort stehen gleichzeitig überall anderweitig nicht nutzbares Ödland und karge Felsgebiete als Weiden zur Verfügung. Ziegen

49

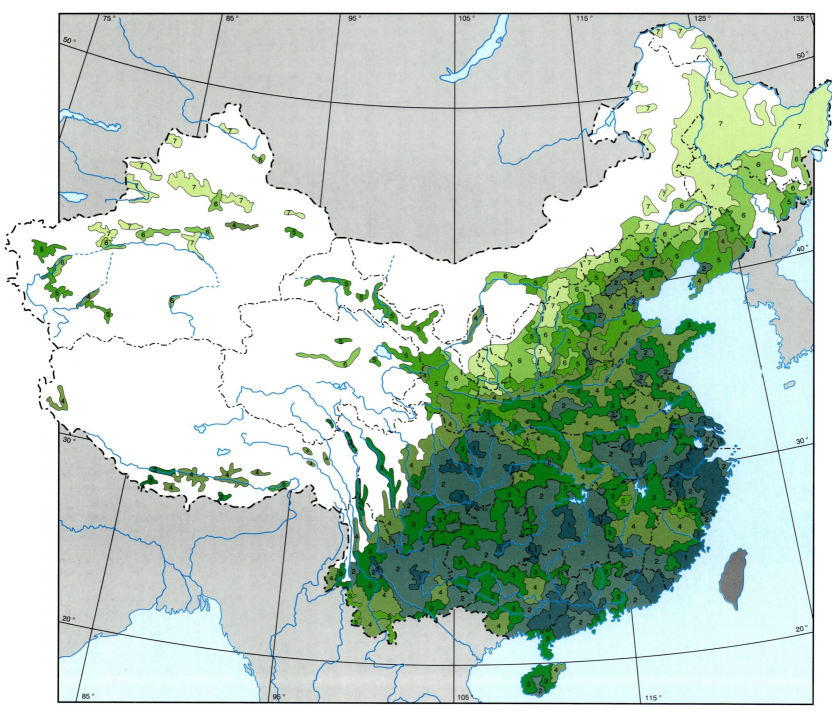

Abbildung 8:
Anzahl landwirtschaftlicher Arbeitskräfte pro 100 ha Ackerfläche. Nach Nanjing dili yu hupo yanjiusuo et al. (1989, S. 65 f.), generalisiert

1 über 750	**5** 150 – 250
2 500 – 750	**6** 100 – 250
3 375 – 500	**7** unter 100
4 250 – 375	

0 100 200 300 400 500 600 km

werden aber auch in den Gebieten Nordchinas gehalten, wo ackerbaulich nicht nutzbares Land zur Verfügung steht, namentlich in Shanxi, Shaanxi, Henan, Hebei und Shandong. Dazu kommt beim Schaf noch die Wollelieferung. Die Stückzahlen von 97,2 Mio. Schafen und 112,8 Mio. Ziegen (China Statistical Bureau 1991, S. 329), zusammen über die Hälfte des Schweinebestands, dürfen allerdings nicht täuschen, denn beide Tierarten wachsen sehr viel langsamer als Schweine, und die Fleischproduktionsrate ist entsprechend geringer, weswegen viel mehr Tiere gehalten werden müssen.

Viehhaltung und Folgen für die Kulturlandschaft

Für die Nutzung der versumpften Niederungen bildete Naßreisanbau von alters her die attraktive Alternative zu Wiesen oder Weiden, weshalb die Viehzucht in Südchina nie eine bedeutende Rolle spielte und nach und nach verschwand, wo immer Reis aus klimatischen Gründen angebaut werden konnte. Im Norden mit seinen verbreiteten Böden aus Löß oder Schwemmlöß ist praktisch überall ertragreicher Ackerbau möglich, während Flächen, die lediglich für Weiden taugen, weitgehend fehlen. Das weite agrarökologische Spektrum der Getreidearten, die sowohl im Trocken- als auch im Naßfeld angebaut werden können, ermöglicht überall im Inneren China den *Verzicht auf Großviehhaltung* und die Konzentration auf Ackerbau mit seiner höheren Flächenproduktivität.

Aus dem Fehlen von Weideflächen ergibt sich eine großräumige *Einheitlichkeit der Landnutzung* innerhalb der gesamten Ackerbauzone, wie sie in der europäischen Kulturlandschaft nur sehr begrenzt zu finden ist, wo in der Mehrzahl der Fälle Weiden und Äcker in enger räumlicher Durchmischung vorkommen, oft sogar in derselben Flur. Auch ist die kleinräumige Aufteilung der Flur viel einheitlicher, denn in China gab es seit Jahrtausenden kein größeres Gemeinschaftsland mehr. In Europa war es dagegen die Regel, daß in allen Gemarkungen Allmenden für das Weidevieh abgeteilt wurden, die sich als zusammenhängende, größere Einheiten von der kleinparzellierten Ackerflur unterschieden. Häufig ist das noch heute erkennbar, denn die Allmenden konnten erst mit dem Übergang zur ganzjährigen Stallfütterung ab dem 19. Jh. aufgeteilt werden und waren in viel geringerem Maß einer Besitzerzersplitterung ausgesetzt als die übrige Flur.

In dem von der Konzentration auf Ackerflächen, dem Verzicht auf die weniger produktiven Weiden und der Enge der Dörfer bestimmten Bild der Kulturlandschaft wird die Intensität der Landnutzung augenfällig. Gefördert durch die Aufgabe der Viehhaltung, stellt die *Arbeitsintensität* einen sich selbst verstärkenden Prozeß dar. Je weiter die Arbeitsintensität pro Flächeneinheit zunimmt, desto stärker steigt der Arbeitskräftebedarf an und damit die Notwendigkeit, die Flächenproduktivität zur Sicherstellung der Ernährung weiter zu erhöhen. In einer Landschaft mit hoher Bevölkerungsdichte bleibt für die extensive Großviehzucht mit ihrer geringen Flächenproduktivität kein Platz mehr übrig. Mit dem Verzicht auf Viehhaltung erhöht sich andererseits der Bedarf an Arbeitskräften bei der Feldbestellung und sogar beim Transport der Produkte zu den Marktorten. Gleichzeitig steht ohne Großvieh erheblich weniger Dünger zur Verfügung, und die Notwendigkeit zu intensiverer, exakterer Bodenbearbeitung und sparsamerem Düngereinsatz steigt, was wiederum die Tendenz zu noch intensiverem Anbau auf noch kleineren, hinsichtlich Bewässerung und Düngung noch besser kontrollierbareren Feldern verstärkt. Viehhaltung und Arbeitsintensität stehen somit über eine ganze Kette von Wirkungsbeziehungen miteinander in Verbindung, und beide bilden wesentliche Elemente der Kulturlandschaft Chinas.

5.5. Kontrolle des Agrar-Ökosystems und Arbeitsintensität

Die bisher geschilderten Versuche des Menschen, bestimmte agrarökologische Faktoren in den Griff zu bekommen und zu kontrollieren, geben den verschiedenen Kulturlandschaften ihr Gepräge. Die Entwicklung in China verlief nicht zuletzt deshalb in eine andere Richtung als in Europa oder Nordamerika, weil die geschilderten natürlichen Ausgangsbedingungen spezifische Methoden induzierten, die man in anderen Räumen nicht so ausgeprägt oder nicht in dieser Kombination findet. Eines haben diese über Jahrtausende entwickelten, ausgefeilten Methoden der Landnutzung gemeinsam: die hohe *Arbeitsintensität*, die ihre Anwendung erfordert und die deutliche regionale Unterschiede aufweist.

Insgesamt stellt die hohe Arbeitsintensität noch heute einen der prägendsten Faktoren in der Kulturlandschaft Chinas dar, denn eine mechanisch-industrielle Landbewirtschaftung läßt sich nur unter großen Schwierigkeiten den wechselnden natürlichen Bedingungen, der kleinbetrieblichen Struktur und den geringen Feldgrößen anpassen. Andererseits hängt eine Mechanisierung von den wirtschaftlichen Möglichkeiten und dem vorhandenen Kapital ab. Aus diesen Gründen verwundert es nicht, daß der Anteil der *von Hand bestellten Ackerfläche* in China noch sehr hoch ist und sich zudem im gesamten Land extrem unterschiedlich verteilt.

Ein äußeres Zeichen für die Tradition der arbeitsintensiven Landbewirtschaftung sind die hochentwickelten *handbetriebenen Ackergeräte*, die man noch heute in allen Stadien der Landnutzung sehen kann und die teilweise seit Jahrtausenden in derselben Form hergestellt und verwendet werden. In der historischen Perspektive zeigt sich darin der schon seit langem vorhandene Bedarf, der seinen Impuls von der Notwendigkeit bezog, die Arbeitsproduktivität zu erhöhen. In der landschaftlichen Perspektive steht die Vielzahl der handbetriebenen Ackergeräte für das enge Beziehungsgefüge zwischen dem Menschen und seiner Umwelt.

Aufwendige Methoden lohnen sich nur, wenn ihnen hohe Erträge gegenüberstehen, also bei hoher *Produktivität*. Es ist interessant, sich die Frage nach einem Zusammenhang mit der Gesellschaftsentwicklung zu stellen. Inzwischen werden in Europa oder Nordamerika selbstverständlich erheblich mehr Menschen pro Flächeneinheit ernährt als in China. Die rasante Produktivitätssteigerung in der Landwirtschaft wurde hier mit Methoden erreicht, die sich auf die Mechanisierung, die Spezialisierung, hohen Energieeinsatz, starke Handelsintegration und andere *kapitalintensive* Methoden stützen. In China läßt sich dagegen bereits für lange Zeiträume in der Geschichte die hohe Anzahl von Menschen belegen, die sich von einer im Weltmaßstab äußerst begrenzten Fläche ernähren mußte. Der Schlüssel dazu lag in den *arbeitsintensiven* Methoden zur Produktivitätssteigerung, namentlich der Erosions-, der Bewässerungs- und der Nährstoffkontrolle. Arbeitsintensiv bezieht sich dabei nicht nur auf die physikalische Arbeit, sondern auch auf die notwendigen speziellen Kenntnisse und die organisatorischen Maßnahmen mit den ihnen eigenen gesellschaftlichen Konsequenzen.

Regionale Verteilung der Arbeitsintensität

Bei aller Verschiedenheit der Naturräume Chinas beruhen die Methoden, mit denen der Mensch die komplizierten natürlichen Ausgangsbedingungen zu kontrollieren versuchte, auf der gemeinsamen Eigenschaft, daß ihre Anwendung einen hohen Arbeitsaufwand mit sich bringt. Schon bei geringen

Hangneigungen machte die Ausdehnung des Ackerbaus auf das Lößplateau eine Terrassierung nötig, um die Erosion wenigstens einigermaßen in den Griff zu bekommen. Um erfolgreichen Reisanbau betreiben zu können, ist die genaue Kontrolle der Bewässerung eine Grundvoraussetzung. Die in weiten Landesteilen geringe natürliche Bodenfruchtbarkeit läßt sich nur überwinden, wenn ein hoher Stand der Nährstoffkontrolle mittels Fruchtfolge und Düngung erreicht wird, was angesichts der Knappheit organischen Düngers eine individuelle Ausbringung und exakte Dosierung erfordert, beides mit erheblichem Arbeitsaufwand verbunden.

Zu all diesen arbeitsaufwendigen Methoden kommt noch die Konzentration des Ackerbaus auf die geringe vorhandene Fläche, vor allem aufgrund der natürlichen Ursachen, denn nach Norden und Westen machen die klimatischen Bedingungen diese Form der Landnutzung unmöglich. Deshalb kam nur der Süden als Ausbreitungs- und Kolonisierungsgebiet in Frage, wo jedoch die Restriktionen durch das eng gekammerte Kleinrelief mit seinen steilen Hangprofilen bestehen. Die daraus folgenden Konzentration des Ackerbaus auf geringe Anteile an der Gesamtfläche und der Mangel an Weideland innerhalb der Ackerbauzone entspricht der Verzicht auf Viehhaltung, was eine ausreichende Düngerversorgung in Teilen noch immer problematisch macht und wiederum nur über erhöhten Arbeitseinsatz auszugleichen ist.

Einen verläßlichen Hinweis auf die Arbeitsintensität ermöglicht das Verhältnis der Anzahl landwirtschaftlicher Arbeitskräfte zur Anbaufläche, bei dem China heute zu den Ländern mit der höchsten Relation gehört. Teilt man die 1990 in der Landwirtschaft beschäftigten Personen (350,2 Mio.) durch die vorhandene Anbaufläche (93,3 Mio. ha), so ergibt sich ein Durchschnittswert von 3,75 Personen, die jeden Hektar Ackerland bestellen, gleich 375 pro 100 ha (Statistisches Bundesamt 1993, S. 57, 62). Man darf diese Angaben allerdings auch nicht überbewerten, denn sie sagen nichts über die tatsächliche Auslastung der Beschäftigten aus, die verbreitet über längere Zeiträume nicht gegeben ist und somit auch ein Rationalisierungspotential darstellt. Auch muß man bedenken, daß die in der Viehzucht tätigen Personen eingeschlossen sind, deren Anzahl in den ackerbaulich strukturierten Kreisen wegen der erwähnten Monostruktur aber kaum ins Gewicht fällt und zudem überall recht gleichmäßig ausfällt, da Schwerpunkte in der Kleinviehzucht fehlen. Interessant sind die deutlichen regionalen Unterschiede innerhalb Chinas, die auf Abbildung 8 sichtbar werden. Die Angaben basieren auf der Zahl der in der Landwirtschaft Beschäftigten pro 100 ha Nutzfläche, bezogen auf den Durchschnitt in jedem der gut 2000 Landkreise, und liefern also ein recht differenziertes Bild.

Die Skala in der Legende differenziert überhaupt nur oberhalb 100 Beschäftigte pro 100 Hektar, eine Relation, um die sich die Werte in der gesamten Mandschurei bewegen, obwohl dort eigentlich die besten Bodenbedingungen gegeben sind. Hier kommt klar die im Verhältnis zum übrigen China völlig unterschiedliche Besiedlungsgeschichte und Bevölkerungsstruktur zum Ausdruck. Die Landnutzung in der Mandschurei ist von – im chinesischen Maßstab – geringer Arbeitsintensität gekennzeichnet, weil im Verhältnis zur spät erfolgten und immer noch dünnen Besiedlung große Flächen zur Verfügung stehen. Diesen Verhältnissen entsprechen ein hoher Mechanisierungsgrad, viele Staatsfarmen und weit überdurchschnittliche Feldgrößen.

Es fällt im Kartenbild allerdings auf, daß auch weite Teile der Provinzen Shanxi, Shaanxi und Gansu auf dem Lößplateau von nur bis zu 150 Beschäftigten pro 100 Hektar bearbeitet werden. Hier zeigt sich die geringe Ertragskraft des Landes trotz des Vorhandenseins von Löß. Dessen prinzipiell günstige

Ausgangsbedingungen für die Bodenbildung werden durch die natürliche und die anthropogen verstärkte Erosion derart eingeschränkt, daß eine weitere Produktivitätssteigerung durch den Einsatz von Arbeit nicht möglich ist. In der östlich anschließenden Nordchinesischen Tiefebene liegt die Relation dagegen mit meist 250 – 375 Beschäftigten/100 ha bereits deutlich höher, wobei auf der Halbinsel Shandong sogar 500 nicht selten sind.

Der Schwerpunkt der Beschäftigungsrate pro Flächeneinheit liegt jedoch klar in der Naßfeldanbauzone Südchinas, wo praktisch nur das Bergland von Fujian, die nördlicheren Provinzen Jiangsu und Hunan und, interessanterweise, auch die tropischen Gebiete in Südyunnan und Guangxi weniger als 375 Beschäftigte je ha aufweisen. Mit Ausnahme kleinerer Bereiche arbeiten ansonsten weit verbreitet 500 und mehr Beschäftigte auf 100 ha, einschließlich vieler gebirgiger Bereiche. Die Schwerpunkte der Arbeitsintensität aber bilden klar die Reiskammern der Küstenhöfe und Beckenländer. Große Teile von Guangdong, der Küstensaum von Fujian, das zentrale Hunan und die Umgebung von Kunming (Yunnan) weisen Dichten von über 750 Beschäftigten pro 100 ha Landwirtschaftsfläche auf. Hier bewirtschaftet jeder Bauer nur etwa 1300 Quadratmeter, was einem etwas größeren Gartengrundstück entspricht! Dasselbe gilt auch für das Becken von Sichuan, das Mündungsgebiet des Jangtse und fast die gesamte Provinz Zhejiang, die alle im nördlichen Bereich der Naßfeldanbauzone liegen.

Aus diesem Verteilungsbild geht hervor, daß nicht primär klimatische oder pedologische Gründe für die Arbeitsintensität pro Flächeneinheit verantwortlich sind. Sie hängt eher mit dem Entwicklungsstand der Anbaumethoden, sprich der Effektivität der Kontrolle des Agrar-Ökosystems zusammen. Der für eine hohe Arbeitsintensität notwendige Bevölkerungsstand ist umgekehrt natürlich nur zu halten, wenn auch die Ernährung gesichert ist und dem Arbeitseinsatz die entsprechenden Erträge gegenüberstehen. Daraus ergibt sich eine enge Wechselbeziehung zwischen der Arbeitsintensität, die für die intensive Landnutzung nötig ist, und der Bevölkerungsdichte, die durch die Erträge ermöglicht wird, wie sie in Abbildung 8 ja klar erkennbar ist. In historischer Perspektive läßt sich der Zusammenhang zwischen dem Bevölkerungswachs und der Produktivitätssteigerung in der Landwirtschaft durch zunehmenden Arbeitseinsatz nachvollziehen.

Anteil der von Hand bestellten Ackerfläche

Das Maß, in welchem sich die Landnutzung in China auch heute noch auf den Einsatz menschlicher Arbeitskraft stützt, läßt sich im sehr geringen Mechanisierungsgrad erkennen. Kaum eine Zahl zeigt dies deutlicher als der Traktorenbestand, der in Deutschland im Jahre 1989 bei 1,59 Millionen lag, während es in ganz China mit 0,85 Millionen nur halb soviel gab (Statistisches Bundesamt 1992, S. 51; State Statistical Bureau 1991, S. 291). Die Zahl ist seit 1987 sogar wieder im Rückgang begriffen (vgl. Tab. 6). Mähdrescher gibt es in China kaum, fast nur auf den Staatsgütern in der Mandschurei. Wesentlich besser als die schwerfälligen Traktoren sind der kleinparzellierten Feldflur Chinas kleine, wendige Maschinen von weit geringerer Leistung angepaßt, die in den Statistiken üblicherweise als „Kleintraktoren" aufgeführt sind und deren Zahl 1990 bereits bei 6,98 Millionen lag. Dabei ist allerdings zu berücksichtigen, daß ein erheblicher Teil der Kleintraktoren als Transportfahrzeuge zum Einsatz kommt und nicht in der Feldbestellung. Nach dem Aufschwung der Landwirtschaft zu Beginn der achtziger Jahre, der in erster Linie auf der Inten-

Jahr	1952	1957	1965	1978	1985	1990
Anzahl [1000]						
Traktoren mit über 14,7 kW	1,3	14,7	72,6	557,4	881,0	813,5
Kleintraktoren	–	–	0,9	1373,0	5300,0	6981,0
Maschinell gepflügte						
Ackerfläche [Mio. ha]	0,14	2,64	15,6	40,7	38,4	48,3
Anteil an der Gesamtackerfläche	0,13	2,4	15,4	41,4	39,8	52,3
ohne Dauerkulturen [%]						

Tabelle 6: Entwicklung der Mechanisierung in der Landnutzung Chinas (State Statistical Bureau 1991, S. 291, 299; Flächenangaben vor 1990: Statistisches Bundesamt 1969, 1985, 1993)

sivierung der Arbeitsleistung, verbesserter Organisation und Düngung beruhte, verlagerte sich der Schwerpunkt der Investitionen und der Modernisierung seither auf die Industrialisierung und die Städte, weshalb die Landnutzung insgesamt nach wie vor stark auf dem Einsatz menschlicher Arbeitskraft beruht.

Abbildung 9 gibt einen Überblick über den Anteil und vor allem die regionalen Unterschiede der Handarbeit in der Landbewirtschaftung Chinas. Der chinesische Atlas definiert Handarbeit nicht exakt. Das State Stastistical Yearbook (1991, S. 297) gibt allerdings für 1990 rund 50 % des Ackerlandes (48,3 Mio. ha) als „tractor-ploughed area" an, weswegen man davon ausgehen kann, daß auch im Atlas, der auf denselben Daten aufbaut, nur die Pflugtätigkeit gemeint ist. Weitere Arbeitsschritte wie z. B. Saat und Ernte weisen demgegenüber einen noch viel geringeren Mechanisierungsgrad auf. Die Darstellung basiert auf den Anteilen in jedem einzelnen Landkreis mit Stand von 1989. Mit Traktoren wurde 1990 gerade die Hälfte der Ackerfläche gepflügt. Bei einem Blick auf Tabelle 6 stellt man fest, daß sich diese Rate seit 1978 nur noch langsam nach oben bewegt hat. Offensichtlich ist auf der einen Seite der Mechanisierungsdruck angesichts der zahlreich vorhandenen ländlichen Arbeitskräfte relativ gering. Auf der anderen Seite stehen die Besonderheiten der chinesischen Landnutzung, wie geringe Feldgröße und eine Vielzahl spezieller Arbeitsgänge, einer weiteren raschen Mechanisierung entgegen. Die übrigen Arbeitsgänge in der Landnutzung sind von der Mechanisierung noch erheblich weiter entfernt, und die zahlreichen Arbeitsgänge im Reisanbau machen eine Vielzahl weiterer Spezialmaschinen (z. B. Umsetzmaschinen) nötig, die ebenfalls noch kaum verbreitet sind. Überraschend ist die Deutlichkeit, mit der sich die verschiedenen Regionen hinsichtlich der noch verbreiteten Handarbeit unterscheiden.

Einleuchtend ist der hohe Mechanisierungsgrad in der Mandschurei mit ihren großflächigen, neu erschlossenen Feldern und den vielen großen Staatsfarmen. Ein weiterer Schwerpunkt mit über 65 % maschinell bestellter Ackerfläche findet sich im Trockenfeldbaugebiet der Nordchinesischen Tiefebene, wo einerseits die Felder nicht so klein sind wie in terrassierten Bereichen, andererseits weniger Arbeitsgänge einen geringeren Maschinenbestand erforderlich machen, was beides der Mechanisierung entgegenkommt. In der Naßfeldanbauzone fallen nur drei Bereiche mit hohem Maschineneinsatz auf: fast die gesamte Provinz Jiangsu bis Shanghai, der Kernraum der Provinz Guangdong um Kanton und ein Teil des Beckens von Sichuan.

Gegenüber diesen stark mechanisierten Gebieten fällt das übrige Land, wo die Handarbeit in der Feldbestellung bei weitem überwiegt, sehr stark ab. Verbreitet in der östlichen Hälfte der Naßfeldzone wie auch in Teilgebieten des Lößplateaus und in den altbesiedelten Teilen der Mandschurei liegt der Anteil der Handarbeit bei 60 – 75 %, oft sogar darüber. Erstaunlich ist schließlich die Größe des Gebietes, in welchem die Mechanisierung praktisch überhaupt keine Rolle spielt und Handarbeit mit über 95 % angegeben wird. Dazu gehört die gesamte gebirgige Westhälfte des Naßfeldgebietes mit den Provinzen Hunan, Sichuan und Yunnan, wobei die gesamte Provinz Guangxi mit einer einzigen Ausnahme keinen Landkreis aufweisen kann, wo die maschinell bestellte Ackerfläche 5 % überschreitet. Auch weite Bereiche im Westen und Norden des Lößplateaus werden noch immer per Hand bestellt (Gansu, Nord- und Südshaanxi, Nordshanxi).

Vier für die Kulturlandschaft wichtige Sachverhalte werden an diesem Verteilungsbild deutlich. Zunächst zeigen sich die technischen Schwierigkeiten, Naßfeldanbau zu mechanisieren, wofür es zwar spezielle Maschinen gibt, aber nicht in Auswahl, Preisgefüge und Effizienz der weit entwickelten Geräte für Trockenfeldbau. Dennoch gehören die Naßfeldregionen um Shanghai und Kanton zu den am stärksten mechanisierten Gebieten, weshalb man nicht von einer direkten Abhängigkeit zwischen Landnutzungssystem und Mechanisierungsgrad ausgehen kann. Am Verteilungsbild von Abbildung 9 zeigt sich, daß sich mit Ausnahme relativ kleiner Gebiete um Xi'an und Chengdu alle stark mechanisierten Bereiche entlang der Ostküste aufreihen, also den wirtschaftlich stärksten Regionen, woraus der enge Zusammenhang zwischen Mechanisierung und regionaler Wirtschaftskraft, Investitionen und Transportkapazitäten ersichtlich ist.

Ein Vergleich zwischen Abbildung 9 und 8 macht deutlich, daß man in diesem Zusammenhang den Grad der Arbeitsintensität keineswegs als Gegenbild zum Grad des Maschineneinsatzes ansehen darf. Vielmehr kann Mechanisierung sowohl als Ersatz als auch als Ergänzung menschlicher Arbeitskraft dienen, zwei völlig verschiedene Entwicklungsrichtungen in der Landnutzung. Mechanisierung bei gleichzeitiger Reduzierung der Arbeitsintensität nach dem Vorbild Europas oder Nordamerikas findet man nur in den Neuerschließungsgebieten der Mandschurei, wo große Flächen zur Verfügung stehen, die verhältnismäßig wenig intensiv genutzt werden. Völlig konträr dazu stimmen viele Regionen hinsichtlich hoher Arbeitsintensität und hohen Mechanisierungsgrades sogar überein, was einer weiteren Intensivierung der Landnutzung dient. Solche Verhältnisse herrschen in den Schwerpunktgebieten des Naßreisanbaus mit ihrer enormen Arbeitsleistung, die trotz Maschineneinsatzes fortbesteht. Aufgrund der erzielbaren Ertragssteigerung ist eine Mechanisierung bestimmter Arbeitsgänge gerade hier lohnenswert, und zwar als Ergänzung, nicht als Ersatz der menschlichen Arbeitskraft. Dazwischen liegt der in China große Bereich mittlerer bis geringer

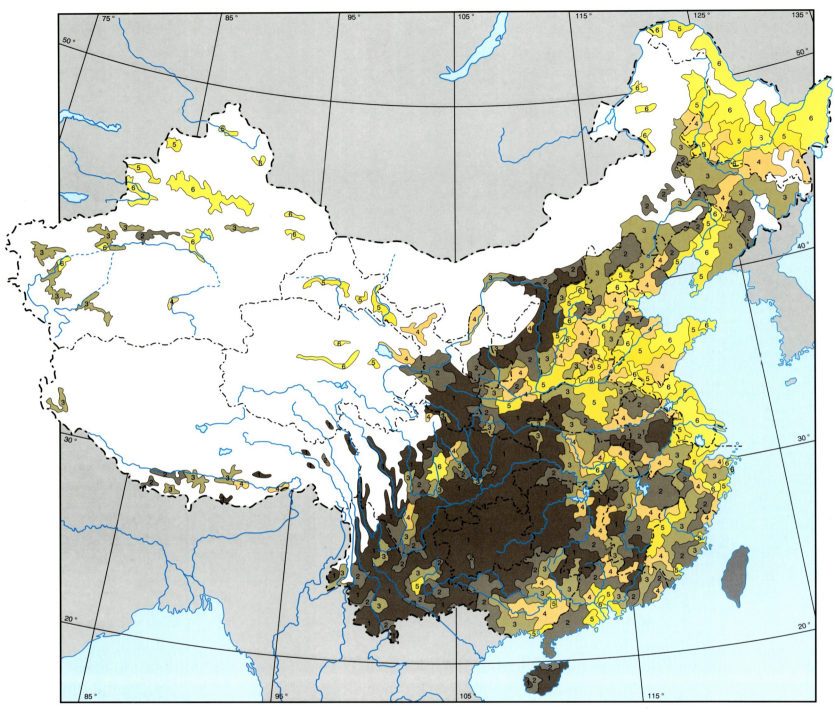

Abbildung 9:
Anteil der von Hand bestellten Ackerfläche an der gesamten Ackerfläche. Nach Nanjing dili yu hupo yanjiusuo et al. (1989, S. 74), generalisiert

1	über 95 %
2	85 – 95 %
3	70 – 85 %
4	55 – 70 %

5	35 – 55 %
6	unter 35 %

0   100 200 300 400 500 600 km

Ackergerät/Agrartechnik	Erfindung in China	Export nach Europa	Erste Erwähnung in Europa
Shang- und Westliche Zhou-Dynastie (16. Jh. – 771 v. Chr.)			
Fäkaliendüngung	2. Jt.		
Unkrautjäten	2. Jt.		
Gründüngung	2. Jt.		
Frühlings- und Herbstperiode/Streitende Reiche (722 – 221 v. Chr.)			
geordnete Reihensaat (Trockenfeldbau)	6. Jh. v. Chr.		
erste Berichte über Bewässerungsprojekte	6. Jh. v. Chr.		
Brustgeschirr und Kummet	5. – 4. Jh. v. Chr.		
eiserne Pflugkappe (Gußeisen)	4. Jh. v. Chr.		
Zheng-Duo-Bewässerungskanal (150 km)	246		
Bewässerungsprojekt Dujiangyan	250 – 230 v. Chr.		
Han-Dynastie (206 v. – 220 n. Chr.)			
Verpflanzen (Naßreisanbau)	3. – 2. Jh. v. Chr.		
Saatscharre (Drillmaschine)	2. Jh. v. Chr.		1566
Worfelmaschine	2. Jh. v. Chr.	1720	
großflächige Bewässerungsprojekte	113 v. Chr.		
Bericht über ein neues Fruchtwechselsystem	89 v. Chr.		
Schubkarre	1. Jh. v. Chr.		11. Jh.
geschwungenes Streichbrett (Schmiedeeisen)	1. Jh. v. Chr.		Spät-MA (Holz)
geordnete Reihensaat (Naßreisanbau)	1. Jh. n. Chr.		
Kettenpumpe	2. Jh. n. Chr.		16. Jh.
Pferdeanspannung beim Pflügen	2. Jh. n. Chr.		
einfache Anspannung	3. Jh. n. Chr.		
Kompaß (Geomantik)	4. Jh. n. Chr.	12. Jh.	
Sui-Dynastie (581 – 618)			
Handbuch für Agrartechniken (qimin yaoshu; Fruchtfolgen, Bodenpflege, Pflugmethoden)	534		
Nördliche Song-Dynastie (960 – 1127)			
großflächige Marschlandkultivierung	10. – 11. Jh.		
schnellreifender Reis (*Champa*-Sorten aus Vietnam)	1012		
Yuan-Dynastie (1279 – 1368)			
Wasserschöpfrad (Einführung von Zentralasien)	1313 erstmals erwähnt		

Tabelle 7: Zeittafel zu Ackergeräten und Agrartechniken; Daten ihrer Erfindung in China und zum Vergleich in Europa (Quellen: Vogel 1994, Bray 1986, Voiret 1994, Kolb 1992)

Arbeitsintensität, verbunden mit weitgehender Handarbeit in den ertragsschwächeren Gebieten, wo eine Mechanisierung weniger lohnenswert und die Landnutzung nicht so intensiv ist. Insgesamt zeigt die Karte die großen Gegensätze im landesweiten Verteilungsbild, eine Disparität, die mit Modernisierung und Mechanisierung noch zunehmen wird. Schließlich ist die enorme Bedeutung der Handarbeit ersichtlich, die die Landbewirtschaftung ausgedehnter Regionen Chinas prägt, heute wie seit Urzeiten.

Arbeitsintensität und Alter handbetriebener Ackergeräte

Ein immer noch lebendiges Zeichen der Landnutzung Chinas mit ihrer Konzentration auf die Handarbeit bilden die handbetriebenen Ackergeräte, die teilweise auf uralte Vorbilder zurückgehen und den Unterschied zu industriellen Dimensionen deutlich machen. Parallel zu den Landnutzungsmethoden entwickelten die chinesischen Bauern eine Anzahl höchst spezialisierter Gerätschaften, die man noch heute im Einsatz

beobachten kann. Sie zeigen nicht nur die tiefe Verwurzelung und Verankerung des Ackerbaus in der chinesischen Kultur, sondern auch die lange Tradition im Bestreben, die Agrar-Ökosysteme zu kontrollieren.

Tabelle 7 gibt einen Überblick über die verschiedenen Ackergeräte und die Zeit ihrer Erfindung bzw. Entwicklung, die im einzelnen bei den Fallbeispielen im Bild vorgestellt werden. Man kann aus dem Gesamtablauf einige besonders produktive Perioden herausgreifen (Vogel 1994, S. 26 ff., Voiret 1994). In der historischen Perspektive fällt der enorme Entwicklungsschub während der Zeit der Frühlings- und Herbstperiode, der Streitenden Reiche und zur Han-Zeit auf, als mehr Ackergeräte als jemals sonst erfunden wurden, was eine Parallelität mit der übrigen Technikgeschichte hat. Die Phase der Erfindungen fand mit dem Einfall der Mongolen (Yuan-Dynastie) ihr Ende, was gemeinhin mit dem Ende der Weiterentwicklung in Landwirtschaft, Technik und Wissenschaften gleichgesetzt wird und den langsamen Rückgang des chinesischen Vorsprungs in Technik und Landnutzung gegenüber Europa einleitete. Damals wurde mit dem aus dem Vorderen

Alte handbetriebene Ackergeräte: die Worfelmaschine wurde in China schon im 2. Jh. v. Chr. erfunden; erst 1720 gelangte sie nach Europa

Orient stammenden Wasserrad erstmals eine landwirtschaftliche Neuerung nach China importiert.

Die Entwicklung etlicher landwirtschaftlicher Geräte hing von der Erfindung bestimmter anderer Techniken ab und läßt sich als historischer Prozeß verfolgen. Die Erfindung des Kohleblasebalgs ermöglichte seit 513 v. Chr. die Herstellung von Gußeisen, aus dem für die Pflüge eiserne Pflugkappen gegossen werden konnten. Die viel höhere Haltbarkeit, verbunden mit der Möglichkeit, auch schwerere Böden zu bearbeiten, bedeutete einen wesentlichen Fortschritt gegenüber dem Holzpflug. Außerdem konnten Hacken und Sicheln hergestellt werden. Nachdem im 1. Jh. v. Chr. die Entkohlung des Gußeisens die Herstellung von Schmiedeeisen ermöglichte, konnte man die Pflugtechnik rasch weiterentwickeln und geschwungene Streichbretter (Pflugscharen) schmieden. Holzpflüge mit geschwungenen Streichbrettern sind noch heute in weiten Teilen des Landes üblich (vgl. Fallbeispiel 18). In Europa verbreitete sich diese Technik erst im 18. Jh. durch die Vermittlung holländischer Seefahrer. Mit seiner gebogenen Form ritzt das geschwungene Streichbrett den Boden nicht nur auf, sondern wendet ihn gleichzeitig, was erhebliche Folgen für die Verbesserung der Bodenpflege und der Erntemengen hatte. Zum Pflügen war gleichzeitig weniger Kraft erforderlich, weswegen man zu einfacher Anspannung, meist mit Rindern, übergehen konnte, was für das 3. Jh. n. Chr. belegt ist.

Im 5. oder 4. Jh. v. Chr. gelang es in China, den Leibgurt, der die Zugtiere stark behindert, durch ein Brustgeschirr zu ersetzen, das die Belastung der Anhängelast (Pflug oder Wagen) verteilt und damit die Kraft der Tiere viel besser ausnutzt. Kaum später erfand man das noch bessere Kummet, gefolgt von Verbesserungen an den Wagen. Beide Techniken gelangten über Zentralasien nach Europa. Trotz der seit der Zhou-Dynastie (ab 11. Jh. v. Chr.) belegten profanen Nutzung von Wagen und Zugtier konnte sich diese Anwendung in China wegen der Landknappheit nie so weitgehend durchsetzen wie in Europa, wo die Anlage von Wegen weniger problematisch war. Die ge-

ringe bäuerliche Anwendung mag auch mit sozialen Gründen zusammenhängen, denn das Wagenfahren zählte zu den sechs Künsten der höfischen Wertschätzung. Aus der Notwendigkeit, dennoch Lasten zu transportieren, erfand man im 1. Jh. v. Chr. die Schubkarre mit mittig unter der Last angeordnetem Rad, was eine Ladung von bis zu zwei Tonnen ermöglichen soll. In Europa setzte sich der Gebrauch der Schubkarre erst über ein Jahrtausend später durch und dazu in der weniger günstigen Form mit vorn angeordnetem Rad.

Die Anforderungen der Bewässerung werden in einem Spektrum handbetriebener Bewässerungsgeräte reflektiert, die an die verschiedenen Bewässerungssysteme angepaßt sind (vgl. Fallbeispiel 10). Schließlich sind die Zusammenhänge zur Himmelsbeobachtung und zur Ausarbeitung genauer Kalender zu erwähnen, die ebenfalls vor der Zeitenwende einen sehr hohen Stand erreicht hatten, was aus der Berechnung der Länge des Sonnenjahres hervorgeht, die mit 365 1/4 Tagen im Jahre 444 v. Chr. schon sehr genau war. Einerseits waren genaue Kenntisse über Saat- und Erntezeiten bei der Kürze der monsunalen Regenzeit sehr wichtig, andererseits ging von dieser Anforderung aus der Landwirtschaft ein großer Impuls zur wissenschaftlichen Erforschung der Himmelsphänomene aus. In einer ähnlichen Wechselbeziehung standen der Wunsch, die Erkenntnisse festzuhalten und die Notwendigkeit zur Ausarbeitung von Schrift und der Entwicklung von Papier.

Die handbetriebenen Ackergeräte weisen einen für ihr Alter erstaunlichen Entwicklungsstand auf, der in Europa erst viele Jahrhunderte später erreicht worden ist, oft genug erst mit dem Import der Geräte aus China, wie ein Vergleich mit den beiden rechten Spalten von Tabelle 7 zeigt. Man kann darin den weit zurückreichenden historischen Prozeß erkennen, die Produktivität der Landnutzung durch den Einsatz von Arbeit zu steigern. Damit steht China im Gegensatz zu Europa, wo die Entwicklung einen anderen Weg nahm.

Produktivitätssteigerung durch Kapital

Den 375 Bauern, die in China im Durchschnitt 100 ha Ackerland bewirtschaften, stehen in Deutschland gerade 12, in den USA nur eine Person je 100 ha gegenüber (Aktuelle IRO-Landkarte 1986, S. 2). Diese erwirtschaften jedoch pro Flächeneinheit größenordnungsmäßig etwa ebenso hohe Erträge, woraus sich die vergleichbare Höhe der Flächenproduktivität ergibt. Sie beruht hier nicht auf dem Einsatz von Arbeit, sondern von Maschinen und Energie, sprich von Kapital. Diese Feststellung ist an und für sich nicht weiter überraschend und scheint eben den unterschiedlichen Entwicklungsstand zwischen Entwicklungs- und Industrieländern widerzuspiegeln. Angesichts der Besonderheiten der chinesischen Kulturlandschaft, wie der Reduzierung der Feldgrößen, des Verzichts auf Viehzucht und des sehr hohen Entwicklungsstandes der Landnutzungsmethoden, fragt man sich allerdings, ob diese einfache Erklärung ausreicht. BRAY (1986) interpretiert die beiden Möglichkeiten, die Produktivität entweder durch Kapital oder durch Arbeit zu steigern, als zwei grundverschiedene historische Entwicklungsgänge, die aufgrund des zunehmenden Auseinanderklaffens ihrer landschaftlichen Grundlagen nicht ohne weiteres ineinander überführbar sind. Es geht dabei wohlgemerkt nicht um Abhängigkeiten, sondern um Zusammenhänge.

Die kapitalintensiven Methoden der Produktivitätssteigerung der Landnutzung führten in Europa zu einer ständigen Freisetzung von Arbeitskräften, die anderweitig beschäftigt werden mußten, was zeitweise auch enorme Probleme bereitete, wie die Auswanderung nach Nordamerika zeigt. Generell besteht hier aber der Zusammenhang zur Industrialisierung, die die freigesetzten Arbeitskräfte aufnehmen konnte. Umgekehrt war es mit industriellen Mitteln möglich (und nötig), die traditionellen landwirtschaftlichen Methoden zu ersetzen, um bei ständig reduziertem Arbeitskräfteeinsatz dennoch genügend Erträge zu erzielen, so daß auch die anderweitig Beschäftigten mit ernährt werden konnten.

Schon aufgrund der Integration des Viehs in die Landbearbeitung war in Europa eine bestimmte Grenze der Feldgröße nicht zu unterschreiten. Außerdem standen Methoden zur weiteren Produktivitätssteigerung nicht zur Verfügung, und schließlich bestand, zumindest in Mittel- und Nordeuropa, auch gar nicht das natürliche Potential dazu, welches man durch entsprechende Methoden ausschöpfen hätte können. Seit dem 14. Jh. nahmen die Städte die vom Land kommende Bevölkerung auf, die zunächst im aufstrebenden Handwerk Beschäftigung fand, auf dessen Grundlagen sich später die Industrie aufbaute. Ein Beispiel für die Wechselwirkungen zwischen Kapitalisierung und Industrialisierung ist der Einsatz tierischer Arbeitskraft in der Landbearbeitung. Tiere konnten nach und nach durch Dampfpflüge, Traktoren und Mähdrescher ersetzt werden, was in England bereits Ende des 18. Jh., auf den kapitalkräftigen Gutshöfen Nordostdeutschlands im 19. Jh. geschah. Die damit verbundenen Impulse für die Industrie umfaßten sowohl die Entwicklung der Maschinen als auch die Bereitstellung der überzähligen und daher für die Industrie billigen Arbeitskräfte. Wenn man den Gedanken noch weiter führen will, dann lassen sich auch Zusammenhänge zu gesellschaftlichen Entwicklungen, wie dem sich herausbildenden Kapitalismus und Individualismus, herstellen.

Produktivitätssteigerung durch Arbeit

Der Entwicklungsgang verlief in China dagegen ganz anders. Hier wurde der Produktivitätszuwachs in eine andere Richtung gelenkt und war nicht auf das eingesetzte Kapital, sondern auf die eingesetzte Arbeit gerichtet. Es kam anstelle der Freisetzung von Arbeit zu ihrer Bindung in der Landnutzung, die BRAY (1986) auf die Besonderheiten des Reisanbaus zurückführt, in dessen Umfeld die Bevölkerungsdichte ja auch am höchsten stieg. Insbesondere ist die Tatsache wesentlich, daß die Methoden zur Ertragssteigerung nicht mit einem technologischen Impuls verknüpft sind, sondern lediglich zusätzliche Arbeitsschritte und damit Arbeitskräfte erforderlich machen (vgl. Fallbeispiele 12 und 22). Die wesentlichen Entwicklungsschübe in der Landnutzung lagen daher in China auch viel früher als in Europa.

Die wichtigste arbeitstechnische Methode zur Produktivitätssteigerung im Reisanbau ist das Verpflanzen. Wird Reis zunächst im Saatbeet eng angesät und werden nach drei bis fünf Wochen Keimphase die kleinen Pflänzchen ins eigentliche Feld versetzt, so ist eine Ertragssteigerung um etwa 40 – 50 % oder mehr möglich. Dazu kommt noch die Entzerrung der Arbeitsspitzen, da nicht alle Felder auf einmal vorbereitet werden müssen – ein wichtiger organisatorischer Vorteil. Diese Technik wird nicht im gesamten Reisanbaugebiet Asiens angewandt, ist in China jedoch weit entwickelt, daneben nur in Korea, Japan, im Norden Vietnams, auf den Philippinen, in Indonesien und Südindien, insgesamt also nur in dichtbesiedelten Gebieten. Das Verpflanzen, das dem Reis auch einen Wachstumsvorsprung vor dem Unkraut bringt, ist in China bereits seit dem 3. – 2. Jh. v. Chr. nachweisbar (vgl. Tab. 7).

Die geordnete Reihensaat (Fallbeispiel 12) wurde im Reisanbau spätestens seit dem 1. Jh. n. Chr. praktiziert, war aber bei anderen Getreidearten schon viel früher bekannt, wofür man im 2. Jh. v. Chr. eigens die Drillmaschine erfunden hatte. Sie ermöglicht über Saatbehälter am Griff und den Füßen mittels hölzerner Leitungen eine viel genauere Aussaat als per

Hand. Außerdem können Aufbrechen, Säen, Eingraben und Stampfen mit dem von Vieh gezogenen Gerät in einem Arbeitsgang erledigt werden. Durch die kontrollierte Reihensaat wird nicht nur das Bearbeiten und Unkrautjäten erleichtert, sondern auch die Belüftung und damit die Erträge der Kulturen verbessert. Vor allem aber geht mit der rationellen Aussaat eine enorme Arbeitsersparnis einher, die für andere Tätigkeiten frei wird. Die Wirtschaftlichkeit der Bearbeitung lag mit der Drillmaschine um das Zehnfache über konventioneller Bearbeitung.

Die Reifezeit der einheimischen Reissorten lag in China ursprünglich bei sechs Monaten. Im Jahre 1012 konnten „Champa"-Sorten mit einer Reifezeit von nur vier Monaten aus Indochina eingeführt werden, die erstmals zwei Ernten in einem Jahr erlaubten. Manche der heute verwendeten Hochleistungssorten benötigen sogar nur drei Monate, sind allerdings empfindlich gegenüber Schädlingen und benötigen sehr hohe Düngergaben. Die Zweifacherernte bringt zwar keine Ertragsverdoppelung, aber eine Ertragssteigerung um 50 – 70 %. Eine dritte Ernte brächte dann allerdings, bei weiter absinkender Produktivitätsrate, einen erheblichen Mehraufwand an Bodenbearbeitung und Düngung mit sich, weshalb es dann günstiger ist, eine andere Feldfrucht zwischenzuschalten.

Große Vorteile bringt die Kombination von Mehrfachanbau und Verpflanzen. Während auf den Feldern die erste Saat noch heranreift und zwar die Fläche belegt, aber kaum eines größeren Arbeitsaufwands bedarf, können parallel dazu bereits die komplizierte Saatbettbereitung und das Keimen im kleinen Anzuchtbeet laufen. Mehrfachanbau wird dadurch selbst bei relativ kurzer Vegetationsdauer, wie im Norden der Reisanbauzone, möglich. Bodenpflege durch Umpflügen, Gründüngung oder eine Brache wirkt sich vorteilhaft auf die Erträge aus und wird in China seit langem in verschiedenen Fruchtfolgen praktiziert. All diese ertragssteigernden Methoden benötigen weder größere Mengen zusätzlichen Saatguts und Düngers noch weitere Geräte oder Maschinen. Zur Steigerung der Produktivität ist neben dem Kenntnisstand der Bauern allein zusätzlicher Arbeitseinsatz erforderlich. Rechnet man den Ertragszuwachs durch Verpflanzen und Zweifachanbau zusammen, so ergibt sich ein Produktivitätszuwachs von plus 150 – 200 %, und das ohne jeden zusätzlichen Flächenbedarf, ein enormer Gewinn an Nutzungsintensität.

Betrachtet man die verschiedenen Methoden zur Kontrolle der Agrar-Ökosysteme, dann fällt neben der Arbeitsintensität an sich auch der Zusammenhang mit dem notwendigen hohen Stand an Wissen und Kenntnissen auf. Beim Bau von Bewässerungssystemen geht es nicht allein um die konstruktive Anpassung ans Relief, sondern es kommen die Abschätzung der Durchflußmengen unter verschiedenen Niederschlags- und Temperaturbedingungen sowie die Umrechnung in die erforderlichen Kanalquerschnitte dazu, was bei größeren Projekten selbst heute Schwierigkeiten bereitet. Die spätere Handhabung erfordert exaktes Wissen über die Schwankungen der Niederschlagstätigkeit und die Reaktionen des Ökosystems, was nicht nur die Wassermenge, sondern vor allem die Verzögerung in der Abflußschwankung betrifft. Bereits geringe landschaftliche Unterschiede konnten nur gemeistert werden, wenn jeweils verschiedene, exakt den natürlichen Bedingungen angepaßte Anbau- und Bewässerungssysteme entwickelt wurden.

Die Terrassierung im Lößgebiet setzt genaues Empfinden für geringe Verlagerungsprozesse und kaum erkennbare Abflußbahnen voraus, um die Terrassen an der richtigen Stelle anzulegen. Die Bauern müssen sogar eine gewisse Vorstellung von den vorhandenen Subrosionszonen entwickeln, um Fehlinvestitionen zu vermeiden, die von den sich öffnenden Karstlöchern und Schluchten nach kurzer Zeit zerstört werden würden. Die Terrassierung erfordert nicht nur die wohlüberlegte Planung für einen ganzen Hang, die heute von lokalen Behörden organisiert wird und einer Flurbereinigung gleichkommt, sondern vor allem permanente Instandhaltungs- und Ausbesserungsarbeiten. Zusammengestürzte Terrassen müssen alsbald erneuert, sich nach einem Starkregen öffnende Gräben sofort gesichert werden, wenn ein Umsichgreifen der Schäden vermieden werden soll.

Erfolgreiche Düngung macht genaue Kenntnisse der Ansprüche der Pflanzen und vor allem deren Veränderung während der Wachstumsperiode nötig. Gerade bei schwierigen Bodenverhältnissen ist das Wissen über die Varietäten jeder Art entscheidend, um je nach Bodengüte, Witterung und Fruchtfolge die passende Sorte auszuwählen, wofür beim Reis tausende zur Verfügung stehen. Das Wissen um möglichst effizienten Einsatz war bislang insbesondere deshalb entscheidend, weil Dünger bis vor wenigen Jahrzehnten äußerst knapp und daher sehr teuer war und nicht verschwendet werden durfte, indem er in unnötiger Menge oder zu nicht genau passendem Zeitpunkt eingesetzt wurde.

Arbeitsintensität und Folgen für Kulturlandschaft und Gesellschaft

Charakteristisch für den chinesischen Entwicklungsweg war die Erhöhung der Produktivität durch Arbeit, verbunden mit einfachen Technologien. Die hohe Arbeitsintensität der chinesischen Landnutzung betrifft nicht allein die Menge und den Umfang der Arbeit, was im historischen Entwicklungsgang wesentliche Konsequenzen mit sich brachte: Die Produktivität der Landnutzung ist an die Arbeit, d. h. an entsprechende Kenntnisse und Fertigkeiten sowie an einen hohen Organisationsgrad gebunden. Die Freisetzung von Arbeitskräften und deren Ersatz durch Tiere oder Maschinen, mithin durch den Einsatz von Kapital, über welches die Großgrundbesitzer ja sehr wohl verfügten, machte in diesem System wenig Sinn, denn mit den Menschen wäre ja auch das angesammelte Wissen verlorengegangen (BRAY 1986, S. 7). Damit fehlte der unmittelbare Anlaß, die menschliche Arbeitskraft in größerem Umfang durch Maschinen zu ersetzen, wie auch der Impuls zur Mechanisierung. Andererseits war eine zunehmende *Bevölkerungsdichte* die Folge, verbunden mit den Rückwirkungen auf die zunehmende Intensivierung der Landnutzung, um die Ernährung sicherzustellen.

In engem Zusammenhang mit der zunehmenden Arbeitsintensität stehen die Reduzierung der Feldgröße und die allgemein *kleinbetriebliche Struktur* des chinesischen Ackerbaus. Für beide Charakteristika lassen sich Zusammenhänge zur Bewässerung, zur Terrassierung und zur Düngung herstellen, die sich in vielen Fällen mit großbetrieblichen Strukturen nur schwer vereinbaren lassen. Die Schwierigkeiten bei der Kollektivierung der chinesischen Landnutzung lassen sich zu einem erheblichen Teil mit organisatorischen Problemen der unangemessen großen Betriebseinheiten erklären. Kleine Felder und Betriebe stellen in gewisser Weise eine Antwort auf die natürlichen Ausgangsbedingungen in China dar, die von Land- und Nährstoffknappheit, kleinräumigen Reliefgegensätzen, Erosionsproblemen und der Notwendigkeit zu hochentwickeltem Wassermanagement gekennzeichnet werden.

Zum anderen bestand die Notwendigkeit zur *Organisation* der vielen kollektiven Arbeiten: angefangen vom Düngerhandel über den Terrassenbau bis hin zur gerechten Verteilung des Bewässerungswassers und zum gegenseitigen Arbeitskräfteaustausch bei Arbeitsspitzen. Die Konsequenzen der seit Jahrtausenden zunehmenden gesellschaftlichen Organisation

lassen sich mit Gemeinschaftsbezug und Clanbildung in Verbindung bringen, was schon WITTFOGEL (1931) in seiner „hydraulischen Theorie" feststellte. Er bezog sie primär auf die Kontrolle des Wassers (Bewässerung oder Deichbauten) und zog die Schlußfolgerung, die totalitäre Beherrschung des einzelnen durch die Organisationsstrukturen der Gesellschaft beruhe auf diesen Grundlagen, eine Ansicht, die allerdings in dieser Konsequenz als zu eindimensional und zu deterministisch abgelehnt wurde.

Angesichts dieser Zusammenhänge würde man der Entwicklung der bäuerlichen Kultur Chinas nicht gerecht werden, interpretierte man sie als Unterentwicklung. Man muß vielmehr von einem anderen Weg mit ebenfalls hohem Entwicklungsstand ausgehen, der freilich inzwischen an einem Scheideweg angelangt ist. Das Beispiel Japan zeigt, daß die Übernahme kapitalistischer und industrieller Strukturen, die auch dort ursprünglich nicht verwurzelt waren, möglich ist, wenngleich die Auswirkungen auf die Kulturlandschaft und ihre Nutzung erheblich sind, obwohl sie mit hohem Aufwand (künstliches Preisniveau) abgefedert werden.

6. Gesellschaftliche Faktoren und ihr Einfluß auf die Kulturlandschaft

In der für China charakteristischen hohen Arbeitsintensität klang bereits der Zusammenhang zwischen Strukturen in der Landnutzung und Entwicklungen in der Gesellschaft an, ein wesentlicher Faktor für die Ausprägung der Kulturlandschaft. Man darf dabei nicht den Fehler begehen, einseitige Abhängigkeiten zu konstruieren, etwa den Chinesen läge Ackerbau eben „im Blut". Es ist weder zutreffend, daß sich aus den natürlichen Gegebenheiten nur eine bestimmte kulturelle Entwicklung ergeben könnte (Determinismus), noch stimmt es, daß der Mensch völlig frei und nur gesellschaftlichen Parametern gehorchend der Umwelt seinen Stempel aufdrücken könnte (Possibilismus).

Vielmehr kann die Kulturlandschaft nur aus einem Gefüge natürlicher, sozialer und wirtschaftlicher Beziehungen heraus erklärt werden, also aus der Verbindung landschaftlicher und gesellschaftlicher Faktoren. Auch wenn es in diesem Buch nicht um die Untersuchung der Auswirkungen der Landnutzung auf die Gesellschaftsentwicklung geht, so müssen doch gesellschaftlich verankerte Faktoren erwähnt werden, die umgekehrt das Gesicht der Kulturlandschaft prägten. Sie betreffen zum Teil die Landnutzung selbst, daneben die ländliche Architektur, die, wie zu Anfang erläutert, hier als Bestandteil der Kulturlandschaft betrachtet werden soll. Auch in diesem Abschnitt geht es nicht um Einzelphänomene, sondern um allgemeine Sachverhalte, die hinter der individuellen Ausprägung aller Fallbeispiele stehen.

Die Wechselwirkungen zwischen landschaftlichen und gesellschaftlichen Faktoren lassen sich kaum deutlicher als aus der historischen Entwicklung Chinas ersehen, die von einer auffälligen Parallelität zwischen Besiedlungs- und Landnutzungsgeschichte gekennzeichnet ist, deren gesellschaftliche Rückwirkungen sich sogar bis hin zur Architektur nachvollziehen lassen. Immer wieder standen gesellschaftliche Prozesse, historisch einmalige Situationen und Vorfälle und die Möglichkeiten, die die Inwertsetzung der Umwelt boten, miteinander in enger Beziehung. Viele Charakterzüge der chinesischen Kulturlandschaft, allen voran der Gegensatz zwischen den von Han-Chinesen und von Minderheiten besiedelten Räumen, lassen sich auf Entwicklungen zurückführen, deren Weichenstellungen tief in der Vergangenheit liegen. Letzten Endes stellt die heutige Kulturlandschaft ein Spiegelbild dieses Entwicklungsprozesses dar.

Die soziale Struktur und die rechtlich verankerten Normen und Regelungen können sich im Erscheinungsbild der Kulturlandschaft an ganz verschiedenen Stellen zeigen und andere Einflußfaktoren sogar überlagern oder zumindest modifizieren. In Anknüpfung an die historische Entwicklung ist hier die Herausbildung des Großgrundbesitzes sowie die im 20. Jh. mit dem politischen Wandel mehrfach veränderte Besitzstruktur zu erwähnen. Hier stellt sich die Frage, inwieweit sich die Besitzverhältnisse auf die bäuerliche Betriebsstruktur auswirken und damit im Bild der Kulturlandschaft auch sichtbar werden. Ferner ist an den Einfluß des Erbrechts zu denken, das die Aufteilung der Landwirtschaftsfläche von Generation zu Generation betrifft und dessen Ausgestaltung über die Jahrtausende zu einem prägenden Faktor wird. Rechtsnormen betreffen daneben das Bestreben der Bauern, Großgrundbesitzer, Pächter und Kaufleute, die soziale Differenzierung auch in der Architektur ihrer Häuser zu demonstrieren, ein Wunsch, dem in China mehr als anderswo standesbezogene Bauvorschriften entgegenstanden.

Ein weiterer, tief in der Gesellschaft und ihrer Geschichte verwurzelter Faktor ist die Art und Weise, auf welchem Verständnis die Einstellung zur Umwelt beruht, wie sie wahrgenommen und bewertet wird. Jede Kultur entwickelte lange vor der wissenschaftlichen Analyse der Umwelt bestimmte Methoden, Umweltphänomene, die man für das eigene Leben als wichtig einstufte, zu erkennen, zu interpretieren und die Erkenntnisse weiterzugeben. Anders als in Europa standen in China mit seinem eigenständigen, im Westen oft nicht geläufigen gesellschaftlichen und religiösen Hintergrund umweltphilosophische Überlegungen sogar hinter der Auswahl von Standorten für Dörfer und Häuser. Einige Hinweise zum autochthonen Umweltverständnis sind unerläßlich, will man dieses wesentliche Element für die Beziehung zwischen Mensch und Umwelt und seine Konsequenzen für die chinesische Kulturlandschaft verstehen.

Auch das Erscheinungsbild traditioneller Dörfer in China, die im ganzen sehr einheitliche Strukturen aufweisen, läßt sich nur vom landschaftlichen und gesellschaftlichen Hintergrund ableiten und weicht daher stark von dem aus Europa gewohnten Bild ab. Die bestehenden Rechtsnormen, die Gesellschaftsstruktur mit ihrer Clanorganisation und die religiösen Vorstellungen auf der einen Seite, dazu die Konzentration auf Ackerbau und das weitgehende Fehlen von Großviehhaltung auf der anderen Seite spiegeln sich in den Gebäudefunktionen, in der inneren Struktur, im Aufbau des Wegenetzes und im Grundriß der chinesischen Dörfer deutlich wider.

In der Ausprägung der ländlichen Architektur sind einige allgemeine Bauprinzipien anzusprechen, die sich zum Teil ebenfalls aus dem Zusammenhang gesellschaftlicher und natürlicher, vor allem klimatischer Bedingungen ergeben. Bestimmte Elemente in Aufbau, Orientierung, Größe und Detailformen lassen sich überall im Land wiederfinden und beruhen zum Teil auf weit in der Vergangenheit verwurzelten Traditionen, auf dem Umweltverständnis und auf rechtlichen Normen. Sie stehen stets im Hintergrund und führen zu einer gewissen Vereinheitlichung im Aufbau der individuellen Häuser, weshalb das unterschiedliche Baumaterial – Lehm, Löß, Holz, Bambus und Stein – als differenzierendes Merkmal in den Vordergrund tritt. Ebenfalls im Gegensatz zu Europa tritt dadurch der Bezug zwischen der ländlichen Architektur und den landschaftlichen Gegebenheiten stärker in den Vordergrund, was den Aspekt der Gestaltung der Kulturlandschaft durch die Siedlungen unterstreicht.

6.1. Besiedlungs-, Landnutzungs- und Architekturgeschichte

Obwohl man sich nicht sicher ist, ob der Ackerbau in China selbst entwickelt oder vom Nahen Osten her eingeführt wurde, läßt sich doch festhalten, daß China einer der frühesten Schwerpunkte seßhafter Kulturentwicklung war. Die Einmaligkeit der chinesischen Ackerbauernkultur aber liegt in der

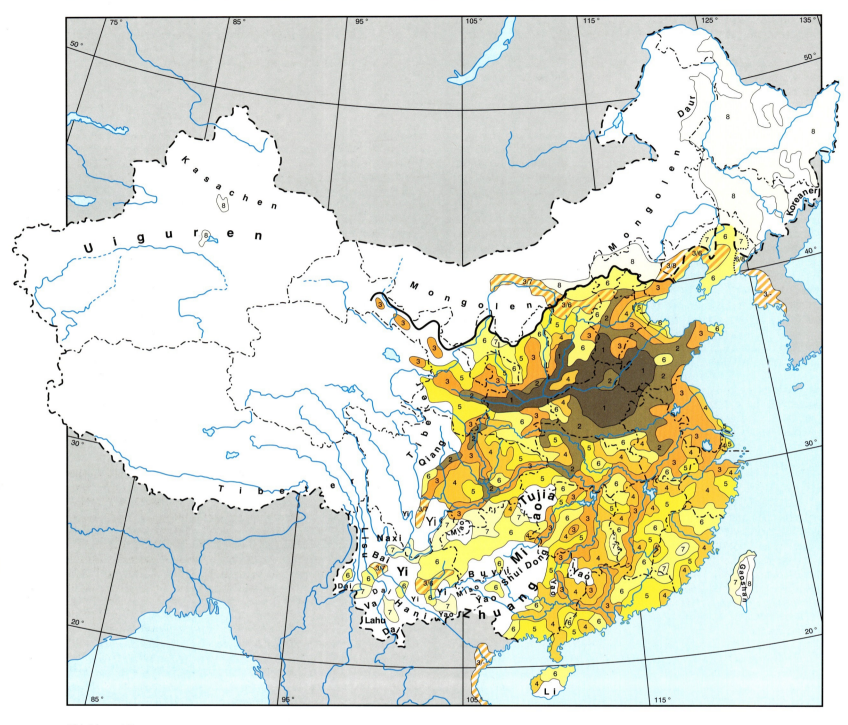

Abbildung 10:
Besiedlungsgeschichte der Han-Chinesen. Schraffiert dargestellte Gebiete mußten wieder aufgegeben und konnten nur zum Teil oft erst viel später erneut besiedelt werden. Flächen ohne Signatur sind von Minderheiten besiedelt, in der Regel verhältnismäßig dünn. Völker mit 1990 über 5 Mio. Angehörigen sind in größerer Schrift angegeben, außer Hui und Mandschu, die stark vermischt mit den Han leben. Von den zahlreichen Völkern mit weniger als 0,4 Mio sind nur diejenigen angegeben, auf die im Text näher eingegangen wird. Zusammengestellt nach BLUNDEN u. ELVIN (1983, S. 30 f., 33, 36, 62 f.), KOLB (1992, S. 18), LI et al. (1990, A3, C12, C13), MA (1989). Entwurf: JOHANNES MÜLLER

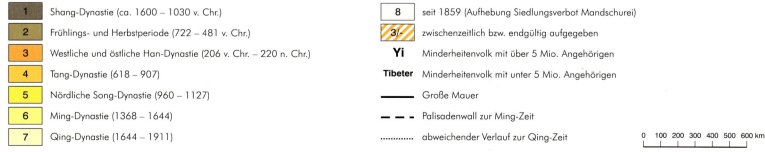

1	Shang-Dynastie (ca. 1600 – 1030 v. Chr.)
2	Frühlings- und Herbstperiode (722 – 481 v. Chr.)
3	Westliche und östliche Han-Dynastie (206 v. Chr. – 220 n. Chr.)
4	Tang-Dynastie (618 – 907)
5	Nördliche Song-Dynastie (960 – 1127)
6	Ming-Dynastie (1368 – 1644)
7	Qing-Dynastie (1644 – 1911)
8	seit 1859 (Aufhebung Siedlungsverbot Mandschurei)
3/-	zwischenzeitlich bzw. endgültig aufgegeben
Yi	Minderheitenvolk mit über 5 Mio. Angehörigen
Tibeter	Minderheitenvolk mit unter 5 Mio. Angehörigen
——	Große Mauer
– – –	Palisadenwall zur Ming-Zeit
··········	abweichender Verlauf zur Qing-Zeit

0 100 200 300 400 500 600 km

Kontinuität ihrer Entwicklungsgeschichte, die sich seit der neolithischen Revolution vor 8000 – 6000 Jahren ohne kulturelle Brüche und an Ort und Stelle verfolgen läßt. Viele Phänomene und Charakterzüge der chinesischen Kulturlandschaft beruhen auf Entwicklungen oder Entscheidungen, die viele Jahrtausende zurückliegen und die sich nur aus der geschichtlichen Entwicklung heraus verstehen lassen.

Es geht an dieser Stelle nicht um einen chronologischen Ablauf, sondern zum einen um die Herausarbeitung von Phasen wesentlicher Umwälzungen und Neuentwicklungen, deren Hintergründe bestimmte Entwicklungen beeinflußten. Auch wenn die ursprünglichen Ursachen vielleicht heute gar nicht mehr gegeben sind, mögen die einmal entstandenen, tief in der Geschichte verwurzelten Strukturen eine hohe Persistenz aufweisen. Dies gilt beispielsweise für die Entwicklung vieler hochentwickelter Ackergeräte, die während einer relativ kurzen Phase in der Han-Dynastie parallel zur Intensivierung des Ackerbaus erfolgte. Gleichzeitig begann der Bedeutungverlust der Viehzucht, was ein wesentliches Merkmal für die Entwicklung der chinesischen Kulturlandschaft blieb. Zum anderen soll auf den engen Zusammenhang zwischen der Besiedlungs-, der Landnutzungs- und der Architekturgeschichte hingewiesen werden, worin nicht zuletzt die Enge des Beziehungsgefüges Mensch – Umwelt zum Ausdruck kommt. Die folgenden Angaben basieren hauptsächlich auf BLUNDEN u. ELVIN (1983), KNAPP (1986, S. 5 – 20), BRAY (1986) und Nanjing dili yu hupo yanjiusuo et al. (1989, S. 13 f.). Die Entwicklungsphasen der chinesischen Geschichte werden gewöhnlich mit den Namen der Dynastien belegt, wie in Tabelle 8 zusammengestellt.

Wendepunkte der Kulturlandschaftsgeschichte

Als einer der wichtigsten Hintergründe für die Ausprägung der als charakteristisch chinesisch erscheinenden Kulturlandschaft kann die enge Verbindung zwischen Besiedlung, Landnutzung und Architektur gelten, die sich über die Geschichte hinweg verfolgen läßt. Ganz anders als in Europa mit seiner von historischen Umwälzungen gekennzeichneten Geschichte, ist die Entwicklung in China von einer viel stärkeren Kontinuität geprägt. Trotz der wiederholten Reichsteilung und trotz mehrfacher Fremdherrschaft blieb das kulturelle Erbe, das sich nicht zuletzt auch in der Kulturlandschaft ausdrückt, über die Jahrtausende hinweg erhalten. Dazu kommt die Einheitlichkeit der historischen Entwicklung über lange Zeiträume. Anders als im territorial zersplitterten Europa mit zahlreichen individuellen Sonderformen veränderten sich in China in der Regel Besiedlungs-, Landnutzungs- und Architekturgeschichte in einem gemeinsamen Rhythmus, oft genug nach langen Phasen der Stabilität.

Abbildung 10 soll einen Überblick über die Ausdehnung und die Ausbreitungsrichtungen der chinesischen Ackerbauernkultur geben, wobei einige methodische Anmerkungen zu machen sind. Die Karte gibt nicht die Ausdehnung des nominellen Staatsgebietes wieder, sondern versucht, das wirkliche Siedlungsgebiet der Han-Chinesen zu erfassen. Je nach politischen Umständen lebten chinesische Bauern zwar auch außerhalb in Siedlungsgebieten, die sich aber häufig nicht auf Dauer halten ließen. Andererseits wurden im Süden nichtchinesische Volksgruppen eingegliedert, die im Laufe der Zeit mit dem Volk der Han verschmolzen. Die absolute Dichte der Bevölkerung sowie die Aufsplitterung in viele kleine, von Bergländern unterbrochene Siedlungsbereiche, die in Südchina die Regel ist und noch heute das Gesicht der Kulturlandschaft prägt, läßt sich in diesem Maßstab nur andeutungsweise darstellen. Weiterhin ist zu berücksichtigen, daß noch im ersten Jahrtausend

vor Christus die Küstenlinie erheblich weiter zurück lag und etwa die Hälfte der heutigen Provinzen Hebei und Shandong vom Gelben Fluß erst danach aufgeschüttet wurde, wodurch China ohne weiteres Zutun neues fruchtbares Siedlungsland zufiel.

Einen Grund für die Kontinuität der chinesischen Besiedlungsgeschichte mag man in der Konzentration auf den Ackerbau als bevorzugte *Landnutzungsform* sehen, mit der die Ausdehnungsrichtung der Besiedlung vorgegeben war. Weite Teile des Landes im Norden und Westen konnten aufgrund des trockenen Klimas niemals der ackerbaulichen Nutzung zugeführt und dichter besiedelt werden. Im Westen steht einer intensiveren Nutzung die extreme Höhenlage des Plateaus von Tibet entgegen; nach Osten stieß man bald an die Küste. Der auf Ackerbau basierenden Kultur blieb nur der Süden für die dauerhafte Expansion ihres Herrschaftsbereiches.

Entsprechend dieser kulturellen Grundlage erfolgte die Ausdehnung in der chinesischen Geschichte bis auf wenige Ausnahmen (Tang-, Qing-Dynastie) nicht als Imperialismus mit Herrschaft über kulturell andersartige Fremdvölker, sondern als *Kolonisierung*, d. h. durch die Ansiedlung von Bauern. Seit der Zeitenwende spielte dabei die Ansiedlung von Wehrbauern eine Schlüsselrolle in dem von enormer Ausdehnung gekennzeichneten Land. Angesichts der nötigen Größe des Heeres und der gegebenen langsamen Kommunikationsmittel stellte es sich als gangbarster Weg heraus, das neu gewonnene Land durch die Ansiedlung von Leuten mit Doppelfunktion als Soldat und Bauer dauerhaft zu sichern. In dieser Tatsache liegt der wichtigste Grund dafür, daß China seine Einheit auf Dauer bewahren konnte und nach jeder Phase, in der es in verschiedene Machtbereiche zerfallen war, wieder unter einer Herrschaft vereint wurde.

In vielen Fällen drückt der Gegensatz zwischen der rein chinesischen (Han) Besiedlung und der Vielzahl der *Minderheiten*, die verschiedenen Sprachstämmen und Großrassen angehören, der Kulturlandschaft sehr deutlich seinen Stempel auf, weil die ethnisch verschiedenen Gruppen auch unterschiedliche Landschaften besiedeln. Auch wenn die Minderheiten 1990 mit 8,04 % zahlenmäßig nur einen geringen Anteil der Gesamtbevölkerung stellen, so prägen ihre Kultur-, Architektur- und Nutzungsformen doch rund 40 % der Landesfläche (Statistisches Bundesamt 1993, S. 39). Sie haben mit Berg- und Hochländern, Steppen und Halbwüsten genau die Räume erschlossen, deren Landnutzung nicht stark intensivierbar ist und die die Han-Chinesen selbst weitgehend meiden, weshalb die Bevölkerungsdichte der Minderheiten überall weit unter derjenigen der Han liegt. Aus diesen Zusammenhängen ergibt sich der großräumige kulturelle Gegensatz zwischen Innerem China und Randgebieten, teilweise aber auch ein sehr kleinräumiges, mosaikartiges Verteilungsmuster, namentlich in Südwestchina. In Abbildung 10 konnten nur die wichtigsten der 54 in der VR China anerkannten Minderheiten (dazu die Gaoshan in Taiwan) eingetragen werden. Bei der Volkszählung 1990 umfaßten nur sieben davon mehr als 5 Millionen Angehörige oder 0,5 % der Gesamtbevölkerung: Zhuang, Mandschu, Hui, Miao, Uiguren, Yi und Tujia, während 27 jeweils weniger als 100 000 Angehörige zählten.

Schließlich bestehen mehrfache Bezüge zwischen der Bevölkerungsverteilung und den *Architekturformen*, die sich im historischen Ablauf herauskristallisierten, ein Sachverhalt, der nicht außer acht gelassen werden darf, auch wenn nur relativ junge Bauwerke der chinesischen Kultur erhalten sind. Mehr noch als für die sakrale und höfische Baukunst gilt dies für die ländliche Architektur, wo man Bauernhäuser aus dem 16., 15. Jh. oder gar früheren Zeiten vergeblich sucht. Obwohl die Architektur Chinas sowohl vom Material als

Neolithikum	6. – 2. Jt. v. Chr.
Xia-Dynastie	21. – 16. Jh. v. Chr.
Shang-Dynastie	16. – 11. Jh. v. Chr.
Westliche Zhou-Dynastie	11. Jh. – 771 v. Chr.
Frühlings- und Herbstperiode	722 – 481 v. Chr.
Streitende Reiche	480 – 221 v. Chr.
Qin-Dynastie	*221 – 207 v. Chr.*
Westliche Han-Dynastie	*206 v. Chr. – 9 n. Chr.*
Östliche Han-Dynastie	*25 – 220*
Drei Reiche	220 – 280
Westliche Jin-Dynastie	*265 – 316*
Östliche Jin-Dynastie	317 – 420
Nördliche und Südliche Dynastien	420 – 589
Sui-Dynastie	*581 – 618*
Tang-Dynastie	*618 – 907*
Fünf Dynastien	907 – 960
Nördliche Song	*960 – 1127*
Südliche Song	1127 – 1279
Jin-Dynastie (Ruzhen)	1115 – 1234
Yuan-Dynastie (Mongolen)	*1279 – 1368*
Ming-Dynastie	*1368 – 1644*
Qing-Dynastie (Mandschu)	*1644 – 1911*
Republik	1911 – 1949
Volksrepublik	*1949 –*

Tabelle 8: Zeittafel der chinesischen Dynastien (VOIRET 1994). Dynastien, die das gesamte Reich beherrschten, sind durch Kursivdruck hervorgehoben; bei Fremdherrschern ist die ethnische Abstammung in Klammern ergänzt.

auch von der Konstruktion her stets weniger auf Dauerhaftigkeit ausgelegt war als die europäische, wurden dennoch die Bauideen und -formen über Generationen hinweg weitergereicht und lediglich modifiziert, weswegen grundlegende Umbrüche wie in der europäischen Baukunst fehlen. KNAPP (1986, S. 5) spricht daher von einer „bemerkenswerten Kontinuität von Form, Anlage und Baumaterial", die auch die ländliche Architektur bestimmt und die nach ihren historischen Wurzeln fragen läßt.

Shang-Dynastie (ca. 1600 – 1030 v. Chr.)

Mit der Shang-Dynastie beginnt die chinesische Geschichtsschreibung, womit die frühesten relativ gesicherten Angaben verbunden sind. Die Entwicklung der Landnutzung mußte damals bereits so weit vorangeschritten sein und genügend Erträge erwirtschaftet haben, um eine Bevölkerungsschicht mit zu ernähren, die imstande war, kulturelle Leistungen hervorzubringen: den Bronzeguß, einen recht genauen Mondkalender, städtische Siedlungen, ein einheitliches Verwaltungssystem und eine entscheidende Weiterentwicklung der Schrift. Anhand verschiedener Werkzeuge und Keramiktechniken lassen sich Kontakte zum Industal und in den Vorderen Orient annehmen. Die Shang-Dynastie beherrschte ein über mehr als ein halbes Jahrtausend konsolidiertes Staatsgebilde, dessen Zentrum den Nukleus der Expansion der chinesischen Kultur bildet. Der Machtbereich der Shang umfaßte die heutigen Provinzen Shanxi, Shaanxi (Süden) und Hunan und deckt sich damit ziemlich genau mit dem zentralen Lößplateau, abgesehen von dessen nördlichen und westlichen semiariden Randgebieten. Löß kann aus mehreren Gründen als Kulturträger des frühen China mit einer bis heute andauernden Bedeutung gelten. Schon die neolithischen Funde der Yangshao-Kultur sind im Gebiet des Weihe-Tals im Umkreis der heutigen Stadt Xi'an konzentriert.

Der Ackerbau war während der Shang-Dynastie noch relativ wenig über neolithische Formen hinaus entwickelt (KOLB 1992). Die Übereinstimmung des Machtbereichs der Shang mit Lößvorkommen beruhte auf der leichten Bearbeitbarkeit des Lösses, angesichts der Vorherrschaft von Hacke und Gabelspaten ein entscheidender Faktor in der Landnutzung, ebenso wie in Europa. Der Anbau von Getreide beschränkte sich im wesentlichen noch auf Hirsearten, weshalb der Einsatz des Pfluges und der Viehanspannung für diese Zeit unklar ist und, wenn überhaupt, kaum verbreitet war. Im noch nicht sinisierten Süden läßt sich der Einsatz von Pflug und Egge erst im 4. Jh. v. Chr. nachweisen (BRAY 1986, S. 48). Bereits zur Shang-Zeit wurden Maulbeerbäume gepflanzt und Seidenraupenzucht betrieben.

Die Viehhaltung hatte zur Shang-Zeit dagegen bereits ihren historischen Höhepunkt in China erreicht (KOLB 1992). Schweine, die als Nichtherdentiere für ihre Domestikation Seßhaftigkeit voraussetzen, waren schon seit dem frühen Neolithikum gezüchtet worden und sind wohl die ältesten Haustiere, gefolgt vom Hund. Auch Rinder und Hühner wurden seit langem gehalten. Die Kenntnisse über die Düngung hatten bereits einen gewissen Stand erreicht, woraus sich spätere Intensivierungsimpulse ableiten lassen. Man setzte mit Stroh vermischten Schweinemist und menschliche Fäkalien vor allem im Gemüseanbau ein, wußte allerdings noch nichts über die Düngeraufbereitung, die Abtötung der Bakterien durch Lagerung (Vergärungshitze) und die Verhinderung von Stickstoffverlusten durch Abdeckung.

Die erreichte Kulturstufe korrespondiert mit einer schon relativ weit entwickelten sozialen Differenzierung, die in der Herausbildung einer Palastarchitektur zum Ausdruck kommt, während die Dorfarchitektur noch in neolithischen Formen verharrte. Bereits zur Shang-Dynastie lassen sich einige Grundelemente der chinesischen Bauweise erkennen. Dazu gehört die Kombination von Holz für die Stützkonstruktion der Gebäude und des Daches mit nichttragenden Lehmwänden, die auf dem Fehlen von Stein als Baustoff im gesamten Lößgebiet und der mangelnden Tragfähigkeit und Dauerhaftigkeit der Lehmziegel vor der Verbreitung des Brennofens beruht. Auch die konsequente Südorientierung aller Bauten, die Bezüge zur Philosophie und Mystik aufweist, hatte sich in dieser Zeit bereits durchgesetzt. Sie zieht sich, vom Bauernhaus angefangen, als zentrales Element durch die weitere chinesische Architekturgeschichte und prägt noch heute das Erscheinungsbild von Tempelanlagen und Siedlungen. Mit der Südorientierung war von vornherein eine gewisse Regelmäßigkeit der Anordnung der Baugruppen induziert, die sich schon in der Palastarchitektur der Shang-Herrscher nachweisen läßt.

Frühlings- und Herbstperiode, Streitende Reiche (722 – 221 v. Chr.)

Trotz politischer Instabilität gehören die Frühlings- und Herbstperiode und die Zeit der Streitenden Reiche zu den wichtigsten Innovationsphasen der chinesischen Kulturgeschichte. Dazu zählen nicht nur agrartechnische Fortschritte, sondern vor allem auch die Manifestierung des chinesischen philosophischen Denkens in mehreren Religionen und Gesellschaftslehren, die bis heute ihren Einfluß auf China behielten, namentlich Daoismus und Konfuzianismus, daneben Mohismus und Legalismus. Die Staatsbildung erfaßte auch die Nordchinesische Tiefebene und die Halbinsel Shandong mit dem Zentrum der Longshan-Kultur, die im Neolithikum mit der westlicheren Yangshao-Kultur auf ungefähr derselben Stufe stand. Damit war in etwa die gesamte chinesische Urbevölkerung in eine derartige staatliche Organisation integriert. Die Expansion chinesischen Siedlungsraumes zielte zum einen von Norden ins Becken von Sichuan, wo sich der Staat Shu etablierte, zum anderen ins gesamte Jangtsetiefland. Der ganze übrige Raum des heutigen Südchina lag damals noch außerhalb des Reiches der Mitte.

Man weiß zwar von spätneolithischem Reisanbau auch im Tal des Gelben Flusses, der dort aber bedeutungslos geblieben war. Nun aber erreichte die chinesische Besiedlung einen Raum, in welchem die Nahrungsgrundlage bereits seit Jahrtausenden auf dem Reisanbau basierte. In Hemudu, in der Nähe von Ningbo in der Provinz Zhejiang, kann man aufgrund der gefundenen Vorratsmengen und der Anbaugeräte von Reis als Nahrungsgrundlage seit 5000 v. Chr. ausgehen, wozu etliche weitere Fundorte im gesamten Jangtsetiefland in den Jahrtausenden danach kommen. Es ist allerdings nicht bekannt, ob die Träger dieser Kultur Chinesen oder vielmehr Vorfahren der Thai waren (BRAY 1986, S. 218).

Auch die Herkunft des Reises ist nicht genau geklärt. Wilde Reissorten kommen in Indien, Südostasien und Nordaustralien, aber nur am tropischen Südrand Chinas vor. Man vermutet, daß der Ausgangspunkt der Domestikation in den Flußtälern und Binnenbecken des östlichen Himalaya im Raum Assam, Nordburma, Nordthailand und Yunnan lag. Ungeklärt ist aber die Lücke zwischen dort und Hemudu, dem ältesten bislang bekannten Fundort mit Reiskultivierung, der weit außerhalb des Gebietes mit natürlichen Wildreissorten liegt und 2000 km vom angenommenen Ausgangspunkt der Kultivierung entfernt ist. Solche Entfernungen stellten eine enorme Herausforderung für den verstreut siedelnden neolithischen Menschen dar, ohne daß bisher Verbreitungswege und Handelsbeziehungen nachvollzogen werden könnten.

Im Norden intensivierte sich der Trockenfeldbau mit der allmählichen Durchsetzung von Weizen gegenüber Hirse um das 5. Jh. v. Chr. Damit war der Übergang vom Hackbau zum Pflugbau markiert, und eine ganze Reihe von neuen Arbeitsmethoden wurden entwickelt, angefangen von der Verbesserung der Pflüge durch eiserne Pflugkappen bis hin zu neuen Techniken wie Brustgeschirr und Kummet in der Viehanspannung (vgl. Tab. 7). Daneben begann man, zusammenhängende Bewässerungssysteme auch größeren Ausmaßes zu konstruieren.

Auf diese Phase geht die Herausbildung der Hofarchitektur zurück, die bis heute die Grundlage der profanen, sakralen und ländlichen Architektur in China bildet. Mit dem Hof als zentralem Grundrißelement wurden die Nord-Süd-Ausrichtung, die Parallelsymmetrie der auf beiden Seiten gelegenen Häuser und die Abgeschlossenheit nach außen zu bleibenden Architekturprinzipien. Die fehlende Tragfähigkeit der aus Lehm aufgeführten Wände lenkte die Entwicklung auf die Dachkonstruktion, deren wichtigste Gestaltelemente auf diese Zeit zurückgehen: die Konsolensysteme, die die Dachüberhänge ermöglichen, die Walmform und die hochgezogenen Dachspitzen. Der sich bemerkbar machende Holzmangel in dem nun schon seit Jahrtausenden besiedelten Lößplateau gab den Anlaß zur Konstruktion und Ausdehnung der Höhlenwohnungen, deren in ebenem Gelände angewandter Bautyp ebenfalls den (eingetieften) Hof als zentrales Grundrißelement zeigt (GOLANY 1992, S. 5). Auch die chinesische Tendenz, sich vor Übergriffen der Nachbarstaaten durch Mauern zu schützen, stammt aus dem Zeitraum der Frühlings- und Herbstperiode und der Streitenden Reiche.

Westliche und Östliche Han-Dynastie (206 v. Chr. – 220 n. Chr.)

Der kurzlebigen, den Han vorangehenden Qin-Dynastie gelang es, das chinesische Siedlungsgebiet wieder unter einer Herrschaft zu vereinigen, ein Zustand, der trotz mehrfacher Unterbrechungen im wesentlichen bis heute gewahrt blieb. Die Folgen, die der Einheitsstaat auf die kulturelle Entwicklung ausübte, sind gar nicht hoch genug einzuschätzen. Unterschiedliche Rechtsvorschriften etwa im Erbrecht oder der Besteuerung, verschiedene Konfessionen, Verwaltungsmethoden, Handelsformen oder Sozialsysteme schlagen sich noch heute in der Mentalität der Bewohner wie auch in der Ausprägung der Kulturlandschaft Mitteleuropas nieder. Dagegen war die Gesellschafts- und Sozialordnung in China stets viel gleichmäßiger verbreitet, weil die für Europa typische territoriale Zersplitterung völlig fehlt.

Im Laufe der Han-Dynastie konsolidierte und verdichtete sich die Besiedlung, die um die Zeitenwende bei ca. 57 Mio. (VOIRET 1994, S. 564) lag, vor allem in der Nordchinesischen Tiefebene, die sich dadurch immer mehr zum Zentrum des Staatswesens entwickelte, ablesbar auch an der Verlegung der Hauptstadt von Chang'an (Xi'an) nach Luoyang. Im Süden blieben das Becken von Sichuan und das Jangtsetiefland immer noch relativ dünn und nur inselhaft besiedelt. Dennoch stieß die Kolonisierung bis zum heutigen Kanton (Guangdong) voran, wobei sie auf die Becken- und Talräume beschränkt war (Hunan, Jiangxi) und die Bergländer weitgehend unangetastet blieben. Siedlungsspitzen erreichten bereits Yunnan und Annam (Nordvietnam), daneben Liaoning und die koreanische Küste, mußten allerdings wieder aufgegeben werden. Wie die Karte (Abb. 10) zeigt, konnte nur ein Teil davon erst über ein Jahrtausend später wieder chinesisch besiedelt werden. Die Vorposten entlang der Seidenstraße bis ins heutige Xinjiang hatten eher handelspolitische Gründe und erschlossen kein neues Ackerland. Viele von Fremdvölkern besiedelte Gebiete in Südchina gehörten damals nur nominell zum chinesischen Reich. Während der langen Stabilitätsphase der Han-Dynastie wurde der Ackerbau rapide weiterentwickelt. Eine Unzahl von Agrartechniken (Verpflanzen der Reissetzlinge, Vorteil von Fruchtwechsel) und Ackergeräten (Drillmaschine, Worfelmaschine, Kettenpumpe) stammt aus dieser Periode (vgl. auch Tab. 7). Vieles davon wurde in Europa erst Jahrhunderte später entwickelt oder sogar aus China importiert. Die Leistungsfähigkeit der chinesischen Landwirtschaft von vor 2000 Jahren war derjenigen der europäischen um ein mehrfaches überlegen. Mit diesen Entwicklungen ging sowohl die Konzentration auf intensiven Ackerbau unter weitgehendem Verzicht auf Viehzucht als auch die Trennung in Trockenfeldbauzone im Norden und Naßfeldanbauzone im Süden einher, deren Grenze schon damals etwa denselben Verlauf nahm wie heute (Nanjing dili yu hupo yanjiusuo et al. 1989, S. 13). Die Han-Zeit kann somit als die Periode in der chinesischen Geschichte gelten, in welcher die noch heute wirksamen Grundlagen der Landnutzung gelegt wurden.

Nach wie vor bildeten auch zur Han-Zeit Holz und Lehm, als getrocknete Ziegel oder als Stampflehm, die Baumaterialien nicht nur der ländlichen Architektur, da sich die Siedlungsräume immer noch auf Niederungen und Becken beschränkten, wo Steine kaum verfügbar waren. Parallel zur zunehmenden Prosperität und zu den Gewinnen aus der Landwirtschaft entwickelte sich die profane Architektur weiter. Anstelle einfacher Höfe gruppierten wohlhabende Landbesitzer oder Adlige mehrere Höfe hintereinander, die durch quergestellte Gebäude getrennt und von seitlichen Bauten eingerahmt wurden, unter Beibehaltung der Südorientierung und Achsensymmetrie. Es gab damals zwar auch zweistöckige Häuser, doch waren diese Ausnahmen, und die Längs- anstelle der Höhenerstreckung blieb für die gesamte spätere Bauweise Chinas charakteristisch. Erst mit der Einführung des Buddhismus am Ende der Han-Dynastie und in der darauffolgenden Zeit war der Anlaß für den Bau von Tempeln und Klöstern gegeben. Weil zunächst die konvertierte Oberschicht ihre Hofhäuser als sakrale Räume zur Verfügung stellte, sich also die sakrale aus der profanen Architektur entwickelte, blieben die Unterschiede zwischen Palästen und Tempeln in China gering, im Gegensatz zu Schlössern und Kirchen in Europa.

Tang-Dynastie (618 – 907)

Nach einer Phase politischen Zerfalls und Invasionen von Völkern aus der nördlichen Steppenzone (heutige Mongolei) wurde China unter den Sui wiederum vereinigt. Die Frühzeit der anschließenden Tang-Dynastie war zwar von einer erheblichen Ausdehnung des chinesischen Staatsgebietes auf von Fremdvölkern besiedelte Räume Zentralasiens gekennzeichnet, die sich allerdings als wenig dauerhaft erwies. Im Lichte dieser Ereignisse ist verständlich, daß die Bevölkerungszahl damals mit 65 – 70 Mio. (BLUNDEN u. ELVIN 1983, S. 120) kaum diejenige der Han-Zeit überstieg, aber ein Prozeß der Bevölkerungsverschiebung in Gang kam. Der auch im Kartenbild (Abb. 10) sichtbaren Rücknahme der Nordgrenzen und der Bevölkerungsabnahme in der Nordchinesischen Tiefebene stand die Herausbildung eines neuen, zweiten Bevölkerungsschwerpunktes am unteren Jangtse (Jiangsu, Zhejiang) gegenüber.

Ausgehend von den bestehenden Siedlungskernen, verdichtete sich die Besiedlung im Südchinesischen Bergland und drang in die Randbereiche der Binnenbecken (vor allem Sichuan) und die anschließenden Täler ein (Hunan, Jiangxi, Guangdong, Ost-Guangxi). Außerdem kam es, möglicherweise infolge klimatischer Ursachen, zu Abwanderungen aus dem westlichen Lößplateau in die heutige Provinz Fujian und das nördliche Guangdong. In mehreren Wellen, bis ins 17. Jh. andauernd, wanderten Chinesen in die dortigen Mittelgebirgs-

bereiche und absorbierten dabei das nichtchinesische Volk der Yue. Die als Hakka (Kejia) bezeichneten Neusiedler behielten über viele Jahrhunderte hinweg ihre Eigenständigkeit, die sich auch deutlich in ihrer besonderen ländlichen Architektur ausdrückt.

Song-Dynastie (960 – 1279)

Die schon unter den Tang begonnene Verlagerung des demographischen Schwerpunkts nach Süden erlebte mit den politischen Ereignissen während der Song-Dynastie ihren Höhepunkt, womit zwei Entwicklungen gekoppelt waren. Zum einen gab die nach wie vor zunächst im Norden liegende Hauptstadt Kaifeng den Impuls für ein reges Handelswesen, verbunden mit einem fundamentalen sozialen, wirtschaftlichen und agrarischen Wandel. Es kam zu einem verstärkten Austausch von Ideen und Neuerungen, dem Ausbau der Kanäle (Erfindung der Kammerschleuse) und der Förderung der Geldwirtschaft, was in der Einführung des weltweit ersten echten Papiergeldes im Jahre 1024 in der Provinz Sichuan gipfelte. Weil keine außerhalb gelegenen Gebiete neu erschlossen wurden, verdichtete sich die Bevölkerung angesichts einer Verdoppelung auf 140 Mio. bis zum 11. Jh. (BLUNDEN u. ELVIN 1983, S. 120) überall erheblich.

Zum anderen markiert die Trennung in Nördliche und Südliche Song den massiven Einbruch von Fremdvölkern aus dem Norden, ein Problem, das die weitere chinesische Geschichte beherrschte. Die Ruzhen überrannten die gesamte Nordchinesische Tiefebene, die infolge der Kriegshandlungen in großen Teilen entvölkert wurde. China überlebte diesen Exodus als Kultur und Staatsgebilde hauptsächlich deshalb, weil die Zentralgewalt in den inzwischen hoch entwickelten Süden, in welchem nun nahezu 90 % der Bevölkerung lebten, ausweichen konnte und ihre Hauptstadt nach Hangzhou verlegte, was natürlich dort weitere Entwicklungsimpulse mit sich brachte. Es ist äußerst bemerkenswert, daß der Eroberungszug der Ruzhen exakt an der Reisgrenze endete. Einerseits konnte dieses Nomadenvolk wenig mit dem Naßfeldgebiet anfangen, wogegen es weite Bereiche in Nordchina wieder in Weideland verwandelte. Andererseits besaß der Süden auf der Basis des intensiven Reisanbaus die wirtschaftlichen Mittel, ab hier den Ruzhen entscheidenden Widerstand zu leisten.

In der Landnutzung brachte der gesellschaftliche Umbruch eine völlige Umstellung von der bisher aus Eigenversorgung (Subsistenz) ausgerichteten Wirtschaftsweise auf eine stärkere Marktorientierung zumindest in den Kernbereichen der Besiedlung im Jangtsetiefland. Die Marktorientierung führte zu einer erheblichen Spezialisierung und Anbauintensivierung, ein Prozeß von einer Tragweite, der in Europa frühestens am Ende der Barockzeit begann. Schnellreifende Reissorten wurden importiert, die zwei Enten pro Jahr ermöglichten, große Sumpfgebiete, Fluß- und Seemarschen im Bereich des unteren Jangtse unter staatlicher Regie für Reisanbau erschlossen, Bodenbearbeitung und Fruchtwechselsysteme verbessert.

Yuan-Dynastie (1279 – 1368)

Obwohl die Mongolen das Chinesische Reich nur für ein knappes Jahrhundert als Yuan-Dynastie beherrschten, bedeutete ihr Eindringen in mehrfacher Hinsicht einen grundlegenden Wendepunkt in der Geschichte des Landes. Erstens fand die wirtschaftliche und gesellschaftliche Prosperität ein jähes Ende, von dem sich China in der Folgezeit nie mehr richtig erholte. Die Besetzung muß derart tiefe Spuren in der chinesischen Gesellschaft hinterlassen haben, daß die Furcht vor Fremdbeherrschung seither ein bestimmendes Element der chinesischen Politik ist. Zweitens legte die Yuan-Zeit Grundlagen, die sich erst im Laufe der späteren Besiedlungsgeschichte voll auswirken sollten. Der Eroberungszug der Mongolen zielte zunächst auf das Ruzhen-Reich im Norden Chinas. Obwohl die Yuan-Dynastie ihren Sitz nicht direkt in dessen Hauptstadt bezog, die in den südwestlichen Vierteln des heutigen Peking lag, war damit das Ende der Südexpansion markiert und eine Nordorientierung eingeleitet. Danach umzingelten die Mongolen strategisch geschickt das Reich der Süd-Song und verleibten ihrem Machtbereich zunächst das bis dato unabhängige Reich der Bai (Nachfolger des Nanzhaoreichs) im heutigen Yunnan ein. Damit stand dieser Raum, Südwestchina, der chinesischen Kolonisierung offen. Drittens schließlich gehört es zu den gravierendsten Folgen des Umbruchs der Yuan-Zeit, daß damit eine gesellschaftliche Stagnation begann, abzulesen u. a. daran, daß sich an den Landnutzungsmethoden und -systemen in den folgenden Jahrhunderten nichts Grundlegendes mehr änderte.

Ming- und Qing-Dynastie (1368 – 1911)

Das Herrschaftsgebiet der Ming-Dynastie umfaßte ziemlich genau den chinesisch besiedelten Teil des Mongolenreichs. Zunächst setzte ein Prozeß der Rekolonisierung und Wiederbesiedlung Nordchinas ein, der auch äußerlich in der 1421 erfolgten Verlegung der Hauptstadt von Nanjing nach Peking zum Ausdruck kommt. Die weitere koloniale Ausdehnung zielte in drei Bereiche. Aus dem Erbe der Mongolen stand der rohstoffreiche Südwesten des heutigen Chinas (Guizhou, Yunnan, Westguangxi) für die chinesische Besiedelung zur Verfügung, begleitet allerdings von zahlreichen Aufständen im 18. und 19. Jh. Taiwan wurde erst 1683 erobert und chinesisch besiedelt, was sich bis ins 20. Jh. auf den Westteil der Insel beschränkte. Nachdem die Ming zunächst die Große Mauer im Norden als Bollwerk gegen weitere Einfälle von Fremdvölkern massiv ausgebaut und auf weite Strecken mit Backsteinen befestigt hatten, konnten sie ihren Machtbereich später sogar in den Süden der Mandschurei hinein ausdehnen und chinesischer Kolonisierung zugänglich machen. Um das neu gewonnene Land zu schützen, errichtete man einen hölzernen Palisadenwall, der in etwa die heutige Provinz Liaoning umschloß (vgl. Abb. 10).

Bei der Übernahme der Regierungsgewalt der Mandschu änderte sich an diesen Siedlungsräumen wenig, denn die Mauer und, in einer etwas veränderten Führung, der Palisadenwall dienten nun der gegenteiligen Funktion, die chinesische Besiedlung an dieser Grenze zurückzuhalten. Die in Peking als Qing-Dynastie herrschenden Mandschu wollten die kulturelle Eigenständigkeit als Reitervolk in ihrem Heimatland gegenüber der Masse der Chinesen bewahren. Erst 1859 wurde das Besiedlungsverbot der Mandschurei für die Chinesen aufgehoben, weil man das Land gegenüber der russischen Expansion konsolidieren wollte. Obwohl Mitte der zwanziger Jahre jährlich eine Million Bauern, vor allem aus der Provinz Shandong, per Schiff direkt über die Bohaibucht ins Land kamen, ist die Mandschurei das bei weitem am dünnsten besiedelte Ackerbaugebiet Chinas und stellt noch heute den Raum mit dem weitaus höchsten landwirtschaftlichen Entwicklungspotential dar. Andererseits brachten die Mandschu mit dem Imperialismus einen für chinesische Verhältnisse (mit Ausnahme der frühen Tang-Zeit) neuen Aspekt in die Expansionspolitik, der einen erheblichen Beitrag zur heutigen Ausdehnung der Volksrepublik China im Westen und Nordosten leistete. Nachdem sie die heutige Provinz der Inneren Mongolei schon vor dem

chinesischen Kernland erobert hatten (1635), gelang es ihnen innerhalb der ersten hundert Jahre, ihre Herrschaft auf die Dsungarei (1696), die Äußere Mongolei (1697) und Tibet (1720) auszudehnen. Die Tatsache, daß das weitläufige Gebiet in Zentralasien erst 1884 unter dem Namen Xinjiang (neues Territorium) Provinzstatus erhielt, macht deutlich, daß es hier nicht um Besiedlung und Erschließung neuen Ackerlandes ging.

Die Bevölkerungsdichte nahm nach dem kriegsbedingten Rückschlag der Yuan-Zeit während der innenpolitisch relativ stabilen Ming-Zeit wieder auf 179 Mio. zu und verdoppelte sich sogar bis Mitte des 19. Jh. auf 430 Mio. (BLUNDEN u. ELVIN 1983, S. 120). Zunächst stand der nach den Wirren nur dünn besiedelte Norden zur Wiederbesiedlung zur Verfügung, wobei die im Süden entwickelte, auf Arbeitsintensität beruhende Landnutzungsstruktur übertragen wurde und die noch vorhandenen Weidegebiete rasch verschwanden. Nahezu alle verfügbaren Landreserven innerhalb des Reiches, welches damals nur das Innere China umfaßte, wurden schon im der Ming-Zeit einer intensiven Nutzung zugeführt. Mit der steigenden Bevölkerungsdichte mußten die Arbeitsintensität auf den Feldern später immer mehr gesteigert und die vorhandenen Methoden immer effizienter ausgenutzt werden. Dabei konnte ein Teil der im Süden entwickelten Methoden (intensive Düngerwirtschaft, Reduzierung der Feldgrößen, kleinbetriebliche Struktur) auch auf die Trockenfeldbaugebiete des Nordens übertragen werden.

Bei der Umorientierung der Bevölkerungsentwicklung nach Norden wurden viele Methoden aus der hochentwickelten Landnutzung auf der Basis des Reisanbaus vom Süden übernommen, sofern sie im Trockenfeldbau anwendbar waren. Namentlich die Arbeitsintensität, die Reduzierung der Feldgrößen, die kleinbetrieblichen Strukturen und die exakte Nährstoffkontrolle sind dabei zu nennen. Mit anderen Worten, man übernahm die Grundtendenz, eher die begünstigten Lagen weiter zu intensivieren als in Grenzertragsgebiete auszuweichen, auch im Norden. An agronomischen Innovationen sind etliche neue Anbaufrüchte zu nennen. Ab dem 15. Jh. ersetzte die Baumwolle den bis dahin für die Kleidung verwendeten Hanf.

Durch die Spanier waren Mais, Kartoffeln und Süßkartoffeln aus Mexiko und Südamerika auf die Philippinen gelangt und kamen von dort nach Wiederaufnahme des Seehandels unter den Ming im 16. Jh. nach China. Über denselben Weg gelangten Erdnüsse, Tabak und Chilli nach China, die sich aber erst im 18. Jh. ausbreiteten. Die Landnutzung der Ming-Zeit ist insgesamt von einer erheblichen Zunahme der Anbauvielfalt gekennzeichnet, was man sich nicht zuletzt in Gestalt neuer, das Land noch besser ausnutzender Fruchtfolgen zunutze machte.

Die Architektur entwickelte sich kaum noch weiter. Während der Ming-Dynastie wurde in Anhui und Zhejiang zum Teil Stein als Baumaterial auch bei ländlichen Gebäuden verwendet, setzte sich aber nicht weiter durch. Die gesellschaftliche Erstarrung und der zunehmende Gegensatz zwischen der aristokratischen Oberschicht und den verarmenden Bauern kommen auch darin zum Ausdruck, daß verschiedene Bauvorschriften erlassen wurden, die anhand der Architektur der Wohnhäuser den sozialen Status seiner Bewohner erkennbar machen sollten, wobei die bürokratische Stellung zählte und nicht der materielle Wohlstand.

Volksrepublik (seit 1949)

Nach Jahrzehnten innenpolitischer Instabilität und mehrfachen Revolten von Minderheiten wurde das alte kaiserliche

System gestürzt und kurzfristig eine Republik etabliert, die aber rasch in Militärdiktaturen zerfiel. Dazu kamen die imperialistischen Einflüsse der Großmächte, die in der Besetzung der Mandschurei und später eines Großteils des Inneren China durch Japan gipfelten. Mit diesen politischen Wirren ging seit Mitte des 19. Jh. eine zunehmende Unsicherheit einher, die ihren Höhepunkt in der Unfähigkeit der Zentralregierung fand, die Bewohner des flachen Landes vor den umherziehenden Banditen zu schützen. CASTELL (1938, S. 32 ff.) berichtet über Banditenheere von mehreren zehntausend Mann, die raubend und brandschatzend noch während der dreißiger Jahre dieses Jahrhunderts durch das Land zogen. Die Bevölkerungszunahme, die erhöhte Abgabenbelastung durch Grundbesitzer, der Zusammenbruch der staatlichen Kontrolle und mehrfache Hungersnöte brachten eine starke Verarmung der Bauern mit sich, verbunden mit einer Zunahme des sozialen Ungleichgewichts, Faktoren, die schließlich eine der wesentlichen Grundlagen für die Machtübernahme der Kommunisten im Jahre 1949 bildeten.

Die Kommunisten führten mit dem Landreformgesetz von 1950 eine umfassende Neuverteilung des Grundbesitzes durch, gekoppelt mit dem Aufbau genossenschaftlicher Strukturen bei der Vermarktung und der Nutzung von Arbeitsgerät und Tieren sowie weitreichenden Maßnahmen zur Hebung der Bildungs- und der Hygienestandards. Im Jahre 1949 hatte die Bevölkerung 542 Mio. betragen; 1981 wurde die Milliardengrenze überschritten, 1990 waren 1,143 Mia. erreicht (State Statistical Bureau 1991, S. 61). Die Zahl der Analphabeten reduzierte sich bis 1990 auf 27 % (zum Vergleich Indien: 52 %; Statistisches Bundesamt 1993). Die Landverteilung, bei der frühere Großgrundbesitzer, Kleinbauern und besitzlose Pächter gleichgestellt wurden, war wohlüberlegt und auf Gerechtigkeit bedacht, was der KP eine lang anhaltende Anerkennung in der Bevölkerung einbrachte. Man teilte die Felder beispielsweise in einem Dorf in Sichuan (ENDICOTT 1992, S. 262 f.) hinsichtlich Bodengüte in sechs Stufen ein und achtete bei der Zuteilung auf eine Mischung guter und schlechterer Felder für jede Familie. Basis der Landbewirtschaftung blieb der kleinbäuerliche Betrieb.

Aus gesellschaftlicher Sicht brachte die Landreform mit ihren begleitenden Maßnahmen eine völlige Umstellung des Sozialsystems mit sich. Aus landschaftlicher Sicht stellt sich allerdings die Frage, inwieweit sich die Umstellung der Besitzverhältnisse auch auf die Betriebsstruktur und die Gestaltung der Kulturlandschaft auswirkte, was im folgenden Kapitel untersucht wird. Die überkommenen Dorfstrukturen blieben von den Reformen zunächst weitgehend unberührt. Für Schulen und Verwaltungsgebäude verwendete man alte Residenzen und Tempel, während der private Wohnhausbau weiterhin in traditionellen Architekturformen erfolgte.

In deutlichem Bruch mit dieser mehr evolutionären Entwicklung wurde innerhalb weniger Monate im Jahre 1958 die Kollektivierung des gesamten Landes durchgeführt (KNAPP u. SHEN 1992). Ziele waren die Abschaffung des privaten Landbesitzes und die zentrale Lenkung aller Aktivitäten, von der Landbestellung über die Arbeitsorganisation, die Vermarktung bis hin zum gemeinschaftlichen Hausbau durch die lokale Verwaltungseinheit der Volkskommune. Jede Kommune umfaßte mehrere tausend Bauern und war in Produktionsbrigaden unterteilt, die meistens einem Dorf entsprachen. Die mit der Kollektivierung einhergehende Wiederetablierung zentraler ländlicher Verwaltungsstrukturen und einheitlicher Besitzverhältnisse bildete die Voraussetzung für die Durchführung verschiedener Großprojekte. Dazu zählen Bewässerungssysteme, Kanäle und umfangreiche Terrassierungen. Seit 1964 wurde das Dorf Dazhai im Lößplateau in Kampagnen als Vorbild

herausgestellt, wie die Produktivität durch Diversifizierung der Landnutzung (z. B. Obstbau neben Getreideanbau) und Beherrschung der Umwelt mittels ausgedehnter Terrassierungen zu stabilisieren und zu erhöhen ist. Auch wenn, wie immer wieder kritisch angemerkt wird, die Kommune die nötigen Umstellungen nicht aus eigener Kraft, sondern nur mit staatlicher Unterstützung erreichte, so hatten die hier entwickelten Methoden doch einen wesentlichen Einfluß auf die Landnutzung im ganzen Land. Das Hauptaugenmerk verlagerte sich in den sechziger Jahren auf die Forcierung des Getreideanbaus, um die stark ansteigende Bevölkerung ernähren zu können. Die abermaligen innenpolitischen Wirren der folgenden zwei Jahrzehnte mit den damit verbundenen wirtschaftlichen Problemen verhinderten allerdings weitreichendere Veränderungen wie umfangreichen Kunstdüngereinsatz oder Mechanisierung. Während der Kulturrevolution wurde das Primat der Politik gegenüber allen anderen Bereichen verkündet, was selbst für grundlegende ökologische Zusammenhänge galt. Zu den extremsten Auswüchsen dieser Politik zählte die verordnete Beschränkung auf Weizen und Reis als einzig anzubauende Getreide selbst dort, wo Gerste und Hirse den natürlichen Gegebenheiten besser angepaßt sind. Mißernten waren die zwangsläufige Folge. Auch die überall geplante räumliche Reorganisation mit der Umsiedlung aller Dörfer und der Zusammenfassung in zentralen, einheitlich aufgebauten Siedlungen für die gesamte Kommune kam nur in Einzelfällen zustande, vor allem nach natürlichen Zerstörungen wie etwa einer Überflutung. Veränderungen in der Bausubstanz der Dörfer beschränkten sich auf den Bau von Schulen, Versammlungshallen oder Verwaltungsgebäuden, die jetzt in modernen, eigentlich westlich-kapitalistischen Formen ausgeführt wurden und als wesentliche Elemente die Vereinheitlichung des Baustils, Verwendung von Beton als Baumaterial, Flachdächer, gleichmäßige Fensteranordnung und Mehrstöckigkeit zeigen. Das weitgehende Verschwinden von Tempeln, Ahnenhallen und ehemaligen Residenzen von Großgrundbesitzern sollte den gesellschaftlichen Umbruch auch äußerlich sichtbar machen. Mangels wirtschaftlicher Möglichkeiten baute man ansonsten bis in die achtziger Jahre hinein die Wohnhäuser in den Dörfern überwiegend in traditionellen Formen und Materialien.

Die seit 1978 verkündeten Wirtschaftsreformen setzten, zunächst unter Beibehaltung der bisherigen Tradition, im Landwirtschaftssektor ein. Sie brachten trotz Aufrechterhaltung der bisherigen staatlichen Besitzstruktur faktisch eine Rückkehr zur kleinbäuerlichen Betriebsstruktur, in der jede Familie in ihren Entscheidungen weitgehend autonom ist. Das zunächst stark erhöhte Einkommen der Landbevölkerung, das allerdings seit Ende der achtziger Jahre nicht mehr wächst, brachte den massiven Anstieg beim Einsatz chemischen Düngers, teilweise eine Verschiebung in den Anbaufrüchten und eine gewisse Mechanisierung mit sich, die allerdings vorwiegend auf Kleingeräte beschränkt ist, die zudem häufig für nichtlandwirtschaftliche Tätigkeiten verwendet werden, wie Transport oder Hausbau.

Mit am stärksten war das Gesicht der dörflichen Bausubstanz vom gesellschaftspolitischen Wandel geprägt, der eine völlige Umstellung der ländlichen Bauweise mit sich brachte. Heute werden neue Wohnhäuser praktisch durchweg in westlichen Bauformen ausgeführt, die in nichts mehr an die traditionelle Architektur erinnern. Vor allem im Einzugsbereich der Städte mit ihren sehr günstigen Vermarktungsmöglichkeiten für Gemüse und andere gehobene Agrarprodukte setzte ein enormer Bauboom ein, der suburbane Elemente wie Reihenhausanordnung, Backstein- oder Betonbauweise, Balkone und Mehrstöckigkeit in die ländliche Architektur brachte, verbunden mit einer extremen Vereinheitlichung der Bauformen und der Abkehr von traditionellen Normen wie der generellen Südorientierung oder der Zentralsymmetrie. An der Anzahl der Neubauten in einem Dorf läßt sich unmittelbar der Grad des sozialen und wirtschaftlichen Wandels erkennen, der das betreffende Dorf erfaßt hat, worin allerdings bedeutende regionale Unterschiede bestehen. An den überkommenen Strukturen der Landnutzung und der hohen Arbeitsintensität hat sich dagegen momentan im Verhältnis noch wenig geändert. Inzwischen konzentrieren sich sowohl das wirtschaftliche Wachstum als auch die gesellschaftliche Dynamik auf die Städte, was eine psychologische Umorientierung weg vom Land und einen Wandel in den Wertmaßstäben zum Ausdruck bringt. Damit verbunden sind rapide wachsende Disparitäten, Gegensätze in Einkommenssituation und Wirtschaftskraft zwischen Stadt und Land einerseits sowie zwischen Küstenregionen und Binnenland andererseits. Tiefgreifende Wandlungen kündigen sich in der massiven Abwanderung der Landbevölkerung und in dem hohen Landverbrauch durch Straßen- und Hausbau erst an. Es ist zu erwarten, daß die Folgen dieser Entwicklung die Kulturlandschaft in näherer Zukunft erfassen und grundlegend umgestalten werden.

Historisches Erbe und Folgen für die Kulturlandschaft

In historischer Perspektive fällt vor allem das enorme *Alter* der Kulturlandschaft auf, die in China auf eine kontinuierliche Entwicklung von mindestens achttausend Jahren zurückblicken kann. Umbrüche und Rückschläge wie der Zerfall des Römischen Reiches oder die Völkerwanderungszeit suchen in der chinesischen Geschichte zumindest in diesen Ausmaßen ihresgleichen. Im deutlichen Unterschied zu Europa können zahlreiche Entwicklungen, insbesondere die Konzentration auf Ackerbau, die hohe Arbeitsintensität und viele Bewässerungsmethoden, auf uralte historische Wurzeln zurückblicken.

Angesichts der geschilderten Besiedlungs- und Landnutzungsgeschichte, vor allem aber wegen der Verbindung dieser beiden Prozesse in Gestalt der Kolonisierung, läßt sich von einer bemerkenswerten *Persistenz* historischer Strukturen in der Kulturlandschaft Chinas sprechen. Einmal besiedelte Räume wurden bis auf ganz wenige Ausnahmen dauerhaft chinesisch geprägt, wozu auch viele der Landnutzungsmethoden beitrugen, die sich seit ihrer Einführung vor mehreren Jahrtausenden trotz gesellschaftspolitischer Wandlungen nicht wesentlich veränderten. Dasselbe gilt für die ländliche Architektur, die erst in den letzten Jahren einem erheblichen Umformungsprozeß unterliegt, der momentan noch nicht alle Teile des Landes erfaßt hat.

Ein Charakteristikum der historischen Entwicklung ist die weitgehende Übereinstimmung in der Verbreitung von Landnutzungsformen und ländlicher Architektur in dem von Han-Chinesen besiedelten Gebiet. Arbeitsintensität und Waldarmut, *Ackerbau und Lehmhausarchitektur*, in allerdings verschiedenen Formen, gehören hier durchgehend zu den prägenden Elementen der Kulturlandschaft, verbunden mit einer durchweg sehr hohen Bevölkerungsdichte. In der historischen Perspektive zeigt sich klar die Tendenz der Chinesen, eher neue Techniken und Methoden zu entwickeln, um das Land mit günstigen Voraussetzungen in den Tiefebenen, Küstenhöfen und Binnenbecken immer intensiver zu bebauen, als die Ackerfläche auszudehnen.

Ein heute auch politisch wichtiges Erbe der Geschichte ist der *kulturelle Gegensatz* zwischen von Han-Chinesen bewohnten und von Minderheiten besiedelten Gebieten. Er zeigt sich großräumig im Unterschied zwischen dem seit Jahrtausenden chinesisch geprägten Kernraum und den erst seit rund dreihundert Jahren zu China gehörenden Randgebieten. Kleinräumig kommt er im historisch gesehen sehr spät kolonisierten Südwestchina zum Tragen, wo das bunte ethnische Verteilungsmuster noch heute die Kulturlandschaft des gesamten Raumes prägt. Dabei besteht häufig ein Nebeneinander von Han in den Beckenlandschaften, deren Kultivierung sie beherrschten, und anderen Völkern, die schon früher die Berglandschaften zumindest stärker in ihre Landnutzung mit einbezogen hatten und die dort auch eigenständige ländliche Architekturformen entwickelten, die sich schon durch die häufige Verwendung von Holz, in geringerem Maße auch von Stein als Baumaterial hervorheben.

6.2. Sozialstruktur und Rechtsnormen

Die kulturelle Entwicklung eines Volkes kommt auch in seiner zunehmend komplizierten Sozialstruktur zum Ausdruck, die sich in einer Differenzierung der Gesellschaft in verschiedene soziale Gruppen äußert, deren Zusammenleben und Beziehungen zueinander durch eine Vielzahl rechtlicher Vorschriften und Normen geregelt wird. In vielfacher Weise wird dadurch das Leben und der Handlungsspielraum des einzelnen bestimmt oder indirekt beeinflußt, was natürlich auch für dessen Eingriffe in die Landschaft im Zuge der Landnutzung gilt. Oft läßt sich der prägende Einfluß längst überholter Rechtsnormen und überwundener sozialer Verhältnisse noch über Jahrhunderte in der Kulturlandschaft deutlich nachvollziehen, wenn auch nicht immer direkt, sondern nur als Folgewirkung, gerade bei derart tief verwurzelten Entwicklungen wie in China.

Die Besitzstruktur Chinas wurde über Jahrhunderte vom Gegensatz zwischen *Großgrundbesitz und Pachtland* geprägt, ein bekanntes Phänomen, das zwar viel über die Gesellschaftsstruktur, für sich genommen aber erst wenig über die Ausprägung der Kulturlandschaft aussagt. Im Umfang des Pachtlandes und in der Besitzkonzentration in Händen der Großgrundbesitzer bestanden erhebliche regionale Unterschiede, die Bezüge zur vorherrschenden Nutzungsform zeigen. Entscheidend für die Kulturlandschaft sind letztlich weniger die eigentlichen Besitzrechte als vielmehr die Nutzungsrechte, die in China viel stärker voneinander getrennt waren, als es jemals in Europa der Fall war.

Wenn man sich die großflächigen Schafzuchtbetriebe Schottlands, die von lohnabhängigen Landarbeitern bewirtschafteten Latifundien Kastiliens oder die bäuerlichen Familienbetriebe Mitteleuropas vor Augen hält, dann wird klar, wie sehr *Besitzstruktur und Betriebsstruktur* zusammenhängen können, was sich in der europäischen Kulturlandschaft deutlich niederschlägt. Andererseits wurde im Kapitel 5.5. die Arbeitsintensität in kleinbäuerlichen Betrieben als eines der prägenden Merkmale der chinesischen Kulturlandschaft herausgestellt, hervorgegangen aus der möglichst effektiven Kontrolle der agrarökologischen Faktoren. Nachdem die Besitzstruktur in China in jüngster Zeit mehrfach zwischen Großgrundbesitz, Landreform, Staatsbesitz und halbprivatem Besitz wechselte, fragt man sich, inwieweit sich der Landbesitz unter den chinesischen Verhältnissen überhaupt auf die Betriebsstruktur auswirkt.

Ebenfalls anhand der europäischen Verhältnisse wird die Bedeutung einer weiteren Rechtsnorm, der Vererbung des Landes, für das Bild der Kulturlandschaft deutlich. Überall, wo das Land unzerteilt an nur einen der Nachkommen vererbt wurde (Anerbenrecht), unterlag die Kulturlandschaft einer geringeren Veränderung, die Flurformen blieben über längere Zeit erhalten und aus größeren Einheiten bestehen. In Gebieten mit *Realerbteilung* hingegen kam es rasch zu einer enormen Zersplitterung des Besitzes, weshalb dort die Landbewirtschaftung einem stärkeren Druck zur Intensivierung unterlag, um aus dem verkleinerten Besitz, der gleichzeitig immer schwieriger mit Tieren zu bewirtschaften war, noch genügend zu ernten. Das abwechslungsreiche Bild der Kulturlandschaft in Europa rührt nicht unerheblich von der Durchmischung beider Formen her, wogegen das geschilderte, sehr einheitliche Bild der kleinparzellierten chinesischen Verhältnisse steht.

Ähnliches gilt für die Dörfer in China, deren Häuser vielfach von einer bemerkenswerten Einheitlichkeit in ihren Bauformen geprägt sind. Sicherlich sind dafür die verfügbaren Baumaterialien mit ihrer geringen Dauerhaftigkeit verantwortlich, weshalb man, im Gegensatz zu europäischen Dörfern, kaum Häuser findet, deren Alter nach Jahrhunderten variiert. Andererseits zeigen sich Unterschiede in der Sozialstruktur, wie etwa die Differenzierung in landlose Pächter und landbesitzende Kleinbauern, kaum am Äußeren der Häuser, die höchstens die herausgehobene Stellung des Großgrundbesitzers erkennen lassen. Hier ist nach der Bedeutung zu fragen, die *Bauvorschriften* für die Gestaltung der ländlichen Architektur haben bzw. hatten.

Großgrundbesitz und Pachtland

Die rechtliche Struktur des Kulturlandes war in China bis zur kommunistischen Machtübernahme von einem System abgestufter Besitz- und Nutzungsrechte gekennzeichnet, das im Vergleich zu Europa komplizierter aufgebaut war und bei FEI (1939, S. 174 – 196) genauer beschrieben ist. Grundsätzlich sind für die damalige Zeit drei Formen bäuerlicher Rechtsstellung zu unterscheiden, die sich nicht einfach in das vereinfachende Schema Landbesitzer auf der einen und Pächter auf der anderen Seite einordnen lassen; dazu kommen noch die Landarbeiter ganz ohne Landbesitz. Die Untersuchungen von BUCK (1937, S. 192 – 199) zeigen das Ausmaß der verschiedenen Besitzverhältnisse, die sich vor der Landreform unter den Kommunisten regional stark unterschieden.

Der landbesitzende Bauer besaß die vollen Rechte an seinem Land, verfügte über die Ernte und war dem Staat gegenüber zur Bezahlung von Steuern verpflichtet. Diesen Status hatte in den dreißiger Jahren dieses Jahrhunderts eine knappe Hälfte aller chinesischen Bauern inne, mit einem deutlichen Übergewicht von 65 % in der Trockenfeldbauzone des Nordens, wofür man die geringere Konzentration der Geldmittel, die geringere Marktproduktion und die geringere Bevölkerungskonzentration im Vergleich zur Naßfeldanbauzone verantwortlich macht. Großgrundbesitz spielte in Nordchina nie eine dominierende Rolle, und der Anteil des nicht verpachteten und vom Besitzer selbst bestellten Landes lag in den 1930er Jahren bei über 60 %. Die Mehrzahl der nordchinesischen Bauern war relativ frei in ihren Besitzverhältnissen und Entscheidungen.

Das genaue Gegenteil traf für das Südchinesische Bergland zu, wo rund die Hälfte der Bauern über kein eigenes Land, sondern ausschließlich über Pachtland verfügte, oder nicht einmal das, und ihren Unterhalt nur als Lohnarbeiter verdienen konnte. Etwa ein Viertel der Bauern besaß einen Teil des von ihnen bestellten Landes, und nur 27 % gehörte das von ihnen bestellte Land zur Gänze. Aus der Tatsache, daß Familienclans im Süden damals eine wesentlich größere Bedeutung hatten, läßt sich der enge Zusammenhang zwischen Familienbindun-

gen und Besitzkonzentration erkennen, der in Südchina ein ganz anderes Schema der Besitzverteilung schuf (LANG 1946, BEATTIE 1979). Eine wichtige Rolle spielte dabei auch der hohe Organisationsgrad, der für Aufbau und Betrieb der Bewässerungssysteme nötig ist und der in der Naßfeldanbauzone die sozialen Bindungen über die Familienclans stärkte. Rund zwei Drittel des Ackerlandes waren in den Händen der Großgrundbesitzer konzentriert, die einen Großteil oder alles verpachten und von den Einnahmen leben konnten. Dabei bestanden allerdings große Unterschiede von Dorf zu Dorf; besonders ausgeprägt war die Besitzkonzentration in der Provinz Guangdong. Die Großgrundbesitzer rekrutierten sich überwiegend aus den Vorständen der Familienclans, die in Südchina noch heute eine starke Stellung im ländlichen Sozialgefüge innehaben. Eine Ausnahme bildete lediglich der Südwesten mit einer geringeren Rate von Pächtern, was man auf die spätere Kolonisierung zurückführt, die noch nicht zu einer derart starken Besitzkonzentration geführt hatte.

Die weiteren Formen der rechtlichen Stellung müssen hinsichtlich Landbesitz und Nutzungsrecht viel genauer getrennt werden, denn es hatten sich dafür zwei verschiedene Besitztitel herausgebildet, namentlich im Bereich des Jangtsetieflands im Osten Chinas, wo viele Landbesitzer, anders als weiter im Süden, nicht mehr auf dem Dorf, sondern in der Stadt lebten. Das Nutzungsrecht ist in Europa immer an das Besitzrecht angekoppelt und wird höchstens auf Zeit verpachtet. Anders als bei der Pacht, die durch einfache Kündigung zu beenden ist, konnte das Nutzungsrecht dem Inhaber in China aber nicht genommen werden, der es vielmehr auf Dauer besaß und vererben und ohne Rücksprache weiterverkaufen konnte. Als Gegenleistung mußte er keine Steuern zahlen, sondern Abgaben an den Inhaber des Besitzrechts an dem betreffenden Land leisten, unabhängig davon, wer diese Person war. Durch Verkauf der jeweiligen Rechte konnte sich entweder die Bezugsperson für den Landnutzer und seine Abgaben ändern, oder aber der Landbesitzer war mit einem Wechsel des Bauern konfrontiert, der sein Land bestellte, ohne daß für eine der beteiligten Personen eine Einspruchsmöglichkeit bestanden hätte. Der Inhaber des Nutzungsrechts konnte das betreffende Land auch zeitlich beschränkt verpachten oder von Landarbeitern bestellen lassen, was dann geschah, wenn er und seine Familie nicht über genügend Arbeitskraft verfügten.

Im Gegensatz zu Pacht und Landbesitz in Europa waren in China in dieser Konstellation Landnutzung und Landbesitz rechtlich eher gleichgestellt. Kauf und Verkauf von Bodenbesitz und Nutzungsrechten konnten unabhängig voneinander verlaufen und waren daher relativ leicht möglich. Die Bindung an das Land war verhältnismäßig locker und Rückkauf zumindest des Nutzungsrechtes durchaus häufig. Der Landbesitzer hatte allerdings den Vorteil, daß seine Einnahmen von vornherein fixiert waren, das Anbaurisiko also allein beim Landnutzer lag. Der in der Stadt lebende Besitzer, der sein Land von individuellen Inhabern des Nutzungsrechtes bewirtschaften ließ, war sogar besser gestellt als der landbesitzende Bauer, der sein eigenes Land bestellte und daher ebenfalls dem Risiko von Mißernten oder Plünderung ausgesetzt war.

Seit der mittleren Ming-Dynastie im 15. Jh. besteht ein enger Zusammenhang zwischen der Bildung von Großgrundbesitz und der sozialen Differenzierung in der Gesellschaft. Da sich der Kreis der Teilnehmer an den staatlichen Beamtenprüfungen erheblich ausgeweitet hatte, entstand eine Schicht aus Gelehrten, die keine Beamtenstelle erhalten konnten oder aus ihrem aktiven Beamtenstatus ausgeschieden waren und die häufig als *Gentry* bezeichnet wird. Die Gentry bildete aufgrund ihres Bildungsgrades und des gemeinsamen Ausbildungsweges zusammen mit den offiziellen Beamten eine Elite, die

Handel, Verwaltung, Rechtsprechung und gesellschaftliche Entwicklungen auf der lokalen Ebene kontrollierte und ihr Kapital vielfach in Landbesitz anlegte, auch wenn sie vor allem im Bereich des Jangtsetieflands gar nicht mehr im Dorf wohnte.

Besitzstruktur und Betriebsstruktur

Die Besitzkonzentration in Händen der Großgrundbesitzer ergab sich aus dem Zusammenhang der gesellschaftlichen mit den schon beschriebenen landwirtschaftlichen Entwicklungen. Die zunehmende Marktorientierung der Landwirtschaft ermöglichte den Übergang zu monetären Pachtsystemen, bei denen die Pachtabgaben nicht mehr in Naturalien, sondern nur noch in Geld geleistet wurden. Bei schlechten Ernten, Mißwirtschaft oder Überschwemmungen waren die Bauern gezwungen, das Geld für die Pacht auszuleihen, was fast unausweichlich beim Großgrundbesitzer geschehen mußte. Waren die nun zusätzlichen Zinsen nicht mehr zu bezahlen, mußten die Bauern neues Geld leihen, was faktisch auf einen Verkauf ihres Landes hinauslief, das sich in Händen der Großgrundbesitzer konzentrierte.

Daneben sind die Besonderheiten der chinesischen Landnutzung zu berücksichtigen, die dieses System eher förderten. Die hohe Arbeitsintensität in der Landnutzung, die ja aus der Notwendigkeit einer differenzierten Kontrolle des Agrar-Ökosystems durch den Menschen resultiert, läßt sich keinesfalls problemlos durch andere Methoden ersetzen, ohne daß die damit verbundenen Erträge betroffen wären. Für den Großgrundbesitzer bestand deshalb überhaupt kein Anlaß, sein Land selbst zu bewirtschaften, indem er lohnabhängige Arbeiter einstellte und organisierte oder gar die Bauern vertrieb und Schafe züchtete wie im ertragsarmen Schottland. Im Gegenteil bildete Kulturland gerade wegen seiner hohen Rendite bis ins zwanzigste Jahrhundert das bevorzugte Investitionsobjekt, was die Besitzkonzentration weiter verstärkte. Offensichtlich lagen einerseits das Wissen und die Kenntnisse der Landbestellung bei den Pächtern, andererseits bestanden Reserven zur weiteren Intensivierung der Landnutzung auf gegebener Fläche durch die Bauern, die über die nach Prozenten berechnete Pacht ohne weiteres Zutun dem Landbesitzer anteilig zuflossen.

Nach und nach bildete sich in China ein System heraus, das durch eine Trennung in Landbesitz und Landbewirtschaftung gekennzeichnet ist. Die Ungleichheit der Landverteilung und die latente Unzufriedenheit spitzten sich regelmäßig zu, wenn die Ertragssteigerung nicht mehr mit der Bevölkerungsentwicklung und damit der Ernährungssicherung Schritt halten konnte. Unmittelbare Auslöser gesellschaftlicher Umwälzungen waren dann jeweils gleichzeitige innenpolitische Unruhen, die zu einem Anstieg der Pachtbelastungen, der Zinsen und der Ernteausfälle beitrugen. In vielen anderen Ländern waren Landreformen deshalb wenig erfolgreich und nicht selten sogar mit Ertragseinbußen verbunden, weil die organisatorischen Fähigkeiten und die agrarischen Kenntnisse der Großgrundbesitzer nicht mehr zugänglich waren. Demgegenüber liegt in China dieses Wissen beim einzelnen Bauern und nicht bei dem meist in der Stadt lebenden Großgrundbesitzer. Unter kommunistischer Ägide bewirkte die neue Besitzstruktur mit privaten Kleinparzellen ein Ende der Auswüchse in der Belastung der Pächter und in der einseitigen Abhängigkeit von den Großgrundbesitzern. Sie änderte aber kaum etwas an der kleinbäuerlichen Betriebsstruktur, der Landnutzung, der Arbeitsintensität und den Bewirtschaftungsmethoden.

Die Kollektivierung der sechziger und siebziger Jahre brachte aus dieser Sicht nur die Rückkehr zu einem System, unter dem Landbewirtschaftung und Landbesitz wiederum getrennt wurden, die Landnutzungsmethoden aber weiterhin im wesentlichen dieselben blieben. Die in dieser Hinsicht gegebene Flexibilität zeigte sich erneut in den achtziger Jahren, als mit dem Produktionsverantwortlichkeitssystem wieder privatwirtschaftliche Elemente in die Landnutzung eingebracht wurden. Unter diesem System blieb zwar die staatliche Kontrolle über den Landbesitz unangetastet, es ermöglichte aber dennoch eine wesentliche Mobilisierung der menschlichen Arbeitskraft. Ähnlich wie unter der früheren Trennung in Grundbesitz und Dauerpacht gestattete es weitgehend freie Entscheidungen hinsichtlich Anbauprodukten, Betriebsführung auf familiärer Basis und einer langfristigen Nutzungsplanung, wodurch erhebliche Ertragssteigerungen erreicht werden konnten.

Realerbteilung und Flfuraufteilung

Überall in China war zur gesamten Kaiserzeit die Realerbteilung, also die gleichmäßige Verteilung des Landbesitzes an alle (männlichen) Erben, verpflichtend (BLUNDEN u. ELVIN 1983, S. 215), wobei allerdings Unterschiede in der Größe der Zuteilung in Abhängigkeit von der Geburtsfolge bestanden (FEI 1939, S. 195). Zwei wichtige Folgen sind an diese Tatsache gekoppelt: Zum einen reichte das Land schließlich nicht mehr für alle Erben aus, was sich in den Auswanderungswellen der Chinesen vor allem aus den südöstlichen Küstenprovinzen äußerte, die in die Städte und Länder Südostasiens, insbesondere Manila, Jakarta und Bangkok, Malaysia und Vietnam zogen und in Singapur sogar die Bevölkerungsmehrheit stellen. Damit stand China ein anderes Ventil als Europa zur Verfügung, wo sich landlose Bauern in den meisten Fällen in den aufstrebenden Städten niederließen, die mit Handwerk und Industrie neue Lebensmöglichkeiten boten. Zum anderen initiierte die zunehmende Verkleinerung der vorhandenen Fläche immer neue Methoden, durch Intensivierung höhere Erträge pro Flächeneinheit zu erzielen, wozu eben auch der Verzicht auf Weidewirtschaft und Viehzucht gehörte.

Der Aufteilung der in Handarbeit bestellten Felder waren in China nicht nur keine rechtlichen, sondern auch keine agrartechnischen Grenzen gesetzt. FEI (1939, S. 194 ff.) berichtet über die Erbteilung von Naßreisfeldern. Man teilte den einzelnen Erben nicht die einzelnen ganzen Felder zu, denn deren Qualität hängt von der Nähe zum Bewässerungskanal ab und unterscheidet sich daher auf kurze Distanz erheblich. Es wurde daher als die gerechtere Methode empfunden, sämtliche Felder unter den Erben aufzuteilen. Zur Markierung pflanzte man Bäume, denn es konnten nicht ohne weiteres zusätzliche trennende Dämme eingezogen werden, die die Wasserzirkulation eventuell beeinträchtigt hätten. Aus der oben erwähnten relativ freien Verfügbarkeit des Pächters über sein Nutzungsrecht geht hervor, daß das Recht auf Landnutzung nicht nur vererbbar, sondern auch frei teilbar war, ohne daß dies der Landbesitzer hätte verhindern können.

Die Folgen für die Bewirtschaftung waren bei dieser Praxis natürlich noch gravierender als beim zelgengebundenen Anbau in europäischen Gewannfluren. Die für den Naßreisanbau essentielle Regulierung des Wasserstandes mußte in völliger Übereinstimmung beider oder sogar mehrerer Besitzer erfolgen, deren Arbeitsplan damit bis ins Detail abzusprechen war. Ein nicht selten gemachter Versuch, für die eigene Teilfläche günstigere Bedingungen zu schaffen, bestand darin, den Boden durch Entnahme von Schlamm zu erniedrigen und dadurch eine größere Wassermenge dorthin zu leiten. Gerade aus der Existenz dieser Probleme kann man die eminent wichtige Rolle der Familienclans ersehen, die bei Unstimmigkeiten als

Sozialer Rang	Anzahl der zugelassenen Joche
Paläste des Kaiserhauses	11
Tempel	9
hohe Beamte (1. – 2. Rang)	7
mittlere Beamte (3. – 5. Rang)	5
niedere Beamte (6. – 9. Rang)	3
alle einfachen Leute (Bauern, Handwerker, Kaufleute)	3

Tabelle 9: Zugelassene Hausgröße und Sozialstatus in der Qing-Dynastie (KNAPP 1989, S. 34)

einzige Instanz den sozialen Frieden gewährleisten konnten. Es ist einleuchtend, daß die Besitzungen der einzelnen Familien weit über die Flur verstreut wurden und sich aus einem Muster kleiner Teile verschiedener Reisfelder zusammensetzten. Aufgrund der unterschiedlichen Wertigkeit der Felder, die von ihrer Position im Bewässerungssystem abhängt und praktisch nicht durch irgendwelche Meliorationen zu ändern ist, war es schwierig, Land zu arrondieren oder gar eine Art Flurbereinigung durchzuführen.

Bauvorschriften und Hausformen

Die soziale Schichtung in Beamte, Bauern und Kaufleute, Großgrundbesitzer, Kleinbauern und Pächter fand nicht zuletzt auch in der ländlichen Architektur ihren Niederschlag. Unterschiede in der Ausführung, der Größe und dem Schmuck sollen nicht nur bei ländlichen Häusern in erster Linie die soziale Stellung seines Besitzers widerspiegeln, in Europa wie in China, früher wie heute. Das China der bis in unser Jahrhundert andauernden Kaiserzeit war allerdings von einer recht festen sozialen Hierarchie geprägt, die sich nicht zuletzt aus der bürokratischen Gesellschaftsordnung ergab und zu mitunter erheblichen Ungleichgewichten zwischen der sozialen Stellung und den wirtschaftlichen Möglichkeiten führte, was man mittels Rechtsnormen zu verschleiern suchte.

Die gesellschaftliche Elite vermochte es, eine Reihe von Bauvorschriften zu erlassen, nach denen das Äußere und vor allem die Größe der Häuser lediglich den Rang innerhalb der bürokratischen Hierarchie zeigen durfte. Selbst zu Reichtum gelangten Bauern war es verboten, größere oder gar palastähnliche Häuser zu bauen (KNAPP 1986, S. 2). Auch nach Familienneugründungen durch Heirat war es üblich, weiterhin im Haus der Eltern zu wohnen. Reichte der Platz nicht mehr aus, konnte aufgrund der erwähnten Restriktionen nicht angebaut, sondern es mußte ein neues Haus errichtet werden.

In der Qing-Zeit bestand eine genaue Hierarchie, wie Tabelle 9 zeigt, die allein vom erreichten Rang der Staatsprüfung abhing. Die Anzahl der Joche pro Haus war aus zwei Gründen entscheidend. Erstens bestimmte sie konstruktiv über die Balkenlänge auch die Höhe der Gebäude, die damit den Sozialstatus nach außen demonstrierte, und zweitens sicherte der Platz die Möglichkeiten für einen entsprechenden Lebensstil. Insbesondere die Gestaltung des Daches gehörte daneben zu den Möglichkeiten, die gesellschaftliche Hierarchie äußerlich sichtbar zu machen. Schon zur Ming-Zeit wurde daher das Walmdach für die Allgemeinheit verboten und auf kaiserliche Bauten und Tempel beschränkt, ebenso wie Konso-

lensysteme und damit weite Dachüberhänge sowie die hochgezogenen Dachspitzen. Auch die Farbe der Dachziegel war reglementiert: Gelb und Grün dem Kaiser vorbehalten und farbige Glasuren für das einfache Volk völlig untersagt (KNAPP 1986, S. 76).

Natürlich wurde versucht, dieses rigide System zu unterlaufen, denn gerade die Kaufleute waren teilweise zu immensen Reichtümern an Geld oder Landbesitz gelangt, standen aber noch hinter Bauern und Handwerkern auf der untersten Stufe der konfuzianischen Sozialordnung. Für sie wie auch für reiche Großgrundbesitzer bestand neben dem illegalen Ausbau, der in den entlegeneren Gebieten wohl die Regel war, die Möglichkeit, sich Beamtentitel zu kaufen.

Sozialstruktur, Rechtsnormen und Folgen für die Kulturlandschaft

Es gehört zu den Charakteristika der chinesischen Geschichte, der angewandten Landnutzungsmethoden und der Sozialstruktur, daß weder die Besitzstruktur noch die Erbteilung zu größeren Differenzierungen in der Ausprägung der Kulturlandschaft führten. Die Methoden der Landnutzung, deren Arbeitsintensität an einen hohen Stand menschlicher Kenntnisse gebunden ist, zeigen ein Beharrungsvermögen, das *kleinbetriebliche Strukturen* weitgehend unabhängig von den vorherrschenden Besitzstrukturen werden ließ. Zunehmende Konzentration von Land in den Händen der Großgrundbesitzer wird in ihren Auswirkungen auf die Kulturlandschaft oft überbewertet, denn sie führte nicht zu einer Umstellung auf großbetriebliche Strukturen wie Landgüter oder großflächige Viehzuchtfarmen, sondern gerade im Gegenteil zu weiterer Intensivierung der Landnutzung. Zumindest im Fall der nicht mehr auf dem Land lebenden Grundbesitzer brachte die rechtliche Trennung zwischen Besitz- und Nutzungsrecht auch den Pächtern eine gewisse Sicherheit, was die Ausweitung des Systems begünstigte.

Auch die Folgen der Erbteilung zeigen sich nicht unbedingt direkt in der Fluraufteilung, was zunächst an der Einheitlichkeit des Erbrechts im gesamten Land liegt. Die Realerbteilung wiederum stellt einen der Faktoren dar, die die zunehmende Arbeitsintensivierung förderten, da die Nachkommen aus demselben Land mehr Ertrag erwirtschaften mußten. Noch nicht einmal im Naßreisanbau mit seinen aufgrund der Bewässerung äußerst klar abgegrenzten Feldern kann man von einer Übereinstimmung zwischen dem in der Flur erkennbaren und völlig einheitlich bearbeiteten Feld und der besitzrechtlichen Aufteilung ausgehen. Insgesamt kann man deshalb in China von einer *Entkoppelung der Besitz- und Betriebsstrukturen* sprechen, was bedeutet, daß man aus dem Erscheinungsbild der Feldflur zwar auf die Betriebsformen schließen, daraus aber kaum die Sozial- und Besitzstruktur erkennen kann.

Im Gegensatz dazu und im Unterschied zu Europa war die Dorfarchitektur während der Kaiserzeit durch ein System von Bauvorschriften eingeengt, das den Sozialstatus des Hausbesitzers nach außen deutlich machen sollte. Mit der im ganzen Reich bestehenden Gültigkeit dieser Rechtsnormen ging eine *Einheitlichkeit der ländlichen Architekturformen* einher. Die Uniformität betrifft, insbesondere im Kerngebiet mit seinen schärferen Kontollmechanismen, sowohl die Dörfer untereinander, zeigt sich aber ebenso in der Größennormierung und den Schmuckverboten für alle Häuser innerhalb des einzelnen Dorfes. Das Erscheinungsbild der Häuser in chinesischen Dörfern erlaubt folglich zunächst keinen direkten Rückschluß auf die wirtschaftliche Stellung seiner Bewohner, sondern zeigt eher deren soziale Position, die freilich beide in der Praxis oft miteinander zusammenhängen.

6.3. Autochthones Umweltverständnis

In allen Kulturen der Erde spielte und spielt der Bezug zur Umwelt eine Rolle, der sich nicht allein aus der Nutzung oder Inwertsetzung des natürlichen Potentials erschöpft, sondern weit darüber hinausgeht. Über die notwendige Interpretation der Umweltphänomene zu einer Zeit, in der man noch über keinerlei wissenschaftliche Methoden im modernen Sinn verfügte, bildeten sich Bezüge zu religiösen und mystischen Vorstellungen, die nicht unerheblich zum Wahrnehmungsbild und zur Umweltbewertung beitrugen, andererseits sich mit den gesellschaftlichen Entwicklungen auch stark wandelten. Aus dieser Überlegung heraus ist es wichtig, sich mit dem autochthonen Umweltwissen einer Gesellschaft zu beschäftigen, die derart stark in ihrer Umwelt verwurzelt ist wie die Ackerbauernkultur Chinas. Deren Umweltbewertung bildet einen wichtigen Schlüssel für das Verständnis des Beziehungsgefüges Mensch – Umwelt und trug erheblich zur Gestaltung der Kulturlandschaft bei.

Im Gegensatz zu Europa wurzeln in China die Prinzipien und das Verständnis von Philosophie und Religion in der Landschaft und dem ihr zugrunde liegenden System. Die *Grundlagen der Umweltwahrnehmung* basieren auf der metaphysischen, der von verborgenen Kräften beeinflußten, Natur des Daseins. Sie gehen bis auf die Legitimation des Kaisers zurück, dessen Bestand oder Scheitern aufs engste mit der Landwirtschaft, d. h. also der korrekten Erkenntnis über natürliche Phänomene, verknüpft war. Man muß bei der Form der Umweltwahrnehmung den Bildungsstand der zur Kaiserzeit des Schreibens und Lesens völlig unkundigen Bauern berücksichtigen, woraus sich die Praxis herleitet, Bäche, Berge und Wälder mit Drachen, Kräftelinien oder anderen Bildern zu assoziieren. Vor diesem Hintergrund zeichnet sich das Instrumentarium der traditionellen chinesischen Umweltwahrnehmung durch eine starke Mystifizierung aus, deren Erkenntnisse mittels einer detaillierten Symbolik plastische Gestalt annehmen.

Damit stand den Bauern eine Möglichkeit zur Interpretation der Umwelt und damit eine zumindest ungefähre Entscheidungshilfe für ihr Handeln innerhalb der Kulturlandschaft zur Verfügung. Die Gesamtheit der verschiedenen Erkenntnisse hat man im Laufe der Zeit kodifiziert und in einer Art kosmischer Umweltinterpretation zusammengefaßt, die mit dem Begriff *fengshui* bezeichnet und als *Geomantik*, als Lehre von den Erdkräften, übersetzt wird. Am deutlichsten tritt die Anwendung dieser Prinzipien der Umweltbewertung bei der Auswahl der *Lage der Dörfer* in Erscheinung, die traditionell mittels geomantischer Praktiken ermittelt wurde, worin der enge Bezug zwischen Kultur und Landschaft sichtbar wird.

Grundlagen der Umweltwahrnehmung in China

In welchem Ausmaß umweltphilosophische Ansichten im Raum wirksam sein können, wird in China bereits in der Stadtanlage sichtbar. Alle Städte legte man mit quadratischem Grundriß an, der im kleinen die Erde symbolisieren soll und im Gegensatz zum als rund angesehenen Himmelsgewölbe steht. Außerdem erfolgte, wo immer möglich, die Ausrichtung des Stadtquadrats nach Süden, weshalb alle chinesischen Stadtanlagen ein relativ einheitliches Bild zeigen. Aus diesen Prinzipien ist ersichtlich, daß man allein schon der äußeren Form einen metaphysischen und religiös-kulturellen Bezug zugesprochen hat. Derartiges ist in der europäischen Stadtanlage völlig unbekannt, die sich aus herrschaftlichen (Burg-berg), wirtschaftlichen (Kreuzung von Handelsrouten) oder verkehrsbedingten (Furten, Häfen) Bezügen ableiten läßt. Die Tragweite metaphysischer Überlegungen in der städtischen chinesischen Bevölkerung zeigt sich noch heute beispielsweise in Hongkong, wo man in einem neuerbauten Hochhaus vorsichtshalber ein riesiges, über mehrere Etagen reichendes, finanziell aufwendiges Loch frei ließ, weil dadurch der freie Fluß der verborgenen Erdkräfte gewährleistet bleiben sollte (Süddeutsche Zeitung vom 15.6.1993, S. I).

Weitreichende Unterschiede im Umweltverständnis von Europa und China lassen sich auch in den religiösen Vorstellungen demonstrieren. Die Wurzeln der Umweltwahrnehmung gehen in China auf das Yi Qing, das Buch der Wandlungen, aus dem ersten Jahrtausend zurück, in welches allerdings viel ältere Erkenntnisse einflossen, von denen die kosmische Einbindung der Einzelphänomene eine zentrale Rolle spielt. Der auf diesen Traditionen aufbauende Daoismus sieht als eines seiner Ziele die Harmonie zwischen Mensch und Natur, ganz im Gegensatz zum Christentum mit seinem Leitsatz: Macht Euch die Erde untertan. Damit ist in China eine grundsätzliche Verbindung zwischen Philosophie und Umweltbeobachtung gegeben, die in Europa niemals in dieser Form und Tragweite bestanden hat und die auch die Grundlage der (ganzheitlichen) chinesischen Medizin und (traditionellen) Naturwissenschaft bildet.

Die Beziehung der Kulturen zur Landschaft kommt nicht zuletzt in der Kunst zum Ausdruck. In China beschäftigte man sich seit der Tang-Zeit (618 – 907), allen voran der bekannte Wang Wei, mit der Landschaftsmalerei, die während der Yuan- und Ming-Dynastie ihren Höhepunkt erlebte. Die Landschaft bildete in China von Anfang an ein zentrales künstlerisches und wurde um ihrer selbst willen dargestellt. In Europa dagegen malte man während des gesamten Mittelalters überhaupt keine Landschaften, noch nicht einmal als Hintergrund. Das änderte sich erst, als die Umwelt in der Renaissance nicht mehr prinzipiell als bedrohlich oder ungestalt aufgefaßt wurde, woraufhin Landschaften als eigenständiges Motiv dargestellt wurden (A. Dürer, A. Altdorfer).

Anders als in Europa legitimierte der Kaiser in China seine Macht nicht über die Interpretation eines göttlichen Herrschaftsmandats für die Erde, sondern über seine Verantwortung für die Erhaltung des kosmischen Gleichgewichts. Daraus leitete sich einerseits sein Herrschaftsanspruch ab, andererseits auch die Gefahr, Mißernten als Zeichen mangelnden Erfolges in der Aufrechterhaltung der Balance gedeutet zu bekommen. Der Kaiser war verantwortlich für die Verwaltung der Riten, mit welchen die kosmischen Kräfte beeinflußt werden sollten. Hierbei waren der Altar des Ackerbaugottes, wo für günstige Anbaubedingungen gebetet wurde, und der Himmelsaltar, an dem der Kaiser für die Ernte dankte, von zentraler Bedeutung. Diesen Örtlichkeiten im heutigen Stadtgebiet von Peking liegt eine wohldurchdachte Symbolik zugrunde, die das gesamte System der traditionellen chinesischen Umweltinterpretation charakterisiert. Weil der Himmel traditionell als rund angesehen wurde, haben Himmelsaltar und -tempel eine runde Form, während das Quadrat der Erde und demzufolge dem Grundriß des Altars für den Ackerbaugott entsprach. Beide liegen natürlich in der dem Symbol für das Leben zugeordneten Himmelsrichtung: im Süden vor der Stadt.

Himmelsrichtung	Osten	Süden	Mitte	Westen	Norden
Element	Holz	Feuer	Erde	Metall	Wasser
Farbe	blaugrün	rot	gelb	weiß	schwarz
Mythologisches Tier	Drache	Phoenix	Büffel	Tiger	Schildkröte
Kräfte	zunehmendes *yang*	starkes *yang*		zunehmendes *yin*	starkes *yin*
Jahreszeit	Frühling	Sommer	Spätsommer	Herbst	Winter
Wetter	windig	heiß	feucht	trocken	kalt
Wesen	Aufblühen	Reife	Bewahren	Ernte	Einlagern
Haustier	Schaf	Huhn	Ochse	Hund	Schwein

Tabelle 10: Landschaftselemente und entsprechende Symbole nach der Lehre des *fengshui*. Bemerkenswert ist, daß hier das Jahr in fünf Abschnitte gegliedert wird. Zusammengestellt nach SKINNER (1982, S. 58 f., 66) und WEGGEL (1987, S. 247)

Zwei wesentliche philosophische Grundlagen lassen sich im Umweltverständnis der chinesischen Kultur nennen. Der Dualismus, der die ganze Philosophie und Religiosität bestimmt, kann auf das Begriffspaar *yin* und *yang* konzentriert werden, die niemals allein, sondern nur gemeinsam vorkommen können. *Yin* wird mit einer Anzahl von Bedeutungen assoziiert: dem Weiblichen, dem Dunklen, dem Mond, dem Passiven, dem Tod, der Erde. *Yang* beinhaltet die jeweiligen Gegenpole: das Männliche, das Helle, die Sonne, das Aktive, das Leben, den Himmel. Das philosophische Denken Chinas geht davon aus, daß an jedem Ort eine gewisse Balance zwischen diesen Einflüssen herrscht, aus der das zweite Prinzip, das *qi* hervorgeht. Unter *qi* versteht man die Lebenskraft, die im Zusammenhang mit der Landschaft in Form der Fruchtbarkeit zum Ausdruck kommt. Eine erfolgreiche Nutzung des Landes ist nur bei einem guten *qi* und einem Gleichgewicht der metaphysischen Kräfte möglich.

Fengshui – Geomantik

Die fruchtbarkeitsspendende Lebenskraft *qi* wird als fließende Kraft betrachtet, die Erde und Luft durchdringt und die von zwei Elementen geführt wird: *feng* (Wind) und *shui* (Wasser). Man kann darin den verbalen Ausdruck eines Bewußtseins für den Kreislauf des Wassers, also für die Systemeigenschaft der Umwelt auf protowissenschaftlicher Ebene sehen; KNAPP nannte *fengshui* die „Lehre von der mystischen Ökologie". In jedem Fall kommt darin bereits die Grundphilosophie des Dualismus zum Ausdruck, denn schon Wasser und Wind symbolisieren zwei Elemente, die miteinander im Gleichgewicht stehen und von denen keines allein vorkommt. Die folgenden Angaben stützen sich auf FAN (1992), KNAPP (1986, S. 108 bis 121), HASE u. LEE (1992) und SKINNER (1982).

Jeglicher anthropogene Eingriff in die Umwelt, sei es durch Ackerbau, Waldrodung oder ganz besonders durch den Bau von Häusern, wird prinzipiell als Störung oder doch zumindest als Beeinflussung der kosmischen Balance angesehen, die, wenn schon unvermeidlich, das Kräftegleichgewicht nicht mehr als nötig stören darf. Um die Bezugspunkte und Äußerungen der Kräfte korrekt zu interpretieren, bediente man sich der Tätigkeit eines Mitglieds einer speziellen Berufsgruppe, des Geomantikers (*fengshui xiansheng*). Er kann nicht als Wahrsager bezeichnet werden, sondern muß als Träger des akkumulierten autochthonen Umweltwissens betrachtet werden. Als Interpret der Umweltbedingungen griff er zu speziellen Hilfsmitteln wie einem Kompaß, Diagrammen und Tafeln.

Bei der Anwendung seiner Kenntnisse ging es weniger um das analytische Bewerten von Einzelfaktoren als vielmehr um ein Gefühl für die Ganzheitlichkeit der Landschaft. Die Tätig-keit des Geomantikers baute auf der Einbeziehung verborgener, metaphysischer Zusammenhänge und Kräfte zu einem Gesamtbild des kosmischen Energieflusses auf. Ziel war die Einfügung der menschlichen Störung in das kosmische Gleichgewicht, was einem Streben nach Ausgleich der Kräfte und nach Harmonie gleichgesetzt werden kann, das seine Wurzeln in der Philosophie des Dualismus (*yin/yang*) hat. Ein gutes *fengshui* ist mit Glück (*fu*) verbunden, das nicht an die auftraggebende Person, sondern an den Ort im Mittelpunkt des Kräftegleichgewichts gebunden ist und auf dessen Bewohner übergeht. Unter „Glück" wird im Chinesischen eine umfassende Zufriedenheit familiärer, gesundheitlicher, materieller und sozialer Art verstanden, die für den Bauern eben auch die Fruchtbarkeit des Bodens einschließt.

Grundlage für die Interpretation der verschiedenen wirksamen Kräfte ist ihre symbolische Verknüpfung mit Phänomenen der Umwelt, die zu einem verzweigten System ausgebaut wurden, welches in Tabelle 10 zusammengestellt ist. Die jeweiligen Symbole hängen stets zusammen: So ist der Drache immer blaugrün, kommt aus dem Osten, steht für den Frühling und damit das Aufblühen; kurz, er gewinnt seinen Charakter aus zunehmendem *yang*. Die Himmelsrichtungen werden in der *Fengshui*-Lehre mit Symbolen belegt, die, kaum verwunderlich, mit den entsprechenden Elementen, Tages- und Jahreszeiten und Farben assoziiert sind. In der Landschaft werden Einzelelemente der Topographie oder des Gewässernetzes mit den Symbolen und vor allem mit den ihnen zugewiesenen Reaktionen in Verbindung gebracht. Beispielsweise gehören zum Süden das Feuer, der Sommer, die Reife, heißes Wetter und die Farbe Rot, daneben eine spitze Form der Berge, die bestimmten Einzelerhebungen zuzuordnen ist. Die Kenntnis dieser Bilder fügt sich zu einer geistigen Umgebungskarte zusammen, die den Bauern die Orientierung in der Landschaft erleichterte.

Bezüglich der Topographie ging es im Rahmen von *fengshui* um die Interpretation der Richtung (Wind, Regen), der Form (Berge), der Art (Wasser) und der Lage (Himmelsrichtung, Höhe). Für die korrekte Zuordnung standen die in Tabelle 10 aufgeführten, assoziativ miteinander verbundenen Symbole zur Verfügung. Eine Bergkette im Osten, im Idealfall in einer gewundenen, kaskadenförmig absteigenden Form, wurde in diesem Zusammenhang metaphorisch mit einem Drachen oder Drachenrücken umschrieben, in welchem die *Yang*-Kräfte flossen. Um dem geomantischen Bild in idealer Weise zu entsprechen, müßten seine Einzelgipfel in abgerundeten Formen erscheinen und von Wald (grün/Holz) bestanden sein. Eine Bergkette im Westen symbolisierte dagegen den weißen Tiger, seine *Yin*-Kräfte im Idealfall durch flache, breite Gipfel äußernd, die durchaus für Felder (weiß) geeignet wären, gerodet und abgeerntet (Metall) werden konnten.

Auswahl der Dorflage

Man darf den Einfluß von *fengshui* bei der Bestimmung der Dorflage zwar nicht überbewerten oder eine philosophische Durchdringung des bäuerlichen Weltbilds konstruieren, denn praktische Überlegungen wie der Zugang zu Wasser und die Möglichkeit, Felder anzulegen, standen natürlich auch in China bei der Gründung von Dörfern im Vordergrund. Allerdings beinhaltet *fengshui* ja gerade diese praktischen Überlegungen und Entscheidungshilfen, die dadurch eben indirekt zum Tragen kamen und die Auswahl der Dorflage weitgehend bestimmten.

In der Kaiserzeit wurde die Dorflage in der Regel vom Geomantiker ausgesucht, dem die Interpretation der landschaftlichen Potentiale oblag. Zwangsläufig wurden die Erkenntnisse der *Fengshui*-Lehre im Volk umgedeutet und überinterpretiert und in vielerlei Hinsicht zu Aberglauben stilisiert, weshalb die Geomantik in der kommunistischen Zeit verboten wurde. Da aber fast alle Dörfer älteren Gründungsdatums sind, ist für das Verständnis ihres Verteilungsschemas in der Landschaft ein Blick auf die Regeln des *fengshui* unerläßlich. Daneben besteht eine Vielzahl damit verknüpfter abergläubischer Vorstellungen in der Bevölkerung nach wie vor weiter.

Grundlage der Untersuchungen und Empfehlungen des Geomantikers war das Streben nach Harmonie und Ausgleich, denn die verschiedenen Äußerungen der Erdkräfte sollten miteinander im Gleichgewicht stehen. Die vorhandenen Bergformen, etwa ein Zuviel spitzer, d. h. Feuer symbolisierender Berge, die nicht im Süden lagen, hätte man durch die Anlage von Teichen ausgleichen können. Auch das Anpflanzen oder Roden von Wald gehörte zu den Eingriffsmöglichkeiten des Menschen in das kosmische Kräftesystem, die man in das Harmoniestreben einbinden konnte. Als beste Konstellation galt eine lange, langsam absteigende Bergkette, während ein steiler Abfall eines Hangs ein Übermaß an *yang* (Aktivität) anzeigte. Es mußte durch entsprechendes *yin* ausgeglichen werden, weshalb hier Wald zu belassen oder anzupflanzen wäre – wenn man will, ein Hinweis auf die Erosionsgefahr steiler Hänge.

Als ausgleichendes Gegenstück zu den *Yang*-Kräften der Bergrücken wurden die Wasserläufe als Ausdruck des Fließens der *Yin*-Kräfte angesehen, die mit jenen in einem gewissen Gleichgewicht zu stehen hatten. Deshalb durften Ortschaften nie im Talgrund (direkt am Kraftverlauf), am Außenrand von Flußbiegungen (den Orten möglicher Turbulenzen), an Mündungen (dem Ausklingen des Kraftverlaufs) oder an Schlucklöchern im Kalkstein (wo die Lebenskraft in der Erde verschwindet) angelegt werden. Generell wurden Täler mit gewundenen Flußläufen bevorzugt. Stellen mit günstigem Energiefluß, an denen auch Ortschaften gegründet werden sollten, waren das Innere von Flußschlingen oder die Nähe einer Quelle am Hang. Hier ist die Überschwemmungsgefahr am geringsten bzw. die Wasserversorgung gesichert. Zusammenflüsse von Wasserläufen galten als Orte mit besonders hoher *Yin*-Kraft, weshalb hier die Anlage von Brunnen oder Teichen bevorzugt wurde.

Es war gern gesehen, den Schutz eines Drachens gewährleistet zu wissen, da die Bergkette, im Norden am höchsten und nach Osten allmählich abfallend, eine gewisse Abschirmung vor den bis weit nach Südchina hinein spürbaren polaren Kaltlufteinbrüchen während des Wintermonsuns bietet. Niemals durften Dörfer auf Berggipfeln errichten werden, was den Drachen aufs höchste stören würde, weshalb es in China nirgends Orte in Akropolislage gibt, wie sie im Mittelmeerraum verbreitet sind. Ungünstig wirkten sich abrupte Unterbrechungen in der Bergkette aus, durch die negative Kräfte in Gestalt kalter Winde hereinbrechen können und die deshalb durch die Anla-

ge eines *Fengshui*-Waldes oder auch einer Pagode ausgeglichen werden konnten (vgl. insbesondere Fallbeispiele 12 und 23).

Die Assoziationen von Süden mit dem Leben auf der einen, von Norden mit dem Tod auf der anderen Seite bewirken eine klare räumliche Trennung zwischen Orten für Häuser und Plätzen für Gräber. Erstere sollen stets nach der Wärme, dem Hellen und der Aktivität (*yang*) ausgerichtet sein, entweder nach Süden (großes *yang*) oder nach Osten (zunehmendes *yang*), während letztere im Zusammenhang mit dem Dunklen und der Kälte stehen und stets nach Norden oder Nordwesten blicken, eine Grundtendenz, die derart tief in der Mentalität der Chinesen verankert ist, daß man sich auch heute noch daran hält, selbst ohne irgendwelche Überlegungen zu *fengshui*.

Umweltverständnis und Folgen für die Kulturlandschaft

Das traditionelle chinesische Umweltverständnis unterscheidet sich vom europäischen vor allem durch seinen auf Ausgleich und Harmonie zielenden Ansatz, der von Vorstellungen der Metaphysik und dem Gleichgewicht der Kräfte in der Natur ausgeht. Mit am deutlichsten kommen diese Überlegungen in der ländlichen Architektur zum Ausdruck, namentlich bei der Auswahl der *Dorflage*. Man richtete sich nicht nur nach praktischen Voraussetzungen wie der Erreichbarkeit genügend großer Ackerflächen oder dem Zugang zu Wasser, vielmehr waren die Prinzipien der Lehre des *fengshui* mit ausschlaggebend. Eine Lage auf halber Höhe, wo der Drache nicht gestört wird, aber die Bergflanke dennoch Schutz gewährt, galt allgemein als idealer Platz für die Anlage von Dörfern. Hier verbindet sich der positive Windschutz mit der Notwendigkeit, das wertvolle Ackerland der Talauen nicht zu verschwenden. Sofern dies nicht aufgrund des Geländes unmöglich war, stellte die Lage im unteren Bereich eines sanft ansteigenden Hanges, auf jeden Fall mit freiem Blick nach Süden, mit möglichst nur niedrigen Anhöhen im Osten und günstigstenfalls auch im Westen, den absolut bevorzugten Ort für die Anlage eines Dorfes dar. Viel stärker als in Europa sind deshalb die Lage der Dörfer und ihre Einbettung in die Umgebung ein Charakteristikum der chinesischen Kulturlandschaft.

Der vielleicht durchschlagendste Einfluß dieses Umweltverständnisses ist in der *Südorientierung* aller Gebäude in China zu sehen, die jenseits von *fengshui* noch heute als Grundelement chinesischer Architektur gelten kann. Die Südorientierung, die schon bei den neolithischen Bauten von Banpo (Shaanxi) erkennbar ist, läßt sich letztlich auf die eindeutige und klar erkennbare Gegensätzlichkeit des Monsunklimas zurückführen. Dem Süden, in China stets mit der lebensspendenden Kraft und der Fruchtbarkeit assoziiert, konnte alles Positive wie Wärme, Niederschlag und Feuchtigkeit zugeordnet werden, wogegen der Norden mit Kälte, Wind, Trockenheit und Kargkeit alles Negative bringt. Dieser sich abwechselnde Gegensatz der Umwelteinflüsse fand sogar Eingang in die grundlegenden philosophischen Überlegungen Chinas, den Dualismus von *yin* und *yang*.

6.4. Struktur des chinesischen Dorfes

Man möchte meinen, Dörfer seien auf der ganzen Erde nach denselben Prinzipien entstanden und glichen sich daher in Aufbau und Aussehen im wesentlichen; schließlich sind es überall die Siedlungen der in der Landwirtschaft tätigen Bevölkerung. Dennoch entdeckt man schon beim flüchtigen

Kompakter Grundriß ohne sakralen Mittelpunkt oder Dorfplatz: Geschlossenheit der chinesischen Dörfer

Funktionale Einheitlichkeit

Der Verzicht auf Großvieh und die Konzentration auf Ackerbau, die in Kapitel 5.4. und 5.5. auf die zunehmende Intensivierung der Landnutzung zurückgeführt wurden, bringen eine erhebliche funktionale Vereinfachung für die Dörfer mit sich. Während europäische Dörfer und Bauernhöfe durch das Nebeneinander von Gebäuden mit unterschiedlichen Funktionen gekennzeichnet sind, macht die fehlende Viehhaltung sowohl Stallungen als auch Scheunen zum Stapeln des Winterfutters fast überall entbehrlich, eine Tatsache, die auch im Süden gilt, wo zwar Wasserbüffel gehalten werden, jedoch nur in sehr begrenzter Anzahl als Nutztiere und nicht zur Zucht. Auch machen die im Winter nicht allzuweit absinkenden Temperaturen größere Scheunen als Schutz dort verzichtbar. Dominierendes, ja oft einziges größeres Gebäude eines Gehöftes in China ist das Wohnhaus, das stets den Mittelpunkt des Bauernhofs bildet.

Im Hof, der meist vollständig von einer nur mit einem geschmückten Tor durchbrochenen Mauer umgeben ist, läuft das Geflügel frei herum und benötigt nur einen kleinen Verschlag für die Nacht. Die Schweine, von denen nur ein oder zwei zur Eigenversorgung gehalten werden, können sich entweder ebenfalls frei bewegen oder sind in einem ganz einfachen, kleinen, in einer Ecke des Hofes abgeteilten Verschlag eingesperrt. Schweinezucht, die einen regelrechten Stall nötig machen würde, ist nicht üblich. Im Gegensatz zu den Han-Chinesen, bei denen das Wohnhaus niemals gleichzeitig als Stall benutzt wird, auch nicht für Kleinvieh, kennen die Minderheiten zum Teil andere Aufteilungen. Die Dai im tropischen Yunnan bauen auf Stelzen, so daß Hühner und Schweine im offenen Untergeschoß der Häuser untergebracht werden können, eine Bauweise, die ansonsten in China absolut unüblich ist (vgl. Fallbeispiel 24). Bei den Tibetern dient das Untergeschoß der mehrstöckigen Bauernhäuser als Stall (vgl. Fallbeispiel 17).

Aufgrund des überall in China stabilen Spätherbstwetters, das im Oktober und November nach Abzug des Monsuns im ganzen Ackerbaugebiet von Trockenheit und Wärme gekennzeichnet ist, kann die Getreideernte in aller Regel noch vor Einbruch des Winters unter freiem Himmel verarbeitet werden. Die in ihren Höfen mit der Verarbeitung der Ernte, dem Reparieren von Gerätschaften oder dem Sortieren des Getreides beschäftigten Bauern gehören zum Bild der spätherbstlichen Dörfer, einer Zeit, die aufgrund der Regelmäßigkeit und Verläßlichkeit dieses Witterungsverlaufes im geomantischen Jahreslauf eine eigene, fünfte Himmelsrichtung zugewiesen bekam: die der Mitte mit dem Wesen des Bewahrens. Da für das gedroschene Getreide kleine Speicher genügen oder es sogar im Wohnhaus selbst aufbewahrt werden kann, sind Scheunen und Tennen entbehrlich. Eine Besonderheit stellen Gemeinschaftsspeicher für das ganze Dorf dar (vgl. Fallbeispiel 18).

Hinsehen gerade in China markante Unterschiede, die ihre Ursachen in den bisher beschriebenen Besonderheiten der agrarökologischen und gesellschaftlichen Faktoren haben.

Ein wesentliches Merkmal des chinesischen Dorfes ist seine bemerkenswerte *funktionale Einheitlichkeit*, die sich in Struktur und Aufbau sehr deutlich niederschlägt und auf mehrere Faktoren zurückzuführen ist. Die agrarökologisch erklärbare, einseitige Ausrichtung der Landnutzung auf Ackerbau bringt es mit sich, daß praktisch alle größeren Gebäude im Dorf der Wohnfunktion dienen. Dazu kommt noch die *Randlage des Dorfplatzes* außerhalb des bebauten Areals, der keine Funktion als zentraler Versammlungsplatz ausübt, obwohl er als Dresch- und teilweise selbst als Marktplatz genutzt wird. Ferner ist das *Fehlen eines sakralen Mittelpunkts* charakteristisch, der – sei es als Kirche oder als Moschee – das äußere Bild der Dörfer Europas und des Vorderen Orients dominiert, ein gesellschaftlich erklärbarer Faktor.

Kirchen und Moscheen bildeten in den allermeisten anderen Kulturen den Ausgangspunkt der Dorfentwicklung und gaben als Mittelpunkt zusammen mit dem Dorfplatz die weitere Grundrißstruktur vor. Ganz anders sehen die Verhältnisse bei chinesischen Dörfern aus, die von einer ausgesprochen *kompakten Grundrißstruktur* gekennzeichnet sind, und zwar hinsichtlich Gebäudeabstand, Gebäudestellung, Gassen- und Wegenetz. Als Einzelmerkmal läßt sich hierfür die bevorzugte *Südorientierung der Häuser* anführen, die auf das autochthone Umweltverständnis zurückzuführen ist. Da von allen Bewohnern dieselbe Ausrichtung ihrer Gebäude angestrebt wird, wirkt sich diese Eigenart in einem Maß auf den Aufbau der Dörfer aus, der anderswo kaum zu finden ist. Ein weiteres Merkmal der kompakten Grundrißstruktur stellt die *Enge des Wegenetzes* dar, das häufig lediglich aus schmalen Pfaden besteht. Man konnte auf die Anlage breiter Wege sowohl in der Flur als auch in den Orten verzichten, denn es fehlte ja weitgehend das Vieh, das durch den Ort zu treiben gewesen wäre oder Fuhrwerke zu ziehen gehabt hätte.

Randlage des Dorfplatzes

In den meisten europäischen Dörfern nimmt der Dorfplatz eine zentrale Position ein, was sowohl für die Grundrißstruktur als auch für seine Rolle im sozialen Leben der Bauern gilt. Im Gegensatz dazu spielt der Dorfplatz im chinesischen Dorf nur eine untergeordnete Rolle, schon äußerlich aus seiner abseitigen Lage ersichtlich. Für das Dreschen des Getreides steht zwar ein öffentlicher Dreschplatz zur Verfügung, der aber niemals an zentraler Stelle innerhalb des Siedlungsareals liegt, sondern stets am Rand (vgl. Fallbeispiel 7). Er unterbricht die Einheitlichkeit und Geschlossenheit des Dorfes also nicht und wird daher auch kaum für soziale Funktionen wie etwa als Versammlungsplatz benutzt.

Eine weitere Funktion erhält der Dorfplatz lediglich in den kleinen Marktorten der untersten Hierarchieebene, was aber nichts an seiner randlichen Lage ändert. Diese Orte sind deswegen, außer an den Tagen des regelmäßig stattfindenden Wochenmarktes, strukturell kaum von normalen Dörfern zu unterscheiden (vgl. Fallbeispiel 13). Das System der kleinen Marktorte geht bis weit in die Kaiserzeit zurück, als sich mit der Bevölkerungsverdichtung und der zunehmenden Marktorientierung der Landwirtschaft ein Handelsnetz herausbildete. Für die Dorfstruktur ist es allerdings wichtig, daß diese Marktplätze keine weiteren Funktionen (außer der als Dreschplatz) haben. Konsequenterweise rechnet die chinesische Landesplanung die Marktorte der untersten Stufe *(jizhen)* zusammen mit den Dörfern *(nongcun)* zum ländlichen Sektor, von dem der städtische Sektor aufgrund seiner Verwaltungs-, nicht aber wegen seiner Handelsfunktion abgegrenzt wird.

Fehlen eines sakralen Mittelpunkts

Die funktionale Einheitlichkeit innerhalb des chinesischen Dorfes wird dadurch weiter erhöht, daß traditionell keine sakralen Gebäude innerhalb des Wohnbereichs liegen. Ganz im Gegensatz zum Islam oder zum Christentum suchen Daoismus und Buddhismus nicht die gesellschaftliche Mitte, sondern die ungestörte Abgeschiedenheit und ziehen sich auf entlegene Berggipfel zurück. Die damit einhergehende räumliche und soziale Trennung erklärt sich zum einen aus der meditativen Einstellung sowohl des Daoismus als auch des Buddhismus, verbunden mit der Suche nach Selbstfindung und Naturverbundenheit. Zum anderen verzichten beide Religionen völlig auf Gebote zu regelmäßigen täglichen oder wöchentlichen Gebeten, was von vornherein keine intensive gesellschaftliche Einbindung mit sich brachte, ganz zu schweigen von der Übernahme sozialer Funktionen in der Dorfgemeinschaft und der Notwendigkeit entsprechender Gemeinschafts- oder Gebetsräume. Hauptmerkmal des Verhältnisses des Volkes zu beiden Religionen ist weniger die Gemeinschaftlichkeit als eher eine gewisse rationale Distanz, denn man suchte und sucht den Tempel vorwiegend gezielt auf, wenn bestimmte Probleme oder wichtige Situationen anstehen, bei deren Bewältigung die Priester und Mönche betend helfen sollen.

Die Riten des Konfuzianismus, der als Sittenlehre keinen Gottesdienst kennt, konzentrieren sich auf die Verehrung der Ahnen der einzelnen Familien, dokumentiert in der Aufstellung eines Familienschreins. Im Süden Chinas, wo das Bewußtsein für die Familienbindungen und die Stellung des Familienclans am stärksten ausgeprägt sind und wo es eher die Regel als die Ausnahme ist, daß ein Großteil des Dorfes von einer einzigen Familie abstammt, konstruierte man gemeinsame Ahnenhallen. Sie standen allerdings nicht innerhalb, sondern am Rand der Dörfer oder sogar abseits, an besonders günstigen, durch *fengshui* bestimmten Plätzen. Vielfach wurden sie während der Kulturrevolution zerstört. Daneben fand und findet man zum Teil noch kleine Schreine oder Altäre an Dorfstraßen oder in der Flur, an denen für die Erd- oder Fruchtbarkeitsgötter geopfert wird und die sowohl funktional als auch äußerlich mit christlichen Kapellen vergleichbar sind. Als einzige Ausnahme haben die Rundhäuser der Hakka in Fujian eine zentrale Ahnenhalle, die dort den sozialen wie auch konstruktiven Mittelpunkt der Dorfgemeinschaft bildet, womit nicht zuletzt die in diesen Orten außerordentlich starke soziale Stellung des Clans dokumentiert wird (vgl. Fallbeispiel 23).

Wenn schon die auflockernden Impulse von Scheunen und Ställen, Dorfplätzen und sakralen Gebäuden fehlen und die stark im Vordergrund stehende Wohnfunktion einen fast monotonen Aufbau chinesischer Dörfer bewirkt, so wird dieser Eindruck noch verstärkt durch die in vielen Fällen ausgesprochen kompakte Struktur des Grundrisses.

Kompakte Grundrißstruktur

Die meisten chinesischen Dörfer sind von einer enormen Enge des Grundrisses gekennzeichnet, die man in vielen Fällen auf ihre Lage inmitten der Felder zurückführen kann. In der Nordchinesischen Tiefebene oder innerhalb größerer Beckenlandschaften war man bestrebt, möglichst wenig des kostbaren Ackerbodens für Häuser zu verbrauchen und baute deshalb die Häuser eng zusammen. Ähnliches gilt für die feuchte Jangtseniederung, wo viele Dörfer praktisch auf Inseln zwischen Seen, Teichen und Kanälen eingezwängt sind und nur über sehr beschränkte Erweiterungsmöglichkeiten verfügen.

Aber auch dort, wo durchaus mehr Platz außerhalb des Ackerlandes vorhanden gewesen wäre, wie im Bergland Südchinas, herrscht die Geschlossenheit der Dorfstrukturen vor, weshalb man weitere Faktoren dafür verantwortlich machen muß. Die manchmal noch erhaltenen Ehrentore, ansonsten Pagoden, Pavillons oder einfach Bäume markierten die Grenzen des dörflichen Rechtsbezirks, wo die allgemeine staatliche Kontrolle endete und die Domäne des Clans begann (SHAN 1992, S. 122). Dessen führende Mitglieder, die zumeist gleichzeitig Großgrundbesitzer und niedere Beamte waren, bestimmten über dörfliche Rechtsfragen wie etwa die Zuteilung neuer Hofstellen. Da die lokale Elite darauf bedacht war, ihren Machtbereich überblickbar und damit kontrollierbar zu halten, trug diese Konstellation wesentlich zum kompakten Erscheinungsbild der Dörfer bei. Wenn das Dorf auch noch mit einer Mauer umgrenzt war, was in Zeiten schwindender Zentralmacht eine häufig praktizierte Möglichkeit war, sich gegen Clanfehden oder Banditenüberfälle zu schützen, dann wirkte diese Einschränkung noch stärker in Richtung der räumlichen Verengung im Dorf.

In Kombination mit diesen beiden Ursachen führte die in China praktizierte Form der Realerbteilung zu einer weiteren Verdichtung der Dörfer. Da alle Familienmitglieder Land erbten, war von vornherein eine gewisse Bindung an den Heimatort gegeben, zu der die engen Familienbande noch beitrugen. Bei geringer Nachkommenzahl wohnten die Söhne mit ihren Frauen und Kindern in der Regel im Haus der Eltern, bis diese gestorben waren und die Nachkommen in der Familienhierarchie aufrückten. Mit der Realerbteilung hängt auch noch die Begrenzung der Baugröße der Häuser durch die bestehenden Bauvorschriften zusammen, die für die einfache Bevölkerung, zu der praktisch alle Dorfbewohner mit Ausnahme einzelner höhergestellter Prüfungsabsolventen gehörten, eine maximale Anzahl von drei Räumen vorschrieben. Jede zusätzliche Familiengründung benötigte deshalb ein neues Wohnhaus, für das innerhalb des Dorfbezirkes Platz geschaffen werden mußte, weshalb es nach und nach zu einer immer stärkeren Verdichtung der Grundrißstruktur kam.

Südorientierung der Häuser

Die auf den Grundlagen des *fengshui* basierende konsequente Südorientierung der Häuser hat weitreichende Folgen für die Grundrißstruktur der chinesischen Dörfer, die ja hauptsächlich aus Wohngebäuden aufgebaut sind, weshalb der Wunsch nach Südorientierung auf fast alle Gebäude des Dorfes zutrifft (vgl. Fallbeispiele 3 und 22). Das Ziel jeder Familie besteht darin, ihren Lebensmittelpunkt, das Wohnhaus, unbedingt dieser Himmelsrichtung zuzuwenden, der positive metaphysische Kräfte zugesprochen werden, die das Glück der Hausbewohner beeinflussen. Die Abneigung gegen den von negativen Kräften bestimmten Norden geht so weit, daß die meisten traditionellen Häuser in China in diese Richtung völlig verschlossen sind und überhaupt keine, nach Osten und Westen nur kleine Fenster haben. Dagegen öffnet sich die Hausfront mit vielfacher Unterbrechung, großen Fensterflächen, Überhängen oder Balkonen nach Süden, zum Licht, zum Leben und zur Fruchtbarkeit, wo der Hof dem Haus vorgelagert wird und sich der bäuerliche Alltag abspielt. Die Einheitlichkeit im Aufbau der Dörfer beruht auf der Konsequenz, mit der alle Chinesen an dieser tiefsitzenden Grundvorstellung festhalten und mit der jedes Haus auf diese Himmelsrichtung hin soweit wie möglich ausgerichtet wird.

Aus der Klarheit in der Präferenz der Himmelsrichtungen, die in Europa keine Parallele hat, ergaben sich weitere architektonische Folgen, namentlich das Prinzip der Zentralsymmetrie. Es läßt sich auch in der ländlichen Architektur Chinas wiederfinden, wo ein Wechsel von trauf- und giebelständigen Wohnhäusern, wie er oft innerhalb ein und desselben Dorfes in Europa zu beobachten ist, undenkbar wäre. Eine Ausrichtung der Häuser auf beiden Seiten zur Straßenmitte hin oder eine Gliederung des Dorfgrundrisses durch ein radiales, auf einen zentralen Platz zulaufendes Straßennetz, entlang dessen die Häuser in verschiedenen Richtungen angeordnet sind, ist in China nicht zu finden. Ganz gleich, ob das Dorf von eher gleichseitiger, rechteckiger oder länglicher Erstreckung ist, ergibt sich aus der einheitlichen Ausrichtung immer ein mehr oder weniger parallel angeordnetes Gassen- und Wegenetz.

Enge des Wegenetzes

Eines der auffälligsten Charakteristika der chinesischen Dörfer ist das häufige völlige Fehlen von breiteren, mit Fuhrwerken oder Fahrzeugen befahrbaren Wegen, was ebenfalls zum Eindruck der räumlichen Enge beiträgt. Viele Ortschaften sind, namentlich im Naßfeldanbaugebiet, allein über schmale Pfade erreichbar, die sich auf den Dämmchen zwischen den Reisfeldern hindurchschlängeln und die man aus europäischer Perspektive höchstens als untergeordnete Trampelpfade bezeichnen würde (z. B. Fallbeispiele 11 und 25). Ähnlich sieht es im Inneren der Dörfer aus, wo die Häuser in aller Regel äußerst eng aneinander gebaut und die Höfe mit Mauern von den schmalen Wegen abgetrennt sind, die meist eine Breite von nur wenigen Metern aufweisen. Die Nebengassen schließlich sind oft derart eng, daß selbst zwei Menschen Schwierigkeiten haben, sich zu begegnen.

Wie bei der funktionalen Einheitlichkeit besteht auch hier ein enger Bezug zum System der chinesischen Landnutzung mit ihrer Konzentration auf den Ackerbau und dem allmählichen Verschwinden der Großviehhaltung. Damit standen keine Zugtiere für Fuhrwerke mehr zur Verfügung, weshalb man sich beim Transport auf die Menschenkraft verlassen muß und alle Lasten mit dem Tragholz oder der bereits im 1. Jh. v. Chr. erfundenen Schubkarre per Hand transportiert. Eine Ausnahme stellen lediglich die Wasserbüffel dar, die als Nutztiere zum Umpflügen im Reisfeld benötigt werden, woraus schon ersichtlich ist, daß diese Tiere nicht auf breitere Wege angewiesen sind. Sehr viele Dörfer in China sind noch heute lediglich über Fußpfade erreichbar, denn der Aufbau eines fein verästelten Straßennetzes ist ungleich schwieriger als in Europa, wo man auf dem vorhandenen Netz der Fahrwege aufbauen konnte. Wenn doch in jüngster Zeit eine breitere Zufahrt gebaut wurde, dann reicht sie häufig nur bis zum Rand der Bebauung, wo dann kein Platz mehr zur Durchführung einer Straße vorhanden ist.

Dorfstruktur und Folgen für die Kulturlandschaft

Die hier angeführten Ursachen für die charakteristische Ausprägung der chinesischen Dörfer machen deutlich, daß die Dorfstrukturen nicht nur aus der Gesellschaft, sondern auch aus der Landschaft abzuleiten sind und daß sie deswegen als Bestandteil der Kulturlandschaft anzusehen sind. Das Landschaftsbild anderer Kulturräume wird häufig von deutlich unterschiedlichen Dorfstrukturen charakterisiert: Einerseits werden die vielgestaltigen Dorfbilder von unterschiedlichsten Gebäudeformen und -funktionen belebt, andererseits findet man meistens eine Vielfalt verschiedenartiger Dorfgrundrisse, neben geschlossenen auch zersplitterte Streusiedlungen oder locker bebaute, von Feldern durchsetzte, die mit den agrarökologischen Gegebenheiten wechseln.

Im Vergleich dazu ist in China von einer bemerkenswerten *Einheitlichkeit der Dorfstrukturen* auszugehen, die auf mehrerlei Ursachen zurückzuführen ist, die zum Teil mit der Landnutzung zusammenhängen. Wegen der Konzentration auf den Ackerbau kann auf größere Ställe und Scheunen weitgehend verzichtet werden, und die Dörfer sind im wesentlichen aus Wohnhäusern aufgebaut. Ebenso fehlt ein zentraler Dorfplatz oder ein sakraler Mittelpunkt, funktionale Elemente, die allenfalls am Rand der Dörfer angeordnet sind. Schließlich trägt zur Einheitlichkeit der Dorfstrukturen auch wesentlich die allgemeine Südorientierung der Häuser bei, die auf Grundvorstellungen des chinesischen Umweltverständnisses zurückzuführen ist. All diese Ursachen bewirken eine funktionale Einheitlichkeit, die sich im einheitlichen Erscheinungsbild auch äußerlich erkennen läßt.

Ein wesentliches Strukturmerkmal ist die fast überall in China zu findende *Geschlossenheit der Dörfer*. Sie läßt sich zum einen auf natürliche Faktoren zurückführen, denn das sehr intensiv genutzte Ackerland war um so wertvoller, weshalb möglichst wenig davon überbaut werden sollte. Parallel dazu verhinderte der Verzicht auf Großviehhaltung den Einsatz von Fuhrwerken, weshalb man die Dorfstraßen schmal halten konnte, was selbst bei den meisten Feldwegen der Fall ist. Dazu kommen gesellschaftliche Faktoren, die enge Umgrenzung des vom Clan kontrollierten dörflichen Rechtsbezirks, die Ummauerung der Dörfer als Schutz vor Banditen, das Verbot, Häuser mit mehr als drei Jochen zu bauen, und die allgemein angewandte Realerbteilung, die alle zu einer sich verdichtenden Grundrißstruktur beitragen. Die Enge der sozialen Kontrolle mit der Einbindung in den Clan findet insbesondere in Südchina ihren äußeren Ausdruck in der räumlichen Enge der chinesischen Dörfer.

6.5. Bauprinzipien der ländlichen Architektur Chinas

Aus der Sozialstruktur der chinesischen Gesellschaft, aus dem autochthonen Umweltverständnis und aus den verfügbaren Baumaterialien, die in der traditionellen Bauweise aus der direkt umgebenden Landschaft entnommen wurden, ergaben sich einige allgemeingültige Merkmale, die sich als Bauprinzipien in der gesamten ländlichen Architektur Chinas wiederfinden, weshalb sie im folgenden zusammen mit den entsprechenden chinesischen Begriffen genannt werden. Ein Schlüssel für das Verständnis des soziokulturellen Stellenwertes, den das eigene Gehöft im Leben der chinesischen Bauern einnimmt und der ihm auch deshalb bei einer Beschreibung der Kulturlandschaft zukommt, liegt im Begriff *jia*, der die *Einheit von Heim und Familie* bezeichnet und in einem Wort ausdrückt.

Aus dieser Perspektive läßt sich die Abgeschlossenheit der Bauernhöfe nachvollziehen, die meistens von einer Mauer umgeben und als Grundeinheit klar definiert und abgegrenzt sind. Weiterhin drückt sich diese Grundphilosophie vor allem im Aufbau der dörflichen Häuser selbst aus.

Die Stellung des Heimes als Mittelpunkt des Lebens macht den Wunsch verständlich, das Streben nach familiärer Harmonie und *Symmetrie* auch im Baulichen auszudrücken. Aus der Kombination des Prinzips der Symmetrie mit dem Prinzip der Südorientierung ergeben sich konstruktive Folgen, die das *Joch als grundlegende Baueinheit* der Häuser hervortreten lassen. Anlage, An- und Ausbaumöglichkeiten, Tiefe und Höhe der Gebäude waren durch diese Vorgaben von vornherein einschneidenden Beschränkungen unterworfen.

Die Eigenart der weit geöffneten Südfassaden, verbunden mit den Einschränkungen aus dem vorhandenen Baumaterial, führt zu Konsequenzen für die *Tragsysteme*, auf denen das Dach ruht. Es stützt sich prinzipiell auf die Giebel- und nicht auf die Traufseiten, die wegen der Fensteröffnungen kaum die Last tragen könnten. Bei dieser Konstellation verwundert es nicht, wenn die verschiedenen *Giebelformen* zu wesentlichen Schmuck- und Unterscheidungsmerkmalen wurden, auf die man besondere architektonische Sorgfalt verwendete.

Wegen der konstruktiven Beschränkungen und des einheitlichen, auf dem Joch basierenden Aufbaus der chinesischen Häuser kommt den Dachformen eine besondere Bedeutung in der Differenzierung der Baustile zu. Wie bei den Palästen, so tritt auch in der ländlichen Architektur Chinas die Wand im Vergleich zur europäischen Bauweise in ihrer Bedeutung als Bauelement stark hinter die *Dachformen* zurück. Die *Dachdeckung* hat sowohl Bezüge zur Verwendbarkeit der vorhandenen Stroharten und damit zur Landnutzung als auch zu den Tragsystemen. In den steiler ausgeführten Dachformen konnte man den Kniestock, ein Halbgeschoß über dem Erdgeschoß, unterbringen, was angesichts des schwachen Baumaterials Lehm vielfach nicht stärker auszuweiten war. Rechnet man den Kniestock nicht als eigenes Stockwerk, dann können *Einstöckigkeit und Ebenerdigkeit* als weitere charakteristische Merkmale chinesischer Architektur gelten. Mehrstöckigkeit bildet lediglich regional begrenzte Ausnahmen, die Bezüge zum Baumaterial (Holz, Stein) aufweisen, während Stelzenbauweise ausschließlich von Minderheiten angewandt wird.

Jia – Einheit von Heim und Familie

Die Symbolik, die hinter dem grundlegenden Aufbau ländlicher Häuser in China steckt, kommt im chinesischen Wort *jia* zum Ausdruck, das zwei gleichwertige Bedeutungen hat: „Heim" und „Familie". Der Bedeutungsumfang von *jia* ist viel weiter gefaßt als in den europäischen Sprachen und schließt nicht nur die Familie als Personen ein, sondern impliziert eine geistige Übereinstimmung, denn *jia* steht auch für die „gedankliche Schule". Auch ist mit dem Begriff Heim mehr gemeint als die räumliche Lokalisation, nämlich die Assoziation mit „daheim" sowie „Haushalt". Der gemeinsame Herd gilt in China als Symbol für Familieneinheit, was in der traditionellen Architektur seine funktionale Entsprechung findet, indem stets der mittlere Raum, das harmonische Zentrum des Hauses, als Küche eingerichtet wird. Deutlicher läßt sich die soziale Position des Hauses in der ländlichen chinesischen Gesellschaft kaum ausdrücken als in der Übereinstimmung mit dem Gefühl für Heim und daheim, einer übertragenen Bedeutung, die sich im eigenen Haus und Hof manifestiert.

Aus der hohen Wertschätzung für das eigene Heim heraus erklärt sich die Mühe, die man sich bei der Auswahl der Lage von Dörfern und Häusern machte, deren geomantische Bestimmung eben nicht nur für das Gebäude, sondern auch für die darin beheimatete Familie galt. Glück für das Haus wurde (und wird zum Teil noch immer) mit Glück für die Familie gleichgesetzt. Die kulturelle Idee, die hinter Grundriß und Aufbau liegt, geht von der Einstufung des Bauernhofs als Mittelpunkt der bäuerlichen Lebensabläufe und vom Grundgedanken der Harmonie aus, Vorstellungen, die viel weiter gehen als in Europa. Obwohl auch in der europäischen ländlichen Architektur früher die Symbolik eine Rolle spielte, bestimmte sie in China das architektonische Prinzip der Symmetrie, welches derart tief verwurzelt ist, daß die gesamte Konstruktion der Häuser darauf fußt.

Die Symmetrie als grundlegendes Bauprinzip

Mit den Grundsätzen des Harmoniestrebens auf der einen Seite und der umweltphilosophisch begründeten Südorientierung auf der anderen hängt die Symmetrie, das wichtigste Prinzip chinesischen Bauens, das auch in der ländlichen Architektur weitgehend Beachtung findet, aufs engste zusammen. Aus der Bevorzugung der Südrichtung resultiert zunächst die Ausrichtung des Grundrisses und des Daches der Gebäude. Würde die Giebelseite nach Süden weisen, dann wäre die Breite des Hauses durch die Flanken des Daches stark begrenzt, und weitere Räume könnten sich nur nach Norden anschließen. Da man aber alle Zimmer mit einem Fenster nach Süden ausstatten will, bleibt nur die Möglichkeit, die Häuser quer zu dieser Himmelsrichtung zu stellen. Damit ist die Ausrichtung aller wichtigen Gebäude festgelegt, und die Breitseite (oder, da sie parallel zur Dachunterkante verläuft, die Traufseite) weist grundsätzlich nach Süden.

Die Symmetrie erstreckt sich sowohl auf den Grundriß der Höfe als auch auf den Aufriß der Häuser. In seiner breit hingelagerten Position bildet das Wohnhaus stets den rückwärtigen Abschluß des Hofes, der sich immer südlich anschließt und im bäuerlichen Lebensrhythmus die Funktion eines Wohnraums mit erfüllt. Sein Grundriß wird ebenfalls möglichst symmetrisch angelegt, indem die wenigen Nebengebäude auf beide Seiten verteilt werden. Die Hauptfassade des Wohnhauses bildet in jedem Fall die nach Süden gewandte Traufseite mit den Fenstern und mit dem Eingang, der sich nie an den Giebelseiten befindet. Die Eingangstür liegt wiederum in der Mitte des Gebäudes, während sich die rechts und links anschließenden Hälften bezüglich Größe, Aufbau und Fensteraufteilung in aller Regel gleichen. Anbauten erfolgen nach Möglichkeit ebenfalls symmetrisch, also zu beiden Seiten des Haupthauses parallel und in spiegelbildlicher Form. In Südchina läßt man den Mittelraum häufig auch nach außen ganz offen, obwohl er auch hier als Küche und Wohnraum dient, während die Schlafräume seitlich angeordnet sind.

Das Joch als grundlegende Baueinheit

In europäischen Häusern, deren Grundriß von den tragenden Wänden, neben den Außen- auch Zwischenwänden, bestimmt wird, ist die Raumaufteilung von den baulichen Voraussetzungen her flexibel. Im Gegensatz dazu konzentrierte man sich in China wegen des schwachen vorhandenen Baumaterials, zum überwiegenden Teil Lehm, zumindest bei größeren Gebäuden auf hölzerne Stützkonstruktionen für das Dach. Daraus ergab sich die Bedeutung der senkrechten Säulen als wichtigstes

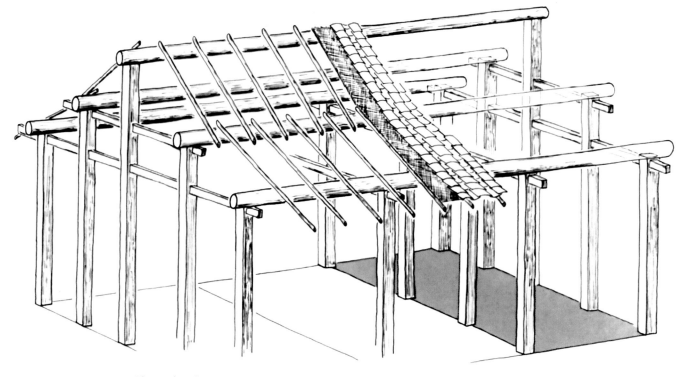

Chuandou-System

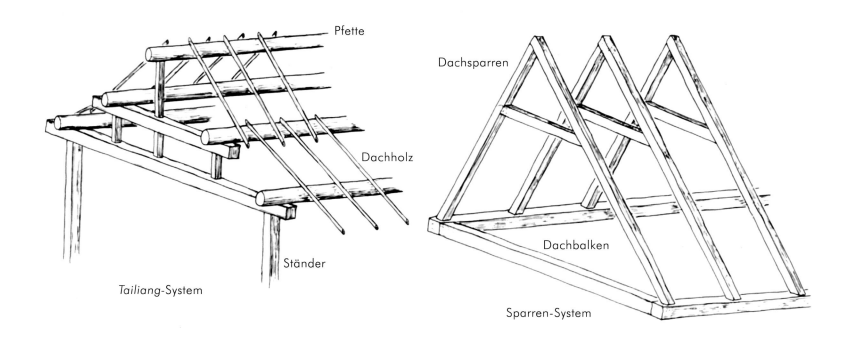

Pfette

Dachsparren

Dachholz

Dachbalken

Ständer

Tailiang-System

Sparren-System

Abbildung 11:
Tragsysteme des Daches in der ländlichen Architektur Chinas. Oben *Chuandou*-Tragsystem, links unten *Tailiang*-Tragsystem, beide mit Pfetten als Hauptträger der Dachlast; rechts unten zum Vergleich europäisches Tragsystem mit Sparren als Hauptträger. Die grau unterlegte Fläche entspricht einem Joch *(jian)*. Unter Verwendung von Darstellungen in Zhongguo kexueyuan yuyan yanjisuo cidian bianzhuanshi (1973, S. 278), ELLENBERG (1990, S. 111). Entwurf und Zeichnung: JOHANNES MÜLLER

konstruktives Element. Mit den vier das Dach tragenden Säulen in den Ecken eines Raumes ist das Joch (*jian*; in Abb. 11 grau unterlegt) als grundlegende Baueinheit aller chinesischen Gebäude vorgegeben, von Palästen und Tempeln bis hin zu einfachen Häusern (KNAPP 1989, S. 33 ff.).

Die kleinsten Gebäude bestehen aus einem Joch; Anbauten entsprechen in der Regel den damit vorgegebenen Maßverhältnissen und werden, ob gleich zu Beginn geplant oder später hinzugefügt, immer paarweise seitlich angefügt, wodurch die Anzahl der Joche in jedem Fall einer ungeraden Zahl entspricht. Gerade Zahlen gelten in China als Unglückssymbole, was insbesondere für die Zahl vier (*si*) wegen ihrer Homophonie mit dem Wort für Tod gilt. Die Tiefe des Hauses wird oft nicht weiter unterteilt, und die Räume gehen von der Vorder- bis zur Rückseite durch, oder sie werden allenfalls intern durch eine Zwischenwand gegliedert. Große Joche und daher repräsentative Gebäude waren nur möglich, wenn starke und lange Balken verwendet werden konnten, die teuer waren und die entsprechenden Rückschlüsse auf die wirtschaftliche Lage des Besitzers zuließen. Das Joch bestimmt als Grundeinheit damit auch den Aufbau des Daches, was die Entwicklung besonderer Tragsysteme und Giebelformen nach sich zog.

Tragsysteme

In Europa lassen sich in der ländlichen Architektur generell zwei verschiedene Tragsysteme für das Dach unterscheiden, wovon das Sparrendach die weiteste Verbreitung fand, weshalb es zum Vergleich in Abbildung 11 rechts unten abgebildet ist. Bei dieser Konstruktion stützen sich die durchgehenden Sparren, die schräg angeordneten Dachhölzer, am First gegeneinander ab und stehen am Fuß auf der traufseitigen Außenwand des Hauses, die damit zur tragenden Wand wird. Da man in China aber die Traufseite nach Süden mit großen Fenstern, offenen Durchbrüchen oder im Mittelteil sogar ganz ohne Wand gestalten will, gleichzeitig hier aber vor allem im regenreichen Süden einen Dachüberhang wünscht, scheidet das Sparrendach aus konstruktiven Gründen aus. Es bleibt nur die Pfettenkonstruktion, die auch in Europa in den regenreichen Gebirgen verbreitet ist (ELLENBERG 1990, S. 111). Hierbei liegt, wie die obere Darstellung in Abbildung 11 zeigt, das Gewicht der Dachhaut nicht auf den stehenden Dachsparren, sondern auf Pfetten, parallel zum First angeordneten Balken, die ihrerseits auf dem Giebel aufliegen.

Für das Dach stehen in der ländlichen Architektur Chinas zwei Tragsysteme zur Verfügung, die im gesamten Land, allerdings mit unterschiedlichen Schwerpunkten, Verwendung finden (KNAPP 1986, S. 67 – 74). Beim *tailiang* (Pfosten-und-Balken-System; Abb. 11 links unten) ruht der Dachstuhl auf den senkrechten Ständern an den Ecken jedes Jochs. Diese Form, die im Norden Chinas weiter verbreitet ist, setzt der Größe des Jochs und damit des gesamten Hauses Grenzen, da entsprechend tragfähige, von vorn bis hinten durchlaufende Querbalken das gesamte Gewicht des Daches abfangen müssen.

Beim *chuandou* genannten System befinden sich weitere senkrechte Ständer auf den den Giebeln zugewandten Seiten jedes Jochs, also auch innerhalb des Gebäudes. Die Pfetten, die jeweils nur einen Teil des Dachgewichtes tragen, liegen hier direkt auf Ständern auf, weshalb die Querbalken nur noch eine stabilisierende Funktion ausüben und viel dünner ausfallen können. *Chuandou*-Systeme, die sich in Südchina entwickelt haben und vor allem in der ländlichen Architektur Sichuans eine Rolle spielen, erwecken den Eindruck eines europäischen Fachwerkgiebels (vgl. Fallbeispiel 14).

Nur dort, wo man genügend tragfähiges Baumaterial zur Verfügung hat, kann das Mauerwerk der Giebelwand das Dach tragen, was bei der verbreiteten Lehmziegel- und Stampflehmbauweise nur selten der Fall ist. Oft sind die Wände dem Tragsystem des Hauses außen nur vorgesetzt. Mit der allgemeinen Verbreitung von *Backsteinen* fällt diese Beschränkung zunehmend weg, und das Dach sitzt direkt der Wand auf, was aber nichts an der Bedeutung der Giebelseite als tragenden Bauelements ändert, auf dem sich das Dach abstützt.

Dach- und Giebelformen, Dachdeckung

KNAPP (1986, S. 74 ff.; 1989, S. 87 ff.) unterscheidet in der ländlichen Architektur Chinas vier Typen von Dachformen, deren Differenzierung bereits zur Han-Zeit begann. Als *yingchanding* wird ein Dach mit Giebelabschluß bezeichnet (wörtlich: Fester-Berg-Dach). Wie Abbildung 12 (linke Spalte) zeigt, läßt sich diese Dachform sowohl beim Sattel- als auch beim Pultdach realisieren. *Yingshanding*-Dächer sind in Nordchina verbreitet, wo auch der Traufüberstand meist gering gehalten wird, damit die Sonne im Winter ungehindert tief in die Räume eindringen kann. Der fehlende Dachüberstand ermöglicht es, die Giebelform architektonisch aufwendig zu gestalten, was man sich insbesondere beim *matouqiang* (Pferdekopfwand) zunutze machte. Darunter werden verschiedene Arten von Stufen- oder Treppengiebeln ohne Dachüberstand zusammengefaßt, die von mehrfach abgestuften und kunstvoll verzierten Giebelwänden bis zu einfachen Formen mit lediglich am unteren Ende in die Horizontale übergehenden Giebelspitzen reichen. Nicht zu verwechseln ist diese Form der Giebelgestaltung mit den vor allem im Tempelbau weit verbreiteten hochgezogenen Dachspitzen, die sich allein aus der Dachkonstruktion selbst heraus ergeben. Mit der aufwendigen Gestaltung der Giebelform war es möglich, trotz der standesmäßigen Baubeschränkungen die Wohlhabenheit des Bauherrn zu demonstrieren. *Matouqiang*-Giebel entwickelten sich zum wichtigsten architektonischen Gestaltelement in Südanhui und Zhejiang (vgl. Fallbeispiel 11).

In der rechten Spalte von Abbildung 12 sind weitere in der ländlichen Architektur verwendete Dachformen zusammengestellt. Beim *Xuanshanding*-Dach, dem Satteldach mit Giebelüberstand, macht man sich die Möglichkeit der einfachen Verlängerung der Pfetten zunutze, um die Giebelwand vor den Einwirkungen heftiger Regenfälle zu schützen. Man findet es deshalb vor allem im regenreichen Südchina. Hier kommt noch die Notwendigkeit dazu, sich vor der Sonneneinstrahlung im Sommer zu schützen, weshalb weite Dachüberstände an den Traufseiten in der Regel zum *xuanshanding* gehören. Als *sizhuding* wird das in der ländlichen Architektur seltene Vollwalmdach bezeichnet. Aus diesem hat sich das *xieshanding*, das Fußwalmdach, entwickelt, im Prinzip ein Satteldach, das am Fuß der oben senkrechten Giebelwand über einen Dachvorsprung verfügt. Da die beiden letzteren Dachformen dem einfachen chinesischen Bauern während der Kaiserzeit teilweise verboten waren, findet man sie nur in entlegenen Gebieten, namentlich in der ländlichen Architektur der Minderheiten. Weitere, teilweise sehr komplizierte Dachformen kamen nur im Tempel- und Palastbau zur Anwendung.

Die Möglichkeit, mittels Konsolensystemen die Dachüberhänge zu verlängern, blieb aufgrund der Kosten für diese aufwendigen Konstruktionen weitgehend auf den Tempel- und Palastbau beschränkt. Dagegen findet man auch in der ländlichen Architektur die für China so charakteristische Durchbiegung des Daches mit seiner konkaven Wölbung. Abbildung 11 zeigt, daß sie, wie auch die Dachüberstände, beim Pfettendach einfach zu realisieren ist, weil die vom First zur Traufe laufenden Sparren hier keine tragende Funktion in der Dachkonstruktion haben. Man kann sie deshalb an den mittle-

yingshanding (Satteldach mit Giebelabschluß)

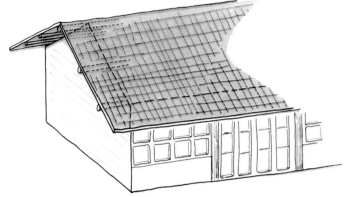

xuanshanding (Satteldach ohne Giebelabschluß)

yingshanding (Pultdach mit Giebelabschluß)

sizhuding (Vollwalmdach)

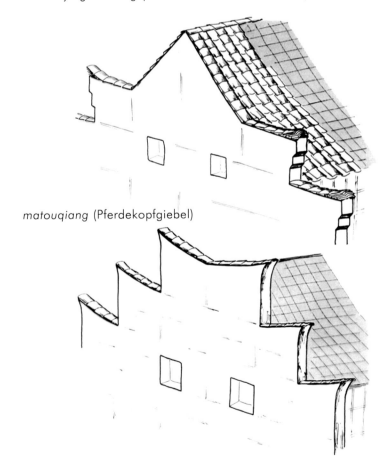

matouqiang (Pferdekopfgiebel)

xieshanding (Fußwalmdach)

Abbildung 12:
Dach- und Giebelformen in der ländlichen Architektur Chinas. Linke Spalte: oben Sattel- darunter Pultdach mit Giebe abschluß (*yingshanding*), unten Pferdekopfgiebel (*matouqiang*) als Sonderform davon. Rechte Spalte von oben: Satteldach mit Giebelüberstand (*xuanshanding*), Vollwalmdach (*sizhuding*), Fußwalmdach (*xieshanding*). Nach KNAPP (1989), unter Verwendung von Darstellungen bei LIANG (1984). Entwurf und Zeichnung: JOHANNES MÜLLER

ren Pfetten unterbrechen und die anschließenden Stücke leicht nach außen angewinkelt weiterlaufen lassen. Je größer das Gebäude ist und je mehr parallel laufende Pfetten deswegen das Dach besitzt, um so besser läßt sich die Dachbiegung konstruieren. Nach THILO (1994, S. 42) können dadurch zwei an sich gegensätzliche Erfordernisse verbunden werden. Einerseits sollen die Dachkonstruktionen wegen der heftigen Regenfälle steil und mit Traufüberhang angelegt werden, andererseits zieht sich der Traufüberhang bei der unten flach auslaufenden Dachneigung nicht vor die Fenster. Die Gefälligkeit des durchgebogenen Daches ist demnach zunächst praktischen Überlegungen entsprungen und erst sekundär als Gestaltungsmittel eingesetzt worden.

ELLENBERG (1986, S. 6, 14) stellt den Zusammenhang zwischen dem für die Dachdeckung verwendeten Material, der Dachneigung und der Dachkonstruktion her. Pfettendächer können erheblich größere Lasten tragen als Sparrendächer, die sich vor allem bei einer Dachhaut aus Stroh anbieten, weil diese sehr steil sein muß, um das Wasser rasch abzuleiten. Der Verwendung von Stroh waren allerdings in China schon frühzeitig enge Grenzen gesetzt, da sich nur in wenigen Gebieten geeignetes Material in ausreichender Menge findet. Das an Stützgewebe reiche Schilf fehlt aufgrund der natürlichen Gegebenheiten in Nordchina und wegen der Umwandlung von Sümpfen in Reisfelder auch in Südchina weithin. Das gleiche gilt für Roggen, in Europa zum Dachdecken früher weit verbreitet, der ungedüngt angebaut werden kann und sich dann wegen des geringen Eiweißgehaltes nur langsam zersetzt. Dagegen faulen Weizen- und vor allem Reisstroh, das aufgrund der Tätigkeit der Blaualgen im Naßfeld auch im ungedüngten Zustand einen hohen Eiweißgehalt aufweist, rasch und eignen sich nicht zum Dachdecken. In den dreißiger Jahren dieses Jahrhunderts machten strohgedeckte Bauernhäuser in China weniger als ein Drittel aus, wobei im Gebiet der zweifachen Reisernten, wo kaum anderes als Reisstroh zur Verfügung stand, nur 2 % der Häuser so gedeckt waren. Dagegen steht eine Rate von 55 % strohgedeckter Häuser im Anbaugebiet des Gaoliang, was sich sehr gut als Dachstroh eignet (BUCK 1937, S. 443).

Angesichts dessen verwundert der frühe Einsatz von Dachziegeln in China nicht, der sich bis ins 1. Jahrtausend v. Chr. zurückverfolgen läßt (THILO 1994, S. 72). Das Dach wird in China üblicherweise nach dem bei uns Mönch-und-Nonne genannten Verfahren gedeckt, wofür einfache, dünne, gewölbte Dachziegeln zur Anwendung kommen (vgl. Abbildung 12, links unten). Jede zweite Reihe wird mit der Wölbung nach oben offen verlegt, der entstehende Zwischenraum mit einer Reihe nach unten geöffneter Dachziegeln überdeckt. Für das hohe Gewicht, das diese Dachhaut mit sich bringt, und wegen der Rutschgefahr eignet sich das relativ steile Sparrendach nicht; ein weiterer Grund für die Bevorzugung des gut abgestützten, flachen Pfettendachs.

Einstöckigkeit und Ebenerdigkeit

Zwei weitere Bauprinzipien haben weitreichende Gültigkeit in der chinesischen ländlichen Architektur: Ein- (oder Eineinhalb-) Stöckigkeit und Ebenerdigkeit. Im Vergleich mit der europäischen, nach oben strebenden Architektur, wo auch Bauernhäuser häufig zwei- oder sogar mehrstöckig aufgeführt sind, dominieren in der traditionellen chinesischen Architektur ein-, allenfalls eineinhalbstöckige Bauwerke, seien es Tempel, Paläste oder ländliche Gebäude. Dies mag zum Teil an der psychologischen Einstellung liegen, die den erdverbundenen Kräften einen wesentlichen Einfluß zuschreibt, hängt aber auch wesentlich vom Baumaterial ab. Überall, wo Lehm ver-

wendet wird, würden mehrstöckige Bauten massive Balkenoder Fachwerkkonstruktionen mit sehr raren Materialien erfordern, für die die Mehrzahl der Erbauer kaum die nötigen Mittel besaß. Während die häufig aus Stampflehm aufgeführten Häuser in Nordchina immer einstöckig sind, ermöglichen gut getrocknete Lehmziegel auch eineinhalbstöckige Bauwerke, wie man sie oft in Südchina findet.

Eineinhalbstöckige Häuser nehmen eine Zwischenstellung zwischen Ein- und Zweistöckigkeit ein, denn das Obergeschoß, der Kniestock, ergibt sich lediglich aus dem etwas erhöhten Dachansatz. Wegen der traufseitigen Südorientierung der Häuser ist die Giebelseite für Fensteröffnungen kaum zu nutzen, und die Fenster des Kniestocks beginnen am Boden. Sie reichen nur etwa bis zur Mitte der Raumhöhe, wo die Dachschräge beginnt, weshalb der dunkle Kniestock nur als Schlafraum oder Lager dient; Nutzungen, die vor allem in feuchtem Klima von Vorteil sind, weshalb eineinhalbstöckige Häuser vor allem in Südchina verbreitet sind.

Die bis zu vierstöckigen Bauwerke der Hakka in Fujian und dem nördlichen Guangdong bilden für die ländliche Architektur der Han-Chinesen die absolute Ausnahme (vgl. Fallbeispiel 23). In den bergigen Gebieten, wo diese Architekturform verbreitet ist, sind im Gegensatz zu den dichtbesiedelten Regionen noch heute Wälder zahlreich vorhanden und tragfähige Balken für die Innenkonstruktion leicht verfügbar. Entsprechendes gilt für die von den Minderheiten besiedelten Räume in Südwestchina. Dort sind zwei-, oft sogar mehrstöckige Häuser häufig, weil man durchweg auf im Vergleich zum Lehm erheblich festere Baumaterialien zurückgreifen kann. Markante Beispiele für im Regelfall drei- und vierstöckige Gebäude findet man in der Holzarchitektur der Dong und Zhuang (Fallbeispiel 21) oder der Steinarchitektur der Qiang und der Tibeter (Fallbeispiele 16 und 17). Schon äußerlich läßt sich daran der Zusammenhang zwischen Besiedlungsgeschichte, Ökosystem, Landnutzung und ländlicher Architektur ablesen.

Auch in den randtropischen, sehr regenreichen Teilen Südchinas zeichnet sich die Architektur der Han-Chinesen ausnahmslos durch Ebenerdigkeit aus. Selbst die ins immerfeuchte Südostasien mit seinem schwülheißen Klima ausgewanderten Chinesen haben die dort überall verbreitete Stelzenbauweise nicht übernommen, obwohl sie als klimaangepaßte Bauweise viele Vorteile bietet. Die Bauweise auf Stelzen sorgt für eine verbesserte Belüftung und einen gewissen Schutz vor Insekten, die in der Regel in Bodennähe fliegen, wie etwa die Malariaüberträger, die fünf Meter Flughöhe nicht überschreiten. Auch das Bauprinzip der Ebenerdigkeit wird nur von der Minderheit der Dai in Yunnan durchbrochen (Fallbeispiel 24).

Bauprinzipien und Folgen für die Kulturlandschaft

Die obige Aufstellung zeigt, auf wie wenigen Grundelementen die ländliche Architektur Chinas aufbaut und wie wenige Variationen sie konstruktiv zuläßt, worin eine gewisse Parallele zur städtischen Architektur liegt. Dazu kommt noch die Ähnlichkeit chinesischer Dörfer in ihren Strukturen und ihrem Aufbau, woraus sich oft sehr einheitliche dörfliche Erscheinungsbilder ergeben. Vielfach beherrschen bestimmte Bauformen die ländliche Architektur einheitlich für ganze Regionen, bis sich das Bild dann plötzlich durchgreifend wandelt. Der größte Unterschied der ländlichen gegenüber der städtischen Architektur Chinas liegt allerdings in ihrer *Regionalisierbarkeit*. Die ländliche Architektur, die viele interessante Formen hervorbrachte, zeigt ein erheblich höheres Maß an regionalen Unterschieden und landschaftlichen Bezügen, die sich sich vor allem auf zwei Punkte beziehen: einerseits auf die jeweiligen kulturellen Träger, was in vielen Fällen die Minderheiten sind, andererseits auf das verwendete Baumaterial und dessen konstruktive Folgen.

Gerade an der Differenzierung bezüglich der zuletzt erwähnten Ein- oder Mehrstöckigkeit der Bauernhäuser zeigt sich der Unterschied zwischen den Siedlungsbereichen von Han-Chinesen und *Minderheiten*, die oft der ländlichen Architektur ihren Stempel aufdrücken. Man kann in diesem Zusammenhang trotzdem nicht von einer ausschließlich minderheiten- oder ethnisch bestimmten Bauweise sprechen, denn angesichts der engen ethnischen Durchmischung fand gerade im Südwesten Chinas ein reger kultureller Austausch statt, der auch die beschriebenen Bauprinzipien und Konstruktionsformen umfaßte. Andererseits besiedeln die verschiedenen Bevölkerungsgruppen in der Regel auch unterschiedliche Landschaften mit den entsprechenden architektonischen Einflüssen. Während sich die Han weitgehend auf die Verwendung von Lehm stützen, können die Minderheiten oft Holz und Stein verwenden, weil ihre Siedlungsschwerpunkte in den Bergländern liegen. Die Besiedlungsgeschichte spielt deswegen eine wichtige Rolle für die Ausprägung der ländlichen Architektur Chinas.

Hier zeigt sich die besondere Rolle, die das *Baumaterial* zu einem der wichtigsten Differenzierungsmerkmale der ländlichen Architektur Chinas werden läßt, dessen Eigenschaften nicht nur das Aussehen, sondern auch die Bauformen und die gesamte Konstruktionsweise beeinflussen. Die Bedeutung des Baumaterials und seine konstruktiven Folgen in der Architektur lassen sich nicht klarer ausdrücken als in den chinesischen Bezeichnungen für die Architektur selbst. Anders als bei uns, wo man mit diesem Begriff sowohl die (äußere) Bauform als auch die (innere) Bauweise eines Gebäudes bezeichnet, trennt das Chinesische hier eindeutig. Während *jianzhu* die äußere Form und die Ausgewogenheit der Architektur, also mehr die Baukunst bezeichnet, steht *tumu* für die innere Gebäudestruktur, den Aufbau, die Baustatik und das Baumaterial. Und dieses Wort setzt sich aus den Zeichen für *tu* (Erde) und *mu* (Holz) zusammen, den beiden einzigen Baumaterialien, die im ursprünglich besiedelten Lößplateau wie auch im Nordchinesischen Tiefland vorhanden waren. Aus Erde und Holz mußten alle Gebäude errichtet werden, weil Stein größtenteils überhaupt nicht vorkommt und, im Gegensatz zu Europa, niemals größere Bedeutung in der Architektur erlangte, auch als man später in entsprechend anders ausgestattete Landschaften vorstieß. Neben der frühen Entwicklung des Ackerbaus zeigt sich auch in diesem Punkt die Wichtigkeit des Lösses als Basis der Kultur Chinas.

Aus der hervorragenden Rolle des Baumaterials ergibt sich ein enger *Bezug* der ländlichen Architektur *zur Landschaft*, der am deutlichsten im Zusammenhang mit dem Löß zu erkennen ist. Dessen einzigartige Eigenschaften als Baumaterial erforderten ganz besondere architektonische Lösungen, die in den verschiedenen Typen der Höhlenwohnungen ihren Gipfel erreichten. Die Stärke, mit der das Baumaterial die Formen der ländlichen Architektur bestimmt, zeigt sich im Bereich der inselhaften Lößvorkommen, wo auch die dort lebenden Tibeter von ihrer gewohnten Architektur abweichen und Lößarchitektur errichten. Ähnliches gilt für die landschaftliche Differenzierung der Bauweise innerhalb der Ethnie der Han-Chinesen. So wird die Kalksteinbauweise in Guizhou von Han, Miao und Buyi gleichermaßen angewandt. Die verwendeten Baumaterialien und deren konstruktive Folgen treten damit als ein prägendes Element der Kulturlandschaft in den Vordergrund und bilden deshalb einen Schwerpunkt bei der Darstellung der Fallbeispiele.

7. Fallbeispiele

Bei der Konzeption des Buches habe ich mir lange überlegt, die verschiedenen Fallbeispiele den einzelnen themenbezogenen Abschnitten zuzuordnen, was den unbestreitbaren Vorteil gehabt hätte, die Auswirkungen bestimmter Einflußfaktoren unmittelbar im Bild erkennen zu können. Mit diesem Aufbau wären allerdings zwei Nachteile verbunden gewesen. Zum einen treten die agrarökologischen und gesellschaftlichen Faktoren ja niemals isoliert, sondern stets in gewissen Kombinationen auf, in welchen der einzelne Faktor in der Kulturlandschaft höchstens dominiert. Zum anderen besteht das Ziel in der Darstellung der Kulturlandschaften als Einheit, entstanden aus den vielfachen anthropogenen Einflüssen durch Landnutzung und Siedlung, die ihre Charakteristik aus der Gesamtheit des Faktorengefüges beziehen.

Jedes der Fallbeispiele bezieht sich auf einen relativ kleinen Ausschnitt aus der Landschaft, der im allgemeinen nur einige wenige Dörfer und ihre Flur umfaßt. Wo mehrere Untersuchungsgebiete zusammengefaßt sind, ist dies im Text angegeben, ebenso wie die Region, für die das entsprechende Fallbeispiel eine repräsentative Darstellung bietet. Das soll nicht heißen, daß innerhalb dieser Gebiete keine weitere, genauere Differenzierung von Bauweisen oder Nutzungsformen möglich wäre, sondern lediglich eine gewisse Vorstellung vermitteln, inwieweit die betreffenden Formen verbreitet sind oder Ausnahmeerscheinungen darstellen. Dieses Verbreitungsschema bildet die Grundlage für den Versuch einer Regionalisierung der Kulturlandschaftstypen im Anschluß an die Fallbeispiele.

Die Schreibweise der Ortsnamen folgt, wie im gesamten Text, dem in China offiziellen Pinyin-Transkriptionssystem. Nur einzelne gängige Bezeichnungen werden in ihrer eingedeutschten Version beibehalten, in der kalligraphischen Übersetzung der Überschriften aber selbstverständlich in der üblichen chinesischen Form genannt (z. B. Mandschurei/Dongbei, Jangtse/Changjiang). Die Daten in den Bildtexten zu Bevölkerung und Fläche stammen, wo nicht anders erwähnt, aus State Statistical Bureau (1991) und beziehen sich auf das Jahr 1990; die Bevölkerungsdaten zu den Minderheiten stammen aus Statistisches Bundesamt (1993, S. 39 f.) und beziehen sich auf die Volkszählung von 1990, die weiteren Angaben aus BAUMANN u. LEE (1988) und MA (1989). Die Angaben und Daten zum Klima stammen aus DOMRÖS u. PENG (1988) und Nanjing dili yu hupo yanjiusuo (1989). Aussagen zu den Anbaufrüchten und Fruchtfolgen basieren auf Erhebungen vor Ort und beziehen sich in erster Line auf die Gegebenheiten des jeweiligen Fallbeispiels, lassen sich jedoch meistens auf die angegebene Region übertragen.

Die Lage der Fallbeispiele geht aus Abbildung 1 hervor. Bei der Angabe der Provinzen sollte man sich deren Ausdehnungen bewußt machen. Denn auch wenn man die entsprechenden Namen noch nie gehört hat, übertrifft fast jede chinesische Provinz sowohl in ihrer Fläche als auch ihrer Bevölkerungszahl die Mehrzahl der selbständigen Staaten der Erde. Beim Blick auf Abbildung 1 fällt vielleicht auf, daß mehrfach Fallbeispiele paarweise relativ nah beieinander angeordnet sind, unterbrochen von größeren Lücken. Die paarweise Anordnung wurde dann gewählt, wenn sich auf kurze Distanz bestimmte prägende Faktoren verändern, was in der Gegenüberstellung interessante Vergleiche ermöglicht. In Anhui steht dem feuchten Jangtsetiefland (Fallbeispiel 10) das südlich anschließende Bergland (Fallbeispiel 11) gegenüber; unweit des von Minderheiten besiedelten Berglands im Westen Hunans (Fallbeispiel 13) liegt das hanchinesisch geprägte Becken (Fallbeispiel 12) mit ganz anderer Kulturlandschaft; im Becken von Sichuan kontrastieren die Landnutzungssysteme zwischen den Randbereichen und dem Zentum (Fallbeispiele 14 und 15); die Kulturlandschaftstypen von Guizhou (Fallbeispiel 18) und Guangxi (Fallbeispiel 20) unterscheiden sich beträchtlich, obwohl beides Karstgebiete sind; und es ist aufschlußreich, den hypsometrischen Kulturlandschaftswandel in Xinjiang (Fallbeispiel 4) und in Yunnan (Fallbeispiel 26) zu vergleichen.

Angesichts der hohen Bedeutung, die die Handarbeit in der Landnutzung Chinas und damit für die Lebensweise der Bauern hat, liegt einer der Schwerpunkte der Fotodokumentation auf den entsprechenden Gerätschaften und Arbeitstechniken. Sie werden zusammenfassend thematisch gruppiert, jeweils eingebettet in eine der betreffenden Landschaften. So lassen sich die vorindustriellen Arbeitsgeräte im Trockenfeldbau (Fallbeispiel 2) mit denjenigen vergleichen, die im Naßreisanbau verwendet werden (Fallbeispiele 12 und 14). Den im Lößbergland bei der Getreideverarbeitung verwendeten vorindustriellen Geräten (Fallbeispiel 8) lassen sich die Geräte gegenüberstellen, die vorwiegend in Südchina eingesetzt werden (Fallbeispiel 20). Daneben lohnt ein Blick auf die diversen Bewässerungsgeräte (Fallbeispiel 10) und auch auf die handgefertigten Werkzeuge, nicht zuletzt unter dem Aspekt der Alltagskultur (Fallbeispiel 22).

Mit diesem Buch strebe ich nicht an, einen lückenlosen Überblick über die Kulturlandschaften Chinas zu unternehmen, denn man könnte wohl ein Menschenleben lang diesbezüglich Neues in dem riesigen Land entdecken. Dessen größter Teil ist erst seit wenigen Jahren zugänglich, wenn auch für einige der Fallbeispiele mehrtägige Wanderungen über Fußpfade nötig waren. Man sollte sich aber bewußt machen, daß parallel zu den verbesserten Transportmöglichkeiten und zu den erweiterten Kommunikationsmitteln sowohl materielle als auch ideelle Faktoren mit Macht kulturelle Veränderungen hervorrufen. In diesem Sinne erfolgte die Auswahl der oft entlegenen Fallbeispiele nicht, um romantisierende Vorstellungen einer esoterischen Lebensweise auf vermeintlich im Einklang mit der Natur zufrieden lebende Bauern zu projizieren, beobachtet aus einer technikabhängigen, konsumgläubigen Perspektive. Vielmehr geht es mir um die Dokumentation eines Teils der unglaublichen Vielfalt von Lebensäußerungen, eingebettet in ein engmaschiges Mensch-Umwelt-Beziehungsgefüge, das der staunende westliche Besucher am Ende des 20. Jh. erleben darf.

7.1. Lößplateau I: Trockenfeldterrassen und Höhlenwohnungen am Hang

Große Teile der chinesischen Provinzen Shanxi, Shaanxi und Ningxia, dazu das westliche Henan und die Osthälfte von Gansu sind von einer bis über 200 m dicken Schicht aus Löß bedeckt, dessen Eigenschaften wesentliche Parameter des Agrar-Ökosystems bestimmen. Das vom Wind angewehte und im Vergleich zu anstehendem Gestein nur wenig verfestigte Staubsediment läßt sich mit einfachsten Hilfsmitteln bearbeiten, weshalb Lößgebiete seit der neolithischen Revolution bevorzugte Siedlungsräume des Menschen bilden. Das Material

drückt der Kulturlandschaft aber nicht nur in bezug auf die Landnutzung, sondern auch in der ländlichen Architektur mit einzigartigen Bauformen seinen Stempel auf. Differenzierungen innerhalb des Lößgebietes ergeben sich kaum vom Untergrund her, sondern vielmehr vom nach Nordwesten hin allmählich trockener und kälter werdenden Klima. Zu diesem graduellen Wandel kommen die internen Gegensätze der Oberflächenformen, wo sich extreme Schluchten und weite Plateaus abwechseln. Foto 5 wurde bei Suchen (Kreis Jingchuan, Prov. Gansu) am Oberlauf des Jinghe aufgenommen. Hier, im zentralen Lößplateau, reichen die Niederschläge noch aus, um Winterweizen anzusäen, der Ende Oktober einen grünen Teppich auf den Feldern bildet. Die überall sichtbaren Ackerterrassen können als eines der wesent-

旱地和靠山窑洞

lichen Merkmale des Agrar-Ökosystems in zertalten Lößgebieten gelten, denn sie sind die Antwort auf die extreme Anfälligkeit gegenüber Erosion. Nach rechts schließen sich scharfkantig eingeschnittene Schluchten an, die auf das Niveau des Jinghe bezogen sind und eine jüngere Einschneidung des Flusses anzeigen. Auch in anderen Kulturlandschaftselementen findet die Charakteristik des Lösses ihren Niederschlag. Viele der Wege sind als Hohlwege ausgebildet, wie im Vordergrund sichtbar. Schließlich darf die Leere der Landschaft nicht darüber hinwegtäuschen, daß sich auch im Bildausschnitt Dörfer befinden, welche aus Höhlen aufgebaut sind, die man bevorzugt in die steilen Anschnitte der Schluchten gräbt.

Agrar-Ökosystem

Zum Zeitpunkt der Aufnahme von Foto 6 und 7 (bei Suchen) Mitte Oktober war die Ernte weitgehend abgeschlossen, und die Felder waren für die Wintersaat vorbereitet. Hier werden Fruchtfolgen Winterweizen–Hirse–Mais oder Winterweizen–Gaoliang praktiziert, wobei eine Ernte pro Jahr bzw. drei Ernten in zwei Jahren möglich sind. Dazu kamen in den letzten Jahren Tabak und Apfelbäume als Sonderkulturen. Welche Flächen die Winterweizensaat einnimmt, läßt sich anhand von Foto 8 ermessen, fast an derselben Stelle, allerdings erst Ende Oktober aufgenommen. Im Gegensatz dazu entstand Foto 9 weiter westlich, wo die Niederschläge von etwa 350 mm ex-

trem konzentriert im Sommer fallen, weshalb es für eine Wintersaat zu trocken und obendrein zu kalt ist (bei Daling, Kreis Yongjing, Zentral-Gansu). Die Fruchtfolge Frühlingsweizen–Nackthafer–Samenlein bzw. Kartoffeln–Brache ist typisch für viele Gebiete westlich des Liupanshan. Im Bild trägt etwa die Hälfte der Felder noch Kartoffeln, während die übrigen bereits brach liegen. Die Ernte wird auf dem Dreschplatz verarbeitet, das Stroh dann dort gelagert. Da bei der entsprechenden Löß-überdeckung das unterlagernde Gestein nicht mehr zum Vorschein kommt, läßt sich im Prinzip flächendeckend Ackerbau betreiben. Ökologische Ausgleichsflächen fehlen weithin völlig; ein sehr monotones Landschaftsbild, was besonders im Winter auffällt (Foto 10, ebenfalls bei Daling).

Diese Einheitlichkeit der Nutzung ist neben den Brachezeiten während der Bodenbearbeitung oder im Winter einer der Faktoren, der die Bodenerosion zum drängenden Problem werden läßt. Bereits bei geringen Hangneigungen kann das oberflächlich abfließende Wasser enorme Schäden an dem wenig erosionsstabilen Substrat anrichten. Unter den gegebenen Umständen bildet die Terrassierung die wirkungsvollste Maßnahme, um dieses Problem unter Kontrolle zu bringen. Es lohnt sich, selbst flache Hänge in eine Treppe horizontaler Terrassen umzuwandeln (Foto 6), deren höhenlinienparalleler Verlauf sorgfältig den Oberflächenformen angepaßt wird, wie man auf allen Bildern sieht. Zwischen den Feldern bleiben nur ganz schmale Begrenzungen stehen. Die Flur wird über

Hauptwege erschlossen, die auch bei steiler Neigung in der Regel senkrecht bergauf führen. Aufgrund der Erosionsanfälligkeit schneiden sich die nicht durch Vegetation geschützten Wege rasch ein und sind als Hohlwege ausgebildet (Foto 7). Davon zweigen schmale Wege und Pfade ab, die zu den einzelnen Feldern führen und blind enden (Foto 8). Da Löß trotz seiner Weichheit außerordentlich standfest ist, lassen sich ohne weitere Stützung oder Bepflanzung Terrassen von etlichen Metern Höhe anlegen (Foto 9). So bestimmt die Ästhetik der Terrassen das Landschaftsbild der Lößgebiete und unterstreicht die weitgehende Umgestaltung dieser Landschaft durch den Menschen, der versucht, die Kontrolle über bestimmte Ökofaktoren zu gewinnen.

7 9
8 10

Konstruktion von Lößterrassen

In weiten Bereichen des Lößplateaus bedeutete die Nutzung des Landes immer auch den permanenten Kampf gegen dessen Verlust. Da die Bodenerosion von einem Komplex von Einflußfaktoren gesteuert wird, waren ihr die Bauern früher ziemlich machtlos ausgeliefert. Landschaftsbilder wie das in Foto 15 dürften daher eher die Regel als die Ausnahme gewesen sein. Anhand der flachen, überpflügten Rinnen, die teilweise in kleinen Kerben wurzeln, erkennt man die enorme Materialabfuhr auf den Feldern. Dazwischen schneiden sich scharfkantig Schluchten ein. Lediglich deren Flanken und die steilsten Bereiche der Hänge werden nicht beackert.

Weil die Landnutzung mit der zunehmenden Bevölkerung vor allem in der zweiten Hälfte dieses Jahrhunderts in immer steilere Bereiche vordrang, mußte sich schließlich der Staat dieses Problems annehmen. Neben der Art der Bodenbearbeitung und der Wahl der Nutzpflanzen läßt sich die anthropogen bedingte Bodenerosion besonders wirkungsvoll durch einen Einflußfaktor verändern: die Reduzierung der Hangneigung. Im Idealfall unterbindet man damit den Oberflächenabfluß ganz, indem man den Hang in eine Abfolge waagerechter oder nur schwach geneigter Ackerterrassen umwandelt. Obwohl dadurch die Subrosion verstärkt wird und über sich bildende Röhrensysteme (Pipes) weitergeht, wiegen diesen Nachteil zumindest in der momentanen Bewertung die Vorteile auf. Dazu zählen neben der bis unter die Hälfte verringerten Gesamterosion die erhöhte Infiltration, verbunden mit verbesserter Pflanzenverfügbarkeit des Wassers, und nicht zuletzt die erleichterte Bearbeitung (MÜLLER 1990, S. 115 – 123).

Obwohl diese Tatsache schon seit längerem in China bekannt war, blieb sie eher auf kleine Bereiche und Einzelmaßnahmen beschränkt, denn eine umfassende Terrassierung ist praktisch mit einer Flurbereinigung gleichzusetzen. Für eine derartige Maßnahme fiel ein wesentliches Hemmnis erst mit der Kollektivierung des Landbesitzes im Jahre 1958 weg. Nachdem man die Möglichkeiten in einigen Musterkommunen erprobt hatte, wurde die Terrassierung der Lößhänge ab 1963 im Zusammenhang mit Kampagnen wie „von Dazhai lernen" propagiert. Auch wenn die staatliche Propaganda, wie immer wieder kritisch angemerkt wird, dabei hinsichtlich Begründungen und Hintergründen eher nach dem Motto

„der Zweck heiligt die Mittel" vorging, gehört die Terrassierung der Lößhänge zu den wenigen Strategien, die diese Zeit überdauert haben.

Für die Anlage der Terrassen wird zunächst ein genauer Plan von Fachleuten erstellt, in dem fotografisch festgehaltenen Fall bei Daling (Kreis Yongjing, Prov. Gansu) organisiert vom Landkreis. Zeit, diese Umgestaltung vorzunehmen, ist im Herbst, wenn nach der Ernte die Bauern als Arbeitskräfte zur Verfügung stehen. Im Gebiet liegt der Löß in einem steilen Gebirgsrelief, so daß der Erosionsschutz höchste Priorität genießt, um nicht noch mehr Gesteinsflächen zu entblößen (Foto 11). Die bisher vorhandenen, steil geneigten Felder werden zunächst höhenlinienparallel entlang vorgegebener Linien unterteilt. Dann gräbt man den Löß im oberen Bereich ab und häuft ihn unten, entlang der neuen Feldgrenze wieder auf, bis eine ebene Fläche entsteht (Foto 12). Wenn das Ganze in Handarbeit ausgeführt wird, dann geht man dabei abschnittsweise vor, indem zunächst ein Segment umgegraben wird, an dessen Ausrichtung sich die anschließenden Teile orientieren (Foto 13). Läßt es das Relief zu und stehen schwere Maschinen zur Verfügung, so werden auch Planierraupen und Bagger eingesetzt. Die neuen Terrassenkanten befestigt man nur durch Feststampfen und Glätten, relativ dauerhafte Methoden, die ja auch im Hausbau angewandt werden.

Die Begrünung stellt sich je nach Klima später spontan ein (Foto 14). Natürlicherweise handelt es sich dabei um Arten des temperierten Trocken-Mischwalds *(Quercus liaotungensis, Pinus tabulaeformis)*, die hier im Übergangsbereich zur Steppe oft nur als Gebüsch existieren (Foto 15 vorn). In den meisten Fällen verhindert jedoch die Beweidung mit Ziegen das Aufkommen höheren Pflanzenwuchses (hinten).

Höhlenwohnungen am Hang (*kaoshan yaodong*)

Es gehört zu den interessantesten Phänomenen der Kulturlandschaft Chinas, wie der Löß nicht nur wesentliche Faktoren des Agrar-Ökosystems, sondern auch die Ausprägung der ländlichen Architektur dominiert, deren wesentliche Formen in diesem und zwei weiteren Fallbeispielen (2 und 9) vorgestellt werden. Obwohl es dabei regionale Schwerpunkte gibt und sich bestimmte Formen nur in Teilen des Lößplateaus finden, lassen sich keine Areale eindeutig abgrenzen, und meistens existieren verschiedene Konstruktionen, Höhlen und Häuser in einem Gebiet und oft sogar in demselben Ort nebeneinander. Mit Ausnahme der Präfekturen Qingyang und Pingliang (Ost-Gansu; vgl. Fallbeispiel 2) leben nirgendwo im Lößgebiet mehr als 40 % der Bevölkerung einer Präfektur in Höhlenwohnungen (GOLANY 1992, S. 43). Selten findet man so geschlossene Höhlendörfer wie Suchen in Foto 20, obwohl auch hier Lehmziegelhäuser die Höhlenwohnungen ergänzen. Die abgebildeten Höhlenwohnungen am Hang (*kaoshan yaodong*) stellen die Grundform dar, die fast überall im Lößgebiet vorkommt, entweder linienhaft an einer Hangkante entlanggezogen oder wie hier in mehreren Stockwerken übereinander gestaffelt. Im Gegensatz zur offenen Flur pflanzt man im Ort gerne Gehölze als Schattenspender und Fruchtbäume.

Für die Konstruktion einer Höhlenwohnung muß der Hang zunächst begradigt und geglättet werden. In die entstehende Wand werden dann die Höhlen getrieben, die in der Regel aus jeweils einem Raum bestehen. Die Front der Höhle wird anschließend vermauert und verfügt über ein Fenster und meistens eine eigene Tür zum Hof. Letztere kann entfallen, wenn die Höhlen intern miteinander verbunden sind (Foto 16). Die Form des Profils mit runder oder zugespitzter Wölbung hängt von der Stabilität des Lösses ab. Die Wände im Inneren der etwa 2½ bis 3 m breiten und 6 bis 8 m tiefen Räume werden verputzt und manchmal auch tapeziert. In Wohnräumen ist oft neben der Tür ein Kang eingebaut, ein von außen beheizbares,

gemauertes Bett. Eine kleine Öffnung über der Tür sorgt für zusätzliche Belüftung (Foto 17). Normalerweise besteht ein Höhlengehöft am Hang aus drei nebeneinander liegenden Höhlen, wozu als weiterer funktional wichtiger Bereich der vorgelagerte Hof kommt. Ihn schließt häufig eine Mauer aus Stampflehm mit einem überdachten Hoftor ab (Foto 18). Der Hof dient als Arbeits-, Spiel- und Wohnbereich, sofern es das Wetter irgend zuläßt, selbst bei großer Kälte. Hier wird das eingebrachte Getreide gedroschen und getrocknet, das Stroh gestapelt, handwerkliche Tätigkeiten werden ausgeführt und Küchenarbeiten verrichtet, während daneben die Kinder spielen (Foto 19).

Höhlenähnliche Gebäude

Im Norden von Shaanxi und im Nordosten von Shanxi ist die Lößdecke nicht mehr so einheitlich mächtig wie weiter westlich und wird häufig vom felsigen Untergrund durchbrochen. Obwohl in diesem von Natur aus waldreichen Gebiet Bäume für den Dachstuhl ausreichend zur Verfügung stünden, hat sich eine Bauform entwickelt, die sich eng an die Konstruktionsprinzipien der Höhlenwohnungen anlehnt und vor allem aus der Umgebung von Yan'an bekannt geworden ist. Bei diesen Formen, die in China (YOON 1990: „freistehende Höhlen") und international (GOLANY 1992, S. 71 ff.: „erdgedeckte Woh-

nungen") in der Literatur den Höhlenwohnungen zugerechnet werden, handelt es sich dennoch um Häuser. Sie bestehen einschließlich des Gewölbes aus Stein, haben ein freitragendes Dach und stehen zumindest teilweise frei (Foto 21, Dorf bei Ansai, nördlich von Yan'an, Prov. Shaanxi). Als Merkmale der Höhlenarchitektur sind das Tonnengewölbe, die Raumverteilung und die Position im Gelände übernommen. Meistens besteht ein Gehöft aus drei, manchmal auch aus fünf Jochen, die wie im Falle der Höhlen separat von außen zugänglich sind. Deren Dach dient, wenn das Dorf am Hang angelegt ist, dem darüber liegenden Gehöft als Hof. Wie in Foto 21 zu sehen ist, gräbt man die Gebäude je nach Geländebeschaffenheit teil-

weise in die Erde, wobei man sich dann den Bau einer Rückwand sparen kann. Die Außenwände werden mit gebrochenen Steinen aufgeführt, die im Bereich der Fassade sorgfältig behauen werden. In dem in Foto 22 festgehaltenen Fall handelt es sich zumindest im rückwärtigen Teil um eine wirkliche Höhle, bei der nur der vordere Teil im selben Stil gemauert ist, davor liegt der Hof mit kleinem Gärtchen. Foto 23 zeigt ein Dorf bei Pingliang (zentrale Prov. Shanxi), das sich in weitgehend ebenem, lößbedecktem Gelände befindet. Hier fand als Baumaterial Backstein Verwendung, und die Häuser stehen ganz frei. Dennoch hat man sich exakt an die Konstruktionsweise der höhlenähnlichen, mit Erde gedeckten Gebäude ge-

halten. Trotz seiner Enge hat der Hof im Vordergrund ein bemerkenswert aufwendiges Tor. Eine weitere Konstruktionsvariante besteht darin, daß die Deckung mit Erde unterbleibt und die Form des steinernen Gewölbes auch nach außen sichtbar bleibt, wie bei dem Beispiel des schön verputzten Hauses aus Hunyuan (Foto 24, nördliche Prov. Shanxi). Es fällt auf, wie die Bewohner speziell im Falle der höhlenähnlichen Gebäude großen Wert auf die Ausgestaltung der Fenster legen, die fast stets aus dünnen Holzstreben bestehen, in traditioneller Art von innen mit Papier beklebt (Foto 25).

黄
土
高
原
㈡
：
旱
地

7.2. Lößplateau II: Trockenfeldbau und Höhlenwohnungen auf der Hochebene

Als zweite Großform lassen sich neben den Hügel- und Talreliefs die Ebenen des Lößplateaus abgrenzen. Erst verhältnismäßig spät wurde von der Weihe-Niederung her auch der klimatisch weniger begünstigte nordwestliche Teil des Lößplateaus in Kultur genommen. Die hier auf 1100 bis 1400 m ü. d. M. gelegene Tafel ist ein Hebungsgebiet, weswegen weite Hochflächen erhalten geblieben sind, unterbrochen von scharf eingekerbten, tiefen, schluchtartigen Tälern. Bei Niederschlägen von rd. 400 mm im Jahr und langen, kalten Wintern stehen

den an sich günstigen Boden- und Reliefverhältnissen karge Klimabedingungen gegenüber, so daß die Erträge niedrig sind. Angesichts der ebenen Oberflächenformen kommen hier kaum entsprechende Hänge vor, um die Möglichkeiten des Lösses zum Eingraben von Höhlenwohnungen zu nutzen. Um trotzdem die für die Konstruktion der Fassade unerläßlichen senkrechten Wände zu erhalten, entwickelte man eine Technik, mit der man sie künstlich anlegen kann: die eingegrabenen Höfe (Foto 26, Yima, Kreis Qingyang, Prov. Gansu). Diesen Typus von Höhlenwohnungen findet man zwar vereinzelt im ganzen Lößgebiet, besonders konzentriert aber in der Präfektur Qingyang, im äußersten Osten der Provinz Gansu, wo 83,4 %, also praktisch die gesamte Landbevölkerung in Höhlen wohnt (GOLANY

1992, S. 43). Eingegrabene Höfe bieten die Möglichkeit, Räume nach allen vier Seiten hin anzulegen. Ein Hof mit Räumen für die ganze Großfamilie entspricht einem Gehöft, wovon sich in der Regel mehrere zu einem Dorf gruppieren (rechts). Schwache Geländeneigungen werden wie hier geschickt ausgenutzt, um das Sonnenlicht besser einfallen zu lassen. Die Existenz eines derartigen Hofes läßt sich aus der Entfernung nur an den über den Boden ragenden Schornsteinen erahnen, man entdeckt diese eigentümlichen Gehöfte jedoch meistens erst dann, wenn man fast darüber steht. Diese Anlagen gehören zu den frappierendsten Formen der ländlichen Architektur Chinas und stellen eine Anpassung ganz besonderer Art an die Umweltbedingungen dar.

CHINA
0   500   1000 km

耕化和四庭窑洞

Gaoliang und Hirsen im Agrar-Ökosystem

Während das Problem der Bodenerosion wegfällt, bestehen im Anbau der Hochflächen kaum Unterschiede zu den terrassierten Bereichen. Eine größere Bedeutung als der Winterweizen haben die *Zaliang*-Getreidearten, neben Mais und Sojabohnen vor allem Gaoliang und Hirse. Auch wenn *Zaliang*-Getreide im chinesischen Kernland keine hohe Wertschätzung erfahren, so sind sie aus der Landnutzung des nördlichen und westlichen Lößgebietes nicht wegzudenken, wo am Übergang zum Steppengebiet ausgeklügelte, abwechslungsreiche Fruchtfolgen den Boden- und Klimaverhältnissen am besten gerecht werden und anspruchsvollere Getreidearten auf Dauer keine befriedigenden Erträge mehr hervorbrächten.

Sorghum bicolor ist eine nur in China bekannte Getreidesorte, die bereits früh züchterisch vom afrikanischen Sorghum abgespalten wurde. Sorghum verfügt über ein bis 1,5 m tief reichendes Wurzelwerk und eine hohe Trockenheitsresistenz, die Anbau bis 350 mm Niederschlag erlaubt (FRANKE 1994, Bd. 2, S. 92). Die bis über 3 m hoch wachsenden Halme bilden Fruchtstände von 30 – 50 cm Länge. Es läßt sich eine Varietät mit rispigem Fruchtstand (Foto 31) von einer mit Ähre unterscheiden (Foto 32). Als Hirse werden sehr verschiedenartige körnerliefernde Gräser zusammengefaßt. In China findet man Rispenhirse (*Panicum miliaceum*, Foto 27), aus Vorderasien stammend. Von der kleinwüchsigen Borstenhirse (*Setaria italica*) zeigen die Fotos 28 und 29 zwei Varietäten. Borstenhirse wurde in China schon 6000 v. Chr. weitflächig angebaut (BRÜCHER 1977, S. 74 f.).

Bei der Ernte von Gaoliang und Hirse benutzt man keine Sichel oder Sense, sondern kappt die Halme möglichst kurz über dem Boden, um sie unversehrt zu erhalten. Dafür werden spezielle Geräte benutzt, etwa in der Form einer Spachtel mit einem am Ende quer angeordneten Griff (Foto 30). Im Gegensatz zu Weizen oder Reis enthalten die Halme dieser Getreidearten sehr wenig Eiweiß und verrotten im Boden nur langsam. Selbst die Wurzeln entfernt man nach dem Pflügen aus dem Feld, denn sie würden über die trockenen, kalten Winter nicht verwittern und nicht humifiziert werden. Da die festen Halme reich an Stützgewebe sind, finden sie für vielerlei Zwecke Verwendung: als Stalleinstreu, bei einfachen Gerätschaften wie Besen oder Körben, zur Dachdeckung und nicht zuletzt als Brennmaterial im Kang.

Höhlenwohnungen auf der Hochebene (aoting yaodong)

Mittels des ausgegrabenen Hofes ist es möglich, selbst auf völlig ebenem Gelände senkrechte Lößwände zu erhalten, um Höhlen zu konstruieren. Sie werden im Chinesischen als *aoting yaodong*, wörtlich „Höhle mit eingetieftem Hof" bezeichnet (Foto 33). Angesichts dieses Aufwands mag es verwundern, warum man nicht auf Lehmziegel- oder Stampflehmhäuser zurückgreift, wofür sich das Material ebensogut eignen würde. Ein Grund ist die einfache und schnelle Bauweise, die von Laien ausgeführt werden kann. Für das Ausgraben eines Höhlenraums gaben die Bauern einen Aufwand von 5 – 7 Tagen für

zwei Personen an, ein ganzes Gehöft ist von einer Familie in einem Winter anzulegen. Die extrem hohe Höhlendichte der Präfektur Qingyang erklärt GOLANY mit der Qualität des Lösses, denn hier steht flächendeckend mäßig verfestigter, gut zu bearbeitender Malan-Löß (Q3) an. Dazu kommen die sehr gute Isolierung der Lößhöhlen gegenüber der lang andauernden, strengen Winterkälte sowie die verzögert auftretende Temperaturwelle im Löß. Von der Erdoberfläche ausgehend, erreicht die gespeicherte Wärme des Sommers die Höhle im Winter, die Kühle im Sommer. Dazu wären noch der Mangel an Holz für den Bau eines Dachstuhls sowie die Oberflächenformen zu ergänzen. Nur hier findet sich großflächig Yuan-Relief, ebene Lößhochflächen außerhalb des Grundwassereinflusses.

Entscheidend ist dabei wohl die Kombination, denn einzelne dieser Faktoren treffen auch in anderen Gebieten zu.

In einem von uns besuchten Höhlengehöft wohnten neun Personen: die Großeltern väterlicherseits, das Bauernehepaar mit drei Kindern, das Kind des in der Stadt arbeitenden Bruders und ein weiterer Mann, vermutlich Landarbeiter. Wie allgemein üblich, waren die vier nach Süden und Westen orientierten Höhlen bewohnt. Sie dienen hauptsächlich zum Schlafen und Kochen, während die meisten Arbeiten in dem geräumigen Hof stattfinden (Foto 34). Das Gehöft bestand insgesamt aus zehn Höhlen, eine weitere war der Schweinestall, zwei dienten als Abstellräume, eine als Scheune, eine als Garage für das Moped. Auf der Schattenseite befanden sich nur

zwei Öffnungen, eine ungenutzte Höhle und der Aufgang, daneben der Abtritt, aus einer kleinen Lehmummauerung bestehend, wo die Fäkalien sofort vergraben werden. In der Mitte des Hofes befindet sich oft ein kleines Gärtchen oder schattenspendende Bäume, wo überschüssiges Regenwasser versickert. Man pflegt den Hof stets sorgfältig, denn er bildet das eigentliche Zentrum dieser Anlagen und wird sowohl für landwirtschaftliche als auch haushaltliche Zwecke genutzt (Foto 35). Über die Erdoberfläche ragen nur die Kamine, die meistens über eine Vorrichtung zur Kontrolle des Zuges verfügen (Foto 36). Dazu kommt zum Teil noch das Eingangsgewölbe, das die Erosion der Treppe und das Herabfließen von Regenwasser in den Hof verhindern soll (Foto 37).

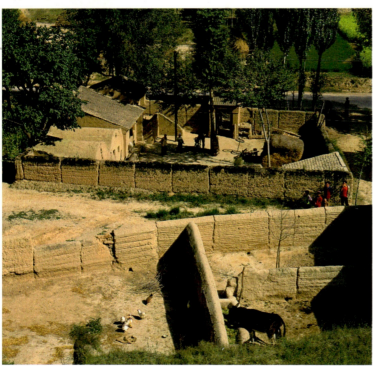
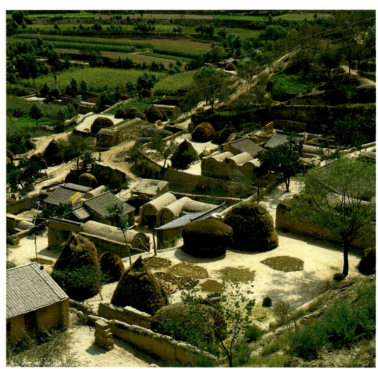

Tonnengewölbe und Pultdach

Im Westen des Lößplateaus nimmt die Zahl der in den Rohlöß getriebenen Höhlenwohnungen stark ab, während der Lößlehm in verarbeiteter Form, Stampflehm und Lehmziegel, als Baumaterial in den Vordergrund tritt. Löß eignet sich aufgrund seiner natürlichen Standfestigkeit hervorragend zur Verarbeitung als Stampflehm, wofür nur eine grobe Verschalung aus zwei Reihen dünner Baumstämme verwendet wird, zwischen die das Material gefüllt und festgetreten wird. Ohne zusätzliches Wasser oder Bindemittel läßt man die Stampflehmwände anschließend aushärten, die auf diese Weise ihre charakteristische Oberfläche erhalten (Foto 38). Man errichtet damit vor allem die Mauern, die im Lößplateau grundsätzlich die Gehöfte umgeben, außerdem die Viehställe einschließlich der Tröge, die oft außerhalb des Wohnhofes liegen, und die Nebengebäude (Foto 39, bei Xiji, Prov. Ningxia).

Vor allem bei den Nebengebäuden findet man im nördlichen Zentral-Gansu (Kreise Dingxi, Jingning, Jingyuan sowie Xiji/ Ningxia) das Tonnengewölbe. Es stellt wie auch die Höhle eine Antwort auf den Mangel an Holz für den Dachstuhl dar. Als Baumaterial wird für die Häuser oft eine Kombination aus Stampflehm für die Außenwände und Lehmziegeln für die Giebel und das Gewölbe verwendet. Das Dach wird immer, die

38 40
39 41

Wände werden zum Teil mit einem Lehmputz als Schutz vor den Einwirkungen des Regenwassers überzogen (Foto 40). Ein Blick über das Dorf Xiezhe (Kreis Jingning, Prov. Gansu) zeigt, daß hier Tonnengewölbe vorherrschen, die meisten, aber nicht alle Wohnhäuser dagegen Pultdächer haben. Diese gestatten größere Spannweiten und damit Räume, waren aber früher bei den schlechteren Transportbedingungen für Bauholz vermutlich weniger häufig (Foto 41). Ein Gehöft, üblicherweise ein Dreiseithof, besteht hier aus dem Wohnhaus mit Pultach, das auch dann nach Süden orientiert ist, wenn es gegen den Berg schaut, und zwei tonnengewölbten Häusern, die öfters aus mehreren Schiffen bestehen. Eines davon dient als Küche, das

andere wird als Wohnung für die Eltern genutzt. Zwei Haupthäuser zeigen wohlhabendere Eltern oder zwei Söhne an, die im selben Gehöft leben. Manchmal fügt sich sogar das Hoftor in die Ästhetik der Tonnenarchitektur ein (Foto 42).

Vorindustrielle Geräte im Trockenfeldbau

Obwohl derzeit das Schwergewicht der Berichterstattung sowohl in den chinesischen als auch in den internationalen Medien auf dem Modernisierungsprozeß des Landes liegt, der auch in der Landwirtschaft stattfindet, darf das vermittelte Bild doch nicht darüber hinwegtäuschen, daß hier noch Lebensformen vorherrschen, wie sie seit Jahrhunderten üblich sind. Diese Tatsache trifft auf die Mehrzahl der Bauern zu, die 1991 noch 60 % der Erwerbsbevölkerung ausmachten, während sogar 73,6 % der Gesamtbevölkerung auf dem Land lebten (Statistisches Bundesamt 1993, S. 38, 57). Es läßt sich deshalb feststellen, daß die Lebensweise von sicherlich mehr als einem Drittel aller Chinesen durch traditionelle Arbeitsprozesse mit vorindustriellen Geräten und Hilfsmitteln bestimmt wird, wenn auch in anderen Lebensbereichen stärkere Veränderungen stattgefunden haben. Herstellung, Reparatur und Anwendung dieser Geräte sind tägliche Realität, eine Realität, deren Lebensrhythmus, Zeitgefühl und Wertvorstellungen aus der Perspektive der postindustriellen Gesellschaft nur schwer vorstellbar sind.

Im Gegensatz zur Naßfeldbestellung, bei der die aufwendigsten Arbeitsschritte im Frühjahr vor Beginn der Saat anfallen (vgl. Fallbeispiel 12), spielt beim Trockenfeldbau die Bodenpflege nach der Ernte im Herbst die wichtigere Rolle. Je nach Region werden dafür Pferde (nördliches Lößplateau, Mandschurei) oder Maultiere (Nordchinesische Tiefebene, zentrales und westliches Lößbergland) herangezogen. Überall in Nord- wie in Südchina sind es vor allem Nutzrinder, neben Ochsen auch Kühe, deren winziges Euter nur die Milch für das Kalb gibt. Anders als beim Pflügen sind für das Eggen zwei Zugtiere erforderlich, weil die Egge beschwert werden muß, in der Regel durch den Bauern selbst, während die Frau oder der Sohn die Tiere führt (Foto 43). Eine handgefertigte Egge besteht aus einem stabilen, etwa 1,5 m mal 40 cm großen Holzrahmen mit drei Querhölzern und vier senkrechten Verstrebungen aus entsprechend bearbeitetem Holz. In dieses Gitter werden mit engem Abstand vorn zugespitzte Ruten aus biegsamen, dünnen Zweigen eingeflochten (Foto 44).

Die erheblich kompliziertere Saatscharre (Drillmaschine), deren Herstellung spezielle handwerkliche Kenntnisse erfordert, wurde in China bereits seit dem 2. Jh. v. Chr. verwendet. Das ganz aus Holz bestehende Gerät verfügt über einen oben offenen, trichterförmigen Behälter, aus dem das Saatgut über einen Zwischenbehälter, der den Zustrom regelt, in dünnen Röhrchen in das Innere der zwei oder drei Füße rieselt. Sie werden

43
44

während des Arbeitsgangs in die Erde gedrückt, und die Körner treten innerhalb des Bodens aus, kurz über den mit einer Metallspitze geschützten Enden (Foto 45). Es ist einleuchtend, daß zur Regulierung des Durchflusses sowohl entsprechende Kenntnisse des Handwerkers hinsichtlich des Leitungsquerschnitts nötig sind als auch das Wissen des Bauern über Bodendichte, Bodenfeuchte und Schrittempo, die alle die Austrittsmenge beeinflussen.

Diesen Schwierigkeiten stehen enorme Verbesserungen im Vergleich zur Breitsaat gegenüber, bei der die Getreidekörner einfach mit der Hand aufs Feld geworfen werden. Sie betreffen die schnellere Einsaat, die Genauigkeit, mit der die richtige Menge ausgebracht werden kann, das Vermeiden von Fehlstellen oder zu dichten Beständen, die Saatgutersparnis und die geordnete Reihensaat. Es war schon seit dem 6. Jh. in China bekannt, daß dadurch die Belüftung und damit der Ertrag des Bestandes erhöht, die Anfälligkeit für Pilzbefall verringert und das Unkrautjäten erleichtert werden. Mit der gegenüber der Breitsaat erreichten Ertragsverbesserung wie auch der Arbeitsersparnis ließ sich die Wirtschaftlichkeit um ein mehrfaches steigern, genannt wird eine Verzehnfachung (EGGEBRECHT 1994). Damit war die Landwirtschaft Chinas derjenigen Europas, wo die Saatscharre erst 1566 in Venedig bekannt wurde (Patentierung durch v. CAMILLO TORELLO), lange Zeit weit überlegen. Selbst heute wird das bewährte Gerät in praktisch unveränderter Form, allerdings aus Metall, weiterhin gebaut, denn die herkömmliche Bodenbearbeitung wird in vielen Gebieten noch länger vorherrschen. Nicht selten sieht man sogar Bauern, die die Feldarbeit selbst, ohne die Hilfe von Tieren bewerkstelligen müssen, wie in Foto 46 das Säen und das Eggen (im Hintergrund). Bemerkenswert ist dabei, daß diese Aufnahme nur wenige Kilometer von Gongyi entfernt entstand, einer Industriestadt mit Autobahnanschluß, im wirtschaftlichen Zentrum von Henan zwischen Luoyang und Zhengzhou gelegen.

45
46

7.3. Lößinseln in Südgansu: Trockenfeldterrassen und Stampflehmarchitektur

Das tektonisch angehobene Hochland von Tibet bricht an seiner Ostseite recht unvermittelt in einer großen Landstufe in tiefere Lagen ab. In der Nordostecke geht es in ein stark zertaltes Mittelgebirgsrelief über, welches sehr unterschiedliche Bedingungen für die Landnutzung bietet. Hier wurden Lößpakete angeweht, die, anders als im zusammenhängenden Lößplateau weiter östlich, lediglich inselhafte Vorkommen bilden. Deren Ausdehnungen reichen von einigen Hektaren bis zu mehreren Quadratkilometern. Innerhalb des zerklüfteten Reliefs

ist die kulturlandschaftliche Bedeutung der Lößvorkommen unübersehbar, boten sich doch an diesen Stellen unvergleichlich bessere Möglichkeiten für Ackerbau. Dort konzentriert sich auch die Besiedlung des ansonsten oft öden Landstrichs mit seinen steinigen Böden. Der Blick schweift in Foto 47 über ein derartiges inselhaftes Lößvorkommen bei Minxian (Prov. Gansu), dessen anthropogene Umgestaltung in Form der für Löß typischen Terrassierung sofort erkennbar ist. Der Talgrund liegt hier auf 2400 m, der Höhenzug im Hintergrund erreicht 4100 m, während die über 5000 m hohen Bergspitzen ganz hinten bereits auf dem Hochland von Tibet liegen. Die Niederschläge von ca. 500 mm fallen in diesem Raum fast zur Hälfte extrem konzentriert während der Monate Juli und August als heftige Schau-

柿形梯地・分杈房屋

er, sogar mit Hagel, wie auch kurz vor dieser Aufnahme, auf der noch die Reste des abziehenden Unwetters zu sehen sind. Alle gelben Flächen im Bild sind Felder mit reifer Gerste, die grünen mit Kartoffeln bestellte Äcker. Bei einer Ernte pro Jahr wechselt man in der Fruchtfolge nur Gerste mit Kartoffeln. In höheren Lagen kommen dazu noch Erbsen. Die Steilhänge links und im Mittelgrund sind lößfrei und tragen eine degradierte Gebüschvegetation. Kaum verwunderlich, dominiert der Löß auch die ländliche Architektur. Interessanterweise findet man jedoch fast nirgends die im Lößplateau üblichen Höhlenwohnungen, sondern Stampflehmhäuser, die vorwiegend mit Pultdächern gedeckt sind. Unauffällig und farblich kaum hervorgehoben liegen die Dörfer (Bildmitte) dicht gedrängt inmitten der Flur.

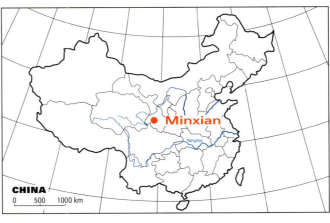

CHINA

0   500   1000 km

Minxian

Yangtse

105

48 50
49 51

Agrar-Ökosystem

Die Aufnahmen dieser Doppelseite sollen den Einfluß des Ackerbau treibenden Menschen, der dieses sensible Ökosystem im Laufe der Zeit umgestaltet hat, im Detail zeigen. Ob man diese Kulturlandschaft nun als schön bewerten will oder nicht, man wird ihr eine bemerkenswerte Ästhetik und Individualität nicht absprechen können. Hier wird noch keinerlei Rücksicht auf Landmaschinen genommen; die Bauern stützen sich gänzlich auf die Anpassungsfähigkeit ihrer Handarbeit. Terrassierung ist die einzige Methode, mit der die Gefahr der Erosion der hier nur dünnen Lößdecke einigermaßen unter Kontrolle gebracht werden kann. Dazu ist eine möglichst exakte Anpassung an alle noch so kleinen Reliefunterschiede, Neigungswinkel und Bodenwellen notwendig (Foto 48). Selbst kleinsten Bergnasen folgt der Verlauf der Terrassen getreulich, deren Anlage keine Zugeständnisse an die Dimensionen von Maschinen macht (Foto 49).

Dennoch sind die Abtragungsprozesse anhand der Kleinformen mit bloßem Auge zu erkennen. Aufgrund der geringen Mächtigkeit der Lößauflage von wenigen Metern spielen hier nur oberirdische Prozesse eine Rolle, neben der Flächenspülung vor allem die Gullyerosion (RICHTER 1992). Der Hauptgraben in Bildmitte von Foto 50 verzweigt sich oben und greift mit mehreren sich verästelnden Verzweigungen bis zu dem braunen Feld zurück, das eine geringere Neigung aufweist. Anhand von Verfärbungen des Bodens und der Anbaufrüchte, die auf die unterschiedlichen Standortbedingungen mit Wachstumsunterschieden reagieren, sind innerhalb einiger Felder Bodenwellen und Abflußbahnen erkennbar, wo verstärkt flächenhafte Hangspülprozesse ablaufen, aber noch keine Gullyerosion stattfindet. Kommt während eines besonders heftigen Regengusses einmal eine größere Wassermenge ab, vielleicht verstärkt durch den Zusammenbruch einer Terrasse oberhalb, so wird sie an solchen Stellen neue Gullies reißen – eine dann irreversible Entwicklung.

Da man versucht, die Felder möglichst flach zu halten, hängt ihre Größe direkt von der Hangneigung ab. Interessant ist der Vergleich der Feldgrößen in Foto 51, die am Fuß des Hanges immer größer werden. Die Form der Felder bleibt aber auch hier ganz unregelmäßig, weit entfernt von standardisierten Rechtecken. Hier ist auch Platz für einen Fahrweg, während der gesamte Hang oberhalb (Foto 50) nur über ein Netz von Pfaden erschlossen ist, viele Felder aber nicht einmal dadurch. Auch an diesen Details wird der Unterschied einer völlig manuell bearbeiteten im Gegensatz zu einer maschinellen Bedürfnissen angepaßten Kulturlandschaft deutlich.

Der Nutzungsdruck durch die steigende Bevölkerung und die begrenzte Ausdehnung des Lößvorkommens ist so stark, daß jede noch so begrenzte Möglichkeit wahrgenommen werden muß, etwas anzupflanzen. Selbst schmalste Absätze zwischen den Terrassen von einem halben Meter Breite und weniger tragen einen Streifen Getreide (Foto 52). Sie sind nur in individueller Handarbeit zu bearbeiten, was in einer auf menschlichem Arbeitseinsatz basierenden Landnutzung keine übermäßig großen Nachteile mit sich bringt. Die Terrassenflanken selbst sind nur von einer schütteren Grasnarbe bewachsen und damit relativ instabil und ungeschützt.

In der Summe führen die beschriebenen Erosionsprozesse zu dem in Foto 53 wiedergegebenen Landschaftsbild. Zwei große, bereits einige Dekameter eingekerbte Gullies, die sich am Oberhang verzweigen, gliedern und entwässern den gesamten Berghang. Die Mengen des umgelagerten Materials und die Häufigkeit des abfließenden Wassers lassen sich erahnen, wenn man die großen Schwemmkegel am Fuß betrachtet, peinlich gemieden von den Dörfern. Aus der Tatsache, daß sich keinerlei Vegetation auf den Schwemmkegeln etablieren kann, ist die andauernde Umlagerung des Materials ersichtlich. Anhand der grauweißen Farbe erkennt man, daß es sich dabei nicht um Löß handelt, denn die Oberhänge sind vermutlich von Natur aus lößfrei. Die andersartige Gesteinsbeschaffenheit ist nicht nur aus den abgerundeten Oberflächenformen ersichtlich, sondern wiederum anhand der Landnutzung. Im Löß des Unterhanges wird Getreide auf Terrassen angebaut (gelb), auf den hellgrünen Äckern des steinigen Oberhanges dagegen stehen Erbsen (hellgrün), viele Felder liegen dort zur Erholung des Bodens brach. Die Abtragungsprozesse laufen hier im großen und ganzen unabhängig von der Art des Gesteins bzw. der Deckschicht ab.

Selbst die inmitten des Flußbetts frisch aufgeschütteten Bänke aus andernorts abgetragenem Löß, Schotter und Feinmaterial können für den Anbau genutzt werden (Foto 54). Daraus ist ersichtlich, daß der Fluß seinen Höchststand nicht im Sommer zur Regenzeit haben kann. Sein Abflußregime wird vielmehr von der Schneeschmelze im Hochland von Tibet, seinem Quellgebiet, gesteuert und erreicht im Frühling das Maximum, wenn die gesamte Breite des Flußbetts zwischen den beiden äußeren Rinnen wassererfüllt ist. Nach dem schmalen, ebenfalls beackerten Streifen der Aue fällt am jenseitigen Ufer das markante braune Band eines etwa 5 m hohen Steilhangs auf, hinter dem die Niederterrasse liegt. Sie wurde in der letzten Eiszeit aufgeschüttet und ist heute hochwasserfrei. Die Frage nach natürlichem bzw. anthropogen verstärktem Anteil des Bodenabtrags läßt sich nicht eindeutig beantworten. Schon die natürliche Vegetation kann hier, am Übergang zwischen Kurzgrassteppe, montanen Gebüschformationen und Nadelwald, den Boden nicht vollständig vor Erosion schützen. Problematisch ist eher die Zeit bis zum Heranwachsen und nach der Ernte, in der allerdings auch erheblich weniger Niederschlag fällt.

Lebensweise

Wie in anderen Hochlagen und Gebirgen in den gemäßigten
Breiten stützt sich die für eine Höhenlage von 2400 – 3000 m
recht intensive Landnutzung auf den Anbau von Gerste, die
unter den entsprechenden klimatischen Bedingungen – starke
nächtliche Abkühlung, Spätfrostgefahr, Trockenheit, Wind –
den anderen Getreidearten überlegen ist (Foto 55). Außer der
Bestellung des Bodens wird auch die Ernte ganz ohne Maschinen in Handarbeit eingebracht. Die Gerste wird mit der Sichel
geerntet (Foto 57), was eine recht mühselige Angelegenheit
ist. Weil die Halme dabei festgehalten werden können, bringt
diese Methode aber weniger Verlust von Körnern mit sich als
der Schnitt mit der Sense oder gar einem Mähdrescher. Um das
Getreide rationell anfassen und aufladen zu können, aber auch
damit es rasch abtrocknet, werden die Halme sorgfältig zu
Garben gebunden (Foto 58) und aufgestellt. So bestimmt ein
ganzes Heer von Garben das Bild der herbstlichen Stoppelfel-
der, bevor das Getreide zum Dreschen abtransportiert wird.
Als Fahrzeug dient neben den wenigen Straßenfahrzeugen für
den überörtlichen Verkehr lokal der von Maultieren gezogene
Karren (Foto 56). Betrachtet man den Karren in Foto 55 etwas
genauer, dann fällt auf, daß außer den gummibereiften Spei-
chenrädern nur natürlich vorkommende Materialien für seinen Bau Verwendung fanden. Die Haltestäbe der Ladefläche,
die Achse und die Bretter der Ladefläche bestehen aus einfach
bearbeitetem Holz, verbunden und zusammengehalten von
lokal produzierten Hanfschnüren.

Ländliche Architektur

Löß bietet sich auch als Baumaterial für die Bauernhäuser an. Man findet hier nirgends Lößhöhlenwohnungen wie auf dem Lößplateau, sondern die Stampflehmbauweise. Alle Gehöfte auf Foto 59 sind nach demselben Schema aufgebaut. Das Wohnhaus blickt auf den kleinen Hof, der stets von einer hohen, ebenfalls aus Stampflehm aufgeführten Mauer umgeben ist. Da auch die übrigen Gebäude nur zur Hofseite Fenster haben, wirken die engen Dorfgassen recht düster und abweisend. Bei den innerhalb der Gehöfte sichtbaren Gebäuden handelt es sich um die hier relativ zahlreichen Nebengebäuden für Großel-

tern oder um kleine Scheunen. Daneben erkennt man abgeteilte Ecken für die Schweine (in den beiden Höfen vorne links). Das Gehöft, auf dessen Dach wohl Gemüse zum Trocknen liegt, hat ein besonders schönes Hoftor, wogegen manche anderen nicht zur Straße abgeschlossen sind. Bemerkenswert ist die starke Durchgrünung des Ortes in der sonst fast baumlosen Landschaft. Zum Rand hin (hinten) schließen sich zunächst Gemüsefelder an, die dann in die freie Flur übergehen.

Charakteristisches Merkmal nahezu sämtlicher Gebäude ist das Pultdach, eine Besonderheit der südlichen Lößregion, die sich bis ins Weihe-Tal und nach Xi'an verfolgen läßt und sonst in China kaum vorkommt. Insbesondere bei dem in Foto 60 abgebildeten Dorf fällt die regelmäßige Anordnung der Bauernhöfe teilweise als Straßendorf auf, die auf die konsequente Südorientierung zurückzuführen ist. Alle Wohnhäuser öffnen sich mit breiter Fensterfront nach Süden, um im Winter möglichst viel Sonnenlicht als passive Heizung einzulassen. Die längliche Erstreckung des Dorfes ergibt sich aus der Anpassung an den schmalen Streifen der Niederterrasse, die als Siedlungsraum bevorzugt wird. Neben dem steilen Lößanschnitt links erkennt man auf dieser Aufnahme die inselhafte Begrenztheit des Vorkommens. Bereits die Berge im Hintergrund tragen nur noch eine dünne bis gar keine Lößdecke mehr, weshalb nur Teilbereiche als Äcker genutzt werden können.

7.4. Hypsometrischer Kultur-landschaftswandel in Xinjiang: von der Oase zur Alm

Im Westen umfaßt China größere Bereiche Zentralasiens mit eigenständiger Landnutzung, Siedlungsform und Bevölkerung. In all diesen Elementen weist die Kulturlandschaft einen deutlichen hypsometrischen Gegensatz auf. In den Höhenbereichen des Himmelsgebirges (Tianshan) fallen bis über 800 mm Niederschlag pro Jahr, die auf der regenzugewandten Nordwestseite sogar subalpinen Gebirgsnadelwäldern eine Existenzgrundlage bieten. Aufgrund des sehr strengen Winters sind die Weiden der darüberliegenden Almenzone ledig-

lich für Viehzucht nutzbar und müssen im Winter regelmäßig verlassen werden, was nomadische Lebensformen notwendig macht. Im krassen Gegensatz dazu stehen die Beckenbereiche, die weithin unter 100 mm Niederschlag erhalten und als Vollwüsten unbesiedelt bleiben mußten. Landnutzung ist hier nur in Oasen am Fuß der Gebirge möglich, deren Ackerbau auf dem von den Bergen herabfließenden Wasser beruht, welches in besonderen Bewässerungssystemen erschlossen wird. Die regelmäßige Abfolge dieser Oasen war es, die es den Karawanen auf der Seidenstraße ermöglichte, die lebensfeindlichen Wüsten Zentralasiens schon vor Jahrtausenden zu durchqueren. Foto 61 gibt einen Überblick über die Oase von Turfan (Prov. Xinjiang), eingebettet in die völlig vegetationslose Wüste, die

観四季変化

hier nur 16 mm Regen erhält, ein Wert, der auf der Erde nur in der östlichen Sahara unterschritten wird. Zum lebensfeindlichen Grau kontrastiert dramatisch das satte Grün der dichtgedrängten, üppig sprießenden Kulturpflanzen in dem von der Bewässerung erreichten Bereich: Weingärten und Pappelreihen, letztere als Windschutz angepflanzt. Der kürzlich ausgebaute Hauptkanal ist im Vordergrund zu sehen. Er führt durch ein natürliches Durchbruchstal der Vorhügelzone und leitet das vom Tianshan herabströmende Wasser durch einen schmalen, natürlichen Durchbruch in der Vorhügelzone, hinter der sich das Kanalnetz weiter auffächert. Die Siedlungen liegen abseits am Rand, um nichts vom kostbaren Bewässerungsland zu verschwenden.

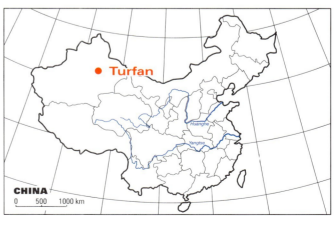

CHINA
0   500   1000 km

Agrar-Ökosystem der Oasen

Die Landnutzung der Wüstengebiete Xinjiangs ist auf die Oasen beschränkt, wo verschiedene Bewässerungssysteme die Versorgung der Nutzpflanzen sicherstellen. Obwohl unter den gegebenen Klimabedingungen eine dauernde Wasserzufuhr notwendig ist, reicht sie angesichts der extremen Verdunstungsraten nur selten aus, um Naßfelder anzulegen und Reis anzubauen, weshalb in den Oasen Xinjiangs zwei andere Anbausysteme vorherrschen. Im Ackerbau dominieren normalerweise im Trockenfeld angebaute Pflanzen, wobei eine Fruchtfolge Winterweizen–Mais oder Winterweizen–Sonnenblumen typisch ist. Wie in Foto 63 zu erkennen ist, wird dieselbe Fläche teilweise zusätzlich im Stockwerkanbau mit Fruchtbäumen (Aprikosen, Pfirsiche, Mandeln) genutzt. Neben diesen Pflanzen erreichen Sonderkulturen wie Baumwolle erhebliche Anteile an der Anbaufläche, wobei die verschiedenen Oasen auf bestimmte Produkte spezialisiert sind, so etwa Hami auf die in China als Hamimelonen bekannten Früchte mit sehr süßem, zartgrünem Fleisch. Turfan (Foto 62) ist berühmt für seine Weintrauben, die von den islamischen Bewohnern nicht gekeltert, sondern getrocknet und als Rosinen verkauft werden. Im Bild erkennt man die Weingärten mit den dichtgedrängten, an Spalieren hochgezogenen Weinstöcken und die einzeln am Oberhang stehenden Gebäude mit gitterartig durchbrochenen Wänden, die zum Trocknen der Rosinen dienen. Die Gebäude stehen allesamt im Ödland, um nichts von der wertvollen Bewässerungsfläche zu verbrauchen. Die senkrechten kleinen Rinnen am Oberhang entstehen durch die seltenen Niederschläge, die in der völlig vegetationslosen Wüste unmittelbar geomorphologisch wirksam werden. Die Bewässerungsfläche beschränkt sich hier auf den erreichbaren flachen Boden des Durchbruchstals, fächert aber am Ende des Hügelbereichs breit auf zur eigentlichen Oase. Hier, wo die Bewässerung am sichersten ist, baut man die wertvollsten Kulturen an.

Die Bewässerung basiert in Turfan auf zwei verschiedenen Systemen, die sowohl Oberflächenwasser als auch Grundwasser nutzen. Quellen, Brunnen, Pumpen oder Schöpfräder spielen hier keine größere Rolle für die Wassergewinnung. Da das vom Gebirge herabströmende Oberflächenwasser die Randbereiche der Oase nicht erreicht, ist dort ein aufwendiges Bewässerungssystem nötig, um eine konstante und zuverlässige Wasserzufuhr zu gewährleisten, die lokal im Uigurischen so bezeichneten Kares. Bei diesem System wird das Grundwasser mittels Sickerstollen angezapft, eine Methode, die im gesamten Zentralasien und Vorderen Orient am Fuß der Höhenzüge zu finden ist (Abb. 13). Die Technik wurde aus Arabien, wo sie als Kanat bezeichnet wird, in Zentralasien eingeführt (TROLL 1963). Der Grundwasserspiegel (3) zieht vor dem Gebirge unter der schwach geneigten Fußfläche (Glacis) mit steilerem Gefälle in die Tiefe. Um ihn anzuzapfen, wird ein Stollen (2) mit geringster Neigung in Richtung auf das Gebirge getrieben, der so weit zurückreicht, bis sein Beginn den Grundwasserspiegel anschneidet und sich in ihm genügend Wasser sammelt. Die Bilder stammen aus einem Abschnitt, wo das andere Ende mit dem oberflächlichen Austritt noch nicht ganz erreicht ist. Die in regelmäßigen Abständen angeordneten Öffnungen wurden während der Bauzeit angelegt, wo das Material aus ihnen herausbefördert wurde, und dienen nun dem Zugang für die Wartungsarbeiten. Je weiter man sich zum Gebirge hinarbeitet, um so tiefer müssen sie werden (1). Wie Foto 65 zeigt, ist die Förderleistung eines Kares, zumal zum Aufnahmezeitpunkt im Frühherbst, gemessen am Konstruktionsaufwand relativ gering. Im Inneren des unterirdischen Kanalverlaufs haben sich einzelne Pflanzen angesiedelt. Foto 64 zeigt die Ansicht von außen am Rand des Siedlungsbereiches, wo der Kanal noch nicht die Oberfläche erreicht hat und das Wasser noch nicht zur Bewässerung genutzt werden kann. An dieser Stelle versorgen sich lediglich die Bewohner.

Abbildung 13
Das System der Kares-Bewässerung in der Oase von Turfan (aus TIAN et al. 1984, S. 95)

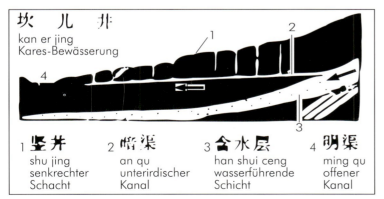

	坚井		暗渠		含水层		明渠
1	shu jing	2	an qu	3	han shui ceng	4	ming qu
	senkrechter Schacht		unterirdischer Kanal		wasserführende Schicht		offener Kanal

Ländliche Architektur

Der Großteil der Bewohner Xinjiangs ist den Turkvölkern zuzurechnen, die zwischen dem 10. und 12. Jh. islamisiert wurden. Die Mehrheit unter ihnen stellen mit (1990) 7,3 Millionen die Uiguren, deren Siedlungsgebiete sich auf die Oasen entlang der Routen der alten Seidenstraße konzentrieren. Mit den daran aufgereihten kulturellen Zentren und berühmten buddhistischen Kultstätten haben die Uiguren allerdings wenig gemeinsam, denn sie wanderten erst im 9. Jh. von Nordosten her in das Gebiet ein. Damals gaben sie auch ihre zuvor nomadische Lebensweise auf und wandten sich dem Ackerbau in den Oasen zu. Die Uiguren gehören heute zu den am weitesten im Osten lebenden Turkvölkern, und ein Blick auf die in Foto 69 abgebildete Kinderschar läßt kaum an Chinesen, sondern schon fast an europäische Gesichtszüge denken.

Nicht zuletzt anhand der Architekturformen ist der im Vergleich zum chinesischen Kernland andersartige Kulturkreis zu bemerken, dem Xinjiang angehört. Wie es in islamischen Gebieten nicht nur in Zentralasien allgemein der Fall ist, sind die Gebäude als Innenhofhäuser konzipiert (Foto 66). Während des Sommers mit seinen extremen Temperaturen wird der Großteil der Aktivitäten in den zur Straße hin abgeschirmten Hof verlagert, der mit Blumen oder, vor allem in Turfan und Hami, mit schattenspendenden Weinranken liebevoll ausgestaltet ist.

Foto 67 zeigt den überdachten Eingangsbereich des Hauses, der vor allem in Kuqa dem Haus hofseitig vorgelagert ist. Er verfügt über ein erhöhtes Podest, das, mit Teppichen ausgelegt, als Sitzplatz genutzt wird und auf dem auch die Mahlzeiten eingenommen werden. Dieses Podest besteht in seiner ursprünglichen Form aus Stampflehm, wie auch die gesamten Wände des Hauses, während die Dachkonstruktion aus Holz aufgebaut ist. Die waagerecht liegenden Dachbalken stützen sich auf senkrechte hölzerne Säulen ab und sind mit einer Schicht Bretter gedeckt, auf die Stroh und schließlich ein Lehmputz aufgetragen wird, der das Flachdach begehbar macht.

Im Gegensatz zur offenen Innenseite wirken die Gebäude mit ihren nur vereinzelt von Fenstern durchbrochenen Wänden nach außen eher abweisend. Im abgebildeten Fall (Foto 68) sitzt die mit einem Lehm-Stroh-Putz geschützte

66 69
67
68

Stampflehmwand einem Sockel aus Backsteinen auf. Abgesehen von der zentralen Ansiedlung der Oase mit Markt- und Verwaltungsfunktion, sind die übrigen Häuser zu kleinen Gehöftgruppen zusammengefaßt und über das gesamte Bewässerungsgebiet entlang der Verbindungswege verteilt. Wie das in Turfan aufgenommene Foto darüber hinaus zeigt, stellt der Eselskarren in den Oasen Xinjiangs das bevorzugte Beförderungsmittel dar.

Lebensweise

Sowohl die Umstände der Landnutzung als auch die Verwandtschaft der Uiguren mit den islamischen Völkern weiter westlich lassen sich anhand der Ernährungsgewohnheiten ablesen. Anstelle des im Islam verbotenen Schweinefleischs wird Lamm konsumiert, häufig an Straßenständen angeboten und ganz frisch zubereitet (Foto 70). Selbst die Bezeichnung Shish Kebap stimmt mit der geläufigen türkischen Benennung überein. Das wichtigste Anbauprodukt, die Rosinen, prägen das Marktgeschehen von Turfan (Foto 71), wo die verschiedensten Sorten und Qualitäten gehandelt werden.

Im Gegensatz zum übrigen China bildet in Xinjiang Brot die Ernährungsgrundlage. Wie im Vorderen Orient üblich, wird es als Fladenbrot im Lehmofen gebacken (Foto 72). Der Ofen hat eine tonnenförmige Gestalt von gut einem Meter Höhe und vielleicht 70 cm Durchmesser, mit einer Öffnung von nur 30 cm, durch die das Brot zu manövrieren ist. Nachdem der Bäcker den Teigfladen verkehrt herum über das bereitliegende Kissen (rechts) gezogen und es mit einem gekonnten Schwung von innen an die Backofenwand gedrückt hat, holt er die fertigen Brote mittels eines Hakens aus dem Ofen. Häufig werden die Fladenbrote mittels Stempeleindrücken kunstvoll verziert und schließlich, mit Sesam und Schwarzkümmel überstreut, am Markt zusammen mit weiteren Brotsorten angeboten (Foto 73).

Agrar-Ökosystem in Hochgebirge

Man kann sich kaum einen stärkeren landschaftlichen Gegensatz vorstellen als zwischen den Oasen der Niederungen und den Hochlagen des Himmelsgebirges, das im vergletscherten Bogda Feng bis 5445 m aufragt. Die Entfernung von hier bis zur Turfansenke, die 154 m unter dem Meeresspiegel liegt, beträgt nur etwas mehr als 100 km. Auf der Nordwestseite des Gebirges, die als Regenfänger wirkt, gehen die Steppenformationen ab etwa 1800 m in einen subalpinen Gebirgsnadelwald über, dem oberhalb von etwa 2700 m die Almenzone und zwischen 3000 und 3300 m die Schneegrenze folgen. Im Gebirge

ist das Klima für den Anbau von Nutzpflanzen nicht mehr geeignet, weshalb sich die Landnutzung auf Viehwirtschaft, vielfach Pferdezucht stützt. Sie bleibt zudem auf die Sommermonate beschränkt, weil die Temperaturen während des langen Winters im Durchschnitt auf unter minus 20 °C absinken und die dicke Schneedecke die Nahrungssuche unmöglich macht.

Dennoch ist der anthropogene Einfluß auf die Vegetation erheblich, was auf den beiden Fotos gut zu erkennen ist. Weidende Tiere fressen nicht nur Gräser und Kräuter, sondern auch die Schößlinge der jungen Bäume, bevor sie verholzen, wodurch der Baumbestand allmählich überaltert. Foto 74 zeigt den diesem Nutzungsdruck ausgesetzten Wald, der von Frei-

flächen durchsetzt und allgemein aufgelichtet ist. Innerhalb der Nadelwaldstufe dominieren Tannen *(Abies fabri)* und Kiefern *(Picea asperata)*. Foto 75 wurde kurz unterhalb der Waldgrenze mit Blickrichtung nach Osten aufgenommen. Neben dem direkten Eingriff des Menschen zur Brennholzgewinnung und den weidebedingten Lichtungen sieht man hier auch deutlich den Gegensatz zwischen den bewaldeten Nordhängen (Mitte) und den kahlen Südhängen (links). Auf den Südseiten schmilzt der Schnee im Frühling schneller als auf den schattigen Nordhängen. Die Beweidung und damit die Dezimierung der Vegetation setzen deswegen auf den Südhängen früher ein und dauern insgesamt erheblich länger an. Die Waldgrenze

wurde auf den Südhängen deshalb im Laufe der Zeit anthropogen um mehrere hundert Meter erniedrigt.

Ländliche Architektur und Lebensweise

Den besonderen Bedingungen des Agrar-Ökosystems mußten sich die Bewohner auch hinsichtlich ihrer Siedlungsformen anpassen. Da jedes Jahr ein zweimaliges Pendeln zwischen den Winterquartieren am Fuß des Gebirges und den Sommerweiden auf den Almen notwendig ist, muß man auf Behausungen zurückgreifen, die rasch verlagert werden können. Die Jurte, in Zentralasien auch unter vollständig nomadisch lebenden Gruppen verbreitet, stellt einen über lange Zeiträume weiterentwickelten Kompromiß zwischen den Anforderungen der Mobilität und dem Wunsch nach Schutz und Behaglichkeit dar. Auf diese Weise ist auch während der Weideperiode die Verlagerung der Siedlungen mit den Tieren zu frischen Weiden ohne größeren Aufwand zu bewerkstelligen. Jurten dürfen nicht mit Zelten, die keine hölzerne Innenkonstruktion aufweisen, gleichgesetzt werden, weshalb sie ohne weiteres als eigenständige Form ländlicher Architektur bezeichnet werden können.

Die Nomaden bleiben im Familienverband zusammen und folgen immer denselben Routen, wobei die hergerichteten Stellen zum Aufbau der Jurten regelmäßig benutzt werden. Auf Foto 79 ist unterhalb der aufgebauten Jurte am Hang der künstlich angelegte, ebene Platz zum Aufbau einer weiteren Jurte zu sehen. In der häufig aufgesuchten Umgebung ist die Grasnarbe bereits stark überweidet, und die Steine sind entblößt.

Die kleine Bildserie vom Aufbau einer Jurte (Foto 76 bis 78) entstand, als die Nomaden Ende August schon wieder auf dem Rückweg in tiefere Lagen waren. Die Jurte besteht aus einem hölzernen, zerlegbaren Gestell und einem Überzug aus Fellen und kann von zwei Pferden transportiert werden. Das Gitter für den unteren Teil wird nicht in seine Einzelteile zerlegt, sondern besteht aus vier Segmenten, die lediglich zusammengefaltet werden. Nachdem sie aufgestellt und aneinander befestigt sind, wird der feste Türstock eingebaut, der dem Ganzen einen durchaus dauerhafteren Charakter verleiht. Am schwierigsten ist das anschließende Aufrichten und Einhängen der ersten Dachhölzer (Foto 76). Die Hölzer für die Dachkonstruktion werden auf dem Wandgitter festgebunden und an der Spitze in einen Ring von ca. 1 m Durchmesser eingehängt, der zu diesem Zweck entsprechende Bohrungen

aufweist (Foto 77). Die quer über den Ring gebogenen Stäbe ermöglichen es, bei Regen mittels Schnüren vom Boden aus ein Fell über die Öffnung zu ziehen, die ansonsten als Rauch-abzug frei bleibt. Zum Schluß befestigt man die Felle der Außenhaut mit Hilfe kreuzweise gespannter Riemen an der aufgerichteten Holzkonstruktion (Foto 78). Der gesamte Aufbau ist in rund drei Stunden abgeschlossen. Das Innere einer Jurte (Foto 83) bietet der ganzen Familie ausreichend Platz. Gerätschaften und Haushaltsgegenstände werden am Wand-gitter aufgehängt, während für die Vorräte sogar eine kleine Truhe mitgeführt wird.

Es ist bemerkenswert, daß die beschriebene Form der Landnutzung nicht von den in den Oasen ansässigen Uiguren, sondern von den Kasachen, einem anderen Turkvolk, ausgeübt wird (Foto 80). Die Mehrheit dieses Volkes lebt im benachbarten Kasachstan, rund 1,1 Mio. in Xinjiang. Die kulturelle Eigenständigkeit der kasachischen Nomaden läßt sich daraus ersehen, daß wir uns nur mit den Kindern verständigen konnten, die ein wenig Chinesisch in der Schule gelernt hatten. Foto 81 zeigt die vor der aufgebauten Jurte versammelte Familie, wobei die Ehemänner der mittleren Generation, die erst spät abends mit ihren Herden dazustießen, noch fehlen. Das Mahl bestand aus Brot mit Butter und einem würzigen Hart-käse, wozu Tee getrunken wurde (Foto 82). Zum eigentlichen Abendessen, das später innerhalb der Jurte eingenommen wurde, gab es dazu noch gekochtes Lammfleisch.

7.5. Becken der Mandschurei: bäuerliche und staatliche Kolonisierung

Der im Deutschen Mandschurei, im Chinesischen *dong-bei* (Nordosten) genannte Raum umfaßt ein weitläufiges Gebiet, das im Verhältnis zum chinesischen Kernland größtenteils immer noch sehr dünn besiedelt ist und große Landreserven und Entwicklungspotentiale aufweist. Die drei Provinzen Heilongjiang, Jilin und Liaoning umfassen 1,23 Mio. km² oder fast 13 % des chinesischen Staatsgebiets mit 1990 nur 8,8% (99,9 Mio.) der Einwohner. Die Bevölkerungsdichte liegt mit 81 Einwohnern pro km² weit unter den Werten der Provinzen des Inneren Chinas, die zwischen 400 bis über 600 erreichen. Anders als in der Inneren Mongolei, Xinjiang oder Tibet beruht die dünne Besiedlung keineswegs auf klimatischer Ungunst, sondern auf dem bis 1859 bestehenden Besiedlungsverbot, mit dem die Mandschu-Dynastie ihr Stammland schützen wollte und das sie mittels eines mehrere hundert Kilometer langen Palisadenwalls absicherte. Nur der südliche Teil von Liaoning stand bereits seit der Ming-Zeit unter chinesischem Einfluß. Nach der Aufhebung des Verbots wanderten seit der Mitte des letzten Jahrhunderts Millionen von Bauern aus dem übervölkerten Inneren China in den Nordosten, um die Steppen und Waldgebiete zu erschließen, ein Prozeß, der auch heute noch andauert. Im Gegensatz zum übrigen China bestehen in der anthro-

垦荒和国营开发

pogenen Umgestaltung der Landschaft deshalb keine weit zurückreichenden historischen Wurzeln. Im Landschaftsbild stehen sich kleinbetrieblich geprägte Gebiete, die durch ungeregelte bäuerliche Kolonisierung kultiviert wurden, und von großen Staatsgütern erschlossene Bereiche gegenüber. Wie in Foto 84 (bei Wudalianchi, Prov. Heilongjiang) sichtbar ist, zeichnen sich diese durch großbetriebliche Strukturen, planmäßige Anlage der Flur und größere Ausdehnung der Felder aus, ein für China unübliches Bild. Anhand ihrer Farbe sind bei den umgepflügten Äckern die fruchtbaren Schwarzerdeböden des nördlichen Mandschurischen Beckens erkennbar, eine besonders günstige Grundlage für Trockenfeldbau.

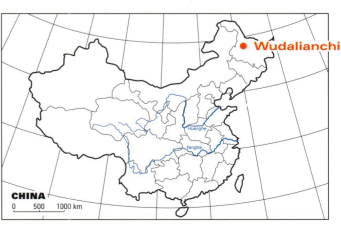

Staatliche Kolonisierung

Die Bildsequenz dieser Seite zeigt Ansichten aus dem Norden der Mandschurei, dem weitläufigen, flachen, dünnbesiedelten Becken, das teilweise durch Staatsbetriebe erschlossen wurde. 1990 wurden 4,9 % der Ackerfläche Chinas von Staatsgütern bewirtschaftet, wovon die meisten in der nördlichen Mandschurei waren (State Statistical Bureau 1991, S. 344). Während es nach Norden und Osten durch Mittelgebirge abgeschirmt ist, geht das mandschurische Becken am westlichen Rand kaum merklich in die Weite der mongolischen Steppe über (Foto 85). In der ersten Hälfte dieses Jahrhunderts, zunächst unter russischer Regie und danach verstärkt während der japanischen Besatzungszeit, diente der Bau von Bahnlinien der Erschließung des Landes, nicht nur zur Lenkung der Besiedlung und zum Abtransport der Landwirtschaftsprodukte, sondern auch wegen der Rohstoffgewinnung und für den industriellen Aufbau, so daß die Mandschurei heute über das dichteste Bahnnetz des Landes verfügt.

Zwei Anbauprodukte fallen besonders auf. Die nördliche Mandschurei ist das einzige Zuckerrübenanbaugebiet Chinas von nennenswertem Umfang. In ihrer Struktur ähneln diese Bereiche eher der Landnutzung in Europa als im übrigen China. Der im Verhältnis zum Zuckerrohr geringere Zuckergehalt setzt, wie Foto 86 zeigt, eine zentrale Verarbeitung in Fabriken mit entsprechender Infrastruktur und Organisation sowohl des Anbaus als auch des Absatzes voraus. In dem Bild kommt zudem der allgemein hohe Mechanisierungsgrad der Landnutzung in der Mandschurei zum Ausdruck. Das geringe Verhältnis der Zahl der Arbeitskräfte zur Ackerfläche einerseits sowie die großbetrieblichen Strukturen andererseits erleichtern den Einsatz von Maschinen, der erheblich über dem im übrigen China gegebenen Maß liegt.

Traditionell trennte die Reisgrenze den humiden Süden Chinas von der Nordchinesischen Tiefebene, wo kein Reisanbau mehr möglich war, geschweige denn noch weiter in Richtung der randlichen Mittelbreiten mit ihren kurzen Sommern. Obwohl sich an dieser prinzipiellen Einteilung wenig geändert hat, findet man heute selbst in der Mandschurei bis weit nördlich von Harbin Reisanbau (Foto 87). Inzwischen ermöglichen schnellreifende Züchtungen die Ausnutzung des kurzen, aber auch hier warmen Sommers, entsprechende Bewässerungsmöglichkeiten vorausgesetzt. Die Tatsache, daß sich der Reisanbau in der dazwischen liegenden Nordchinesischen Tiefebene trotzdem nicht etablieren konnte, zeigt, wie stark diese Kulturpflanze das gesamte Agrar-Ökosystem, die Arbeitsorganisation und damit auch die Lebensweise der Bauern bestimmt. Aus diesen Gründen ist eine Einführung im Neuerschließungsgebiet viel einfacher als eine Umstellung bereits etablierter Strukturen wie in der altbesiedelten Nordchinesischen Tiefebene.

Foto 88 gibt einen Überblick über den Ort Wudalianchi, im Norden der Provinz Heilongjiang gelegen, dessen regelhafte Anlage sofort ins Auge fällt. Man erkennt anhand des regelmäßigen Aufbaus, daß außer den Feldern im Hintergrund auch das Dorf selbst planmäßig angelegt wurde. Alle Gehöfte sind gleich groß und, teilweise in Reihenhausbauweise, entlang der einheitlich ausgerichteten Wege angeordnet, ausgestattet mit einem kleinen Hausgarten. Neben den Ziegeldächern fällt das Ausmaß der sonst in China unüblichen Wellblechdeckung auf. Die Gebäude im Hintergrund gehören zu einem staatlichen Gut, das den größten Teil der Landwirtschaftsfläche um diesen Ort herum bewirtschaftet. Die großen Strohhaufen, die zum Aufnahmezeitpunkt im Herbst aufgestapelt sind, dienen als Vorrat für den anstehenden lang andauernden Winter.

Bäuerliche Kolonisierung

Die Hauptlast der Kolonisierung der Mandschurei trug allerdings nicht der Staat mit seinen Gütern und geplanten Siedlungen, sondern die ungeregelte, wohl aber staatlich geförderte bäuerliche Zuwanderung. In der Zeit vor der japanischen Besetzung der Mandschurei kamen bis über 1 Million Menschen pro Jahr, die zu einem großen Anteil aus der Provinz Shandong stammten, einer der am dichtesten besiedelten Regionen Chinas. Vor allem in den hügeligen Randbereichen der Mandschurei drängten die Bauern in abgeholzte Gebiete nach oder rodeten das zugewiesene Land selbst. Noch heute werden auf diese Weise einzelne Gebiete im Changbaishan oder im Xiaohingganling neu erschlossen und erstmals in Kultur genommen (Foto 89, bei Nancha). Am bunten Erscheinungsbild des herbstlichen Waldes ist zu ersehen, daß es sich hier noch um einen Urwald handelt. Als gemäßigter Laubmischwald entspricht er den standörtlichen Verhältnissen der zentraleuropäischen Mittelgebirge, mit einer allerdings für hiesige, vom Menschen stark beeinflußte Forste unvorstellbaren Artenmannigfaltigkeit und Durchmischung (*Picea jezonensis, Abies fabri, Pinus coraiensis, Quercus mongolica, Betula platyphylla, Populus davidiana,* u. v. a.)

In diesen Randgebieten, wo das Land ausnahmsweise nicht den begrenzenden Faktor darstellt, erfolgt dessen Nutzung teils recht extensiv. Foto 90 zeigt ein nur notdürftig hergerichtetes Feld, das in einer Art einfacher Wald-Feld-Wechselwirtschaft bestellt wird, wie sie früher auch in den Mittelgebirgen Zentraleuropas praktiziert wurde. Man macht sich dabei nicht die Mühe, das Feld auch noch von den Wurzelstöcken der abgeholzten Bäume zu befreien, die man statt dessen stehenläßt, um dazwischen anzusäen. Eine ausgeklügelte Bodenpflege, gezielte Düngung und intensive Landbewirtschaftung, wie sie im Inneren China üblich sind und über Jahrtausende fortentwickelt wurden, betreibt man dabei nicht. Vielmehr wird das Feld, wenn die natürliche Bodenfruchtbarkeit nach einigen Jahren langsam nachläßt, aufgegeben und sich selbst überlassen, worauf sich wieder eine Waldvegetation einstellt, bei der zunächst die raschwüchsigen Birken und Pappeln dominieren (im Hintergrund).

Die Lebensbedingungen in diesen sehr dünn besiedelten Räumen mit ihren abgelegenen Dörfern sind denkbar einfach. Für den Hausbau (Foto 91) stehen oft nur die lokal vorhandenen Materialien zur Verfügung, und die kleinen Gebäude werden mit Lehmziegeln erbaut, geschützt durch einen Lehm-Stroh-Putz. Bemerkenswert ist der hohe Anteil strohgedeckter Häuser. Wegen der Durchlässigkeit dieses Materials müssen die Dächer hier stärker geneigt werden als ansonsten in Nordchina üblich. Um die Häuser herum liegen die Gartenparzellen, auf denen Gemüse angebaut wird, hier in auffälliger Weise sorgsam umzäunt, was im übrigen China ebenfalls eher die Ausnahme ist (Foto 92, Dayangcha, Kreis Hunjiang).

7.6. Changbaishan-Gebirge: Landnutzung und Lehmziegel- architektur der Koreaner

Das Changbaishan-Gebirge bildet die alte Kulturgrenze zwischen Mandschu und Chinesen im Westen und Koreanern im Osten. Obwohl es von chinesischer Seite schon während der Han-Zeit Versuche gab, auch auf der Koreanischen Halbinsel Fuß zu fassen, blieben diese Unternehmungen auf kürzere Zeiträume beschränkt und waren im ganzen nicht erfolgreich. Umgekehrt lebt ganz im Osten der chinesischen Provinz Jilin eine Minderheit von 1,8 Mio. Koreanern, die sich innerhalb eines relativ geschlossenen Siedlungsgebietes ihre kul-

turelle Eigenständigkeit bewahren konnte. Der Gegensatz der altbesiedelten Landschaft zu den Kolonisierungsgebieten der Mandschurei kommt sowohl in der Kleinteiligkeit der Landnutzung als auch in der Tradition der ländlichen Architektur zum Ausdruck. Foto 93 gibt einen Überblick über das Dorf Bisue (Nähe Tumen, Präfektur Yanji, Prov. Jilin) und seine landschaftliche Einbindung. Bemerkenswert ist die ungestörte Dynamik, mit der der Fluß dahinströmt, an den unbefestigten Ufern gesäumt von Flachwasserzonen, Uferabbrüchen, Kies- und Sandbänken. Die Landnutzung teilt sich in drei Bereiche. Oberhalb der jährlich überfluteten Fluß-aue, die von den Baumreihen abgegrenzt wird, liegt die nur sporadisch überschwemmte Niederterrasse mit Naßfeldern für den Anbau von Reis, dessen Kultivie-

地
お
用
和
土
地
房
屋

rung in Korea ebenfalls eine lange Tradition aufweist. Dieser Bereich wird bewässert, indem weiter flußaufwärts Wasser ausgeleitet und mit geringerem Gefälle hierhin geführt wird. Die Hänge oberhalb, die nicht mehr durch ausgeleitetes Flußwasser bewässert werden können, setzen sich davon klar ab und werden von Trockenfeldern eingenommen. Alle in der Aufnahme sichtbaren Hügel sind längst entwaldet und tragen lediglich eine degradierte Gebüschvegetation, denn Holz stellt nach wie vor ein wichtiges Brennmaterial und einen häufig gebrauchten Baustoff dar. Auf den girlandenförmigen Gestellen hängt Tabak zum Trocknen, vor Regen geschützt durch Plastikfolien.

CHINA
0   500   1000 km

Agrar-Ökosystem

Vor der Einführung des Reisanbaus in der Mandschurei in den siebziger Jahren, der auf der Verwendung moderner, schnell-reifender Sorten basiert, dürfte der koreanisch besiedelte Raum das nördlichste Reisanbaugebiet Chinas gewesen sein. Die Bewässerung erfolgt über flußgespeiste Kanäle, die etwas oberhalb aus dem Flußlauf ausgeleitet und mit natürlichem Gefälle zu den Naßfeldern geführt werden. Der Reisanbau bleibt daher auf die Niederterrasse (Flußablagerungen aus der letzten Eiszeit) beschränkt, die nur bei außergewöhnlichen Hochwässern noch überschwemmt wird. Daneben bilden die Getreidearten Sommerweizen und Mais, auf Trockenfeldern am Hang angepflanzt, die Grundlage der lokalen Ernährung.

Auf der linken Seite sind zwei weitere wichtigste Anbaufrüchte im Detail abgebildet. Ausgereifte Samen der Sojabohnen (*Glycine max*; Foto 94) enthalten 30 – 50 % Eiweiß, 14 – 34 % Kohlenhydrate, 13 – 24 % Fett, 3 – 6 % Mineralstoffe, der Rest ist Rohfaser und Wasser (FRANKE 1994, S. 273). Soja spielt für die Ernährung in ganz Nordchina eine eminent wichtige Rolle, da der Fleischkonsum niedrig liegt und auch der Gemüseanbau oft nicht genügend Eiweiß liefert. Die Sojabohnen werden nach Entzug des Fettes ausgepreßt, getrocknet und zu Mehl verarbeitet. Die weiße „Sojamilch" wird vergoren und dann als halbfestes Produkt Tofu (*doufu*) in Suppen gegessen oder getrocknet bzw. weiter vergoren. Der Schwerpunkt des Anbaus von Sojabohnen, deren Wildformen aus Nord- und Nordostchina stammen, liegt auch heute noch in diesem Raum. Urkundlich ist der Anbau seit 800 v. Chr. in China belegt, wird aber aufgrund etymologischer Hinweise noch mindestens einige Jahrhunderte vorher angesetzt (BRÜCHER 1977, S. 172). In Brasilien und den USA wird inzwischen weit mehr geerntet, allerdings hauptsächlich zur Verwendung als Kraftfutter für die Viehzucht. Die Pflanze bildet eine Mykorrhiza mit Knöllchenbakterien, die fähig sind, Luftstickstoff zu binden, weshalb sie in der hier häufig angewandten Fruchtfolge Sojabohnen–Sommerweizen oder Sojabohnen–Mais entscheidend zur Bodenverbesserung beiträgt. Da sie fruchtfolgestabil ist, kann die Sojabohne allerdings auch mehrere Jahre hintereinander angebaut werden, ohne daß der Ertrag wesentlich absinkt.

Die Präfektur Yanji ist daneben ein wichtiges Anbaugebiet für Tabak (Foto 95). Tabakhandel und -verkauf unterliegen in China einem staatlichen Monopol, denn die hohen Erlöse daraus spielen eine sehr wichtige Rolle für den Staatshaushalt. Die Tabakblätter werden in langen Girlanden auf Stricke gezogen, an eigens aufgestellten Gestellen neben den Gehöften aufgehängt und unter freiem Himmel getrocknet, vor Nässe geschützt durch darüber gelegte Plastikplanen (vgl. Foto 93 und 98). Zu großen Ballen geschnürt, trägt man sie zum Platz am Rand des Dorfes (Foto 96), wo der staatliche Aufkäufer wartet (Foto 97). Tabakverarbeitung und -verkauf erfolgen in China ausschließlich durch den Staat und sind eine seiner wichtigsten Einnahmequellen.

Ländliche Architektur

In Foto 98 blickt man über Bisue und dessen Lage zwischen den tabakbestandenen Trocken- und den Naßreisfeldern. Die Position entspricht genau dem Übergang von der Niederterrasse mit den wertvollen Naßfeldern zu den darüber ansteigenden Hügeln, bevor deren Hangneigung zu steil wird. Auch hier sind alle Gebäude konsequent nach Süden ausgerichtet und nicht etwa zur Offenheit des Tals hin. Als Baumaterial dienen Lehmziegel, zumeist versehen mit einem weißen Kalkputz (Foto 100). Trotz seiner Steilheit dient das Dach zum Trocknen der roten Chillischoten, die in der koreanischen Küche für die Zubereitung von „Kimchi" verwendet werden, eingelegtem und auf Milchsäurebasis vergorenem Chinakohl, der während der im Nordosten lang andauernden Winterzeit nahezu die einzige Vitaminquelle darstellt und ernährungsphysiologisch entsprechend wichtig ist.

Die koreanischen Bauernhäuser zeichnen sich, obwohl von einfacher Bauweise, durch eine eigenständige Architektur aus. Charakteristisches Merkmal ist in erster Linie das Walmdach, eine Dachform, die normalerweise auf die Palast- und Tempelbauweise beschränkt ist und die man ansonsten in der ländlichen Architektur Chinas vergeblich sucht. Dieser Sachverhalt macht deutlich, welche Bedeutung die Dachform als differenzierendes Merkmal in der ländlichen Architektur hat. Wie aus Foto 98 und 99 ersichtlich ist, deckt man verbreitet mit Stroh, denn es steht entsprechend dauerhaftes, stützgewebereiches Stroh aus Schilf oder Gaoliang zur Verfügung. Die Strohbündel werden von einem weitmaschigen Netz gehalten, das seinerseits mittels einer querliegenden Stange an den Traufenden gespannt wird (Foto 100). Obwohl das Dorf elektrifiziert ist, sind die Wege unbefestigt. Die Gehöfte werden zumeist durch einen Zaun aus einfachen Stecken umgrenzt (Foto 101).

華
北
平
原
乾
灌

7.7. Nordchinesische Tiefebene: Trockenfeldbau mit Zusatzbewässerung und Lehmziegelarchitektur I

Auf Hunderte von Quadratkilometern bietet die Nordchinesische Tiefebene das immer gleiche Landschaftsbild: Nicht von einer einzigen Erhebung unterbrochen, liegt das völlig flache Land da, ausnahmslos vom Menschen genutzt, so daß kein Fleckchen Wald von der ursprünglichen Vegetation übriggeblieben ist: reines, intensiv genutztes Kulturland. Vom Aufnahmestandpunkt auf dem Dreschplatz am Rand eines Dorfes

(Foto 102, Kreis Qufu, Prov. Shandong) schweift der Blick zur nächsten, eng zusammengedrängten Ansiedlung (rechts hinten), kaum einen Kilometer entfernt. Die Farben der Landschaft werden bestimmt vom frischen Grün des Winterweizens, der, im Herbst ausgesät und gekeimt, jetzt Anfang April austreibt. Dazu kommt das bräunliche Gelb des Schwemmlösses. Anders als im Lößbergland weiter westlich, aus dem das Material sekundär herantransportiert und hier aufgeschüttet wurde, stellt die Erosion in dem tischebenen Land keine Gefahr dar. Entsprechend günstig sind die Voraussetzungen für intensiven, flächendeckenden Ackerbau. Zu dem fast monotonen Erscheinungsbild der Landschaft trägt neben der Ebenheit des Reliefs die Einheitlichkeit der Fruchtfolgen bei, von alters her

地和土坝房屋（一）

mit Winterweizen als Hauptgetreide. In den letzten Jahrzehnten wurden einige Verbesserungen vorgenommen, mit denen die Intensität der Landnutzung weiter gesteigert werden konnte. Der hochliegende Grundwasserspiegel ermöglicht Zusatzbewässerung (elektrifizierte Pumpstation links) und damit vielfach eine zweite Ernte. Dazu kamen Sonderkulturen wie Wein (mehrere Weinfelder im Bild) und Baumwolle sowie agrarökologische Verbesserungen, wie das Anpflanzen zahlreicher Bäume als Windschutz und Holzlieferanten. Links im Bild ist eine steinerne Dreschwalze sichtbar, die, mit hölzerner Achse, Holzrahmen und Geschirr versehen, einem Esel oder Maultier umgebunden wird, das dann auf dem Platz seine Runden über das ausgelegte Getreide dreht.

137

Agrar-Ökosystem

Die Aufnahmen aus dem Frühjahr werden von den mit Winterweizen eingesäten Feldern bestimmt, denn wie in der ganzen Nordchinesischen Tiefebene dominiert auch hier im zentralen Bereich die Fruchtfolge Winterweizen–Mais, wozu noch Winterweizen–Hirse oder Winterweizen–Sojabohnen treten können.

Da nirgends in der gleichmäßig fruchtbaren Schwemmlößebene natürliche Ungunstflächen vorhanden sind, wurde der Ackerbau flächenhaft ausgeweitet und im Laufe der Zeit auf Hunderten von Quadratkilometern jeglicher Baumbewuchs beseitigt. Inzwischen hat man den agrarökologischen Wert

gezielter Anlagen erkannt und pflanzt Getreide und Baumreihen in engen Abständen nebeneinander, sogar als Stockwerkkultur auf derselben Fläche (Foto 103). Die Bäume stehen kaum in Konkurrenz mit dem Getreide, da die eingesetzten Arten Jujube *(Zizyphus jujuba)* und Paulownia *(Paulownia tomentosa)* als Tiefwurzler an das Grundwasser heranreichen.

Die hauptsächlich angepflanzte Paulownia entfaltet ihre Blätter erst nach der attraktiven Blüte (Foto 104 mit Knospen und Früchten des Vorjahres), und das Blätterdach ist während der Hauptwachstumsphase des Getreides noch nicht sehr dicht. Im Gegensatz zur Paulowina kann man die Früchte der Jujube (chin. *shu*) essen. Von beiden Bäumen werden darüber hinaus die Stecken als Brennholz genutzt, die Stämme als Bauholz verkauft. Das auf weite Entfernungen flache Land ist der Erosion durch Wind schutzlos ausgesetzt, wenn im Winterhalbjahr kaum Niederschläge fallen, der Boden austrocknet und die Nutzpflanzen noch nicht decken. Durch die Baumreihen, die auch entlang der Verkehrswege gesetzt werden, reduziert sich die bodennahe Windgeschwindigkeit um 30 – 40 %, außerdem sinkt die Verdunstungsrate um 10 % (LI 1990, S. 355). Entscheidend für die Schutzwirkung ist die Verteilung der Bäume in der Landschaft (MÜLLER 1990, S. 137 bis 145). Da der Einflußbereich des Windschutzes nur etwa dem Fünfzehnfachen der Höhe eines Hindernisses entspricht, ist die früher praktizierte Anlage dichter Baumreihen im Abstand von mehreren Kilometern nahezu wirkungslos und eine aufgelockerte Anordnung am günstigsten.

Zwei Sonderkulturen spiegeln die Intensivierung der Landnutzung wieder. Die Kenntnisse der Kultivierung der Weinrebe wurden von den seit der Jahrhundertwende nach China einströmenden Missionaren mitgebracht und verbreitet. Auch wenn die meisten Trauben als Obst verzehrt werden, so gibt es in der Provinz Shandong auch einige Keltereien, die z. B. den berühmten Qingdao-Riesling herstellen. Wie in anderen Ländern auch, ist der Weinstock stark anfällig für Schädlinge und wird, oft recht sorglos und ausgiebig, mit Pestiziden gespritzt (Foto 106). Die Nordchinesische Tiefebene ist heute das wichtigste Baumwollanbaugebiet Chinas (Foto 105). Da die Baumwolle einen enorm hohen Wasserbedarf hat, hing die Ausweitung ihres Anbaus eng mit der Zunahme der Zusatzbewässerung zusammen.

Zusatzbewässerung

Auf den ersten Blick unterscheiden sich Bereiche mit normalem Trockenfeldbau und solche mit Zusatzbewässerung kaum: Man findet sowohl gleiche Anbaufrüchte und Fluraufteilung wie auch im Prinzip einen übereinstimmenden Arbeitsrhythmus bei der Feldbestellung. Eine Dauerbewässerung, die beispielsweise zur Anlage von Naßfeldern für Reisanbau nötig wäre, würde erstens einen sehr viel höheren Wasserbedarf nach sich ziehen, der vor allen Dingen verläßlich, keinen Schwankungen unterworfen und genau regulierbar sein müßte. Zweitens wären bei den porösen, wasserdurchlässigen Böden der Nordchinesischen Tiefebene auch zu hohe Versickerungsverluste zu beklagen.

Die Veränderungen, die das zusätzliche Wasserdargebot mit sich bringt, sind deshalb zwar nicht grundsätzlicher Art für das Agrar-Ökosystem, gleichwohl steigern sie aber die Effektivität der Landnutzung. In erster Linie können die Schwankungen der Niederschläge ausgeglichen, Trockenperioden überbrückt

und die Erträge dadurch stablilisiert und erhöht werden. In der Nordchinesischen Tiefebene ist es dadurch zudem möglich, die durch die kurze Regenzeit begrenzte Wachstumsphase auszudehnen, indem einerseits das Wintergetreide zeitiger zu wachsen und zu reifen beginnt, andererseits im trockenen, aber noch bis Ende Oktober zuverlässig warmen Herbst eine zweite Ernte möglich wird. Mit dieser Methode konnte man die Landnutzung erheblich intensivieren und damit mehr Menschen ernähren, ohne zusätzliches Land zur Verfügung zu haben.

Zusatzbewässerung war in der Nordchinesischen Tiefebene früher kaum verbreitet, denn wegen der äußerst geringen Reliefunterschiede ist die Wassergewinnung nur mittels Pumpen möglich, ein Aufwand, der sich bei Handbetrieb nicht lohnte. Erst die Einführung von Diesel- und Elektropumpen (Foto 107) ermöglichte die rationelle Bewässerung größerer Areale. Wie das Foto zeigt, bestehen viele dezentrale Anlagen, die jeweils nur einige Hektar Land versorgen. Besondere Bedeutung hat die Zusatzbewässerung für die Ertragssteigerung im Ge-

müseanbau, namentlich im Umkeis der größeren Städte, wo sich Investitionen in die Intensivierung schnell bezahlt machen. Foto 108 zeigt Gemüsefelder am Rand der Tiefebene. Die Felder sind untereinander und von dem kleinen Hauptkanal mittels niedriger, individuell angelegter und nicht dauerhafter Dämme getrennt, die je nach Bedarf geöffnet werden können.

Ländliche Architektur

Ebenso gleichförmig wie die Landnutzung stellt sich die ländliche Architektur der Nordchinesischen Tiefebene einschließlich der angrenzenden Hügelbereiche dar. Um nichts von dem kostbaren Ackerland zu verschwenden, sind die Dörfer äußerst kompakt angelegt. Die Einheitlichkeit der Dorfstrukturen wird noch nicht einmal von einem zentralen Platz unterbrochen. Vielmehr liegt der Dorfplatz ganz am Ortsrand, am Übergang zur Feldflur (vgl. Foto 102). Dort dient er nicht als Treffpunkt und sozialer Mittelpunkt, sondern lediglich zum Dreschen, wofür er, wie hier, manchmal betoniert wird. Im Vergleich zu den Reisanbaugebieten sind die Dörfer Nordchinas mit 500 bis 1000 Einwohnern größer und liegen folglich weniger dicht beieinander, weil im Trockenfeldbau eine geringere Zahl von Arbeitsgängen auf dem Feld anfallen.

Die Gehöfte sind zumindest in der Tiefebene entlang eines schachbrettartig aufgebauten Gassennetzes regelmäßig aufgereiht und umfassen nicht mehr als das Wohnhaus und einen kleinen Hof, der sorgfältig von einer Mauer umgrenzt und mit einem Tor abgeschlossen ist (Foto 109). Den Hoftoren gehört in Nordchina die zentrale Aufmerksamkeit, wenn es um Ausschmückung und Verzierung der Bauernhöfe geht. Dazu zählt das allgegenwärtige Ziegeldächlein mit seinem kunstvoll gestalteten Giebelrand ebenso wie die mit Schriftzeichen versehenen Abschlußsteine der Holzschwelle oder die rot gefärbten Papiere mit Glückwünschen und Sinnsprüchen, die zum Neujahrsfest an die Außentür geklebt werden.

Als Baumaterial stand in der entwaldeten Schwemmlößebene traditionellerweise nur Lehm zur Verfügung, der in Form von getrockneten Lehmziegeln verbaut wurde. Das nordchinesische Bauernhaus ist normalerweise klein und umfaßt nur drei Joche und ebenso viele Räume. Der mittlere, in den immer die Eingangstür hineinführt, dient als Küche, die beiden seitlichen als Schlafzimmer, eventuell nach hinten als Lagerraum abgeteilt. Die Traufseite, die keine Dachlast trägt, öffnet sich stets mit einer durchgängigen Fensterfront nach Süden, um im Winter möglichst viel Sonnenlicht in die Räume eindringen zu lassen und sie dadurch passiv zu heizen (Foto 110). Aus diesem Grund ist der Traufüberhang auch ganz kurz gehalten. Die übrigen Wände bleiben geschlossen. Früher bestanden die Fenster aus einem mit Papier beklebten Holzgitter, das heute nach und nach durch richtige Scheiben ersetzt wird. Das Dach des in Foto 110 abgebildeten Hauses ist nicht mit Ziegeln, sondern mit einer Lehm-Stroh-Mischung gedeckt. Darauf liegen Maiskolben zum Trocknen. In den großen, irdenen Krügen im Hof wird im Herbst Chinakohl eingelegt (Milchsäurevergärung), der bis ins Frühjahr hinein einen wesentlichen Teil der Vitamine liefert.

Blickt man in das Innere der kleinen Höfe (Foto 111), so fallen anhand der gelbbraunen Farbe Lehm bzw. Lehmziegel als dominierendes Baumaterial auf, auch bei den benachbarten Wohnhäusern im Hintergrund. Eine Ecke des Hofes dient als Ablageplatz für verschiedene Ackergeräte (rechts), eine andere für den kleinen, ganz einfachen Schweinestall (Bildmitte), der nur für ein bis zwei Tiere gedacht ist. Sie werden normalerweise nicht eingesperrt, sondern können sich zumindest im Hof frei bewegen. Zum Schutz vor den Hühnern sind die Maiskolben in einem der zahlreichen Bäume aufgehängt.

Auf Foto 112 ist ein Gehöft in der Fenhe-Niederung (Pingyao, Prov. Shanxi) zu sehen, wo ziegelgedeckte Pultdächer üblich sind. Alle wesentlichen Elemente des nordchinesischen Gehöftes sind zu erkennen: Südorientierung, Einstöckigkeit, abgeschlossener Hof, geschmücktes Hoftor, Lehmziegelbauweise; dazu kommen hier flankierende, symmetrisch angeordnete Nebengebäude.

143

華北平原南至江：里子地

7.8. Südrand der Nordchinesischen Tiefebene: intensiver Trockenfeldbau und Lehmziegelarchitektur II

Fünfhundert Kilometer südöstlich von Fallbeispiel 7 bietet sich ein kaum verändertes Landschaftsbild dar: Die aus Schwemmlöß aufgebaute Nordchinesische Tiefebene ist ausnahmslos in Kulturland umgewandelt, dicht besiedelt und auf jedem Quadratmeter landwirtschaftlich genutzt. Die mehr bräunlichen Farbtöne dieser herbstlichen Ansicht bringen eine vergleichsweise stärkere Veränderung des Landschaftsbildes mit sich als

die große räumliche Distanz. Als einzige Auflockerung des monotonen Landschaftsbildes bietet das markante Muster der Bäume eine gewisse Abwechslung: einzeln oder in Reihen, in unterschiedlicher Anzahl inmitten der Flur, fast immer zahlreich innerhalb der Dörfer angepflanzt. Auf dem Dreschplatz am Rande von Xiaozhuang (Kreis Fangcheng, Prov. Henan) hat man Anfang Oktober die meiste Arbeit bereits hinter sich. Bei Niederschlägen um 900 mm und einer durchschnittlichen Julitemperatur von 27 °C gedeiht Baumwolle im Regenfeldbau ohne Zusatzbewässerung, die hinter den Gemüsebeeten noch auf den Feldern steht und deren Ernte erst begonnen hat. Naßreis spielt hier bis auf wenige Ausnahmen noch keine Rolle, die „Reisgrenze" folgt aber nur 50 km weiter südlich, wo sich dann das ge-

samte Agrar-Ökosystem umstellt. Da es im Winter nur wenig regnet, baute man im Dorf kaum Scheunen, sondern das Stroh wird am Dreschplatz zu kompakten Haufen aufgetürmt, geschützt von einer dünnen Lehmschicht. Die Getreideernte ist Anfang Oktober bereits abgeschlossen, lediglich Süßkartoffeln, die hier die Fruchtfolgen bereichern, stehen noch auf den Feldern. In der seit Jahrhunderten völlig entwaldeten Landschaft steht als einziges Baumaterial Lößlehm zur Verfügung, der, zu Lehmziegeln geformt und an der Luft getrocknet, auch in diesem Raum in der traditionellen ländlichen Architektur verwendet wurde, bevor man auf gebrannte Backsteine überging.

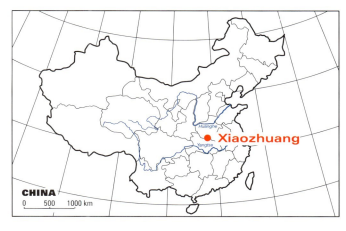

CHINA
0   500   1000 km

Xiaozhuang

精耕細化和土坯房屋（二）

Agrar-Ökosystem

Die im Vergleich zu Gebieten weiter nördlich erheblich höheren Niederschläge führen zu einem relativ dichten Gewässernetz, das aus Flüssen und Kanälen besteht. Wo es vom Gelände her möglich ist, werden die Felder zusätzlich bewässert, was zwar beispielsweise beim Baumwollanbau nicht unbedingt nötig ist, die Erträge aber deutlich ansteigen läßt (Foto 114). Die entlang der Gewässer wachsenden Schilfbestände und Riedgräser spielen eine nicht geringe Rolle in der ländlichen Architektur.

Als Schutz vor den vorwiegend im Spätwinter über die Ebene fegenden Stürmen werden seit einigen Jahrzehnten verstärkt Bäume angepflanzt, die gleichzeitig Brennmaterial liefern und als Bauholz dienen. Es dominieren hier Pappeln (*Populus* sp., Foto 115), daneben sieht man Paulownia (*Paulownia tomentosa*) mit ihren ca. 30 cm breiten, ganzrandigen, herzförmigen Blättern und den Götterbaum (*Ailanthus altissima*) mit 50 – 60 cm langen Fiederblättern (vgl. Foto 113).

In der Landnutzung herrschen über weite Strecken sehr einheitliche Verhältnisse mit Fruchtfolgen, die fast durchweg Winterweizen einschließen und zwei Ernten pro Jahr oder drei Ernten in zwei Jahren ermöglichen, um Xiaozhuang am Südrand der Tiefebene überwiegend Winterweizen–Mais, Winterweizen–Süßkartoffeln oder Winterweizen–Sommermais–Frühlingsmais. Erhebliche und zunehmende Flächenanteile werden mit Baumwolle bebaut (Foto 116). Dazu kommen Erdnüsse und in jüngerer Zeit Apfelplantagen, wofür man ausschließlich niederstämmige Arten benutzt. Unter den Apfelbäumen pflanzt man oft im Stockwerkanbau Gemüse oder Süßkartoffeln an. In Foto 117 führt ein Bauer seine Ziegen zum Weiden, die ihr Futter an Wegrändern, Geländestufen oder Bachufern finden, so daß auch noch dem letzten Fleckchen Erde etwas abgerungen wird.

Ländliche Architektur

Die Gegebenheiten des Agrar-Ökosystems machen sich in der ländlichen Architektur in Gestalt charakteristischer Kleinbauten bemerkbar. Die reifen und getrockneten Maiskolben müssen gut belüftet gelagert und als Nahrungsreserve für den ganzen Winter aufbewahrt werden, wofür man spezielle, zylinderförmige Behälter konstruiert. Man nimmt dafür oftmals kein wertvolles Bauholz, sondern lediglich wenig haltbares Schilfrohr, das entlang der Gewässer wächst, weshalb die Lagerbehälter entsprechend wacklig aussehen und im befüllten Zustand abgestützt werden müssen (Foto 118). Auch für die

Baumwolle gibt es besondere Kleinbauten. Nach der Ernte der Kapseln werden die knäuelförmig aufgewickelten Baumwollfäden herausgelöst und in der Herbstsonne sorgfältig getrocknet, wofür man unter freiem Himmel eigens Trockengestelle aufbaut. Sie bestehen aus einem hohen, hölzernen Rahmen, über den eine Schilfrohrmatte gelegt wird, unerreichbar für das im Dorf herumlaufende Vieh (Foto 119).

Die traditionelle Architektur stützt sich in Xiaozhuang auf die Verwendung von Lehmziegeln, aus denen wie überall in Nordchina einstöckige Häuser errichtet werden. Besonders bemerkenswert an den beiden Gebäuden in Foto 120 ist die ausschließliche Verwendung von Schilf zur Dachdeckung. Auf

118 120
119 121

die Lehmziegelwände wird ein Putz aus einer Lehmstrohmischung aufgezogen, um sie vor der Witterung zu schützen; ihre Farbe und Struktur gibt den Lehmziegelhäusern einen eigenen Stil (Foto 121). Die Gehöfte sind in der Regel als Zwei- oder meist Dreiseithöfe aufgebaut, wobei die Gebäude in nordchinesischer Weise einzeln stehen. Bei dem in Foto 122 links sichtbaren Haupthaus bestehen Fundament, Türstock und Giebelwände aus dunklen Backsteinen. Diese häufig zu sehende Kombination, bei der die nichttragenden Traufwände nach wie vor aus Lehmziegeln bestehen, fügt sich sehr gut in die Dorfarchitektur ein, weil Konstruktion, Bauformen und Proportionen im traditionellen Rahmen erhalten bleiben.

Rechts schließt sich das Wohnhaus der Großeltern an, im Gegensatz zum Haupthaus mit Schilfdeckung. Der Schornstein vor dem Haus gehört zum Herd, der hinter der Wand innen steht. Dieses Gebäude besteht sogar größtenteils aus dunklen Backsteinen. Die Hühner laufen frei im Hof und im anschließenden Dorfbereich herum. Erst in den letzten Jahren ist auch in dieser Gegend die Zeit der roten Backsteine aus Massenfertigung angebrochen, mit deren Einsatz auch die einförmigen, nichttraditionellen Bauformen Einzug hielten.

Vorindustrielle Geräte zur Getreideverarbeitung

Die Verarbeitung des Getreides nach der Ernte erfolgt in fast ganz China im Freien, was durch das überwiegend trockene, sonnige Herbstwetter ermöglicht wird. Beim Dreschen werden die Körner oder Bohnen von Getreide und Hülsenfrüchten (Bohnen, Soja) aus der Ähre bzw. Schote herausgelöst. Vor allem im Lößbergland, aber auch in der Nordchinesischen Tiefebene werden dafür zwei verschiedene Arbeitstechniken und die entsprechenden Geräte angewandt. Mit bloßer Muskelkraft geschieht das Arbeiten mit dem Dreschflegel, was auch in Europa bis weit ins 20. Jh. üblich war. Das Gerät besteht aus einem Stock, an dessen unterem Ende ein frei beweglicher, ca. 10 cm breiter Arm befestigt ist. Es gehört eine gewisse Geschicklichkeit dazu, den Drescharm, nicht aber den Griffstock selbst auf den Boden zu schlagen (Foto 123).

Wenn Tiere zur Verfügung stehen, die nach der Bodenbearbeitung für keine anderen Tätigkeiten mehr gebraucht werden, dann läßt man sie mit angehängter Dreschwalze über das Getreide laufen, das zu diesem Zweck auf dem Dreschplatz des Dorfes im Kreis ausgelegt wird (Foto 124). Die Dreschwalze besteht aus einem schweren Steinzylinder, an dessen hölzerner Achse ein Holzrahmen befestigt ist, der wiederum das Zuggeschirr hält. Die Oberfläche mancher Dreschwalzen ist glatt, bei anderen quer gefurcht (siehe Foto 125). Mehr als andere Arbeiten wird speziell diese Tätigkeit heute in zunehmendem Maße mit Kleintraktoren ausgeführt, an die die bewährten Walzen angehängt werden, oder man legt das Getreide einfach auf die Straße und läßt darüber rollende Fahrzeuge dreschen.

Wenn das Getreide ausgedroschen ist, müssen die Körner von ihren Spelzen befreit werden. Die einfachste und seit Jahrtausenden praktizierte Möglichkeit ist das Worfeln.

123
124 125

Man wirft die Körner in die Höhe, und beim Herunterfallen trennen sich die schwereren Körner von den leichteren Spelzen, wobei ein leichter Wind hilfreich ist (Foto 126). Worfelmaschinen sieht man in Nordchina viel seltener als im Süden (vergleiche Fallbeispiel 20), obwohl sie seit zweitausend Jahren im Land bekannt sind. Offensichtlich waren diese Geräte dort wegen der kombinierten Arbeitsspitze – Verarbeitung der ersten und Aussaat der zweiten Reisernte – wichtiger. Außerdem zeigt die Tatsache, daß vielfach statt des Dreschflegels die Dreschmaschine und zum Worfeln die Rotationsworfelmaschine zum Einsatz kommen, die höhere Rendite im Naßreisanbau, welches die Investitionen in – wenn auch handbetriebene – Gräte schon seit langer Zeit begünstigte.

Für das Mahlen des Getreides, eine typische Frauenarbeit, steht in den meisten Gehöften eine Handmühle bereit. Eine Art dieser Geräte besteht aus einem großen, runden Steintisch. Darauf rollt eine schwere, ganz glatte Steinwalze. Deren quer liegende hölzerne Achse ist an der senkrechten Mittelsäule befestigt. An Achse und Mittelsäule ist eine Vorrichtung aus drei im Winkel angeordneten Stäben angebracht, mit der die Walze bewegt wird (der äußere im Bild durch Draht ersetzt). Nach dem Mahlvorgang wird das Mehl zusammengekehrt, gesiebt, und die gröberen Teile werden nochmals mitgemahlen (Foto 127).

河南黄土丘陵：

7.9. Lößhügelland von Henan: Trockenfeldbau mit Terrassierung und Höhlenwohnungen

Das sich über rund tausend Kilometer erstreckende Lößplateau reicht in der Präfektur Luoyang am weitesten nach Osten, bevor es in die Weite der Nordchinesischen Tiefebene übergeht, wo umgelagerter Schwemmlöß in tiefer, grundwassernaher Lage die Landschaft bestimmt. Das Lößhügelland von Henan bildet damit den östlichsten Ausläufer einer Großlandschaft, in der das vom Wind angewehte Sediment sowohl das Agrar-Ökosystem als auch die ländlichen Siedlungsformen beeinflußt. Die Zugehörigkeit zum Lößplateau läßt

sich unschwer am Landschaftsbild erkennen (Foto 128, bei Liwan, Kreis Gongyi, Prov. Henan). Die Oberflächenformen setzen sich aus langgestreckten Hügeln mit ebenen Plateaus und steil eingeschnittenen, schluchtartigen Tälern zusammen, die ohne Übergang abrupt enden. Dazu kommen die charakteristischen Kleinformen des Agrar-Ökosystems im Löß mit Terrassierung, Hohlwegen und Steilwänden. Auf die Zugehörigkeit zum Lößgebiet weist auch die ländliche Architektur in Gestalt von Höhlenwohnungen hin, für deren Konstruktion man an den Steilhängen der Täler ideale Voraussetzungen vorfindet (im Bild verdeckt rechts unten). Ein bedeutender Unterschied ergibt sich allerdings aus der relativ meernahen Lage, die zu einem erheblich weniger kontinental getönten, viel ausgeglicheneren

罗地柿田匋窑洞

Klima führt. Mit über 700 mm liegen die Niederschläge fast doppelt so hoch und fallen zudem besser verteilt als auf dem zentralen Lößplateau. Auch die Durchschnittstemperatur ist mit 14 °C gegenüber nur 7 bis 10 °C des zentralen Lößplateaus (Fallbeispiele 1 und 2) erheblich höher. Die Vegetationsperiode dauert fast zwei Monate länger, und die Temperaturgegensätze sind geringer. Dies fällt in der Aufnahme aufgrund der dichten Vegetation unmittelbar ins Auge. Sie profitiert im Vergleich zum übrigen Lößplateau vom günstigeren Klima, im Vergleich zur Nordchinesischen Tiefebene dagegen vom Vorhandensein ackerbaulich nicht nutzbarer Standorte und Restflächen. Letztere sind ebenfalls in die Nutzung einbezogen und werden vor allem von Ziegen beweidet.

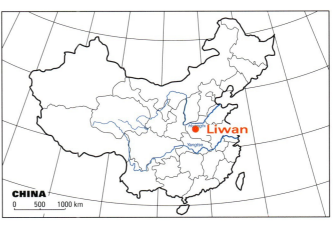

Agrar-Ökosystem

Analog zum übrigen Lößplateau sind auch in Henan die Äcker, selbst bei ganz flacher Hangneigung am Übergang zur Hochfläche, sorgfältig terrassiert, um die Bodenerosion unter Kontrolle zu bekommen (Foto 129). Im stärker geneigten Gelände an den Unterhängen der Hügel und am Rand der Täler bestehen erhebliche Höhenunterschiede, doch werden selbst steile Hänge in Kultur genommen, wobei sich viele Meter hohe Ackerterrassen ergeben (Foto 130). Hier tritt der Anbau von *Zaliang*-Getreidearten fast völlig zurück, und eine Fruchtfolge Winterweizen–Mais (als Zwischenfrucht) dominiert, drei Ernten in zwei Jahren sind die Regel. Bei Liwan waren auch

129 131
130 132

Baumwollfelder auf dem Plateau zu sehen, die ihren Feuchtigkeitsbedarf allein aus dem Niederschlag decken. Außerdem gedeihen hier bereits Süßkartoffeln, und man baut verstärkt Gemüse an (Foto 131).

Das feuchtere und wärmere Klima schlägt sich nicht nur in den günstigeren Bedingungen für den Ackerbau, sondern nicht zuletzt auch im stärkeren Bewuchs der Terrassenkanten und Steilhänge mit Ruderalpflanzen und Büschen (Foto 130) nieder. Dazu kommt der für nordchinesische Kulturlandschaften ausgedehnte Baumbestand. Überwiegend handelt es sich um großblättrige Paulownia-Bäume, daneben Pappeln, die als Brenn- und Bauholzlieferanten gepflanzt werden und meistens als Einzelbäume, teilweise aber auch in Form von Baumhecken auf Feldgrenzen stehen (Foto 131; wie die folgenden bei Gaolou, Kreis Mengjin, Prov. Henan). Man findet auch Apfelbäume (Foto 132, links) und Persimonenbäume *(shizi)* mit ihren orangen, weichen, tomatengroßen Früchten. Sie stehen gelegentlich in Streulage in der Flur, was dann fast an mitteleuröpäische Landschaftsbilder erinnert. Foto 133 zeigt im Hintergrund einen flachen, terrassierten Hang, davor eine mit Gebüsch und Bäumen bewachsene kleine Schlucht. Im Vordergrund wird mit der Saatscharre eingesät, gezogen von einem weiblichen Nutzrind, das nicht zur Milcherzeugung herangezogen wird (kleines Euter).

Kleinviehhaltung und Agrar-Ökosystem

In der Ackerbaulandschaft des Inneren China fehlen die für die Rinderzucht nötigen großen Weideflächen, die weitgehend nur in den dünn von Minderheiten besiedelten Randgebieten des Landes existieren. Aber auch die in Europa verbreitete ganzjährige Stallfütterung scheitert daran, daß in dem dichtbesiedelten Land nicht genügend Flächen für Futterbau vorhanden sind, weil man sich auf den Ackerbau mit seiner höheren Produktivität (kcal pro Flächeneinheit) beschränken muß. Für die Produktion der vor allem im Winter wichtigen tierischen Fette und Eiweiße spielt deswegen wie seit Jahrhunderten die Haltung von Kleinvieh eine zentrale Rolle. Es ist interessant, diese Situation mit Mitteleuropa zu vergleichen, wo noch im letzten Jahrhundert ähnliche Verhältnisse vorherrschten, die vielfach bis in die erste Hälfte des 20. Jh. andauerten.

Aus der Sicht der Auswirkungen auf das Agrar-Ökosystem muß das Kleinvieh in zwei Gruppen eingeteilt werden: Tiere, die im Gehöft oder im Dorf gehalten werden können, und Arten, die des Weidegangs bedürfen und daher ihre Spuren in der Landschaft hinterlassen. Zur ersten Gruppe gehört das Geflügel, wobei die Eier noch wesentlich wichtiger sind als das Fleisch. Auch Schweine verlassen das Dorf in der Regel nicht, sondern streifen durch Höfe und Gassen, um neben dem vorbereiteten Futter nach zusätzlicher Nahrung zu suchen (Foto 134, Yima, Kreis Qingyang, Prov. Gansu). Schweine werden mit Essensresten, Abfällen oder auch Getreide gefüttert und suchen sich ihr Futter nicht selbständig in der Landschaft.

Ganz anders verhält es sich mit Schafen und Ziegen. Schafe stellen zwar keine so hohen Ansprüche an ihre Nahrung wie Großvieh, benötigen aber dennoch größere Weideflächen und als Herdentiere entsprechende Betriebsstrukturen für ihre Haltung. Sie werden daher überwiegend im Äußeren China, im nordwestlichen Lößbergland und in der Mandschurei von seßhaften oder auch nomadisch lebenden Bauern gezüchtet, oft zusammen mit Yaks oder Rindern. Ziegen findet man demgegenüber, mit Ausnahme der Yangtseniederung und Südostchinas, im ganzen Land (Nanjing dili yu hupo yanjiusuo et al. 1989, S. 132 f.). Die „Sparbüchse des Kleinbauern" gibt Milch und Fleisch und ist ausgesprochen anspruchslos in ihrer Haltung (Foto 135). Im Gegensatz zu Schweinen benötigen Ziegen kaum zubereitetes Futter, sondern finden ihre Nahrung selbständig auch in karger Umgebung. Wie früher auch in

Mitteleuropa üblich, werden die Tiere nach der Ernte auf die Stoppelweide getrieben, wo sie genügend Reste vorfinden (Foto 136, dieses und das Bild davor aus Gaolou, Kreis Mengjin, Prov. Henan).

Man macht sich kaum eine Vorstellung davon, in welchem Ausmaß die Ziegenhaltung die Vegetation der Feldflur beeinflußt. Während fast des ganzen Jahres besteht ja keine Möglichkeit, die Tiere auf den abgeernteten Feldern weiden zu lassen, sie ernähren sich vielmehr von Unkraut, Gras, Blättern und Trieben von Sträuchern und Gehölzen. Dabei müssen sie mit dem vorliebnehmen, was auf anderweitig nicht nutzbaren Standorten wächst: Sie beweiden Feldraine, Ackerterrassen und Steilhänge, sind sogar imstande, auf Bäume zu klettern und fast senkrechte Felspartien zu erklimmen (Foto 137, bei Xunhua, Prov. Gansu). Dort beißen sie mit ihrem starken Gebiß nicht nur Blätter und junge Triebe ab, sondern fressen, wenn nichts anderes zur Verfügung steht, auch dornige, leicht verholzte Zweige und rupfen Gräser und Kräuter mitsamt den Wurzeln heraus.

Dieser Einfluß summiert sich angesichts der Anzahl der Tiere zu einem landschaftsverändernden Faktor, der nicht nur die Vegetation nachhaltig schädigt, sondern dadurch letztlich auch Bodendegradierung und Erosionsschäden fördert. Damit die Ziegen in den Feldern keine Schäden anrichten und nicht durchgehen, müssen sie gehütet werden, eine Tätigkeit, die entweder von den Alten, gelegentlich auch von Kindern ausgeführt wird. Damit nur wenige Hirten benötigt werden, faßt man die Tiere oft in Herden zusammen. In der Ortschaft Liwan, einem Dorf durchschnittlicher Größe mit ca. 30 bis 40 Gehöften, zählten wir nicht weniger als drei große Herden mit jeweils ungefähr 50 Ziegen (Foto 138, Kreis Gongyi, Prov. Henan).

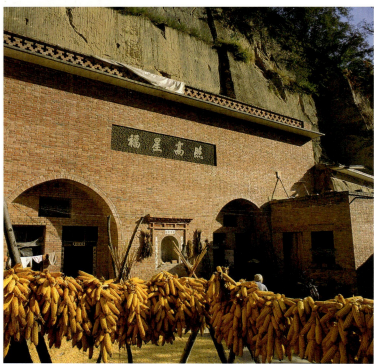
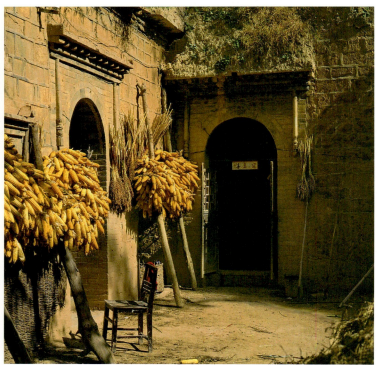

Ländliche Architektur

Auf den ersten Blick wirkt Liwan wie eines der modernisierten Dörfer, die man auch in China immer häufiger sieht, dessen einheitliche, von Backsteinen dominierte Architektur kaum mehr regionale Besonderheiten oder traditionelle Bezüge aufweist (Foto 139). Dieser Eindruck täuscht allerdings beim näheren Hinsehen, denn zum größeren Teil handelt es sich bei den Backsteinen um die begrenzenden Hofmauern und Nebengebäude, hinter welchen die in den Hang gegrabenen Höhlenwohnungen liegen, die für das gesamte Lößplateau typisch sind. Man findet hier sogar erst kürzlich modernisierte und im

139 141
140 142

Wohnkomfort aufgewertete Höhlen, was im allgemeinen nicht sehr häufig vorkommt. Die in Foto 140 gezeigte Fassade besitzt liebevoll gestaltete Schmuckformen wie den kleinen Schrein zwischen den Höhleneingängen und den Glücksspruch darüber (*fu xing gao zhao*, etwa: unter einem guten Stern).

Traditionell sind die meisten Höhlengehöfte von einer Mauer mit überdachtem Hoftor umgeben. In Liwan sind die Hänge so steil, daß die senkrechten, geglätteten Wände im rohen Löß oberhalb der Höhlen über zehn Meter hochgezogen werden müssen. Außer der Tatsache, daß sie zur Stabilisierung etwa alle drei bis fünf Meter von einem Sims unterbrochen werden

und dahinter etwas zurückgesetzt weitergehen, bedürfen die Wände keiner weiteren Stützung (Foto 141). In der Regel sucht man sich Stellen aus, wo die Höhlen, meistens fünf, im Winkel zueinander angelegt werden können, so daß ein Zweiseithof entsteht, oft ergänzt durch ein Haus zum Dreiseithof (Foto 142). Die Eingänge sind hier meist schmal und haben nur eine breitere Tür mit Doppelflügel, aber kein Fenster (vgl. dagegen Fallbeispiel 1). Ihre behauenen Steine sind mit aufwendig gestalteten, ästhetisch sehr ansprechenden, individuellen Ornamenten verziert, die Architekturdetails wie Säulen und Simse, Blumenranken, Muster und Schriftzeichen vereinigen (Foto 143).

7.10. Jangtsetiefland: Naßfeldanbau und Teichwirtschaft

Auf beiden Seiten seines Unterlaufs wird der Jangtse von einem riesigen, flachen Schwemmland begleitet, dessen Höhenunterschiede lediglich im Meterbereich liegen. Da dieser Raum zudem genau im Bereich des monsunalen „Pflaumenregens" (*mei yu*) liegt und 1000 bis 1200 mm Niederschlag erhält, blieb er lange Zeit versumpft und nur dünn besiedelt. Daran änderte sich erst während der nördlichen Song-Dynastie (960 bis 1127) etwas, als dieses Marschland mittels staatlich organisierter Programme planmäßig trockengelegt und in Kulturland umgewandelt wurde. Das Gebiet, insbe-

sondere die zentrale Provinz Anhui (Foto 144, westlich von Wuhu), der Südteil der Provinz Jiangsu und der Norden Zhejiangs, entwickelte sich im Laufe der folgenden Jahrhunderte zum wirtschaftlichen Schwerpunkt Chinas, wobei die entscheidenden Impulse von der Ausweitung der Landwirtschaft und der damit verbundenen Bevölkerungszunahme ausgingen. Noch immer wird das Landschaftsbild dieser Ebene durch die enge Verzahnung von Land und Wasser geprägt, durch das Nebeneinander von Kanälen, Seen, Teichen und nur wenig darüber gelegenen Feldern und Dörfern. Unter den herrschenden ökologischen Bedingungen – hohe Niederschläge, schwer zu bearbeitende, staunasse Böden – bietet sich die Anlage von Naßfeldern für den Reisanbau an. Im Bereich des Jangtseunterlaufs sind mehr als

田和鱼塘

75 %, meist sogar über 90 % der Ackerfläche Naßfelder. Obwohl an der traditionellen klimatischen Nordgrenze des zusammenhängenden Reisanbaugebietes gelegen, werden hier mit die höchsten Hektarerträge des ganzen Landes erzielt. Das engmaschige Kanalnetz stellt sowohl das Bewässerungswasser für die Felder zur Verfügung, übernimmt aber auch die Entwässerung und dient darüber hinaus als wichtiger Verkehrsweg. Da das Gebiet relativ weit nördlich liegt, ist es im Winterhalbjahr zu kalt für Reisanbau. Zum Aufnahmezeitpunkt Anfang April wurde gerade der Reis in die Anzuchtbeete ausgesät. Derweil stand auf den Feldern verbreitet noch der Raps, der in erster Linie als Gründünger angebaut wird.

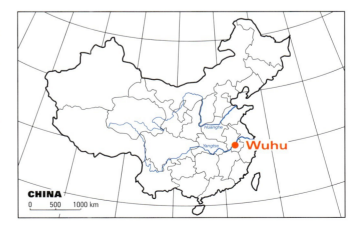

CHINA

0   500   1000 km

Huanghe

Yangtse

● Wuhu

Agrar-Ökosystem

Die Landnutzung des gesamten Gebietes am Mittel- und Unterlauf des Jangtse bis zur Reisgrenze nördlich davon basiert einheitlich auf Naßfeldanbau. Hier im Norden des geschlossenen Reisanbaugebietes ist für die wärmebedürftige Pflanze der relativ lang andauernde und recht kalte Winter problematisch. Trotz der Einführung schnellreifender Reissorten ist deshalb nur eine Reisernte die Regel, zwei Reisernten sind die absolute Ausnahme. Die zweite Ernte, die pro Jahr möglich ist, kann nur im Trockenfeld erzielt werden, entweder mit Winterweizen oder, in zunehmendem Maße, mit Raps (Foto 145). Raps gehört zu den Mykorrhizapflanzen, in deren Wurzelknöllchen Bakterien den Luftstickstoff zu binden vermögen, was die Nährstoffsituation des Bodens erheblich verbessert. Offenbar bringt die weitverbreitete Fruchtfolge Raps–Naßreis mit dem Wechsel Trocken-/Naßfeld große Vorteile für die

Bodenqualität, denn die Reiserträge in diesem Raum erreichen auch mit einer Ernte Werte, die weiter im Süden oft mit zwei Ernten im Jahr kaum übertroffen werden (Nanjing dili yu hupo yanjiusuo et al. 1989, S. 96).

Die Einseitigkeit der Anbauprodukte wird durch Fisch- und Geflügelzucht ausgeglichen. Feldnutzung und Teichwirtschaft (Foto 146) hängen über den Nährstoffkreislauf eng zusammen. Menschen und Haustiere sind die Primärkonsumenten: Die Feldfrüchte werden vom Menschen verzehrt, Abfälle und nicht gegessene Pflanzenteile von Schweinen und Geflügel. Deren Exkremente dienen wiederum in der Fischzucht als Futter (Sekundärkonsumenten). Mikroorganismen im Wasser und im Schlamm der Teiche (Destruenten) wandeln die organischen Bestandteile und Fäkalien in mineralische Nährstoffe um. Ein- bis zweimal im Jahr müssen die Teiche von der großen Menge anfallenden Schlammes gereinigt werden, der dann als Dünger auf die Felder verbracht wird, wo er den Pflanzen

(Produzenten) als Nährstoff dient. Auch in den Reisfeldern selbst werden Fische ausgesetzt, die den Speiseplan erweitern helfen, während sich die Teiche zusätzlich für die Entenzucht eignen (Foto 147). Mit diesen weit entwickelten Methoden, die im wesentlichen auf speziellen Kenntnissen und dem Einsatz von Arbeitskräften beruhen, wird seit Jahrhunderten trotz der zunächst ungünstigen Umstände eines Sumpfgebietes ein Optimum an Ertrag erzielt. In die Nutzung ist praktisch die gesamte vorhandenen Fläche einbezogen, ganz gleich, ob es sich dabei um Land oder um Wasser handelt.

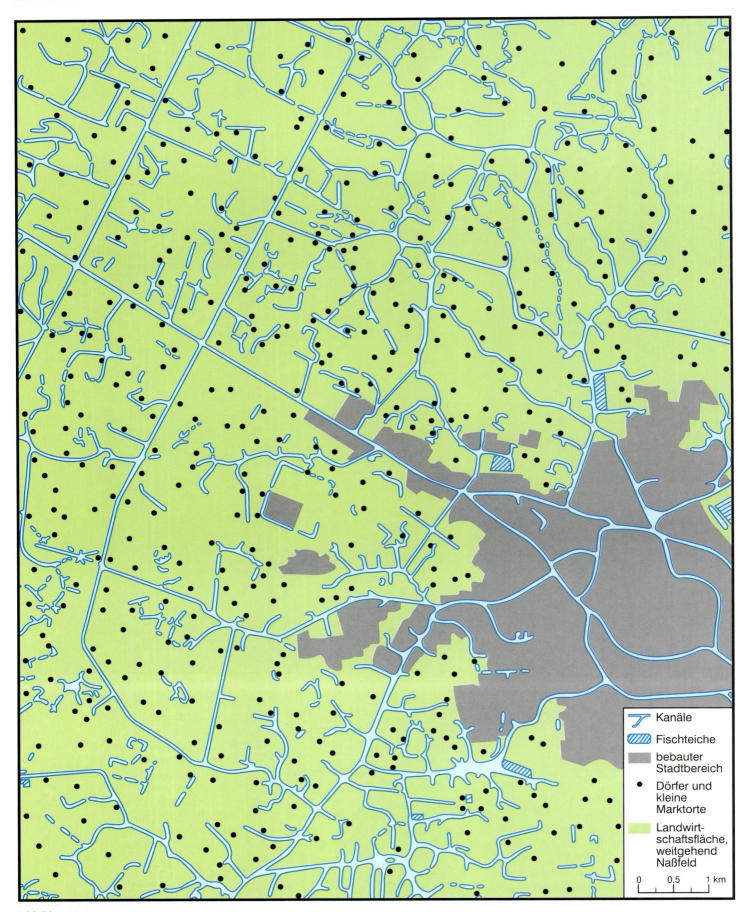

Abbildung 14:
Hydrologie und Siedlungsstruktur bei Changzhou, Provinz Jiangsu.
Quelle: Changzu shi guihuazhu (1987)

Legend:
Kanäle
Fischteiche
bebauter Stadtbereich
Dörfer und kleine Marktorte
Landwirtschaftsfläche, weitgehend Naßfeld

0   0,5   1 km

Kanalnetz und Pumpbewässerungssystem

Die Karte auf der gegenüberliegenden Seite (Abb. 14) zeigt die Umgebung der Stadt Changzhou (Prov. Jiangsu), eine ähnliche Landschaft, wie auf den Fotos dargestellt. Die Bevölkerungsdichte läßt sich anhand des unglaublich dichten Nebeneinanders der Dörfer ermessen, die mit einem durchschnittlichen Abstand von weniger als 500 Metern aufeinanderfolgen. In Gebieten wie diesen wird jeder Hektar Land von über 7,5 Arbeitskräften bestellt. Da im Naßfeldanbau die meiste Arbeit auf den Feldern anfällt, hat man statt weniger großer eine Vielzahl von kleinen, aber eigenständigen Siedlungen angelegt. Der vorliegende Kartenausschnitt entspricht einer Fläche von 10,1 x 12,9 km, was abzüglich des gerasterten Stadtgebiets 107 km² ergibt. Bei einer Gesamtzahl von 442 ergibt sich ein Durchschnitt von 4,1 Dörfern auf jedem Quadratkilometer.

Das Kanalnetz hat nach wie vor für verschiedene Zwecke seine Bedeutung, nicht nur für das Agrar-Ökosystem, sondern auch als Verkehrsnetz und für den Wasserhaushalt. Mit dem Ausheben eines engmaschigen Kanalnetzes gelang es, die Hydrologie des Landes so zu verändern, daß es für den Menschen nutzbar wurde. Aus dem zuvor feuchtigkeitsgesättigten Untergrund sickert das Wasser in die nur wenig tiefer liegenden Kanäle, von wo aus es über das natürliche Flußnetz rascher ins Meer abgeleitet wird. Die oberen Bodenschichten trocknen durch die Absenkung des Grundwasserspiegels aus und werden nutzbar. Selbst wenn die gerade im Umkreis der Stadt intensiv betriebene Landwirtschaft aufgegeben würde, könnte man wegen des hochliegenden Grundwasserspiegels im ehemaligen Sumpfgebiet die Kanäle also nicht einfach zuschütten.

Wenn man sich den Verlauf der Kanäle betrachtet, dann fällt der Unterschied zwischen Haupt- und Nebenkanälen ins Auge, der sich aus deren Zweckbestimmung herleitet. Die Hauptkanäle, die neben der Be- und Entwässerung als Verkehrsadern dienen, sind offensichtlich geplant und geradlinig oder doch nur wenig geschwungen angelegt. Schräg quer durchs Kartenbild verläuft der berühmte Große Kanal, an dessen Ufern die Stadt Changzhou als Hafen- und Marktort entstand. Innerhalb des Ortes verzweigt er sich und umrundet den alten Stadtkern, dem er wohl gleichzeitig als Schutz diente. Links erkennt man eine regelrechte Kanalkreuzung mit zwei nach Norden und Süden abzweigenden, ebenfalls linear verlaufenden Hauptkanälen. Auch wenn inzwischen moderne Verkehrswege (Bahnlinie, Straßen, Wege) hinzugekommen sind, so darf man die verkehrsmäßige Bedeutung der Wasserwege nicht unterschätzen. Während über den Großen Kanal ein Heer von Schleppzügen mit bis zu dreizehn Kähnen Kohle aus Shandong nach Shanghai transportiert, dienen die Nebenkanäle nach wie vor als lokale Verbindungen, durch die sich die Bauern mit ihren Booten mit Hilfe langer Stangen vorwärts bewegen (Foto 144).

Die Nebenkanäle heben sich durch ihren gewundenen, unregelmäßigen Verlauf ab. Waren einmal die großen Kanäle mit enormem Aufwand an menschlicher Arbeit als Hauptentwässerungsachsen angelegt, dann konnte von dieser Basis aus auf niedrigerer Organisationsebene im Dorf- oder Familienverband das Land für die Nutzung aufbereitet werden. Die Nebenkanäle bilden ein Netz aus durchgehenden oder stumpf endenden Verzweigungen, die lediglich dem Anschluß der Felder in ihrem Umkreis dienen. Hier erfüllen sie neben der Zugangsmöglichkeit vor allem Funktionen im Agrar-Öko-system: Be- und Entwässerung sowie Düngung. Zunächst werden die Felder aus den Kanälen, je nach Wachstumsphase des Reises, durch Heraufpumpen bewässert, während man das Entwässerungswasser einfach durch Öffnen der begrenzenden Dämmchen zurückleiten kann. Und schließlich entnimmt man den Kanälen bei der Reinigung den angesammelten Schlamm, um ihn als äußerst fruchtbaren Dünger wieder auf den Feldern zu verteilen. Etliche Kanaltrassen werden offensichtlich nicht mehr durchgehend benutzt und sind durch Dämme oder zugesetzte Abschnitte unterbrochen, stehen aber immer noch mit dem Grundwasser in Verbindung und dienen ihren hydrologischen Funktionen.

Wegen der geringen Höhenunterschiede ist es nicht möglich, das Wasser wie im Hügelland mit dem natürlichen Gefälle in die Felder einzuleiten. So war es schon immer nötig, die Felder mittels Pumpbewässerung zu versorgen, woraus sich im Gegensatz zu anderen Bewässerungssystemen nicht zuletzt die Konsequenz ergibt, daß die Wasserversorgung weitgehend individuell zu steuern ist. Nur die inneren Felder müssen über kleine Gräben angeschlossen oder mit anderen zusammen bewässert werden. Jeder Bauer ist nur für die Reinigung und Unterhaltung der Kanalabschnitte verantwortlich, an die seine Äcker angrenzen. Anders als im Falle der Kanalbewässerungssysteme mit Gefälle sind bei den Pumpbewässerungssystemen daher keine komplizierten Verteilungsnetze mit all ihren Schwierigkeiten der Instandhaltung, der gerechten Wasserverteilung und den damit verbundenen sozialen Implikationen und Abhängigkeiten nötig. In den letzten Jahrzehnten haben gerade hier, wo die sehr intensive Nutzung die Investition am meisten lohnte, Diesel- und Elektropumpen die Bewässerung zu über 90 % übernommen, was aber nichts am Charakter der dezentralen Struktur der Wasserversorgung änderte.

Vorindustrielle Bewässerungsgeräte

Um das Wasser aus den Kanälen zu schöpfen, hat man in China verschiedene Techniken entwickelt, die auf dieser Doppelseite im Bild zusammengestellt sind. Foto 148 zeigt die Kettenpumpe *(shui che)*, eines der erstaunlichsten Geräte alter Handwerkskunst, das bereits vor nahezu zweitausend Jahren erfunden wurde (im 2. Jh.). Die gesamte Maschine besteht aus Holz. Auf einer Kette mit beweglichen Gliedern, die über je eine Umlenkrolle an beiden Enden läuft, sitzen quer stehende Plättchen. Innerhalb der Röhre, die einen quadratischen Durchmesser aufweist, auf den die Größe der Plättchen abgestimmt ist, wird das Wasser nach oben gedrückt. Darüber läuft die Kette wieder zurück. Das Gerät wird von einer oder zwei Personen über Kurbeln angetrieben und läßt sich bequem von einem Menschen allein an seinen Einsatzort tragen. Für die Bewässerung des im Hintergrund zur Hälfte sichtbaren Feldes gab der Bauer etwa zwei Stunden Zeitaufwand an.

Ein erheblich einfacheres, hier aus Bambus gebautes Gerät ist die an einem Dreifuß aufgehängte Wasserschaufel (Foto 149). Sie bietet ebenfalls den Vorteil uneingeschränkter Mobilität, so daß jeder Bauer nur über eine Pumpe für alle seine Felder verfügen muß oder sich sogar mehrere eine teilen können. Die Bedienung erfordert etwas Geschick, denn ein gewisser Rhythmus in der Bewegung ist einzuhalten. Natürlich ist die Wasserschaufel weniger leistungsfähig als die Kettenpumpe.

Wasserschöpfräder sind dagegen ortsfeste Anlagen, weshalb sie über ein kleines Verteilungsnetz stets mehrere Felder bedienen und damit mit modernen Pumpen eher vergleichbar sind. Diese Technik wurde aus dem Vorderen Orient via Zentralasien und die Seidenstraße importiert, was für das Jahr 1313 erstmals belegt ist. Die abgebildeten Exemplare (Foto 150) am Oberlauf des Gelben Flusses bei Zhongwei (Provinz Ningxia) lassen sich im Aufbau kaum von den arabischen Norias unterscheiden. Es ist nicht verwunderlich, daß Wasserschöpfräder im alten China nicht bekannt waren, denn der Antrieb erfolgt über quer zur Fließrichtung eingebaute Schaufeln, was eine gewisse Durchströmgeschwindigkeit voraussetzt, die im Jangtsetiefland fast nirgends vorhanden ist. Mit am äußeren Holzrahmen befestigten Bottichen wird das Wasser in die auf Stangen herangeführten Leitungen gehoben. Die Schöpfbottiche waren zum Aufnahmezeitpunkt im Herbst bereits demontiert, da sie im Winter nicht benötigt werden und der Beschädigung durch Eisgang und Treibgut ausgesetzt wären.

Interessant ist, wie weit sich diese verhältnismäßig spät eingeführte Technik in China verbreitet hat, jedoch für die lokal verfügba-

148
149

ren Materialien adaptiert. Foto 151 zeigt ein Wasserschöpfrad, das beim Dorf Chengyang (Kreis Sanjiang, Prov. Guangxi) ganz im Süden Chinas aufgenommen wurde. Mit Ausnahme der Wasserleitungen ist das Rad selbst vollständig aus Bambus konstruiert, ansonsten im Prinzip genauso aufgebaut wie die 1500 km weiter nordwestlich benutzten Schöpfräder. Die Effektivität der Anlage ist nicht derart gering, wie es auf den ersten Blick erscheinen mag, denn sie beruht auf der pausenlos andauernden Wasserförderung.

7.11. Bergland von Südanhui: Naßfeldanbau und Teegärten, Putzbauten und Pferdekopfgiebel

Wenn man, vom Jangtsetiefland kommend, den mächtigen Strom nach Süden überschreitet, gelangt man unvermittelt in das Bergland des bis 1841 m aufragenden Huangshan im Süden der Provinz Anhui. Typisch für diese Landschaft, die sich bis Zhejiang hinüberzieht, ist der Wechsel kleiner, fruchtbarer, intensiv genutzter Becken und Talungen, unterbrochen von isolierten, steil aufragenden Mittelgebirgsstöcken. Die Landnutzung basiert hier ebenso wie im nördlich anschließenden Tiefland zum ganz überwiegenden Teil auf Naßfeldan-

bau, der wegen des gebirgigen Reliefs aber auf die Niederungen beschränkt bleibt. Da die Berge als Regenfänger wirken, ist das Klima das ganze Jahr über sehr feucht: ideale Bedingungen nicht nur für Reis, sondern auch für Teeanbau als das zweite Standbein der Landnutzung. Die Eigenart der fruchtbaren, altbesiedelten Landschaft spiegelt sich auch in einer besonderen ländlichen Architektur, die auf diesen Raum beschränkt ist, wider. Die meisten Bauernhäuser sind relativ groß, sorgfältig weiß verputzt und verfügen über eine aufwendig gestaltete Giebelwand, den Pferdekopfgiebel, so daß die Dörfer wohlhabender erscheinen als in den meisten anderen Gebieten Chinas. Auf Foto 152 blickt man über ein Dorf nahe Jiuhuajie am Fuß des Jiuhuashan-Massivs. Zum Aufnahmezeitpunkt im April ist die Reissaat

圍
和
泥
座
弓
阶
墙

bereits aufgegangen und wartet auf das Verpflanzen in die Felder, die die gesamte Niederung bedecken. Die Saatbeete liegen alle in Dorfnähe, weil die empfindlichen Keime fast täglicher Aufmerksamkeit für Saatbettbereitung, Jäten oder Folienabdeckung als nächtlichem Kälteschutz bedürfen. Die Bewässerung erfolgt über ein flußgespeistes Kanalsystem, dessen Kanäle oberhalb aus dem vom Gebirge herabströmenden Flüßchen ausgeleitet werden. Um nichts von dem wertvollen Land zu verschwenden, liegen die Häuser am Rand des Naßfeldareals, während oberhalb die Teegärten und schließlich der Wald folgen. Interessant ist das auf den Dämmchen entlanggeführte Wegenetz, das fast nur aus schmalen Pfaden besteht. Selbst der von rechts kommende, neu gebaute breitere Weg endet unterhalb des Dorfes.

CHINA
0 500 1000 km

169

Teegärten

Tee ist nach wie vor das wichtigste Getränk in China, das 1990 mit 551 000 t über ein Fünftel der Welttee-Ernte erzeugte (Geographie aktuell 1993, S. 34). Dennoch umfaßt die Anbaufläche mit 1,3 Mio. ha fast die Hälfte aller Teegärten der Erde, was zum einen an den ungünstigen klimatischen Bedingungen mit längerer winterlicher Vegetationspause, zum anderen an den oft wenig intensiven Nutzungsmethoden liegt. Der Teestrauch, dessen Ursprung in den Bergen Yunnans, Oberburmas und Assams liegt, erreicht in Anhui schon fast die Nordgrenze seiner Verbreitung. So sind in China meist nur fünf bis sechs Ernten möglich, während man im tropischen Indien auf über 15 pro Jahr kommt. Wegen der hohen Ansprüche an die Niederschläge und vor allem an eine permanent hohe Luftfeuchtigkeit ist der Teeanbau darüber hinaus in China auf einzelne Berggebiete beschränkt, die sich durch perhumides Klima auszeichnen. Dort können die Teegärten dann größere Areale einnehmen, wie Foto 153 zeigt (Teesträucher vor allem im Hintergrund, davor Trockenfeldterrassen).

Im Erscheinungsbild der Teegärten wird der Unterschied zwischen der auf hohe Erträge ausgerichteten Wirtschaftsweise der Plantagen und der weniger intensiven bäuerlichen Nutzung deutlich. Die charakteristische kugelförmige Gestalt entwickelt der Strauch nur bei regelmäßiger Ernte, weil die Triebspitzen gleichmäßig entfernt werden (Foto 154, Plantage auf der Insel Putuoshan aufgenommen). Viele der chinesischen Teegärten werden von den Bauern nur als zusätzliche Einkommensquelle betrachtet, auf anderweitig kaum nutzbaren Hügeln angelegt und nur nebenbei gepflegt (Foto 156). Wird weniger häufig und zudem noch ungleichmäßig geerntet, wachsen einzelne Triebe aus, und die Form erscheint unregelmäßiger. Wie man sieht, ist die Arbeit ziemlich mühselig, da das Pflücken oft in gebückter Haltung erfolgt.

Vom Teestrauch werden stets nur die Triebspitze und die zwei jüngsten Blätter geerntet (Foto 155). Nur bis zum 5. April erhält man die besten Qualitäten *teji* und *yiji*, dann beschleunigt sich das Wachstum zu sehr. In China verarbeitet man die Blätter fast nur zu grünem Tee *(lü cha)*, der zunächst an der Luft angetrocknet wird, bis er welkt. Danach wird er gerollt, sofort durch starkes Erhitzen vollständig getrocknet und damit haltbar gemacht. In der Tasse ergibt sich nur eine helle, gelblichgrüne Färbung, bei sehr dezentem und feinem, leicht bitterem Geschmack. Üblich ist das mehrmalige Aufgießen der grünen Teeblätter, die bis zu vier Mal verwendet werden können, wobei jedesmal nur wenige neue hinzugegeben werden müssen. Kenner betrachten den zweiten Aufguß als den besten. Weniger verbreitet ist der braune Tee *(wulong cha)*, den man nach dem Rollen der Blätter für kurze Zeit bei etwa 40 °C fermentieren läßt, bevor man ihn trocknet. Dauert der Gärprozeß mehrere Stunden, dann erhält man den bekannten schwarzen Tee, in China als roter Tee *(hong cha)* bezeichnet.

Pferdekopfgiebel

Das auffälligste Merkmal der ländlichen Architektur in Süd-anhui und Zhejiang ist der Pferdekopfgiebel *(matouqiang)*, von dem verschiedene Ausführungen auf dieser Doppelseite zusammengestellt sind. Die beiden einfachen Häuser in der linken Spalte wurden wiederum in Jiuhuajie aufgenommen, wo nur der untere Teil der Giebelwand waagerecht ausläuft, ergänzt durch kleine Spitzen aus aufeinandergelegten Ziegeln. Die Fenster beider Gebäude sind, ganz im Gegensatz zu Nord-china, sehr klein und die Wände dick, beides zum Schutz vor der sommerlichen Sonne und Hitze. Anders als die übrigen

hat das in Foto 157 wiedergegebene Haus nur ein Stockwerk; die Saatbeete mit Reis reichen fast bis zur Türschwelle. Bemerkenswert ist das Baumaterial des Hauses in Foto 158, wo am Gebirgsrand Steine anstelle von Lehmziegeln zur Verfügung standen. Es hat über dem Erdgeschoß bereits einen niedrigen Kniestock mit drei winzigen Belüftungsöffnungen. Auf der Südseite des Jiuhuashans sieht man aufwendigere Häuser mit zweifach getrepptem Perdekopfgiebel (Foto 160), geschmückt durch einen aufgesetzten Querfirst. Bei manchen Häusern kragt der obere Bereich der Giebelwand außerdem noch über die Vorderfront hinaus vor und stützt die vorgezogene Dachtraufe (Foto 159). Selbst bei einfachen Bauernhöfen

sind dreifach gestufte Treppengiebel (Foto 161) zu sehen. Neben dem Giebel gilt den Türen und Fenstern außergewöhnliche Aufmerksamkeit. Über den Türen springen kleine Baldachine mit verzierten Säulchen und hochgezogenen Ecken vor, während die Fenster mit Klebdächern verziert und durch die Aussparung des Putzes optisch hervorgehoben werden. Dazu kommen hübsche Ornamente und Malereien von Pflanzen, Vögeln und Mustern, die sich schwarz vom weißen Putz abheben. Die meisten der Gebäude haben einen relativ gut ausgebauten Kniestock, entweder mit kleinen Fenstern (Foto 161) oder sogar mit einer größeren, manchmal hölzernen Fensterfront versehen (Foto 159).

Dorfstruktur

Die Aufnahmen dieser Doppelseite zeigen das Dorf Qiankou ganz im Süden der Provinz Anhui (Foto 162). Beim Blick über den Ort fällt auf, wie dicht gedrängt die Häuser aneinandergereiht stehen, fast alle in traditioneller Bauweise errichtet. Am jenseitigen Ortsrand grenzt ein Ehrentor den Siedlungsbereich von der offenen Feldflur ab. Die Landschaft wird von blaugrünen Farbtönen bestimmt: dem frischen Grün junger Reissetzlinge, dem satten Grün der im Dorf entlang der Straße und auch innerhalb der Flur angepflanzten Pappeln und Paulowniabäume, dem Blaugrün des reifen, als Zwischenfrucht angebauten Rapses bis hin zum Blau des nächsten im Hintergrund schimmernden Berglands, welches das kleine Becken umrahmt. Inmitten der Felder erhebt sich eine eindrucksvolle Pagode, die im Bezug zu einer ehemaligen Ahnenhalle steht, am Ortsrand beim Ehrentor gelegen.

Das Ehrentor, aufgebaut aus massiven Steinquadern, ist mit kunstvollen ornamentalen und figürlichen Steinmetzarbeiten verziert (Foto 163). Es markiert die Grenze des dörflichen Rechtsbezirks, dessen Geltungsbereich von keinem Haus überschritten werden durfte. Im Vergleich zur Nordseite des Jiuhuashan-Gebirges sind die Häuser in Qiankou größer und haben aufwendigere Giebel (Foto 164). Der betonierte Platz im Vordergrund bildet zusammen mit dem anschließenden Haus das gesamte Gehöft. Von ihrer Größe und dem Fehlen abgegrenzter Höfe her könnte das Ortsbild fast städtisch anmuten, träfe man nicht immer wieder auf Zeichen bäuerlicher Aktivität. Ein Blick in die Hauptstraße, durch die gerade eine Bauersfrau eine Bambussprosse nach Hause trägt, zeigt, daß sie auf Fußgängerverkehr ausgelegt ist (Foto 165). Das Erscheinungsbild der Straße gibt einen Eindruck von der im Dorf herrschenden Enge. Dabei spiegelt das Ortsbild insgesamt eine gewisse Wohlhabenheit wider: Die Häuser sind, wiewohl aus vergangenen Jahrhunderten stammend, überwiegend aus Backsteinen erbaut; die Straße ist mit Steinplatten gepflastert und wird links von einem Abwasserkanal begleitet. In diesem Raum lag in der Song- und der beginnenden Ming-Zeit der wirtschaftliche Schwerpunkt des Reichs der Mitte.

163 164
165

Umweltfaktoren und Kulturlandschaft

Zum Vergleich zeigen die beiden Bilder dieser Doppelseite (Fotos 166 und 167) eine Kulturlandschaft aus dem Gebirgsbereich des Jiuhuashan, zwischen den Beispielen Jiuhuajie (Foto 152) und Qiankou (Foto 162) aus den jeweils anschließenden Ebenen gelegen. In dem stark reliefierten Gelände ist einerseits genügend Platz vorhanden, um größere Abstände zwischen den Häusern zu lassen, weshalb sie zu einem nur lockeren Haufendorf gruppiert sind. Andererseits konnte sich das Dorf bei der begrenzten Fläche für die Landnutzung kaum ausdehnen und prosperierte wegen der geringeren Erträge

weniger, weshalb es vergleichsweise klein geblieben ist. Die Architektur der weiß verputzten Häuser mit ihren einfachen Pferdekopfgiebeln orientiert sich trotz aller Kargheit der Landschaft am regional üblichen Vorbild, was eine eindeutige Identifikation ermöglicht. Die Landnutzung mußte hier weitgehend auf den ertragreichen Naßfeldanbau verzichten und stützt sich auf Trockenfeldbau. Angesichts der besonderen landschaftlichen Gegebenheiten war dazu dennoch die Anlage von Terrassen nötig, deren Verlauf und Anordnung dem steilen Relief und den hinderlichen Steinen genau angepaßt werden mußten. Die ursprüngliche Waldvegetation der Hänge wurde zur Brennholzgewinnung bis auf wenige Reste beseitigt. Als

Ersatz hat man einige Nutzbäume gepflanzt, von welchen die rosa blühende Paulownia besonders auffällt, so daß insgesamt fast der Eindruck eines gepflegten Steingartens entsteht. Im Vordergrund der Hauptzugangsweg zum Dorf, daneben ein kleiner Bewässerungskanal für eines der wenigen Naßfelder (vorn Mitte, noch nicht bestellt).

南湖平原：

7.12. Becken von Hunan und Hubei: Naßfeldanbau und Lehmziegelarchitektur III

Im gesamten Südchinesischen Bergland wechseln sich Berg- und Hügelländer mit darin eingesenkten Beckenlandschaften ab, wovon das Becken von Hunan und Hubei das ausgedehnteste ist. Es bildet zusammen mit dem Poyanghu-Becken (Jiangxi), der Perlflußniederung (Guangdong) und dem Jangtsetiefland (Zentralanhui, Jiangsu) das Quartett der Bevölkerungsschwerpunkte, gegründet auf die am weitesten entwickelte Landnutzung mit den höchsten Ernteerträgen des Landes. In der Aufnahme vom südlichen Randbereich des Beckens von

Hunan (Foto 168) wird eine grundsätzliche Landschaftsstruktur deutlich, die für praktisch das gesamte Südchinesische Bergland gilt, im großen wie im kleinen. Die Niederungen unterliegen einer äußerst intensiven Landnutzung, die sich fast ausschließlich auf Naßfeldanbau stützt. Rechts im Bild ein kleiner, nur wenig eingetiefter Wasserlauf, erkennbar an den viel kleineren Feldgrößen und Terrassen. Zum Aufnahmezeitpunkt Anfang Oktober ist die zweite Reisernte reif und die Ernte überall in vollem Gange. Den fruchtbaren Niederungen stehen kraß die kaum genutzten, unbesiedelten Hügel und Berge gegenüber, deren dunkles Grün sich vom satten Gelb der Reisfelder abhebt. Die scharfe Trennung der Landnutzungsbereiche läßt sich auf die Oberflächenformen zurückführen. Mit deutlichem Knick

水田和土地历（三）

abgesetzt, beginnen die Hänge steil anzusteigen, mit der größten Neigung im unteren Bereich und nach oben hin flacher werdend (Glockenbergform). Sie werden nicht ackerbaulich genutzt, sondern tragen lediglich einen degradierten Wald. Die Siedlungen, im Bild mehrere Dörfer der Gemeinde Huangjiaqiao (bei Yiyang, Provinz Hunan), sind klein und bestehen nur aus einem Dutzend oder gar weniger Gehöften, die so über die Flur verteilt sind, daß die Wege zur Feldarbeit kurz bleiben, denn im Reisanbau fallen die weitaus meisten Tätigkeiten auf dem Feld an. Selbst das Dreschen erfolgt dort und nicht im Gehöft.

Agrar-Ökosystem

Die Bewässerung basiert in den Randbereichen der Becken wie auch in den breiten Tälern auf flußgespeisten Kanälen, die von Flüssen und Bächen abgezweigt werden und das Wasser mit natürlichem Gefälle auf die talabwärts gelegenen Felder leiten. Die Feinverteilung erfolgt über kleine Gräben (Foto 169). Als Zwischenspeicher und zum Ausgleich der Wasserführung dienen die zahlreichen kleinen Tümpel, die überall in die Flur eingestreut sind (Foto 170). Die Entwässerung der Felder erfolgt über ein separates Netz. Mit diesem System können nur die tiefliegenden Geländeteile erreicht werden. Bereits

ein Stück südlich des Jangtse gelegen, sind in diesem Gebiet zwei Reisernten pro Jahr möglich. Dazu baut man über den Winter Raps oder eine andere Zwischenfrucht als Gründüngung an, so daß sich eine jährliche Fruchtfolge Raps (Gründüngung)–Naßreis–Naßreis ergibt, die nicht verändert wird. Diese Landnutzung ist so ertragreich, daß die Chinesen sich im gesamten Raum Hunan und Jiangxi weitgehend auf die Kultivierung der Niederungen, hier auf etwa 150 m Höhe gelegen, konzentriert haben und kaum Trockenfeldbau betreiben.

Die Hügel bestehen hier aus präkambrischen Schiefern und Grauwacke, auf denen sich saure, wenig fruchtbare Böden bilden, weshalb Ackerbau im Vergleich zu den günstigen Be-

dingungen in den Niederungen kaum lohnt. Nachdem auch kein Bedarf für Viehweiden besteht, tragen die Hügel weithin Wald. Er unterliegt allerdings ebenfalls anthropogenen Einflüssen und hat nicht mehr die ursprüngliche Artenzusammensetzung und den natürlichen Aufbau des subtropischen Feuchtwaldes. Wegen der ständigen Beeinträchtigungen durch die Holzgewinnung – Stecken und kleinere Stämme werden als Brennholz, größere als Bauholz entnommen – kann sich nur ein Sekundärwald einstellen, der hier aus Kiefern (*Pinus massoniana*) und Spießtannen (*Cunninghamia lanceolata*) mit Rhododendron (*Rhododendron simsii*) und wildwachsendem Bambus (*Phyllostachis*-Arten) im Unterwuchs besteht.

Ländliche Architektur

Wie in den meisten Gebieten Chinas besteht das Baumaterial der Bauernhäuser auch in den Beckenbereichen Südchinas traditionell aus Lehmziegeln. Fenster und Tür sind wie üblich nach Süden orientiert, allerdings relativ klein ausgeführt, da passive Heizung wie im Norden nicht nötig ist. Als zusätzlicher Sonnenschutz und zum Schutz vor den heftigen sommerlichen Regenfällen ist die Traufseite des Daches weit vorgezogen. Die ländliche Architektur zeigt aber trotz dieser Uniformität kleinere lokale Unterschiede, die das Bild auf-

lockern. Im vorliegenden Fall sind die Häuser nicht wie üblich streng symmetrisch aufgebaut, sondern haben einen nach vorn gezogenen Anbau, dessen First im Winkel zum Hauptbau steht, ein in China sehr selten zu findender Grundriß. Teilweise entstehen auf diese Weise sogar winkelförmige Gebäude (Foto 171). Bemerkenswerterweise befinden sich viele der Häuser von Huangjiaqiao nicht im geschlossenen Dorfareal, sondern in lockeren, über die Flur verstreuten Weilern (*yuan-zi*), wo sie stets am Fuß der Hügel stehen, eine nach der *Feng-shui*-Lehre günstige Position, die darüber hinaus auch kaum etwas vom wertvollen Ackerland verbraucht (Foto 172).

183

173 176
174 177
175 178

Arbeitsschritte im Naßreisanbau I

In einer Landschaft, die sich so stark auf den Naßreisanbau stützt, wird der Arbeitsrhythmus, ja der gesamte Lebensablauf der Bauern vom Wachstum, dem Heranreifen und den Anforderungen dieser besonderen Nutzpflanze bestimmt. Das landwirtschaftliche Jahr beginnt vor der Aussaat des Reises mit der Bereitung des Saatbetts, an das die Sumpfpflanze sehr hohe Anforderungen stellt. Ziel ist die Herstellung eines Schlammes von genau bestimmtem Wassergehalt und feinster Konsistenz.

Nachdem das über den Winter trockengefallene und mit einer entsprechenden Feldfrucht bestellte Feld abgeerntet und wieder unter Wasser gesetzt worden ist, wird zunächst mit dem Pflug grob umgepflügt, eine sehr schwere Arbeit, für die der Wasserbüffel ein unentbehrlicher Helfer ist (Foto 173). Da der Oberboden eines Naßfeldes aus fast reinem Ton bestehen muß, um das Wasser nicht versickern zu lassen, verbäckt er im trockenen Zustand zu einer äußerst harten Kruste. Aus diesem Grund ist es auch schwierig, Naßfelder auf Dauer in Trockenfelder umzuwandeln, denn der verschwindend geringe Bodenluftgehalt macht fast allen Nutzpflanzen außer Naßreis erhebliche Schwierigkeiten bei der Wurzelbildung. Lediglich im Winter, der in China fast überall zu kühl und zu trocken für Naßreis ist, baut man als Zwischenfrucht Raps oder Klee an, teils ausschließlich zur Bodenverbesserung, wie man am Unterpflügen des Klees sieht (Foto 174). Danach werden gern Enten über die gefluteten Felder getrieben, die die Schnecken fressen (Foto 175).

Nun beginnt die Bereitung des schlammigen Saatbetts, wofür mehr Arbeitsschritte erforderlich sind als bei jeder anderen Anbauform. Die Schollen müssen zunächst zerkleinert und mit dem Wasser vermischt werden, wofür eine Art Egge zur Verfügung steht (Foto 176). Auch das Trampeln des Wasserbüffels selbst sorgt für einen Zerfall. Anschließend werden die Erdklumpen noch weiter zerkleinert. Dafür nimmt man wiederum ein anderes Ackergerät, das die Form eines Rechens hat und mit dem gleichzeitig Wurzeln und Pflanzenteile entfernt werden können (Foto 177). Das Pflügen und Zerkleinern ist der einzige Arbeitsgang, bei dem eine gewisse Mechanisierung häufiger zu beobachten ist, wenn auch keineswegs überall. Wegen der instabilen Bodenverhältnisse, aber auch aufgrund der Empfindlichkeit der oft nur dünnen wasserstauenden Schicht, die keinesfalls beschädigt werden darf, lassen sich dafür nur leichte Kleintraktoren benutzen, deren Produktion in China in den letzten Jahren stark forciert wurde (Foto 178).

Schließlich müssen, zumindest im Anzuchtbeet, alle kleinen Pflanzenreste, nicht zerkleinerten Bodenteile und sonstigen störenden Bestandteile mit der Hand aus dem feinen Schlamm entfernt werden. Der Wassergehalt darf sich nur innerhalb einer schmalen Marge bewegen (Foto 179). Die Oberfläche wird danach sorgfältigst geglättet, wofür eine Schaufel Verwendung findet. Die Aussaat des in großen Körben (im Hintergrund) herangebrachten Reises erfolgt im Anzuchtfeld recht eng, denn der Reis wächst in der Anfangsphase erheblich besser heran, wenn er dicht steht. Sehr sorgfältig muß auf eine entsprechend gleichmäßige Verteilung der Reiskörner geachtet werden (Foto 180). Abschließend wird der eingesäte Boden nochmals mit der Schaufel überstrichen und geglättet, wodurch die Reiskörner wenige Zentimeter tief in den Schlamm gedrückt werden. Das bereitete Feld darf bei dieser Tätigkeit auf keinen Fall mehr betreten werden (Foto 181).

179
180
181

湘西土家族的枋形

7.13. Bergland von Westhunan: Naßfeldterrassen und Holzarchitektur der Tujia

Auf seinem Weg vom Becken von Sichuan in Richtung zur Mündung nach Osten stellt sich dem Jangtse eine Gebirgsbarriere in den Weg, die er in den berühmten drei Schluchten durchbricht. Das unwegsame Gebirge wurde von den Han-Chinesen nur lückenhaft besiedelt, weswegen der Grenzbereich der Provinzen Hunan, Hubei und Sichuan als Siedlungsgebiet der Minderheit der Tujia bestehenblieb. Die Tujia bewohnen vornehmlich die bergigen Gebiete wie das Wulingshan-Gebirge, aus dem die Aufnahme beim Dorf Zhonghu stammt (Foto 182,

Kreis Sangzhi, Prov. Hunan). Die besiedelten Hügelbereiche liegen hier auf 300 – 700 m Höhe, während die aus quarzitisch gebundenem, paläozoischem Sandstein aufgebauten Gipfel bis 1250 m aufragen. Im Vergleich zum letzten Fallbeispiel, nur etwa 100 km weiter östlich, fällt der krasse Gegensatz in der Verteilung der Landnutzung auf, die hier nicht nur auf die Niederungen beschränkt ist, sondern auch steile Hügelbereiche einschließt. Unter den schwierigen Geländeverhältnissen sind besonders angepaßte Agrar-Ökosysteme mit weitgehender Terrassierung und verschiedenen Bewässerungssystemen erforderlich. Man erkennt auf dem Foto, daß die Naßfeldterrassen nur den unteren Teil der Hänge einnehmen, etwa bis zur Höhe des Aufnahmestandpunkts. Sie werden über Hangkanäle bewässert,

田和末孫构建筑

die oberhalb aus dem seitlich von links herabströmen-den Bach ausgeleitet werden. Das steile Gefälle ermög-licht relativ kurze, hangparallele Kanäle, die schon nach kurzer Zeit einen Bereich unterhalb versorgen können. Auch die oberhalb der Bewässerungsgrenze anschlie-ßenden Trockenfelder sind terrassiert, aber zum Auf-nahmezeitpunkt Mitte April nicht auf den ersten Blick zu trennen, weil auch auf ihnen noch Raps steht. Die Siedlungen bestehen aus kleinen Haufendörfern und Gehöftgruppen, wie links im Bild zu sehen, mit einer ei-genständigen, auf der Verwendung von Holz als Bauma-terial basierenden Architektur. Die Form der Bäume in ihrem Umkreis zeigt vielfache Beeinträchtigungen durch das Absägen von Ästen und Entfernen der Blätter; an den Bergflanken oberhalb folgt Wald.

187

Agrar-Ökosystem

Foto 183 zeigt das Tal des Li Shui beim Dorf Huilong (Kreis Dayong) mit der Abfolge dreier verschiedener Agrar-Ökosysteme, die in Anlehnung an das Relief vom Talgrund bis zu den Hängen aufeinanderfolgen. Das verwilderte Flußbett mit seinem stark gebuchteten Uferverlauf, Schotterfluren und Kiesbänken wurde noch nicht durch größere anthropogene Eingriffe, geschweige denn eine Kanalisierung beeinträchtigt. Wenige Meter höher liegen die eiszeitlichen Sedimente, deren ebene, hochwassergeschützte Oberfläche vollständig von Naßfeldern eingenommen wird. Sie werden über ein flußgespeistes Kanal-

system bewässert, dessen nicht sonderlich groß dimensionierte Zuflüsse im Hintergrund aus dem Fluß ausgeleitet werden. Der hier flache Unterhang wurde ebenfalls für Naßfelder terrassiert. Da das Gefälle des Ji Shui gering ist, werden sie aber von den flußgespeisten Kanälen nicht mehr erreicht. Sie müssen über Hangkanäle bewässert werden, die von seitlich einmündenden Bächen abzweigen. Darüber folgen am Mittelhang die Trockenfelder, teils terrassiert (links), teils auch nicht (rechts im Hintergrund). Auf Foto 184 ist ein Ausschnitt eines Hangkanalbewässerungssystems genauer herausgegriffen, um die exakte Geländeanpassung zu veranschaulichen. Wie im Becken von Hunan weiter westlich wird auch in diesem Berg-

gebiet auf den Naßfeldern eine jährliche Fruchtfolge Raps (Gründünger)–Naßreis–Naßreis praktiziert, auf den Trockenfeldern Winterweizen–Süßkartoffeln mit ebenfalls zwei Ernten pro Jahr. Im Bild ist ein Teil der Felder bereits umgepflügt, während auf den anderen der Raps noch in voller Blüte steht. Er wurde im Herbst als Gründünger ausgesät. Noch bevor während der Monate Dezember bis Februar die Durchschnittstemperatur unter 10 °C absinkt, konnte der Raps auskeimen. Im April wird er gemäht, und die Felder werden vorbereitet, um im Mai die erste Reissaat aufzunehmen, die derweil in den Anzuchtbeeten bereits herangewachsen ist. Nach der ersten Reisernte Ende Juli folgt die zweite Ernte Ende Oktober.

Ländliche Architektur

Der in dem bergigen Westhunan überall in der Nähe vorhandene Wald macht es möglich, beim Bau der Bauernhäuser weitgehend auf Holz zurückzugreifen, so daß sich eine besondere Architektur herausgebildet hat, die man sonst auf dem Land in China nur selten findet. Die Häuser verfügen nur über ein Stockwerk, das auf einem ganz niedrigen Fundament aus einfachen Steinen ruht, welches lediglich am Hang höher aufgeschichtet werden muß (Foto 185). Die Gebäude bestehen aus drei Jochen und damit Räumen, von welchen die beiden äußeren geschlossen, die Küche in der Mitte aber oft nach vorne ganz offen ist (Foto 187). Die Konstruktion ist als Balkenfachwerk im *Chuandou*-System ausgeführt, wie ebenfalls in Foto 187 an den Giebelseiten mehrerer Häuser zu erkennen ist. Die Wände bestehen teils aus Brettern, teils aus Flechtwerk.

Zu dieser Grundform eines einfachen, schmucklosen Rechtecks kommt in diesem Gebiet meistens auf einer oder sogar beiden Seiten ein vorgezogener Anbau, so daß ein L- oder U-förmiger Grundriß entsteht (Fotos 185 und 186). Obwohl nicht höher als der Hauptbau, sind diese Anbauten in hängigem Gelände gern aufgeständert und mit einem an drei Seiten umlaufenden Balkon versehen, oder der Innenraum fehlt ganz, und es entsteht eine Art Veranda. Bedingt durch den Hang, sind diese Seitenflügel oft aufgeständert, und das Untergeschoß wird als Abstellraum oder Hühnerstall verwendet (Foto 186). Das in Foto 185 abgebildete Gehöft umfaßt neben dem ausladenden Haupthaus mit seinen beiden Anbauten noch drei strohgedeckte Nebengebäude, rechts den Schweinestall, links einen Speicher, der ausnahmsweise aus Stein gebaut ist; vor dem Haupthaus ein weiterer Kleinviehstall. Am unteren Rand ist eine Bambusleitung zur Bewässerung eines Feldes sichtbar.

185
186
187

Lebensweise

Foto 188 zeigt nochmals eine Aufnahme aus Zhonghu mit der Brücke über den Dorfbach, ein Bauwerk von durchaus nicht überall anzutreffendem Konstruktionsaufwand. Sie wird gerade von einem Bauern mit einem Korb Futterklee überquert, gefolgt von einem Mann mit einem Sack Reis. An der Brücke oder der Furt befindet sich auch zumeist der dörfliche Waschplatz, an dem hier zwei Frauen ihrer Beschäftigung nachgehen; neben ihnen ebenfalls ein schön geflochtener Tragekorb. Das Tragen auf dem Rücken ist die gängige Methode für den Transport jeglicher Lasten, im Gegensatz zu den meisten Han-Chinesen, die das Tragholz bevorzugen. Auf Foto 189 ist eine alte Tujia-Frau mit ihrem Enkel zu sehen, den sie auf einem speziellen Tragegestell auf dem Rücken trägt. Obwohl das heute 5,7 Millionen Menschen zählende Volk seit dem frühen 10. Jh. in diesem Gebiet nachweisbar ist, läßt sich seine Herkunft nicht genau feststellen. Die Sprache der Tujia gehört zur Familie der Yi-Sprachen, die der tibeto-burmesischen Großfamilie zugerechnet werden.

Darunter zwei Aufnahmen von der Herstellung der Dachziegeln, die im Reisgebiet seit langem das bevorzugte Material zur Dachdeckung sind. Reisstroh eignet sich dafür nicht, denn es fault aufgrund seines auch ohne Düngung gegebenen Nährstoffgehaltes, den es wegen der Blaualgen im Bewässerungswasser immer aufweist. Schilf oder anderes stützgewebereiches Gras, das sich dafür eignen würde, findet man nicht, da praktisch alle potentiellen Sumpfstandorte in Reisfelder umgewandelt sind. Die Herstellung der Dachziegeln ist einfach (Foto 190). Um eine etwa eimerförmige, konisch zulaufende Holzform, wie sie im Hintergrund in dem Korb liegt, schlingt man eine Bahn aus geglättetem Lehm. Anschließend wird sie auf der daneben stehenden Töpferscheibe langsam gedreht und dabei zu einer einheitlich runden Form ausgearbeitet. Danach stellt man die Tonröhren zum Trocknen auf. Sie brechen später leicht an vorgegebenen Schwachstellen in Viertel, die durch Nuten in der Holzform schon beim Ausarbeiten auf der Töpferscheibe eingedrückt wurden. Diese werden dann in einfachen Öfen gebrannt, die in der freien Flur stehen und auch zur Herstellung von Backsteinen dienen (Foto 191).

7.14. Randbereiche des Beckens von Sichuan: Bewässerungssysteme und Fachwerkarchitektur

Innerhalb des Südchinesischen Berglands mit seiner kleinräumigen landschaftlichen Gliederung in Becken, Talungen, Hügel- und Berggebiete haben sich die Han-Chinesen auf die Kultivierung der Niederungen spezialisiert. Die Naßreisanbausysteme beruhen dort fast überall auf Pumpbewässerung oder flußgespeisten Kanalsystemen. Insofern stellt dieses Fallbeispiel in der Nähe von Changning aus dem südlichen Randbereich des Beckens von Sichuan eine große Ausnahme dar. Hier geht auch die Landnutzung der Han in ein stark relie-

fiertes Hügelland hinein, wo sie auf Bewässerung durch ein Hangkanalsystem und aufwendiger Terrassierung beruht. Der hohe Aufwand für den Anbau von Reis im Naßfeld lohnt dennoch, weil die Erträge viel höher liegen als bei anderen Getreidearten, die im Trockenfeld angebaut werden könnten. Im Hintergrund der Aufnahme (Foto 192) erkennt man das stark hügelige Relief, wie es für das gesamte Becken von Sichuan typisch ist. Eine Bewässerung der im Bild sichtbaren Hügel ist nur möglich, weil davor höhere Berge aufragen, von welchen kleine Bäche herabfließen, wie beispielsweise durch das Tälchen rechts im Bild. Sie können abgefangen und am Hang entlang auf die Naßfelder umgelenkt werden. Deren Form muß exakt dem Gelände angepaßt werden, wie besonders an dem vorspringenden Ausläufer links

承孤和朴架建筑

zu sehen ist. Dahinter liegt ein isoliert aufragender Hügel, der nicht bewässert werden kann und Trockenfelder trägt, was schon anhand der anderen Feldfrüchte auffällt. Die Gehöfte stehen als Streusiedlung oder Einzelhöfe in größerem Abstand voneinander und verstecken sich in kleinen Bambushainen, wie im Vordergrund zu sehen ist. Ihre Architektur unterscheidet sich stark von der des übrigen China, da sie trotz gleicher Ausgangsbedingungen nicht aus Lehm bestehen, sondern aus einer Fachwerkarchitektur mit Holzrahmen. Auch hier spielt Bambus eine unverzichtbare Rolle, nicht nur als Lieferant von Wasserleitungsrohren und von Material für verschiedenste Gerätschaften. Die Gefache zwischen den Fachwerkhölzern sind in Sichuan meist mit einem Bambusgeflecht ausgefüllt, das meist weiß verputzt wird.

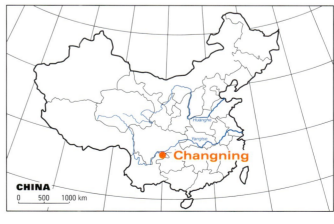

Agrar-Ökosystem

Die Aufnahmen dieser Doppelseite zeigen die sorgfältige Anpassung der Terrassen an die Geländeverhältnisse. Links im Bild (Foto 193) sind zwei kleinere Trockenfelder erkennbar. Aufrund der günstigen Bewässerungssituation ist in diesem Falle sogar eine Fruchtfolge Naßreis–Naßreis mit zwei Ernten pro Jahr möglich, was sonst in Sichuan sehr selten ist, weil die Niederschläge teilweise sogar unter 1000 mm pro Jahr sinken. Im August waren die Felder alle bereits abgeerntet und erneut geflutet, ein Teil war gerade in Vorbereitung und ein anderer bereits eingesät. Links befinden sich zwei kleinere Trockenfelder, mit Süßkartoffeln bebaut, rechts hinten ist der Steilhang des Gebirges sichtbar, der das gesamte Gebiet mit Wasser versorgt. Im vorderen Abschnitt wurde ein kleines Seitentälchen abgedämmt und in eine Treppe aus Naßfeldterrassen umgewandelt. Da hier nur eine geringe Menge Wasser fließt, ist kein eigener Kanal nötig, sondern es wird von Feld zu Feld weitergeleitet. Dadurch sind sowohl Be- wie auch Entwässerung gewährleistet, was sehr wichtig ist, damit sich auf die Dauer keine Salze im Boden anreichern. Für die Bewässerung der einzelnen Felder muß eine genau festgelegte Reihenfolge eingehalten werden, damit für alle die ausreichende Menge an Wasser bereitgestellt werden kann. Es soll zudem der Länge nach durch jedes Feld strömen, um die mitgeführten Schweb- und Nährstoffe gleichmäßig zu verteilen, so daß sich am Hang eine Art Zickzackverlauf ergibt. Rechts im Bild sieht man ein Bambusrohr, welches das Wasser aus dem obersten in das übernächste Feld bringt und dabei das mittlere Feld ausspart, das von dem hinter der Hangbiegung folgenden System versorgt wird. Mit Hilfe einer Wasserleitung ist es auch möglich, das wieder höher gelegene Feld an der Spitze des Hügels zu versorgen (Foto 194). Die Leitung besteht ganz aus zusammengesetzten Bambusrohren, gestützt auf Ständer aus demselben Material. Relativ steil abfallendes Gelände macht eine enge Abfolge der Terrassenmäuerchen nötig, so daß dort sehr schmale Felder entstehen (Foto 195). Sie lassen sich aber auch auf derselben Höhe nicht endlos um den Berg herum ausdehnen, denn innerhalb sehr lang gestreckter Felder ließe sich die Wasserzufuhr nicht mehr genau regeln. Aus diesen Restriktionen ergeben sich in solchen Bereichen sehr kleine Felder. Die Bestellung des gesamten Komplexes erfolgt von oben nach unten, wie man auf Foto 195 erkennen kann. Während auf den Feldern am Oberhang, vom Bewässerungswasser zuerst gefüllt, der Reis schon gesetzt ist, spiegeln sich am Unterhang und im Hintergrund die gefluteten Felder.

Bambus in der bäuerlichen Lebensweise

Bambus spielt in der bäuerlichen Lebensweise ganz Chinas eine große Rolle, am stärksten fällt er aber vielleicht in der Kulturlandschaft Sichuans auf. Fast sämtliche der einzelnstehenden Bauernhäuser werden von einem Hain aus Bambusstauden umgeben, der sie vor Witterungsunbilden und fremden Blicken schützt (Foto 196). Als eine Art aus der Familie der Gräser (Poaceae) entspricht der Aufbau des Bambusses den uns geläufigen Süßgräsern mit einem innen hohlen Sproß, gegliedert und stabilisiert von zwischengeschalteten Knoten. Der wesentliche Unterschied des Bambusses zu den übrigen

Gräsern besteht zum einen in der Größe, zum anderen in seiner Eigenschaft zu verholzen. Der harte, aber dennoch biegsame Bambus liefert vor allem einen hervorragenden Werkstoff. Sind die Zwischenwände der Knoten durchstoßen, erhält man eine Röhre, die in der Landnutzung und im bäuerlichen Haushalt vielfache Verwendung findet, von Wasserleitungen über Baumaterial bis hin zu Musikinstrumenten, namentlich der *sheng*, einer kleinen, in der Hand gehaltenen, mit dem Mund geblasenen Orgel. Wird der Bambussproß längs in schmale Streifen geschnitten, so läßt er sich flechten und wiederum für verschiedenste Zwecke einsetzen. So besteht die Wand des Bauernhauses in Foto 197 unter dem abblättern-

den Putz aus einer Bambusflechtmatte, der Korb ist ebenfalls aus Bambus geflochten, und der Zaun links hinten ist aus kleinen Bambusstecken zusammengesetzt. In der Kulturlandschaft wird Bambus gezielt angebaut, vorzugsweise in der Nähe von Gewässern. In der Regel handelt es dabei sich um Arten der Gattung *Dendrocalamus*, die einen mächtigen Wurzelstock bilden, aus dem zahlreiche Triebe emporwachsen. Andere Arten können kurz nach dem Austreiben geerntet und als Gemüse verzehrt werden.

Ländliche Architektur

Nicht nur hinsichtlich seiner Siedlungsstruktur mit Einzelhöfen, sondern auch in der Bauweise weicht die ländliche Architektur Sichuans vom übrigen Südchina ab. Die Gehöfte sind
meistens recht große Bauwerke, wie das in Foto 198 wiedergegebene. Das Haupthaus besteht aus fünf Jochen, erkennbar
an der Zahl der Fenster, wobei der mittlere Raum mit der Eingangstür eine zurückgesetzte, hölzerne Front aufweist und der
rechte Raum verdeckt ist. Zum quer orientierten Hauptgebäu-
de kommen zwei im Winkel dazu angeordnete Nebengebäude,
die als Scheune (links) und als Wohnung für den verheirateten
Sohn (rechts) dienen. Mit diesem Aufbau bleibt insgesamt
eine völlige Symmetrie gewahrt. Bemerkenswert ist das Fehlen
jeglicher Abgrenzungen zwischen Hof und Feldflur, ganz im
Gegensatz zu den von hohen Mauern abgeschlossenen Gehöften Nordchinas. Die meisten Bauernhöfe richten sich mit der
fensterlosen Rückseite gegen einen Hügel. Sie blicken über
die freie Landschaft, öffnen sich aber nicht immer möglichst in
die Südrichtung (Foto 199). Sehr selten sieht man auch strohgedeckte Höfe wie den in Foto 200, bei Leshan aufgenomme-
nen, der vom gesamten Erscheinungsbild her offensichtlich
ärmeren Bauern gehört. Dennoch folgt auch das aufgenommene Gehöft dem regional üblichen Gesamtaufbau mit Haupthaus, Nebenflügeln, Symmetrie und im Baumaterial. Die Bauten sind alle als Fachwerkkonstruktionen angelegt, eine große
Ausnahme für hanchinesische ländliche Architektur. Das Fach-
werk selbst besteht aus Holz, das im *Chuandou*-System zusam-
mengefügt ist (Foto 201). Hierbei tragen die senkrechten
Säulen der Giebelseite die Dachlast, während die Querbalken
lediglich der Stabilisierung dienen und in diesem Falle nicht
einmal von vorn bis hinten durchlaufen. Die Wände dazwischen bestehen aus Bambusstreifen-Flechtwerk (Fotos 197
und 198), das mit einem in diesem Gebiet durchweg weißen
Putz bestrichen und dadurch vor regenbedingter Fäulnis
geschützt wird. Der Balkon, die Tür und die Fenster auf der
Giebelseite dieses Hauses sind Seltenheiten, ebenso wie die
hölzernen Fensterläden.

199
200
201

201

Arbeitsschritte im Naßreisanbau II

Fortsetzung von Fallbeispiel 12.

Nach drei bis fünf Wochen ist der im Anzuchtbeet sehr dicht ausgesäte Reis so weit herangewachsen, daß er verpflanzt werden kann (Foto 202). Häufig verwendet man heute Folientunnels, um die Aussaat früher beginnen zu können und das Wachstum zu beschleunigen. Die Aufnahme macht deutlich, daß der Vorteil des Wachstums im geschlossenen Pflanzenbestand dann allmählich in den Nachteil umschlägt, daß sich die Keimlinge nicht weiter entfalten können. Die jungen Reispflanzen werden deshalb aus dem noch sehr flüssigen Schlamm herausgezogen und zu handlichen Bündeln zusammengeschnürt (Foto 203). Auf dem Bild ist der Unterschied zwischen der Pflanzendichte eines Anzuchtbeetes und normaler Felder gut zu erkennen. Zum Transport liegen die Tragekörbe bereit (Foto 204). Der hohe Arbeitsaufwand lohnt, da die Methode Anzuchtbeet/Umsetzen insgesamt eine Ertragssteigerung um mindestens das Eineinhalbfache ermöglicht.

Für das Umsetzen ist es nötig, auch das Hauptfeld in einen feinen Schlammbrei zu verwandeln (Foto 205). Im Bild sieht man verschiedene Bearbeitungsstadien: schon länger herangewachsener Reis (sattgrün), erst kürzlich umgesetzte Pflanzen (hellgrün), Bodenbearbeitung im fortgeschrittenen Stadium (links) und nach dem ersten Umpflügen (rechts). Der kleine, temporäre Kanal leitet das Wasser im Moment in das hintere Feld. Die Auffächerung der Bearbeitungsstadien zeigt den wichtigen arbeitsorganisatorischen Vorteil, der sich neben der Ertragssteigerung aus dem Versetzen ergibt. Die Arbeitsspitzen lassen sich erheblich besser verteilen, da zunächst nur die Anzuchtbeete bestellt werden müssen, während für die Hauptfelder dann die Wochen zur Verfügung stehen, in denen der Reis in ersteren noch auskeimt. Das Einsetzen der Keime erfolgt im Abstand von etwa 20 x 20 cm (Foto 206). Obwohl auch hierfür schon in vorindustrieller Zeit mit der Drillmaschine ein entsprechendes Arbeitsgerät zur Verfügung stand, wird das Umsetzen vielfach in Handarbeit erledigt. Mit einer guten Organisation und einem entsprechenden Arbeitskräfteeinsatz ist dieser Arbeitsgang rasch zu bewältigen, viel schneller jedenfalls als die aufwendige Feldbestellung (Foto 207). Die Vorteile der geordneten Reihensaat – leichteres Jäten und bessere Belüftung zur Ertragssteigerung – sind seit dem 1. Jh. n. Chr. bekannt.

Die traditionellen Reissorten sind im Verhältnis zu anderen Getreidearten wenig schädlingsanfällig; anders sieht es bei den neu gezüchteten Hochertragssorten aus. Wo Pestizide verfügbar sind, werden sie oft recht unüberlegt und überdosiert angewandt, denn über etwaige Probleme machen sich die wenigsten Bauern Gedanken (Foto 208). Im übrigen macht der Reis während der drei Monate des Wachstums im Hauptfeld nur wenig Arbeit. Die Ernte erfolgt meist mit der Sichel. Dabei lassen sich die Ährenbündel mit der anderen Hand festhalten, wodurch weniger Getreidekörner herunterfallen und verlorengehen als beim Mähen mit der Sense (Foto 209). Gedroschen wird meistens gleich auf dem Feld, wofür die einfachen, aber höchst wirkungsvollen Dreschmaschinen zur Verfügung stehen. Nicht überall werden die Garben anschließend so sorgfältig aufgestellt wie hier bei Fenggang (Foto 210). Das einheitliche Muster ergibt sich ungeplant allein aus dem Arbeitsrhythmus der voranschreitenden Ernte.

の川盆地中坐派田

7.15. Zentrales Becken von Sichuan: Naß- und Trockenfeldanbau mit Einzelhofsiedlung

Ein Blick auf Foto 211 macht deutlich, warum das Becken von Sichuan auch „Rotes Becken" genannt wird, eine Bezeichnung, die man im Chinesischen nicht benutzt (Aufnahme bei Dazu, Prov. Sichuan). Die Farben des Bildes werden bestimmt von dem roten, weichen, tonig gebundenen jurassischen Sandstein, der das gesamte Becken aufbaut und dessen Eigenschaften sowohl die Oberflächenformen als auch die Agrar-Ökologie steuern. Mit Ausnahme geringer Bereiche besteht die Landschaft aus einem ganz kleinräumigen Wechsel zwischen einzelnen, isoliert stehenden Hügeln und schmalen Niederungen dazwischen. Trotz des unruhigen Reliefs und obwohl die Niederschläge mit um die 1000 mm für Reisanbau nur gerade ausreichend sind, lassen sich aufgrund der vergleichsweise sehr fruchtbaren Böden hohe Erträge im Naß- wie im Trockenfeldbau erzielen. *Shu*, wie die alte Bezeichnung für Sichuan lautet, gehörte zum chinesischen Siedlungsraum, lange bevor das übrige Südchina kolonisiert wurde. Es bildete schon vor der Han-Dynastie zusammen mit dem Lößplateau und der Nordchinesischen Tiefebene einen der drei Siedlungsschwerpunkte des Reiches der Mitte und ist heute mit 106 Mio. Einwohnern die bevölkerungsreichste Provinz des Landes. Auf dem Bild erkennt man die typische Landnutzungsstruktur. Wegen ihrer isolier-

天地和物
曲心为

ten Lage können die Hügel nicht bewässert werden und tragen deshalb nur Trockenfelder, deren steile Hänge terrassiert werden müssen, wenn sie nicht bewaldet sind. Nur in den tiefer gelegenen Bereichen dazwischen ist Naßfeldanbau möglich, der einen für seinen hervorragenden Geschmack in ganz China geschätzten Reis hervorbringt. Die eng gekammerte Landschaft findet ihre Entsprechung auch in der Siedlungsstruktur aus Einzelhöfen oder Streusiedlungen, die jeweils allein am Fuß der Hügel inmitten der zugehörigen Felder liegen.

CHINA
0   500   1000 km

Umweltfaktoren und Kulturlandschaft

Die Eigenart des Beckens von Sichuan, dessen Landnutzungsmuster anders und dessen Böden fruchtbarer sind als im übrigen China und das deshalb stets eine eigenständige Rolle spielte, geht auf die Besonderheit der Geologie, der Böden und der Oberflächenformen zurück. Die Großform des Beckens, das in eine Gebirgsumrahmung eingesenkt ist, entstand durch eine Kombination aus Hebungs- und Verwitterungsprozessen. Die härteren Gesteine der Gebirgsumrahmung Sichuans konnten der Abtragung besser standhalten als der weiche Sandstein, der rascher verwitterte. Auf diese Weise entstand im

Laufe der Erdgeschichte das Becken, wobei die Höhenunterschiede noch teilweise durch tektonische Anhebung der Randgebirge verstärkt wurden. Wegen der Abschirmung durch die Gebirgsumrahmung ist der Winter so mild, daß sogar Pflanzen aus dem randtropischen Klima gedeihen können, wie die Banane (Foto 212). Als Nutzhölzer sind Thuja *(Thuja orientalis)*, daneben Spießtanne *(Cunninghamia lanceolata)* und Kiefer *(Pinus massoniana)* verbreitet, alles Elemente des hier natürlichen subtropischen Kiefernwaldes.

Basis der intensiven Landnutzung sind die aus dem roten Sandstein hervorgegangenen Böden. Durch seinen hohen Tonanteil ist er verhältnismäßig weich und gut bearbeitbar.

Zudem liefert er bei seiner Verwitterung vor allem dreischichtige Tonminerale (Smectite), die über eine hohe Nährstoffspeicher- und Austauschkapazität verfügen. Die sich daraus bildenden Böden haben schon von Natur aus eine weit bessere Fruchtbarkeit als diejenigen im übrigen Südchina. Die sonst anzutreffende tiefgründige Auswaschung der Tonminerale wird durch den schon im Gestein vorhandenen Tonreichtum verhindert. Außerdem erlaubt der Tongehalt den Anbau von Nutzpflanzen auch noch in wenig entwickelten bzw. schon erodierten Böden, wenngleich mit geringeren Erträgen. Die Form der Glockenberge ist das Ergebnis von Verwitterungsprozessen, wie sie für die Oberflächenformung der feuchten

Subtropen bis Randtropen typisch sind und in Südchina unabhängig vom Ausgangsmaterial verbreitet vorkommen (vgl. Foto 213, bei Leshan, Prov. Sichuan). Mit deutlichem Knick setzt der Hangbereich an, der sehr steil ansteigt und erst nach oben hin flacher wird. Aus diesem Gegensatz zwischen flachen, feuchten Niederungen und steilen, trockenen Hängen ergeben sich die unterschiedlichen Agrar-Ökosysteme mit Naß- und Trockenfeldanbau.

Agrar-Ökosystem

Gegenüberstellung der beiden Landnutzungsbereiche: Die Niederungen zwischen den Hügeln werden von Naßfeldern mit Reisanbau eingenommen, wo immer es von der Bewässerung her möglich ist. Sie basiert meist auf flußgespeister Kanalbewässerung, die jedoch nur die Bereiche in Höhe der Gewässer erreicht, die bei hoher Wasserführung leicht überschwemmt werden (Foto 215, Nähe Huanglongxi, Kreis Shuangliu, Prov. Sichuan). Verbreitet sind in Sichuan zwei Ernten pro Jahr, wegen der winterlichen Trockenheit und Kühle allerdings in der Fruchtfolge Winterweizen–Naßreis.

214 216
215 217

Dennoch lohnt sich die Mühe, denn mit Hilfe dieser Fruchtfolge und angepaßter Düngung erzielen die Bauern Sichuans zusammen mit dem Raum Jiangsu/Zentralanhui Spitzenerträge pro Flächeneinheit, und das mit nur einer Ernte pro Jahr (Foto 217).

Die Hügel werden im Trockenfeldbau bestellt (Foto 218). Hier sind Fruchtfolgen aus Winterweizen–Süßkartoffeln, daneben auch Winterweizen–Mais häufig, wobei auch drei Ernten im Jahr möglich sind. Süßkartoffeln (Foto 216 und 218 vorn) benötigen zu ihrer Kultivierung mittlere Niederschläge, aber hohe Temperaturen, wie sie im Sommer in Sichuan die Regel sind. Die Kombination mit Winterweizen, der nach der herbstlichen Aussaat im Frühsommer reift, ist daher ideal. In China werden 85 % der Süßkartoffelernte der Welt erzeugt (Geographie aktuell 1993, S. 32). Die stärke- und zuckerreiche Knolle, die größer als die in Europa verbreitete Kartoffel ist, aber ebenfalls aus Südamerika importiert wurde, wird als Gemüse oder nur gegart konsumiert. Überall in den chinesischen Städten sieht man im Herbst Stände mit einem einfachen Ofen, oft nur ein altes Blechfaß, auf dessen Feuer die Süßkartoffeln langsam schmoren, um für wenig Geld an Passanten verkauft zu werden. Eine Innovation der letzten Jahrzehnte sind Plantagen mit Mandarinen, die im Bereich der oberen Hänge angelegt werden (Foto 214).

Siedlungsstruktur

Auch die Siedlungsstruktur Sichuans weicht vom Standard des in ganz China üblichen Haufendorfs ab. Die nur hier in dieser Form und allgemeinen Verbreitung zu findende Einzelhof- und Streusiedlung läßt sich, wie die Landnutzung auch, auf die besonderen Oberflächenformen zurückführen. Durch die extreme Kleinkammerung der Landschaft lassen sich oft gar nicht mehr Felder anlegen als von einem Gehöft aus zu bestellen sind (vgl. Foto 213). So wird das Siedlungsbild Sichuans nicht vom üblichen Haufendorf, sondern durch einzelne, allenfalls

als Streusiedlung gruppierte Bauernhöfe bestimmt (Foto 220, bei Changning). Zusammen mit dem Wechsel von Naß- und Trockenfeld und der weiten Verbreitung von Bambus (vgl. im Hintergrund) unterstreicht dies die Sonderstellung dieser Kulturlandschaft innerhalb Chinas. Die Reisfelder im Vordergrund von Foto 219 liegen auf Terrassen oberhalb einer kleinen, bambuserfüllten Schlucht. Sie beziehen ihr Wasser von einem größeren Hügel weiter links. Dieselbe Konstellation zeigt auch Foto 220 (bei Changning).

川西山地：

7.16. Gebirge von Westsichuan: Trockenfeldterrassen und Wehrdörfer der Qiang

Im Westen wird das Becken von Sichuan durch die Ausläufer des Hochlandes von Tibet begrenzt, das entlang einer mächtigen Störung angehoben wurde. Innerhalb einer Distanz von nur 40 km bestehen hier zwischen dem auf 300 – 500 m eingesenkten Becken und den dahinter aufragenden Bergen Höhenunterschiede von 4500 m. Der angehobene Block des Hochlandes wird zum Rand von steil eingeschnittenen, schluchtartigen Tälern zergliedert, die auf das niedrige Entwässerungsniveau des Beckens eingestellt sind. In diesem Raum

extremer Reliefgegensätze siedeln die Qiang, eine zwar nur gut 100 000 Angehörige zählende, aber ethnisch und kulturell eigenständige Minderheit, die aus Nordwestchina stammt. Obwohl nur Trockenfeldbau möglich ist, mußten die Bewohner in dem zerklüfteten Relief ein besonderes Agrar-Ökosystem entwickeln, das auf kunstvoll angepaßten Terrassensystemen beruht. Grundlage für den Ackerbau sind zum Teil kleine, an den Hängen des Gebirges liegende, inselhafte Lößvorkommen, die wiederum ein anderes Vorgehen bei der Konstruktion der Terrassen erfordern. Die kulturelle Eigenständigkeit der Qiang kommt neben der Besonderheit ihrer Agrar-Ökosysteme auch in ihren Architekturformen zum Ausdruck, trotz mancher Anklänge an die tibetische Architektur. Das Bild des Dorfes Kegu (Foto 221, bei

Wenchuan, Prov. Sichuan) zeigt nicht nur die massive Steinbauweise der großen, kubischen Häuser, sondern insbesondere die exponierte Lage, den engen Grundriß und die sorgfältige Konstruktion auf einem schroffen Felsgrat. Diese Schutzlage läßt sich aus der unruhigen Grenzlage zwischen Tibet und China ableiten, ergänzt durch den Bau eines Wehrturms links oben, der einen weiteren architektonischen Akzent setzt. Im Bericht der Stötzner-Expedition im Jahre 1913/14 ist zu lesen, wie das Gebiet in zahlreiche kleine Staatsgebilde und Fürstentümer aufgesplittert war. Oft nicht größer als ein einzelnes Gebirgstal, waren sie teils unabhängig, standen tatsächlich oder nur nominell unter chinesischer Oberhoheit oder waren Lehnstaaten Chinas (Israel 1919).

213

Agrar-Ökosystem

Die landschaftliche Situation wird von den starken Reliefgegensätzen und von der Enge der Täler bestimmt, die selten
genug Platz für Dörfer und Felder bieten, weshalb Besiedlung
und Landnutzung auf die Hänge ausweichen müssen. Der
Talboden des Somang Qu liegt hier (Foto 223) auf 1800 m, der
Gipfel des Berges rechts oben erreicht 4991 m; insgesamt umfaßt die Aufnahme über 3000 m Höhenunterschied. Zu großen
Teilen können die felsigen Hänge gar nicht genutzt werden.
Die Dörfer und Ackerfluren liegen isoliert in dieser Landschaft
dort, wo sich eine geringmächtige Bodendecke gehalten hat,

meist etwa im unteren Drittel der Hänge. Oft sind mehrere Dörfer am Hang übereinander angeordnet, getrennt von Felsbereichen, Graten oder steilen Seitentälern. Nur ein Dorf auf dem Bild liegt am Fuß eines Schwemmkegels am Rand des Haupttals, seine Felder ziehen sich aber bereits den Hang hinauf, gefolgt von weiteren Siedlungen.

Hangverflachungen stellen bevorzugte Siedlungsareale dar. In Foto 222 sieht man die Ackerterrassen eines Dorfes, die auf einer kleinen Ansammlung von Löß beruhen. Dahinter folgt eine weitere derartige Flur, getrennt durch die scharf eingeschnittene Kerbe eines Seitentälchens. Der Löß dieser inselhaften Vorkommen stammt, anders als im Lößplateau, vom

Hochland von Tibet, dessen Liefermenge stark begrenzt ist. Durch die Abschirmung der hohen Berge erhalten die Täler relativ geringe Niederschläge, so daß im unteren Bereich nur subtropischer Trockenwald oder Dorngebüsch wächst und Naßfeldanbau ausgeschlossen ist. Trotz der schwierigen Umstände stützt sich die Landnutzung der Qiang auf Ackerbau und verzichtet im Gegensatz zu den Tibetern weitgehend auf Viehhaltung, weshalb die höheren Hangbereiche ungenutzt bleiben. In jüngster Zeit wurde mit großem Aufwand ein Erschließungsweg zu den Dörfern am Hang entlang gebaut, der ursprünglich der Holzgewinnung diente und dem der größte Teil der Wälder zum Opfer fiel.

Die einzige Möglichkeit, um bei der gegebenen Hangneigung überhaupt ertragreichen Ackerbau betreiben zu können und um das wertvolle Bodenmaterial vor Abschwemmung zu schützen, ist die Terrassierung, weswegen die gesamte Flur sorgfältig umgestaltet werden mußte. Die Bildserie soll den großen Aufwand und die exakte Anpassung an Relief und Abflußbahnen demonstrieren, die dabei zu beachten sind und die sich in den verschiedenen Formen der Terrassierung, ihrer Kleingliedrigkeit und Unregelmäßigkeit äußern (Foto 224). Die Böden des hier gezeigten Bereichs am Unterhang sind in Hangschutt und Verwitterungsmaterial entwickelt und bilden nur eine dünne Auflage auf dem felsigen Untergrund. Die

Baumreihe begleitet einen kleinen Bach, ganz unten im Tal folgt wieder der blanke Fels (Foto 225). Die Terrassen sind in der Regel mit Steinen befestigt, die als Trockenmauern aufgeschichtet und mit Erde verbunden werden. Im Laufe der Zeit bildet sich darüber ein Bewuchs, der zur Stabilisierung wichtig ist (Foto 226). Selten findet man reine Trockenmauern, hier vermutlich ein Bereich, der nach einem Erdrutsch neu aufgebaut werden mußte (Foto 227). Werden solche ständig auftretenden Schäden nicht gleich behoben, dann geht die Kontrolle über das abfließende Wasser verloren, und größere Folgeschäden weiter unterhalb sind unausweichlich. Im unteren Bereich können die Terrassen durch Ausleitung kleiner Kanäle aus den abkommenden Seitenbächen bewässert werden, wobei Bewässerungskanäle und Fußwege oft parallel laufen (Foto 228). Auf den bewässerten Feldern wird vorzugsweise das Gemüse angebaut; oft stehen hier auch Fruchtbäume, vor allem Apfel- und Nußbäume. Man stützt sich hier fast ausschließlich auf die Fruchtfolge Winterweizen–Mais, die zwei Ernten pro Jahr erbringt. Wo dies wegen der Höhenlage nicht mehr möglich ist, beschränkte man sich auf eine Ernte Mais. Zum Aufnahmezeitpunkt Anfang September war die Maisernte auf den unteren Feldern schon abgeschlossen, auf den Feldern weiter oben aber noch in vollem Gang, während die Bilder der vorherigen Seiten Mitte Juli aufgenommen wurden.

Ländliche Architektur

Die eindrucksvollen Häuser der Qiang sind als massive Steinbauten ausgeführt, stets flachgedeckt und in kubischen Formen, je nach Lage der Dörfer mehr oder weniger eng zusammengebaut (Foto 229, wiederum in Kegu aufgenommen). Als Baumaterial finden in der ländlichen Architektur der Qiang zumeist unbehauene Steinblöcke aus dem anstehenden Gneis Verwendung. Fast alle Gebäude sind zweistöckig, manchmal durch ein weiteres, aber nicht über die volle Länge durchgehendes Teilgeschoß ergänzt. An steilen Hängen sind aufwendige Stützmauern an der Vorderfront nötig, die dann eine noch größere Höhe vortäuschen. In solchen Fällen lehnen sich die einzelnen Häuser aneinander, und das Dorfbild wird vom Durcheinander der verschachtelten Gebäude bestimmt. Hier ist es möglich, von Haus zu Haus zu den und über die Dachterrassen zu gehen, ohne jemals die Gasse zu betreten. Foto 230 zeigt die schmale Dorfgasse von Kegu, über die nur die obersten Häuser einen Zugang erhalten. Die Dächer sind immer flach mit Balken gedeckt (vgl. Foto 229, links oben), auf welchen eine Lage Bretter und Hölzer liegt, die mit einem Estrich aus Lehm abgeschlossen wird. Dadurch sind sie voll begehbar und können als Lager genutzt werden (Foto 231). Im Herbst werden darauf die geernteten Maiskolben gelagert und angetrocknet, denn sie dienen als Ernährungsgrundlage im Winter. Ein flaches Dach und zudem dessen Nutzung als Lager zeigen, daß die Niederschläge hier gering sind. Das Untergeschoß der in aller Regel zweistöckigen Häuser dient als Stall für das Kleinvieh, das obere Stockwerk als Wohnraum. Hier findet man des öfteren ausladende Balkone und größere Fenster, relativ aufwendige Schmuckformen, bei welchen Holz als Baumaterial benutzt wird (Foto 232). Vom abgebildeten Balkon vor dem Wohngeschoß gelangt man über eine steinerne Außentreppe auf die Dorfgasse hinunter.

Foto 233 zeigt den Blick in die Straße eines weiteren Dorfes in der Nähe von Kegu (Kreis Wenchuan), die hier mehrfach über-baut ist. Damit wird der Zugang zu den Dächern erleichtert, was deren Wichtigkeit und häufige Benutzung verdeutlicht. Teilweise besteht ein direkter Zugang zum Obergeschoß der Häuser über Außentreppen. Auch die wenigen Nebengebäude, die man findet, werden massiv aus Steinen errichtet, wie die Scheune auf Foto 235. In der rechten Spalte von Seite 221 sind zwei weitere Dörfer abgebildet. Das obere (Foto 236) liegt, an einen steilen Hang gebaut, ebenfalls in der Nähe von Kegu und zeigt einen ähnlichen Aufbau. Auffällig ist der fast regelmäßig quadratische, nach Süden orientierte Grundriß mit insgesamt

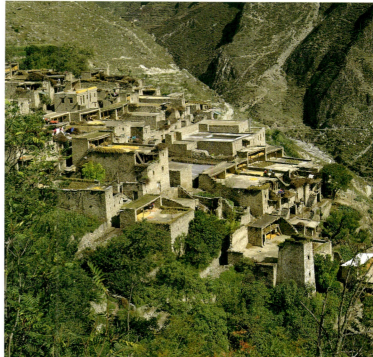

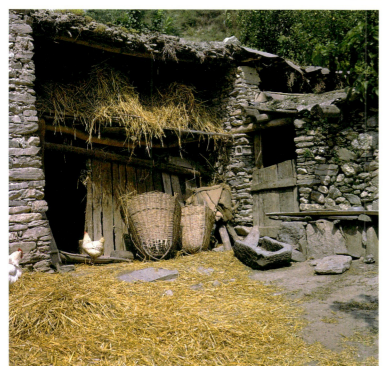

fünf parallel zum Hang verlaufenden Gassen. Hier grenzen die Häuser meist nur mit dem Obergeschoß an die dahinter verlaufende Gasse, während die Hanglage zur unteren Gasse hin drei Stockwerke erfordert. Oft ist das Wohngeschoß von hier aus mit einer Treppe zugänglich. Ganz unten an der Ecke des Dorfes steht der Wehrturm. Darunter das Dorf Jiyu (Foto 237, Kreis Maowen), in einer Talweitung am Fuß des Berghangs gelegen. Im Bild ist die Trockenheit der Landschaft zu erkennen, genutzt mit Apfelbaumkulturen am Hang und bewässerbaren Maisfeldern im Talgrund. Die Häuser haben denselben Grundaufbau: eine kubische Form, zwei Stockwerke und ein flaches Dach, allerdings ein anderes Baumaterial. In Talnähe

stand hier genügend Lehm zur Verfügung, weshalb die Außenwände auf Stampflehm errichtet sind. Bemerkenswert ist die auf voller Breite aus Holz errichtete Vorderfront der Gebäude mit großen Fenstern und Balkonen. Der Wehrturm befindet sich oberhalb des Dorfes am Hang, wegen des weniger haltbaren Baumaterials bereits verfallen.

Umweltfaktoren und Kulturlandschaft

Dieses Bildpaar soll den großen Einfluß demonstrieren, den die Umweltfaktoren auf die spezifische Ausprägung der Kulturlandschaft ausüben. Insbesondere Löß hat erhebliche Auswirkungen, die sich sowohl auf das Agrar-Ökosystem als auch auf die ländliche Architektur erstrecken. Die Aufnahmen zeigen Flur und Ortsbild eines Dorfes, das nur wenige Kilometer von den Steindörfern um Kegu mit ihren kleingliedrigen Trokkenfeldterrassen entfernt ist. Im vorliegenden Fall erreicht der Löß eine Mächtigkeit von mehreren Metern, denn nahe dem Gipfelbereich eines niedrigeren Berges wird die Hangneigung

relativ flach, und mehr Material konnte sich akkumulieren (Foto 238). Die Terrassierung wird im Löß trotz geringerer Neigung aufrechterhalten, jedoch mit viel größeren Feldern und einer großzügigeren Gesamtanlage. Auch sind die Oberflächen der einzelnen Terrassen stärker geneigt, weniger regelmäßig aufgebaut und nicht mit Steinen befestigt (vgl. dazu auch Foto 222). Das Dorf selbst ist gänzlich aus Stampflehm errichtet, wobei man auf den vorhandenen Löß zurückgriff, dennoch aber den Grundaufbau der Häuser mit Flachdach und kubischem Aufbau beibehielt (Foto 239). Am bemerkenswertesten an diesem Ort sind aber die Wehrtürme, von welchen gleich drei erbaut wurden, trotz ihrer enormen Höhe

ebenfalls aus Stampflehm. Anhand der Balkenlöcher und der leicht unterschiedlichen Farbe läßt sich die womöglich zeitlich verzögerte stockwerksweise Konstruktion der Türme erkennen.

7.17. Ostrand des Qinghaiplateaus: Agrar-Ökosysteme und Architekturformen der Tibeter

Der tibetisch besiedelte Raum hat drei kulturelle Schwerpunkte, die sich um das Hochland von Tibet herum gruppieren: neben Lhasa mit dem traditionellen Regierungssitz das seit 1834 zum damaligen Britisch-Indien gehörende Ladakh und schließlich der Ostrand des Qinghaiplateaus, im Schnittpunkt der chinesischen Provinzen Qinghai, Gansu und Sichuan gelegen. Die kulturelle Bedeutung der zuletzt genannten Region läßt sich daraus ermessen, daß in diesem Gebiet mit Labrang (Labulengsi) und Kumbum (Taersi) zwei der fünf tra-

ditionell wichtigsten tibetischen Klöster und damit auch wissenschaftlichen Zentren existieren, obwohl (oder weil) sich hier seit langem chinesische, islamische und tibetisch-lamaistische Einflüsse räumlich eng verzahnen. Alle drei erwähnten, weit auseinander liegenden Gebiete befinden sich am Rand des Hochlandes von Tibet dort, wo neben der extensiven nomadischen Weidewirtschaft zumindest in den Tälern der ertragreichere Ackerbau möglich ist. Darauf konnten sich Seßhaftigkeit und eine höhere Bevölkerungskonzentration gründen, was die Bedeutung des Ackerbaus als Basis für eine höhere kulturelle Entwicklung unterstreicht. Foto 240 wurde bei Barkam (chinesisch Maerkang, Prov. Sichuan) genau am Übergang zwischen den verschiedenen Landnutzungssystemen der Tibeter in einer Höhe von etwa

3500 m aufgenommen. Klar ist die Grenze zwischen dem Weideland oben und dem terrassierten Ackerland weiter unten zu erkennen. Innerhalb des beweideten, von deutlichen Erosionsschäden gezeichneten Areals ist ein Kloster angesiedelt, zwischen den Trockenfeldterrassen ein Dorf. Die Waldgrenze, durch die Beweidung künstlich erniedrigt, liegt hier bei rund 4000 m, wie an dem Berg im Hintergrund zu sehen ist, dessen Gipfel 5000 m erreichen. Unterhalb einer weiteren Nutzungsgrenze, ab der wegen der zunehmenden Steilheit kein Ackerbau mehr möglich ist, fällt der verbuschte Hang zu dem auf 2700 m eingetieften Tal des Dajin Chuan ab, wo sich wiederum Siedlungen mit eigener Flur befinden.

CHINA

0   500   1000 km

Huanghe

● Barkam

225

Agrar-Ökosystem

Die Aufnahmen dieser Doppelseite zeigen den hypsometrischen Wandel der Agrar-Ökosysteme. Oberhalb der Grenze, wo das Relief zwar flacher, das Klima für Ackerbau aber zu kalt und das Gelände vermutlich auch zu spät schneefrei wird, betreibt man Weidewirtschaft. Die Tiere, vorwiegend Yaks, werden von den Dörfern aus betreut und gemolken. Trotz der geringen Bestockung sind die Flächen mit ihrer fragilen Ökologie überweidet, erkennbar an den starken Erosionsschäden. Durch die Beweidung wird die sehr langsam nachwachsende Grasnarbe geschwächt und kann den Boden nicht mehr fest-

halten (Foto 242). Besonders im Frühjahr, wenn die Bodendecke erst oberflächlich aufgetaut ist, rutscht sie auf dem noch gefrorenen, steil geneigten Untergrund ab, ein natürlicher Prozeß (Solifluktion), der hier anthropogen verstärkt wird. Bei heftigen Niederschlägen sammelt sich darüber hinaus in Geländemulden so viel Wasser, daß die geschwächte Grasnarbe schließlich ganz weggespült wird. Dadurch können Gräben (Gullies) aufreißen, eine dann irreversible Schädigung des Agrar-Ökosystems (Foto 243). Im anschließenden Ackerbau sind zunächst keine derartigen Schäden sichtbar. Dennoch laufen auch hier Erosionsprozesse ab, die aber mehr flächenhaft wirken. Indirekt lassen sie sich aus den mächtigen busch-

bewachsenen Terrassen ermessen, die nicht planmäßig angelegt, sondern passiv durch die Bodenverlagerung entstanden
sind (Foto 241). Überall, wo ein Feld endet, sammelt sich das
Bodenmaterial, zumal bei der dichten Verbuschung der Terrassen. Angebaut wird vor allem die dem Höhenklima angepaßte
Gerste, daneben Kartoffeln und Mais.

Die Bestellung der Äcker im Talgrund und die Beweidung
der Unterhänge gehen von den Dörfern im Tal aus, deren
Agrar-Ökosystem mit dem der Höhenbereiche nicht direkt im
Zusammenhang steht. Die unteren Hangbereiche sind wegen
ihrer Steilheit ackerbaulich nicht nutztbar, werden aber mit
Schafen und Ziegen beweidet, was nicht nur die zahlreichen

Viehpfade, sondern auch das anstelle des natürlichen Waldes
wachsende Gebüsch erkennen läßt. Man befindet sich immer
noch in tibetischem Gebiet, wie der kleine Chörten mit den
Gebetsfahnen zeigt (Foto 244). Der Talboden wird wiederum
von Feldern eingenommen, die, wenn sie bewässerbar sind, intensiver genutzt werden können und eine viel dichtere Besiedlung tragen als 800 m höher (Foto 245). Zum Ackerbau, teilweise sogar mit Naßreis, kommen Apfel- und Nußbäume als
verbreitete Sonderkultur.

Ländliche Architektur

Die Eigenständigkeit der ländlichen tibetischen Architektur kommt in mehreren Punkten zum Ausdruck. Zunächst fällt die imposante Größe der Häuser auf, vor allem im Kontrast zu den kleinen Lehmziegelgebäuden der Chinesen, die doch in viel fruchtbareren Landschaften liegen. Die mit ihren hochgezogenen Ecken und aufgesetzten Mauerspitzen fast festungsartig wirkenden Gebäude sind stets flach gedeckt (Foto 246). Als Baumaterial findet in vielen Fällen Stein Verwendung, zurechtgehauen in große Quader. Bemerkenswert ist die an den Ecken schräg nach oben gezogene Anordnung der Steine, die

den Häusern eine hohe Stabilität verleiht (Foto 247). Ein weiteres in Asien insgesamt sehr selten zu findendes Merkmal ist die Mehrstöckigkeit der Häuser, die über meist drei, manchmal sogar vier (Foto 247) Stockwerke verfügen. Es handelt sich um Einheitshäuser, die den Wohnbereich, den Viehstall und die Lagerräume in einem Gebäude vereinigen. Das Untergeschoß dient dabei stets als Stall für das Vieh, im tibetisch geprägten Gebiet Großvieh mit beträchtlichem Platzbedarf. Darüber folgen ein bis zwei Wohngeschosse, äußerlich sichtbar anhand der zahlreichen Fenster, die nicht nur nach Süden, sondern in alle Himmelsrichtungen weisen. Dazu kommt oft eine teilweise aus Holz bestehende Front oder

gar ein hölzerner Erker (Foto 248). Ebenfalls im Unterschied zu den meisten anderen ländlichen Baustilen weisen die Fensterstürze ausgesprochen farbenfrohe Verzierungen auf (Foto 250). Das Obergeschoß wird als Lagerraum genutzt. Der geschlossene Bereich überspannt stets nur einen Teil des Grundrisses, manchmal in Winkelform (Foto 246); davor befindet sich in jedem Fall eine Terrasse (Foto 249). Als Aufgang benutzt man eine Leiter, die in der typisch tibetischen Form aus einem Baumstamm besteht, in den Stufen eingekerbt werden.

Dorfstruktur

Die Siedlung am Oberhang hat den Aufbau eines lockeren Haufendorfs, dessen Höfe trotz des steilen Geländes in größerem Abstand zueinander stehen. Traditionell gehört bei den lamaistischen Tibetern zu vielen, aber nicht allen Dörfern ein kleines Kloster, das in die Siedlung integriert ist (Foto 251). Es unterscheidet sich zwar durch die andere Aufteilung und Funktion der Räume, ähnelt in seiner Konstruktion aber den Wohnhäusern. Äußerlich ist es durch die weiße Bemalung der Wände und die andere Dachform hervorgehoben. Die Klostergebäude haben nicht das flache Dach der Bauernhäuser, son-

dern ein Satteldach, das hier mit Steinplatten gedeckt ist. Die
Stallscheune im Vordergrund gehört zum Kloster, dessen Existenzgrundlage auch die Landwirtschaft ist.

Auch im Tal findet man Dörfer, mit Gehöften in größerem
Abstand voneinander, zwischen denen Felder liegen. Je nach
Gelände existieren daneben enge Haufendörfer wie das ein-
drucksvoll an den steilen Hang gestaffelte Dorf in Foto 252. Da
jedes der Gehöfte als Einheitshaus konzipiert ist, wird die
Dorfstruktur vom Fehlen umgrenzter Höfe oder Nebengebäude gekennzeichnet. Offensichtlich ist an dieser Engstelle des
Tals ebenes Gelände knapp und wurde für Felder reserviert,
weswegen der Ort am Hang angelegt werden mußte.

Auch das Dorf Suopo (Foto 253, Kreis Danba), ebenfalls in der Provinz Sichuan, 150 km südlich von Barkam im Tal des Daduhe gelegen, folgt im Aufbau einem lockeren Haufendorf, zwischen dessen Häusern Obstgärten und Gemüsebeete liegen. Die mächtigen Gebäude zeigen die charakteristischen Merkmale tibetischer ländlicher Architektur: Einheitshaus mit Stall, Scheune und Wohnung unter einem Dach, Drei- bis Vierstöckigkeit, Flachdach, Holzbalkone und Verzierungen, aufgesetzte Mauerspitzen. Eine architektonische Besonderheit bilden die eindrucksvollen massiven Wehrtürme, die für jeweils ein bis drei Gehöfte Schutz bieten und Höhen bis über zwanzig Meter erreichen. In Alter, Funktion und Aufbau sind

sie mit den Konstruktionen in den Dörfern der Qiang vergleichbar (Fallbeispiel 16). Die einst dicht bewaldete Umgebung wurde in den letzten Jahrzehnten völlig abgeholzt. Heute verhindert Ziegenbeweidung das Wiederaufkommen von Baumwuchs, so daß die grünende Flur wie eine Insel in der kargen Umgebung liegt.

Im Gegensatz dazu ändern sich 500 km nordwestlich sowohl Dorfstruktur als auch Architektur vollkommen. Der Ort Xiwu (Foto 254, Kreis Yushu, Prov. Qinghai) liegt genau an der Grenze zwischen nomadisch besiedeltem Weideland und den Ackerbaugebieten am Beginn des Jangtse-Oberlaufs. Die Gehöfte bestehen aus lediglich einstöckigen, allenfalls zweistöckigen Gebäuden, die um einen Hof herum gruppiert sind, der stets von einer hohen Mauer abgeschlossen wird. Als Baumaterial verwendet man Stein. Die Bebauungsdichte ist sehr eng, nur schmale Gassen trennen die Gehöfte. Obwohl fast tausend Kilometer entfernt, ähnelt diese Architektur eher derjenigen im Lößgebiet.

Umweltfaktoren und Kulturlandschaft

Bei aller beschriebenen Eigenständigkeit des Baustils, der für die meisten tibetischen Gebäude gilt, spielen die Umweltfaktoren eine erhebliche Rolle auch für die ländliche Architektur. Sobald Löß als einfach zu handhabendes Baumaterial in ausreichender Menge zur Verfügung steht, weichen auch die Tibeter auf dieses Baumaterial und eine völlig andersartige Architektur aus, wie im Falle eines kleinen Dorfes bei Xiahe (Foto 255). Auf den ersten Blick läßt sich die ethnische Zugehörigkeit seiner Bewohner nur aufgrund der Gebetsfahnen identifizieren. Die Gebäude selbst weisen alle Merkmale der

angrenzenden, weitgehend chinesisch geprägten Lößlandschaften auf. Durchweg wird Stampflehm als Baumaterial verwendet, nur auf der Mauerkrone zum Schutz vor Regen mit einem glattgestrichenen Lehmputz überzogen. Im Grundriß bildet der Hof das zentrale architektonische Element, entweder als auf vier Seiten umbauter Innenhof (vorn) oder zumindest mit einer hohen Mauer abgegrenzt. Als Ausnahme ist lediglich das Flachdach tibetischer Prägung mit entsprechendem Tragsystem zu nennen; insgesamt eine interessante Form kulturellen Austauschs.

Im Zusammenhang mit dem Thema Umweltfaktoren und Kulturlandschaft sind auch die Zelte der Tibeter zu nennen, die auf dem eigentlichen Hochland die gegebene Form der ländlichen Architektur darstellen (Foto 256, bei Zoigê). Die geringe Produktivität der alpinen Hochweiden bietet hier nur Nomaden eine Existenzgrundlage, weshalb eine mobile Siedlungsform notwendig wird. Im Material, gewobener Yakwolle, in der unbehandelten, dunkelbraunen Farbe und im Aufbau ohne Innengestell unterscheiden sich die tibetischen Nomadenzelte deutlich von den kasachischen und mongolischen Jurten (Fallbeispiel 4), was auf die Eigenständigkeit der jeweiligen Kulturen hinweist.

7.18. Plateau von Guizhou: Trockenfeldterrassen und Kalksteinarchitektur

Ein großer Bereich Südwestchinas, Teile von Yunnan, Hunan und fast die gesamten Provinzen Guangxi und Guizhou, besteht aus einer Wechselfolge von Kalk- und Sandstein, die vor 280 – 200 Mio. Jahren im Perm und in der Trias abgelagert wurde. Nachdem diese Gesteine an die Erdoberfläche gelangt waren, wurden sie unter tropischen Klimabedingungen etwa im Meeresniveau zu den bekannten Karstkegeln und -türmen abgetragen, die noch heute das Landschaftsbild um Guilin prägen (vgl. Fallbeispiel 20). Während das dortige Gebiet aber in

niedriger Lage und damit im Grundwasserbereich verblieb, wurde das Plateau von Guizhou seit dem ausgehenden Tertiär angehoben und liegt heute auf 1000 bis 1500 m Höhe. Die Kegel blieben zwar erhalten (Foto 257 hinten), doch wegen des absinkenden Grundwasserspiegels verkarstete nun auch der Untergrund. Von allen Gesteinen ist Kalk am stärksten von Verkarstung (Lösungsverwitterung) betroffen, weil er einen hohen Anteil wasserlöslicher Bestandteile enthält. Da er aber sehr fest ist, kommt es zur Bildung von Hohlräumen im Untergrund, in denen ganze Flüsse verschwinden und wieder auftauchen können, zum Einbrechen der trichterförmigen Dolinen oder zu größeren Karstformen wie den Poljen. Im Ergebnis der beiden Prozesse – der Bildung von Karstkegeln und dem Einsinken von

Dolinen und Poljen – entstand ein extrem unruhiges, unübersichtliches und zergliedertes Relief, wie Foto 257 zeigt (bei Dapingdi, Kreis Zhenning, Prov. Guizhou). Erschwerend für die Landnutzung kommt noch hinzu, daß sich wegen der Löslichkeit des Kalkes nur eine sehr dünne, wenn auch fruchtbare Bodendecke bilden konnte. Dennoch gelang es dank genau an die Umweltbedingungen angepaßter Nutzungsmethoden und Terrassierungen, das Land in Kultur zu nehmen, worauf sich hauptsächlich die Minderheit der Buyi spezialisierte, ein Thaivolk mit 2,6 Mio. Angehörigen. Der Einfluß des Kalksteins erstreckt sich in der Kulturlandschaft darüber hinaus auch auf die ländliche Architektur, die sich vorwiegend auf Stein als Baumaterial stützt, eine Seltenheit im Inneren China.

CHINA
0   500   1000 km

Dapingdi

237

Agrar-Ökosystem

Auf dieser Doppelseite sind weitere Aufnahmen aus der Umgebung von Dapingdi zusammengestellt. Die leuchtend orange Farbe rührt von einer fossilen Bodenbildung her, die sich in einem kleinen Einsenkungsgebiet erhalten hat, wo auf dem Kalk eine Schicht Tonstein liegt. Die eigentliche graue Farbe des Tonsteins kommt in Foto 257 links unten zum Vorschein, wo zwei Areale stark erosionsgeschädigt sind. Dieses Problem dürfte hier verbreitet vorherrschen, an anderen Stellen wegen des Überpflügens nur nicht so deutlich sichtbar. Überall in diesem Gebiet hat man die Bäume der ursprünglichen Bewaldung

mehr oder weniger dicht stehen lassen und darunter Felder angelegt. Die Bäume, vorwiegend Spießtannen (*Cunninghamia lanceolata*), fallen sämtlich durch ihre seltsam schmale, langgestreckte Wuchsform auf, teilweise praktisch nur am oberen Ende beastet (Foto 258). Sie wird durch das Schneiteln verursacht, das ständige Entfernen von neu austreibenden Zweigen als Brennholz im unteren Bereich, was verhindert, daß sich jemals größere Äste bilden können, und woraus der verkrüppelte Wuchs resultiert. Zusätzlich betreiben die Bauern hier ein wenig Rinderzucht und lassen ihre Tiere außer auf den Stoppelfeldern und den wenigen Weiden vor allem unter den Bäumen weiden. Da der ehemalige Waldboden zum großen

Teil auch noch in Felder umgewandelt wurde, bleibt Jung-
wuchs aus, der Baumbestand degradiert, überaltert immer
mehr und lichtet sich auf. Möglicherweise liegt der Zeitpunkt,
als man begann, so massiv in den Waldbestand einzugreifen,
noch nicht sehr weit zurück. Das Erscheinungsbild dieses
Baumbestandes kommt dem Aussehen vieler mittelalterlicher
und frühneuzeitlicher Wälder Mitteleuropas ziemlich nahe.

Im weichen Tonstein war es verhältnismäßig einfach, das
gesamte Terrain zu terrassieren. Je nach Hangneigung sind
die Trockenfeldterrassen selbst aber immer noch relativ steil
(Foto 259). Im Tonsteinbereich tragen die Terrassenkanten
allenfalls eine schüttere Grasnarbe oder werden offenbar sogar
künstlich kahl gehalten. Zum Aufnahmezeitpunkt Anfang
Mai waren die Felder weitgehend abgeerntet und für die zweite Saat vorbereitet, in der Fruchtfolge Winterweizen oder
Wintergerste–Mais oder Mais und Bohnen als Mischkultur.
Wo immer es der Untergrund erlaubt, was praktisch nur auf
dem Talboden der Fall ist, legt man Naßfeldterrassen für den
ertragreicheren Reisanbau an. Sie heben sich in ihrer Ebenheit, ihrem gleichmäßigen Aufbau und ihrer geringeren Höhe
deutlich von den Trockenfeldterrassen ab.

Kommt man in den Bereich mit Kalkstein als Untergrund,
unmittelbar links anschließend an den in Foto 257 gezeigten
Ausschnitt, wechselt die Bodenfarbe sofort nach braun. Auch
das Bild der Terrassen, sämtlich Trockenfelder, ändert sich
(Foto 260). Die Feldgrößen schrumpfen erheblich, teilweise
bis auf einen Meter Breite, und der Verlauf der Terrassenkanten wird viel unregelmäßiger. Nahezu sämtliche von ihnen
sind mit Lesesteinen gestützt oder als Trockenmauern ganz
daraus errichtet. Die Steine fallen beim Bestellen der Äcker
massenweise an, werden zusammengelesen, daher die Bezeichnung, am Feldrand gesammelt und zur Stabilisierung der
Terrassen nutzbringend verwendet. Die geringe Mächtigkeit
und die Erosionsgefährdung des Bodens sind aus der Vielzahl
bloßgelegter Felspartien ersichtlich, die überall innerhalb der
Flur erscheinen. Durch das Bild verläuft ein breiterer Weg mit
zwei schmaleren Abzweigungen, die auch in senkrecht zum
Hang verlaufenden Abschnitten durchgehend von Lesestein-

mauern gesäumt sind. An manchen Stellen kommen dazu
noch einzelne Fruchtbäume, so daß auf den ersten Blick ein
fast mediterranes Landschaftsbild entsteht (Foto 261).

Das schwierige Gelände mit seinen stark wechselnden Umweltbedingungen nötigt den Bauern viele verschiedene Bearbeitungsmethoden ab, die sich im Bild der Kulturlandschaft niederschlagen. Diese große Doline, deren Form und Schichtanordnung fast an ein Amphitheater erinnern könnte, wird gerade von Wasserbüffeln beweidet. Sie liegt bei Matou, 35 km nordöstlich von Dapingdi (Foto 262). Die Terrassenmäuerchen weisen allerdings darauf hin, daß hier früher auch Ackerbau betrieben wurde. Selbst in vollkommen verkarstetem Gelände ist es möglich, Felder anzulegen und Getreide anzubauen. Gebiete wie das in Foto 263, wiederum bei Dapingdi, werden jedoch auch hier nur wegen des hohen Bevölkerungs-

262

drucks in Kultur genommen. Man kann daraus ersehen, wie anpassungsfähig Handarbeit in der Landnutzung ist, welch extreme Bereiche noch genutzt weden können, aber auch unter welch schwierigen Bedingungen die Bauern hier leben und arbeiten müssen, um dem kargen Land noch etwas abzuringen. Mechanisierung stellt hier keine Perspektive dar. Zwischen den messerscharfen Karren des verkarsteten Kalksteins sammelt sich recht fruchtbarer Boden an, sehr humus- und nährstoffreich (Foto 265). Die einzelnen Maisstauden, in Foto 264 zwei regelrechte „Ein-Pflanzen-Felder", müssen allerdings in mühsamer Handarbeit gesetzt und individuell gehegt werden. Während Trockenphasen muß zum Teil Pflan-

ze für Pflanze gegossen werden, außerdem wird sorgfältig gejätet. Den Kontrast dazu bildet das kleine Polje von Foto 266, in unmittelbarer Nähe zu den beiden letztgenannten Fotos bei Matou gelegen. Hier tritt ein Fluß aus einer Karstquelle (rechts unten) aus, um kaum einen Kilometer später wieder in einem Schluckloch zu verschwinden. Weil der Untergrund durch eine Tonschicht abgedichtet ist, legte man sofort die um ein vielfaches ertragreicheren Naßreisfelder an. Die rechten werden über Pumpen, die linken durch einen flußgespeisten Kanal bewässert, der unten entlangläuft und sich dann in der Mitte zwischen den Reisfeldern fortsetzt.

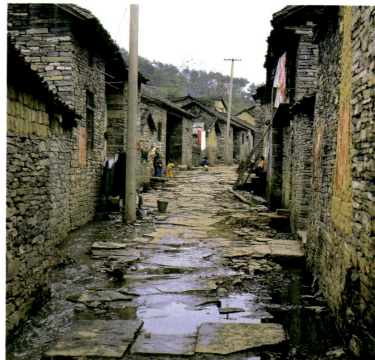

Ländliche Architektur

Mit Ausnahme des Hochlands von Tibet und einiger kleiner Gebirgsbereiche wird in China fast nur Lehm, im Südwesten auch Holz als Baumaterial in der ländlichen Architektur verwendet. Angesichts des vorhandenen Reichtums an Holz ist es erstaunlich, daß sich in einem großen Teil des Plateaus von Guizhou dennoch Steinbauweise durchgesetzt hat. Die Ästhetik ihres Materials und die Ausgewogenheit ihrer Bauweise geben den Dörfern dieses Raumes eine ganz besondere Note. Im Aufbau folgen die Gebäude dabei den sonst in Südchina üblichen drei Jochen, wie man an dem Haus links in Foto 267 erkennt. Die Tür führt in den Hauptraum, während die anderen Räume zu beiden Seiten nur über kleine Fenster verfügen. Die oberen Fensteröffnungen gehören zum Kniestock. Manche Gebäude sind, wie dieses, mit behauenen Kragsteinen an den Ecken verziert, andere haben eine teilweise oder ganz aus Holz bestehende Vorderfront, wie das Haus weiter oben im Bild. Steinplatten scheinen in Dapingdi im Überfluß vorhanden zu sein, denn selbst die Seitengassen sind damit ausgelegt, ein seltener Luxus in chinesischen Dörfern (Foto 268). Auch in einem anderen Dorf nahe Ala (Kreis Fenghuang, bereits in der Provinz Hunan) ist die Straße sorgfältig gepflastert und sogar mit Rinnsteinen zu beiden Seiten ausgestattet, obwohl der Ort nur über Fußpfade erreichbar ist (Foto 269). Der anstehende Kalkstein wird nicht nur für die Wände, sondern auch für die Dachdeckung verwendet, was den Häusern ein sehr abgestimmtes Erscheinungsbild gibt (Foto 270). Man legt dabei Platten verschiedener Größe wie Dachziegel übereinander. Die hohe Dachlast erfordert ein stabiles Tragsystem aus verhältnismäßig eng nebeneinander liegenden Pfetten, firstparallelen Balken, deren Enden in der Aufnahme zu sehen sind, wie sie auf der tragenden Giebelwand aufliegen. Zwischen den Pfetten und den Kalkplatten befindet sich lediglich eine Lage Bretter.

Dorfstruktur

Dapingdi liegt wie die meisten Dörfer dieser Gegend etwa auf halber Höhe am Hang inmitten seiner Terrassenfelder (Foto 271). Die Gehöfte weisen im Gegensatz zu den Siedlungen der Han-Chinesen keine allgemeine Südorientierung auf. Vielmehr sind die Häuser regellos verteilt, wie man es eher von europäischen Dörfern her kennt. Der ganze Ort folgt in seiner Anordnung der Biegung des Hanges, an dem er sich etwa auf gleicher Höhe entlangzieht (Foto 272). Foto 273 gibt einen genaueren Blick ins Dorf mit seiner unregelmäßigen Grundrißstruktur und der eindrucksvollen Dachlandschaft im Detail wieder. Kaum ein Haus fällt aus dem einheitlichen Erscheinungsbild heraus, lediglich einige wenige sind zum Teil mit normalen, dunkelfarbig erscheinenden Ziegeln gedeckt. Selbstverständlich ebenfalls aus Kalksandstein sind die Tabaktrocknungshäuser errichtet. Foto 274 zeigt den seltenen Fall, daß diese Gebäude in einer größeren Gruppe zusammen in der Flur stehen (bei Huangguoshu, Kreis Zhenning). Normalerweise stehen solche Trocknungshäuser entweder einzeln zwischen den Äckern oder im Dorf. Da Guizhou das wolkenreichste Wetter ganz Chinas aufweist und die Luftfeuchtigkeit fast ständig sehr hoch ist, kann der Tabak hier nicht an der Luft getrocknet werden, sondern man macht ihn im Rauch haltbar. Zu diesem Zweck befindet sich im Untergeschoß eine Feuerstelle, von der Hitze und Rauch ins Obergeschoß ziehen, wo der aufgehängte Tabak trocknet (vgl. hierzu auch Fallbeispiel 6).

黔東：苗族田土

7.19. Qiandong (Ostguizhou): Naß- und Trockenfeldanbau und Architekturformen der Miao

Auch der Osten der Provinz Guizhou, die Präfektur Qiandong, und der anschließende Saum ganz im Südwesten von Hunan sind im wesentlichen aus Kalkstein aufgebaut. Sie liegen im Unterschied zu Westguizhou (Fallbeispiel 18) aber um etwa 500 m niedriger, weshalb die Verkarstung des Untergrundes weniger stark fortgeschritten ist. Außerdem treten in einigen Gebieten bereits die darunterliegenden Sandsteine und Gneise zutage. Diese Region wird von einer weiteren Minderheit, den Miao, besiedelt. Die Aufnahme bei Jixin

(Foto 275, Kreis Fenghuang, Prov. Hunan) zeigt ein stark verkarstetes Gebiet, auch hier mit zwei Formungskreisen: den älteren Karstkegeln im Hintergrund und einem Dolinenfeld in der Mitte. Faszinierend ist es zu verfolgen, wie es den Bauern gelang, durch genaue Beobachtung der Oberflächenformen, der hydrologischen Verhältnisse und der Bodenbedingungen ihre Landnutzung in diese kompliziert aufgebaute Landschaft zu integrieren. Im Unterschied zu Foto 257 konnte man in diesem Fall die tieferen Geländeteile vollständig in Naßfeldterrassen umwandeln, auf denen der ertragreiche Reisanbau möglich ist. Dennoch handelt es sich um ein rezentes Karstgebiet mit teilweise unterirdischem Gewässernetz. Betrachtet man sich die Abfolge der Terrassentreppen genau, dann erkennt man, wie sie sowohl

田和建筑风格

von links als auch von rechts sowie von gegenüber her zur Mitte hin absteigen. Der tiefste Punkt der Doline liegt in der rechten Bildmitte und ist kein Naßfeld, sondern ein kleiner Karstsee am Fuß des Hügels. Er ist nur durch das dunklere Grün seiner Wasserpflanzen von den Naßfeldern mit frisch verpflanztem Reis zu unterscheiden. Der Karstsee mündet in ein hier nur dunkel erscheinendes Schluckloch in der Bergwand, das an einen unterirdischen Wasserlauf anschließt, über den das ganze Gebiet entwässert wird. Die Bewässerung erfolgt über die abgefangenen oberirdischen Zuläufe und ein Hangkanalsystem. Wo es nicht hingelangt, wie an die Hänge links oder auf den Hügel im Mittelgrund, legte man Trockenfelder an.

CHINA

0   500   1000 km

Jixin

Agrar-Ökosystem

Foto 276 zeigt einen weiteren Blick in diese beeindruckende Kulturlandschaft, gleich links anschließend an Foto 275. Hier kommt der äußerst klein gekammerte Charakter des Kegelkarstreliefs noch deutlicher zum Ausdruck, der höchste Anforderungen an die Anpassungsfähigkeit der Bewirtschaftungsmethoden stellt. Auf dem Bild gibt es keine Fläche, die nicht irgendeiner Form der Landnutzung unterläge. Im Vordergrund Naßfeldterrassen, die sich erstaunlich weit den Hang heraufziehen, weil gerade hier ein im Bild nicht sichtbarer Gneisausbiß für einen Quellhoriziont sorgt. Ende April sind die Felder

alle geflutet und bereits für das Umsetzen der in den Anzuchtbeeten herangewachsenen Reiskeimlinge vorbereitet. Nach
der ersten Reisernte im Sommer ist im Herbst noch eine zweite möglich. Auf den Trockenfeldern, die ebenfalls brachliegen,
ist die erste Ernte dagegen bereits abgeschlossen, da der angebaute Weizen oder Raps im Herbst ausgesät wird und im
zeitigen Frühjahr heranwächst. Nur ein Teil der Trockenfelder
ist terrassiert, viele liegen dagegen auf den äußerst steilen
Hängen, vielleicht erst in den letzten Jahren neu angelegt. Des
öfteren hat man einen Teil der Kiefern als Astlieferanten
stehengelassen, teilweise auch Fruchtbäume zusätzlich auf
den Feldern angepflanzt. Die steilsten Hänge, die sich kaum
beackern lassen, tragen eine dünne Grasdecke, allenfalls nied-
riges Buschwerk und werden beweidet, in diesem Gebiet
ausnahmsweise durch Rinder.

Die anderen Aufnahmen sind, wie der Überblick auf der
nächsten Doppelseite, beim Dorf Xiaohe (Kreis Shibing, Prov.
Guizhou) aufgenommen. Auf Foto 277 fällt die Farbigkeit des
vielfältigen Anbaus auf den Trockenfeldern auf: das Hellgrün
bis Gelb des Rapses, den man hier als normale Anbaufrucht
ausreifen läßt, das Gelbgrün des Winterweizens im Hintergrund, das Sattgrün der Kartoffeln im Vordergrund, die hier
häufiger angebaut und wie überall in Ostasien als Gemüse zubereitet werden, dazu das herausstechende Blaugrün von
Kohlköpfen. In der Fruchtfolge schließt sich der Anbau von
Süßkartoffeln oder Mais an, denn zwei Ernten sind möglich.
Gemüsebeete und normale Getreidefelder sind nicht getrennt
und lassen sich anhand ihrer Struktur auch nicht auseinander-
halten. Die völlige Unregelmäßigkeit des nichtterrassierten
Trockenfeldbereichs macht deutlich, daß keinerlei Maschinen
zum Einsatz kommen und daß die gesamte Bestellung auf
Handarbeit beruht. Dazwischen läßt man einige Kiefern (*Pinus
massoniana*) heranwachsen.

In steileren Arealen werden die Felder terrassiert, wobei
sich Unterschiede zwischen Trocken- und Naßfeldern ergeben.
Auf Foto 278 bestehen der linke und mittlere Hang aus Trok-
kenfeldern. Sie haben stets eine mehr oder weniger stark geneigte Oberfläche und eine im ganzen unregelmäßigere Form;
dazwischen liegen auch nichtterrassierte Bereiche. Die Gelän-
demulde im Vordergrund, durch die ursprünglich ein kleines
Rinnsal lief, wurde in eine Terrassentreppe aus Naßfeldern
umgewandelt, die alle geflutet und umgegraben, aber noch
nicht endgültig für das Umpflanzen der Reissetzlinge vorbereitet sind. Der Naßfeldbereich zieht sich, von der Menge des zur
Verfügung stehenden Wassers begrenzt, ein Stück um die Ge-
ländeausbuchtung rechts im Bild herum, wo sich Naß- und
Trockenfelder eng miteinander verzahnen. Die Naßfelder unterscheiden sich nicht in ihrer Größe, sondern nur in ihrer
Ebenheit und gleichmäßigeren Anlage von den Trockenfeldern.

Im Gegensatz zu Trockenfeldern hängen die Naßfelder über
das Bewässerungssystem miteinander zusammen, und es ist
unumgänglich, sie in geschlossener Anordnung zu gruppieren
und einheitlich zu nutzen. Foto 279 zeigt den Naßfeldbereich
am Fuß dieses Hanges, dessen Struktur durch größere Felder
und weniger Dämme bestimmt wird, was die Arbeit, auch
wenn sie von Hand ausgeführt wird, erheblich erleichtert.
Auch eine Mechanisierung käme hier eher in Betracht. Dahinter liegt ein teil des Dorfes Xiaohe, dann der Fluß, gefolgt
von weiteren Trockenfeldern oberhalb des Steilufers der Flußsedimente.

277
278
279

Die beiden Aufnahmen dieser Doppelseite zeigen die Landschaft um Xiaohe in der Übersicht. Auf Foto 280 blickt man ins Tal eines der beiden Quellflüsse des Wuyanghe, der in breiten Mäandern dahinströmt. Die Talaue wird flächendeckend von Naßfeldern eingenommen, die alle noch mit Raps bestanden sind, den man hier offensichtlich ausreifen läßt. Mit einem deutlichen Knick setzt der Hangfuß an. Etwa in Hangmitte erkennt man einen markanten Gesteinswechsel. Der flacher ansteigende Unterhang besteht aus einem weichen Sandstein, dessen dunkelrote Farbe auf den vorherigen Fotos gut zu sehen war. Er wird von einem enggestaffelten Muster aus Trockenfeldterrassen untergliedert und intensiv genutzt, während

der hintere Hang dichtes Gebüsch trägt. Darüber folgt, abermals durch einen scharfen Knick abgesetzt, der Oberhang, der viel steiler ist, teilweise sogar als senkrechte Felswand aufragt. Hier beginnt wieder der dem Sandstein auflagernde Kalkstein, der auch für das Kegelkarstrelief im Hintergrund verantwortlich ist. Für den stark begrünten Ort Xiaohe wählte man eine Lage innerhalb einer Flußschlinge, leicht erhöht auf alten Flußsedimenten oberhalb der Talaue mit dem Hang im Rücken und dem freien Blick ins Tal in Richtung Süden (schräg rechts), eine ideale *Fengshui*-Position.

Auch die Naßfelder in der Talaue in Foto 281 sind sämtlich mit Raps bestanden und werden über ein flußgespeistes Kanalsystem bewässert. Dagegen lassen sich die Terrassen, die sich im Vordergrund ein Stück den Hang hinaufziehen, nur über Hangkanäle versorgen und liegen geflutet da. Bemerkenswert sind die konsequenten Unterschiede in der Bestellung beider Bereiche, die ihre Ursachen in den Bewässerungssystemen haben. In der Talaue steht das Wasser beständiger und in größerer Menge zur Verfügung, was die zusätzliche Rapsernte ermöglicht, während der Gründünger im Hangkanalbereich bereits entfernt ist. Hinter dem kaum sichtbaren Flußlauf rechts im Bild erhebt sich die Stufe eiszeitlich abgelagerter

Flußsedimente (Terrasse im geomorphologischen Sinn). Darauf beginnt wiederum der Trockenfeldbereich. Eine weitere Hangverflachung oberhalb könnte ebenfalls vom Fluß geschaffen worden sein, als er noch nicht so tief eingeschnitten war. Die Trockenfelder ziehen sich so weit den Hang hinauf, wie der rote Sandstein und die weichen Oberflächenformen reichen. Auf dem Kalkstein, der mit seinen kuppigen Formen hier etwas weiter oberhalb einsetzt, liegt nur noch stark verbuschtes Weideareal.

281

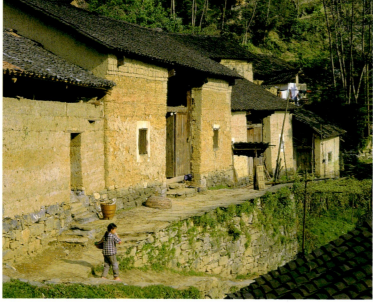

282
283 284

Ländliche Architektur

Auf dieser und der folgenden Doppelseite sind Dörfer der Miao zusammengestellt, die über verschiedene Baustile verfügen. Sie unterscheiden sich vor allem im Baumaterial vollkommen, obwohl sie alle relativ nahe beieinander im östlichen Teil von Qiandong bzw. im unmittelbar anschließenden Hunan liegen. Zwar gibt es keinen einheitlichen Stil, aber in einem gegebenen Gebiet stets nur eine bestimmte Architektur und keine Durchmischung, schon gar nicht innerhalb desselben Dorfes. In Jixin (Foto 282) bestehen die Häuser aus Lehmziegeln und sind einstöckig. Bei den meisten fehlt dem mittleren der drei Räume eine Außenwand, und er wird mit einem großen, hölzernen, zweiflügeligen Tor verschlossen (Foto 283). Es verwundert, daß man keine Steine im Hausbau verwendet, liegt doch der Ort mitten im Kalksteingebiet. Erstaunlich und für chinesische Verhältnisse eine große Ausnahme ist die Lage des Dorfes auf einer Hügelkuppe. Hier muß das Wasser sogar ein Stück hinauf getragen werden (Foto 284).

Nur wenige Kilometer davon entfernt, nahe Ala (Kreis Fenghuang, Prov. Hunan), wird dagegen fast nur noch von die-

sem Baumaterial Gebrauch gemacht (Foto 285). Die Häuser sind allerdings mit Ziegeln gedeckt, Steinplatten benutzt man hier nicht. Bemerkenswert sind die beiden zweistöckigen Tabaktrocknungshäuser im Dorf, die alle übrigen Häuser überragen (vgl. Fallbeispiel 18, Foto 274). Der Grundaufbau der Häuser bliebt derselbe wie bei den Lehmziegelgebäuden: drei Joche, der Eingang in der Mitte, symmetrischer Aufbau. Manche der Kalksteinhäuser haben auch einen Kniestock (Foto 286).

Im Kreis Shibing bildet dagegen Holz das bevorzugte Baumaterial, obwohl auch hier verbreitet Kalkstein ansteht. Die Dörfer sind verhältnismäßig locker und unregelmäßig aufgebaut und von auffällig vielen Bäumen bestanden (Foto 287). Steine spielen dennoch im Ortsbild eine größere Rolle, und zwar als Fundamente, als Treppen und Pflastersteine, als Stützmauern und Abtrennungen (Foto 290). Auch hier umfassen die Häuser immer drei Joche, sind recht klein und nur einstöckig. Interessanterweise kommen aber recht häufig noch Nebengebäude dazu, in aller Regel zwei Gebäude aus je einem Joch, die stets im Winkel zum Wohnhaus stehen, so daß die

Symmetrie des Gehöftes erhalten bleibt (Foto 288). Die Front des mittleren Raumes, der als Küche und Wohnraum dient, ist fast stets zurückgesetzt und bleibt manchmal ganz offen. Zum Schutz vor den sommerlichen Sonnenstrahlen und Regengüssen hat das Dache einen weit vorgezogenen Traufüberhang. Die Konstruktion der Häuser folgt dem *Chuandou*-Tragsystem, bei dem die Dachlast auf den senkrechten Säulen liegt und die Querbalken der Giebelseite nur stabilisierende Funktion haben (Fotos 289 und 290). Die Wände zwischen den hölzernen Säulen bestehen entweder aus Bambusflechtwerk (Foto 289) oder aus Brettern (Foto 288). In den kleinen Nebengebäuden sind Vorratsspeicher oder Ställe untergebracht (Foto 290).

289
290

Ländlicher Markt

Neben den städtischen gibt es in China ein ganzes Netz ländlicher Märkte, dessen Ursprung bis auf die Song-Zeit zurückgeht. Sie finden meist im Rhythmus von fünf Tagen in einem der ländlichen Marktorte statt, die in der chinesischen Landesplanung als eigene Kategorie ausgewiesen werden *(nongcun jizhen)*. Äußerlich unterscheiden sich diese Orte kaum von normalen Dörfern einer gewissen Größe, denn sie verfügen über keinerlei besondere Infrastruktur oder sonstige zentrale Einrichtungen. Das Einzugsgebiet umfaßt die nächste Umgebung in einer Entfernung, die man am Markttag gut zu Fuß zurücklegen kann, ca. 5 – 7 Kilometer, denn oft sind die umliegenden Dörfer nur über Fußpfade erreichbar. Am Warenangebot läßt sich der Kundenkreis erkennen, denn es ist ganz auf die Bedürfnisse des bäuerlichen Haushalts zugeschnitten, und der überwiegende Teil der Transaktionen gilt den landwirtschaftlichen Produkten selbst: Lebensmittel, Gemüse, Essig, Sämereien, Küken und Ferkel, Schlachtschweine und Fleisch. Der Handel mit größeren Tieren und Fleisch ist Männersache (Foto 294). Da im Gebiet auch etwas Rinderzucht betrieben wird, können neben Kälbern auch Jungbullen erstanden werden (Foto 295). Frauensache ist das Handeln mit pflanzlichen Produkten, wie z. B. Sojabohnensetzlingen (Foto 296), und das Einkaufen von Lebensmitteln, etwa Sojasoße (Foto 297). Auch beim Besuch des Marktes im Ort Jixin tragen die Männer selten ihren traditionellen Turban (Foto 293). Dagegen haben die meisten Frauen ihre feinste Tracht angezogen. Sie besteht in diesem Gebiet aus Hosen mit weiten Beinen und einer gestickten Borte, einer langen Jacke, ebenfalls mit bunt gemusterter Borte, darüber einer Schürze mit Stickerei sowie einem großen, aus einem kunstvoll gewickelten Tuch bestehenden Turban (Foto 291). Alles ist in aufeinander abgestimmten Blautönen gehalten. Die Miao, mit 7,4 Millionen Angehörigen eine der größten Minderheiten Chinas, leben bereits seit der Han-Dynastie im Osten der heutigen Provinz Guizhou und in den angrenzenden Bereichen von Hunan und Sichuan. Ihre Sprache steht zusammen mit wenigen anderen isoliert zwischen den sino-tibetischen und den Thai-Sprachen. Die alte Miao-Frau (Foto 292), nicht auf dem Markt aufgenommen und in normaler Alltagstracht mit einfachem Turban, erzählte uns stolz, sie sei 70 Jahre alt.

293 296
294 297
295 298

广西洼地

7.20. Niederungen von Guangxi: Naßfeldanbau und Lehmziegel-architektur IV

Der Osten der Provinz Guangxi liegt nur noch zwischen 100 und 200 Meter über dem Meeresspiegel, und der Untergrund aus Kalkstein befindet sich damit im Grundwasserniveau. Daher verändert sich im Vergleich zum hochgelegenen Guizhou die Kulturlandschaft in nahezu sämtlichen Punkten. Die Oberflächenformen werden häufig von den aus dem Raum Guilin bekannten Karstkegeln und -türmen dominiert, zwischen denen sich völlig ebene, feuchte Niederungen erstrecken. Der Gegensatz zwischen den intensiv bebauten Flächen und

den mit Gebüsch und Wald bedeckten, nur als Holzlieferanten genutzten Kegeln könnte nicht krasser ausfallen. Die Niederungen lassen sich fast flächendeckend in Naßfelder umwandeln, die per Pumpbewässerung mit Wasser versorgt werden, und bringen reiche Reisernten hervor. Dazu kommen hier, schon in der Nähe des Wendekreises, etliche randtropische Pflanzen und Früchte. Auf dieses Agrar-Ökosystem sind seit langem die Han-Chinesen spezialisiert, die den Raum als erste Region im heutigen Südchina bereits während der Han-Dynastie vor 2000 Jahren kolonisiert und besiedelt haben. Analog verändert sich im Vergleich zu den Minderheitengebieten von Guizhou auch die ländliche Architektur, die sich, wie fast durchweg bei den Han, auf die Verwendung von Lehmziegeln als Baumaterial stützt.

Die Aufnahme (Foto 299) vermittelt einen Blick in einen Niederungsbereich, umstanden von den erstaunlichen Karsttürmen. Den träge dahinströmenden Fluß begleiten mächtige Bambusstauden, von den Bauern als häuslicher Werkstoff für alle Arten von Gerätschaften und auch als Baumaterial angepflanzt. Am Fuß des Hügels im Vordergrund breiten sich Gemüsebeete aus, während sich im zeitigen Frühjahr die Naßfelder in verschiedenen Stadien der Bearbeitung befinden, noch mit den Gründüngerpflanzen bestanden, umgepflügt oder schon geflutet. Die Dörfer liegen meist am Rand am Fuß eines der Berge, wo sie möglichst wenig des kostbaren Bodens verbrauchen, vor Hochwasser am besten geschützt sind und duch Karstquellen mit Trinkwasser versorgt werden.

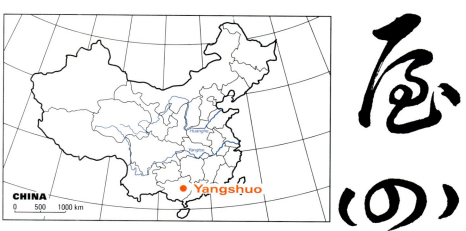

CHINA

0   500   1000 km

Huanghe
Yangtse

● Yangshuo

Agrar-Ökosystem

Foto 300 zeigt die landschaftliche Einbindung der Naßfelder nochmals im Überblick. Deren unregelmäßiger Grundriß rührt von feinsten Niveauunterschieden her, denen der Verlauf der abgrenzenden Dämme genauestens folgen muß, um völlig ebene Flächen zu erhalten. Die Karstkegel, vielfach durch seitliche Erosion am Fuß zu Karsttürmen geworden, sind trotz ihrer Steilheit in die Landnutzung integriert, denn sie liefern das Brennholz in Form von Reisig, Stecken und Ästen. Durch diese dauernde Beeinträchtigung wird zumeist richtiger Waldwuchs verhindert, und verkrüppelte Bäume oder Büsche bestimmen das Bild.

Die Naßfelder befinden sich in unterschiedlichen Stadien der Saatbettvorbereitung (Foto 301). Über den Winter baut man verschiedene Pflanzen als Gründünger an, Klee oder eine weißblühende Rapssorte (Foto 303). Daran schließen bis zum Herbst zwei Reisernten an, so daß sich eine Fruchtfolge Gründünger–Naßreis–Naßreis ergibt. Der kleine Tümpel im Vordergrund dient als Reservoir für die Bewässerung der angren-

zenden, etwas über dem Wasserspiegel liegenden Felder, auf die das Wasser mittels Pumpen gehoben werden muß (vgl. Fallbeispiel 10). Auf die Anlage von Trockenfeldern greift man nur zurück, wenn sie von der Bewässerung gar nicht mehr erreicht werden können (Foto 302). Hier ist eine Fruchtfolge Mais–Süßkartoffeln am häufigsten.

Etwa ab dem Raum Guilin beginnt allmählich der rand-
tropische Klimabereich. Obwohl der Winter noch zu einer
Vegetationspause zwingt, weil im Januar und Februar die
Durchschnittstemperatur unter 10 °C absinkt und leichte
Fröste auftreten können, schützt der Sperriegel des Nanling-
Gebirges vor den schlimmsten Kaltlufteinbrüchen von Norden. Das Spektrum der Anbaufrüchte wird deshalb durch eine
große Zahl von Gemüse- und Obstsorten bereichert, namentlich Bananen, Mandarinen und andere Zitrusfrüchte. Die
Kulturlandschaft zeigt bereits Anklänge an die tropische Vielfalt, wenn neben den Naßfeldern Gemüsegärten und Obsthai-
ne das Bild bereichern (Foto 304; im Mittelgrund ein durch
innere Verwitterung ausgehöhlter und zusammengebrochener
Karstturm). Hier gedeihen neben den kleinflächigen Gemüsebeeten die großblättrigen Bananenstauden, die auf Feldrainen,
Dämmchen oder anderweitig nicht nutzbaren Ecken ohne
weitere Pflege heranwachsen, durchmischt mit einer Vielzahl
weiterer Bäume, während man dahinter eine Mandarinenplan-
tage angelegt hat (Foto 305). Von den verschiedenen Zitrusfrüchten ist *youzi*, eine Pomelosorte *(Citrus grandis)*, leuchtend
gelb mit dicker Schale, die attraktivste, lokal als *sating* bezeichnet. Wie bei allen Zitrusfrüchten dauert der Wachstumszyklus
über ein Jahr. So kann man die Knospen des immergrünen
Baumes kurz vor dem Aufblühen beobachten (Foto 306), während gleichzeitig am Markt die reifen, leuchtendgelben Früchte angeboten werden, die von denselben Bäumen stammen
(Foto 307).

Ländliche Architektur

Die ländliche Architektur orientiert sich an der üblichen
Bauweise der Han-Chinesen, wie sie mit geringen Unterschieden in ganz Südchina zu finden ist. Der Fuß der Karstkegel
stellt die bevorzugte Lage der Dörfer dar (Foto 308). Als Baumaterial werden beim Hausbau fast ausschließlich Lehmziegel
verwendet, die sich sehr einfach an Ort und Stelle herstellen
lassen. Man gewinnt den Lehm direkt aus den Feldern, die
durch im Wasser mitgeführte Schwebstoffe allmählich zusedi-
mentieren und etwa alle zehn Jahre ohnehin erniedrigt werden
müssen. Der Lehm wird dann in hölzerne Formen gestrichen,
und die geformten Ziegel werden anschließend auf freiem Feld
an der Luft getrocknet, eine Arbeit, für die nur der trockene,
aber noch recht warme Herbst in Frage kommt, nachdem auch
die letzte Ernte vom Feld geholt worden ist. So wird das Erscheinungsbild der Dörfer vom Ockergelb der strukturierten
Lehmziegelwände bestimmt.

Man sieht sowohl offene, seltener auch geschlossene Gehöfte, die dann über eine Umfassungsmauer verfügen, durch
ein einfaches Tor abgeschlossen. An diesem befestigt man an
Neujahr Segenssprüche und Glückwünsche, stets auf rotes
Papier geschrieben, die das Jahr über hängen bleiben. An der

305
306
307

gebrochenen Blickachse in Foto 309 erkennt man die Unregelmäßigkeit im Grundriß des Gehöftes, was in Südchina eher die
Regel als die Ausnahme ist, während die Bauernhöfe Nordchinas einschließlich ihrer Umfassungsmauern und etwaiger
Nebengebäude ganz symmetrisch angelegt sind. Die Eingänge,
immer in den mittleren der drei Räume führend, sind teilweise
relativ groß und bestehen aus zwei Torflügeln. Oft läßt sich die
Tür nur mit zwei Halbflügeln schließen, und die obere Hälfte
bleibt zur Belüftung offen (Foto 310). Im Grundriß sind die relativ großen Häuser stets rechteckig mit drei Jochen. Da sie oft
sogar über ein zweites Stockwerk verfügen, stellen Nebengebäude, wie die in Foto 311 abgebildete Scheune, eine Aus-

nahme dar. Die Dachlandschaft der Dörfer wird vom Dunkel-
grau der Ziegel bestimmt, die seit langem das bevorzugte
Material zur Dachdeckung bilden, da Reisstroh wegen seiner
Neigung zu rascher Fäulnis ausscheidet und sonst kein geeignetes Material zur Verfügung steht (Foto 312). Im Naßfeldgebiet mit seiner intensiven Flächennutzung erfolgt der Zugang
zu den Dörfern in der Regel über schmale Pfade, die sich zwischen den Feldern hindurchschlängeln, die bis unmittelbar an
die Siedlung heranreichen. Links in Foto 313 ein zweistöckiges
Haus mit eingezogenem mittlerem Joch. Innerhalb der Dörfer
liegen des öfteren Teiche, die als Wasserreservoir und zur
Fischzucht dienen (Foto 314).

Vorindustrielle Geräte im Naßfeldanbau

Namentlich für die verschiedenen Stadien des Naßreisanbaus, die sehr arbeitsaufwendig sind, bietet es sich an, Hilfsmittel einzusetzen, um die Arbeiten zu beschleunigen und die Arbeitskraft nicht länger als nötig zu binden. Zu diesem Zweck dachten sich findige Köpfe teils schon vor Zeiten wirkungsvolle Gerätschaften aus. Dazu gehören die vorindustriellen Bewässerungsgeräte (vgl. Fallbeispiel 10) wie auch in weiten Teilen Chinas die Geräte, die bei der Ernte und bei der weiteren Verarbeitung des Reises zum Einsatz kommen. Sie sind alle auf Handarbeit abgestimmt, die weithin vorherrscht.

Die Rotationsworfelmaschine ist eine Erfindung aus dem 2. Jh. v. Chr., die erst 1720 in Europa bekannt wurde, nachdem sie aus China importiert worden war (Foto 315). Nach dem Trocknen auf besonderen Bastmatten (im Hintergrund) können die Reiskörner von den aufgeplatzten Spelzen getrennt werden. Die einfachste Methode besteht darin, sie in die Höhe zu werfen und die leichteren Spelzen vom Wind davontragen zu lassen. Dieses Prinzip macht sich auch die Rotationsworfelmaschine zunutze, allerdings um ein vielfaches effektiver. Die Körner werden oben in den Trichter hineingefüllt und fallen durch einen Schacht nach unten. In diesen mündet seitlich ein Kanal, durch den der von einer rotierenden Handkurbel angefachte Wind bläst. Er trägt die Spelzen mit sich vorne heraus, während die schwereren Getreidekörner nach unten fallen und über die beiden Rutschen in die bereitstehenden Körbe rieseln.

Dagegen ist die Dreschmaschine aus den fünfziger Jahren dieses Jahrhunderts eine sehr junge, aber ebenso durchdachte Erfindung, die ebenfalls ohne Energieeinsatz auskommt (Foto 316). Die rechts im Hintergrund liegende Walze, auf der Nägel eingeschlagen sind, wird quer in die Kiste eingebaut und an zwei Zahnrädern aufgehängt. Diese lassen sich mittels eines Pedals antreiben und versetzen die Rolle in Drehung. Die Getreidehalme müssen dann büschelweise nur kurz an die sich drehende Walze gehalten werden; die Körner werden ausgedroschen und sammeln sich in der Kiste. Die Bambushaube links im Bild wird darübergesetzt, damit keine Körner durch Umherfliegen verlorengehen.

Ihr geringes Gewicht erlaubt es, die Dreschmaschine zu zweit aufs Feld zu tragen und das Getreide gleich an Ort und Stelle zu dreschen. Vor Ort arbeitet man in der Regel in Gruppen zusammen, so daß größere Flächen rasch abgeerntet werden. Die Dreschmaschine wird dabei immer wieder weitergetragen, um möglichst kurze Wege zu erreichen. Damit ergibt sich ein völlig anderer Arbeitsablauf als in Europa, wo im

Dorf gedroschen wird und das Stroh zumindest früher als Stalleinstreu benötigt wurde. Ohne Großvieh und Ställe benötigt man in China das Reisstroh kaum im Gehöft, weshalb es durchaus sinnvoll ist, das Stroh gleich auf den Feldern zu belassen. Dort wird es zur Bodenverbesserung und Humusbildung untergepflügt oder zur Aschendüngung verbrannt.

Foto 317 zeigt eine Sammlung hölzerner Geräte für die Feldbestellung, als „Spontaninstallation" an die Hauswand eines Bauernhofs im Dorf Ala gelehnt. Bemerkenswert ist vor allem die Form des geschnitzten Pfluges mit seinen zwei Haltegriffen. Die Biegung des Zugholzes, an dem der Wasserbüffel angebunden wird, variiert stark, vom einfachen Viertelkreis bis zu komplizierter gebogenen Hölzern. Es ist interessant nachzuverfolgen, daß die Bauart bis hin zur Detailgestaltung meistens innerhalb eines Gebietes in genau derselben identifizierbaren Art und Weise eingehalten wird. Darüber zwei einfache, leichte Tragekörbe für Gemüse, anzuhängen ans Tragholz, links ein Rechen für die Saatbettbereitung im Naßfeld mit Anhängevorrichtung für den Büffel, daneben ein weiterer Pflug und zwei Reisigbesen.

317

南嶺：侗、壯瑤的灌溉

7.21. Nanling-Gebirge: Bewässerungssysteme und Holzarchitektur der Dong und Zhuang

Das Nanling-Gebirge bildet den Rest eines kaledonisch gefalteten Gebirgsstocks, der während späterer Erdzeitalter abgetragen, eingerumpft und in einzelne Höhenzüge aufgelöst wurde. Als ein seit dem Tertiär wieder angehobenes Mittelgebirge bildet es eine West–Ost verlaufende Schranke, die bis auf 2142 m ansteigt und die beiden südlichsten Provinzen Guangxi und Guangdong vom übrigen Südchina trennt. Obwohl die Kolonisierung dieses Raumes durch die Han-Chinesen schon vor über 2000 Jahren begann, konzentrierte sie sich exakt

auf die Niederungen und sparte die Bergländer aus. In diesen leben verschiedene Minderheiten, die sich auf die spezifischen Umweltbedingungen des schwierigen Reliefs eingestellt und dadurch eigenständige Kulturlandschaften geschaffen haben. In Nordguangxi überschneiden sich die Siedlungsgebiete der Dong, von Norden heranreichend, und der Zhuang, die vor allem weiter im Südwesten der Provinz leben. Foto 318 zeigt zwei der wesentlichen Merkmale dieser faszinierenden Kulturlandschaft mit dem Dorf Jinjiang (Kreis Longsheng; Prov. Guangxi), die im krassen Gegensatz zu den Niederungen (Fallbeispiel 20) stehen. Um den Anbau von Naßreis mit seinen so weit im Süden konkurrenzlos hohen Erträgen zu ermöglichen, war man gezwungen, sowohl das Relief als auch die Hydrologie grundlegend

umzugestalten. Die steilen Berghänge wurden durch eine zusammenhängende Terrassenabfolge erschlossen, die eine der größten Höhendifferenzen in ganz Ostasien umfaßt. Zur Kontrolle der Wasserversorgung errichtete man ein raffiniertes Hangkanalbewässerungssystem. Der Holzreichtum des Gebirges bildete die Basis für die hochentwickelte Holzarchitektur der eindrucksvollen mehrstöckigen Häuser, die mit die höchsten Bauwerke der ländlichen Architektur Chinas darstellen. Die Architektur der Zhuang ähnelt derjenigen der benachbarten Dong, deren Dörfer zusätzlich für ihre Trommeltürme sowie die Wind-und-Regen-Brücken berühmt sind.

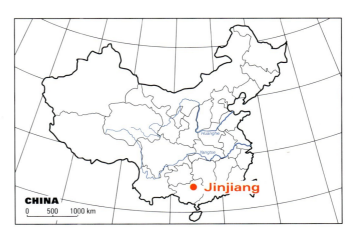

CHINA

0   500   1000 km

● Jinjiang

269

Agrar-Ökosystem

Die beiden Aufnahmen zeigen das bemerkenswerte Agrar-Ökosystem von Jinjiang nochmals aus einer anderen Perspektive. Der Talboden liegt auf knapp 600 m Meereshöhe. Von hier aus erstreckt sich die Abfolge der Terrassen über etwa 500 m bis in eine Höhe von ca. 1100 m, durchgehend anthropogen umgestaltet. Auf dem nordexponierten Hang (Foto 319 im Hintergrund) endet die Terrassierung erheblich weiter unterhalb. Die Aufnahmen sollen auch die Genauigkeit in der Geländebeobachtung demonstrieren, die bei der Konstruktion der Naßfeldterrassen unter den extremen Reliefbedingungen

zugrunde gelegt werden muß. Die Terrassen müssen jegliche Geländeunebenheit sorgsam nachvollziehen, massige Steinblöcke umgehen und sich dabei doch auf eine Breite von wenigen Metern oder gar darunter beschränken, abgestellt auf die Anpassungsfähigkeit der Handarbeit. Manche Terrassen sind derartig schmal, daß nur drei Reihen Reis Platz finden und daß sie nicht einmal mehr mit dem Wasserbüffel gepflügt werden können. Alle Bereiche hängen in einem komplizierten System zusammen und bauen in ihrer Be- und Entwässerung aufeinander auf. Bei Hangkanalbewässerung ist es deswegen stets am günstigsten, geschlossene Bewässerungsareale zu konstruieren.

In der Flur von Jinjiang findet man fast ausschließlich Naß-felder, nur geringe Areale werden als Trockenfeld genutzt (Foto 320, Bildmitte und Hintergrund). Sie sind aus Gründen der Bewässerungskontrolle zusammengruppiert. Wie die letzt-jährigen Stoppeln zeigen, bleiben die Felder nach der Ernte brach liegen. Das Agrar-Ökosystem ist wegen der Steilheit des Geländes und der Höhe der Terrassen so empfindlich, daß man keine Winterfrucht im Trockenfeldbau anbauen kann, für die ein Ablassen des Wassers nötig wäre. Die ganzjährige Wasser-bedeckung ist einerseits unabdingbar für die Standfestigkeit der Terrassen, andererseits zur Erhaltung der dünnen tonigen Oberbodenschicht, die die Felder abdichtet. Trockenrisse oder andere Beschädigungen könnten sonst leicht unübersehbare Folgeschäden am Hang unterhalb nach sich ziehen. Über den Sommer sind zwei Ernten möglich, woraus sich die Frucht-folge Winternaßfeld–Naßreis–Naßreis ergibt.

Hangkanalbewässerungssystem

Die Bewässerung des gesamten Hanges erfolgt über kleine Bäche, die in geringem Abstand zueinander herabfließen (vgl. Foto 321). Aus ihnen wird das Wasser mittels kleiner, einfacher Dämmchen aus den überall vorhandenen Steinen direkt in die Felder ausgeleitet. Innerhalb eines zusammenhängenden Bewässerungsareals durchfließt es dann nach und nach alle angeschlossenen Felder, wobei darauf geachtet wird, daß sich Ein- und Ausfluß an den entgegengesetzten Enden der Felder befinden, um eine gleichmäßige Versorgung zu gewährleisten. Dadurch wird ein permanentes, langsames Zirkulieren durch alle Felder erreicht, ohne daß das Wasser stagniert und

sich Krankheitskeime ausbreiten oder daß es verdunstet und sich Salze anreichern können. Aus diesem Grund muß am Ende ein gewisser Anteil als Entwässerung einen derartigen Bereich wieder verlassen. Interessant ist die Sorgfalt, die nicht nur dem Bewässerungssystem, sondern auch der Anlage der Pfade galt, die durch das ganze Gebiet führen und fast durchweg mit Steinplatten gepflastert oder getreppt sind. Im Mittelgrund ist ein kleiner Hügel erkennbar, auf den die Bewässerung nicht gelangt.

Felder, die nicht direkt erreicht werden können, versorgt man über Wasserleitungen, die aus Bambus gefertigt sind. Links unten in Foto 322 eine Zisterne, die als Reservoir zur Überbrückung von Wasserstandsschwankungen dient. Das

Wasser wird daneben für weitere „Arbeiten" eingesetzt, wie zum Antrieb einer Wasserballastmühle (Foto 323). Innerhalb des Häuschens befindet sich ein steinerner Trog, in dem das Getreide zum Mahlen liegt und in den das mörserförmige Ende einer hölzernen Wippe greift. Das andere Ende dieser Wippe ist ausgehöhlt und wird von der Leitung im Vordergrund gespeist. Die Wippe ist so ausbalanciert, daß das Gewicht des Wassers ausreicht, die Wippe hinunterzudrücken, wenn die Vertiefung vollgelaufen ist. Das Wasser läuft dann plötzlich aus, und der Mörser fällt zurück in den Mahltrog.

Nach Angaben von STEVENS u. WEHRFRITZ (1988, S. 63) leben die Zhuang seit 18 Generationen, d. h. etwa seit dem 15. Jh. in dieser Gegend. Die Anlage der Terrassen soll demnach mit der 11. Generation, also am Ende des 18. Jh. nach dreihundert Jahren Bauzeit weitgehend abgeschlossen gewesen sein. Die Zhuang gehören wie die Dong zu den Thaivölkern, die vor der chinesischen Südexpansion einen großen Teil des heutigen Südchina besiedelten. Mit 15,5 Mio. sind sie die größte Minderheit Chinas; die Dong zählen 1,6 Mio. Angehörige. Während die meisten Zhuang stark sinisiert sind und sich in ländlicher Architektur und Kleidung an den Han-Chinesen orientieren, hängen sie im entlegenen Jinjiang noch ihren alten Gebräuchen an. Hier tragen insbesondere die Frauen ihre traditionellen Jacken aus schwarz gefärbtem Baumwollgewebe mit geschmückter Borte an den Ärmeln und fehlendem Kragen (Fotos 324, 325).

322 324
323 325

Ländliche Architektur

Die ländliche Architektur der Dong beruht, mehr noch als die der Zhuang, auf der kunstvollen Verarbeitung von Holz als Baumaterial. Vor allem die imposanten zwei-, meist sogar dreistöckigen Häuser stellen hohe Anforderungen an das Können der Zimmerleute, die in Ermangelung einer eigenen Schrift bis vor wenigen Jahrzehnten ihre Kenntnisse nur mündlich weitergeben konnten. Die Dorfstruktur ist von Unregelmäßigkeit im Grundriß und daneben von einer bemerkenswerten Enge gekennzeichnet, so daß sich manche Gebäude fast berühren und nur ganz schmale Gassen dazwischen frei bleiben (Fotos 326 und 328, bei Chengyang; Kreis Sanjiang,

Prov. Guangxi). Foto 327 gibt einen Eindruck von der Landschaft, die hier nicht mehr von ausgedehnten Terrassensystemen, sondern vom üblichen Gegensatz mit Trockenfeldern am Hang und Naßfeldern im Tal gekennzeichnet ist. Zentrales Bauwerk aller größeren Dörfer der Dong, nicht aber bei den Zhuang, ist der quadratische Trommelturm, dessen vielfach abgestuftes Dach die ohnehin schon hohen Wohnhäuser noch überragt. Er beinhaltete früher tatsächlich eine Trommel, die der Warnung vor Feinden diente. Dazu kommt seine Funktion als Treffpunkt, denn in der offenen Halle oder auf dem Platz davor finden spontane Begegnungen, regelmäßige Zusammenkünfte und Festlichkeiten des Dorfes statt. Mit der Existenz dieses sozialen Mittelpunktes stehen die Dörfer der Dong im

markanten Gegensatz zu praktisch allen anderen Dörfern in China, denen ein entsprechendes Zentrum völlig fehlt.

Die mächtigen Häuser, die auch heute noch praktisch unverändert in ihrer traditionellen Form gebaut werden, bestehen aus einer tragenden Fachwerkkonstruktion, wie Foto 330 zeigt. Am Hang ist dafür ein mächtiges Fundament mit einer Stützmauer aus Steinblöcken nötig, auf der die Ständer aufsitzen. Alle Balken sind untereinander verzapft und werden nur durch Holzkeile, nicht aber durch Nägel gehalten. An der Außenseite kragen die oberen Stockwerke etwas vor, um den Platz besser ausnutzen zu können, und ein Umgang oder Balkon wird angehängt. Das Tragsystem stellt eine Mischung aus *chuandou* und *tailiang* dar, denn das breite Dach stützt sich

nicht nur an den Ecken auf die Ständer, sondern auch dazwischen. Allerdings gehen nicht alle senkrechten Säulen bis zum Boden durch, sondern werden von Querbalken abgefangen. Die Zwischengeschosse werden mit kleinen, auf allen Seiten umlaufenden Klebdächern vor Regen geschützt. Da die Zwischenwände aus Brettern bestehen, werden sie nicht beim Hausbau fixiert, sondern können individuell verändert und den Bedürfnissen angepaßt werden (Foto 329). Die Bauernhöfe sind als Einheitshäuser konzipiert und umfassen Stallungen und die Holzvorräte im Untergeschoß, die Wohnräume im ersten Stockwerk und Lagerräume im Obergeschoß. Der Zugang zur Wohnung erfolgt entweder im Inneren oder über eine Außentreppe.

327 329
328 330

Wind-und-Regen-Brücken

Eine exquisite Besonderheit, die ihresgleichen in China sucht, sind die Wind-und-Regen-Brücken, Zeugnisse der Zimmermannskunst der Dong. Sie überwinden häufig nur kleinere Wasserläufe, wo man sich andernorts mit einer Furt begnügen würde. Auch die Wind-und-Regen-Brücken bestehen mit Ausnahme der Pfeiler vollständig aus verzapften Balken. Sie haben in der Regel drei pavillonartige Aufbauten auf den Pfeilerfundamenten mit mehrfach abgestuftem Dach, dessen Enden geschnitzte Spitzen oder Figuren zieren. Der Übergang ist offen und mit einem Geländer sowie längs angeordneten

Bänken versehen, die auch als Treffpunkt dienen. Lokales Meisterwerk ist die Brücke von Chengyang (Fotos 331 und 332), die sogar über fünf Pfeiler und Pavillons verfügt. Sie stammt aus dem Jahre 1916, ist gut 80 m lang und 8 m breit (STEVENS u. WEHRFRITZ 1988, S. 61). Weitere Wind-und-Regen-Brücken sind auf dieser Seite zusammengestellt, darunter eine zweite auf der anderen Seite von Chengyang (Foto 333), eine in einem benachbarten Ort (Foto 334) und eine asymmetrische, die bei Linxi steht (Foto 335).

332 334
333 335

贛南盆地三

7.22.　Becken von Jiangxi: Naßfeldanbau und Lehmziegelarchitektur V

Ähnlich wie Hunan weiter westlich bildete das vom Becken von Jiangxi nach Süden weisende Tal des Ganjiang bereits vor mehr als 2000 Jahren einen der Hauptausbreitungswege hanchinesischer Kolonisierung innerhalb des Südchinesischen Berglands. Analog findet man hier die gewohnte Struktur der Kulturlandschaft, gut sichtbar am südlichen Rand der Provinz Jiangxi (Foto 336, bei Dakong, Kreis Shangyou). Relief, Siedlungsverteilung und Landnutzung zeigen in charakteristischer Weise die Verhältnisse, die für praktisch das

gesamte Südchinesische Bergland stehen. Die Niederungen werden, ganz gleich, ob es sich um ausgedehnte Beckenlandschaften, Talungen oder kleine Flachbereiche wie in der Aufnahme handelt, intensiv genutzt und mit Reis im Naßfeld bebaut. Ende Oktober wird die zweite Ernte gerade eingebracht, ein Teil des goldgelb schimmernden reifen Getreides steht noch auf den Feldern, während der andere Teil bereits abgemäht und zu Garben gebunden wurde. Am Rand des Dorfes liegen im Vordergrund die Gemüsebeete, hier sorgsam eingehegt. Im Hintergrund schimmern leuchtendgrün die Bambusstauden, die entlang eines Baches sprießen, Rohstoff für zahllose Gerätschaften im Bauernhaushalt. Dieser intensiv genutzten Flur stehen die dahinter aufragenden, nur extensiv genutzten Hügel entgegen, auf-

和田和土坆房屋(五)

gebaut aus Gneisen des kaledonisch gefalteten Grund-
gebirges. Nur ein kleiner Teil von ihnen wird beackert
(ganz rechts), sonst tragen sie eine degradierte Vegetation aus einzelnen Bäumen, Gebüsch und teilweise nur
Gras, da sie beweidet und als Brennholzlieferant genutzt
werden. Auch hier fällt die Form der Hänge auf, die mit
einem deutlichen Knick aus der Ebene ansteigen. Links
im Bild ist zu sehen, daß die Hangneigung unten am
stärksten ist und nach oben hin dann abnimmt: die
Form der Glockenberge, die zu der scharfen Trennung
der Landnutzungsbereiche und Siedlungsareale nicht
unerheblich beiträgt. Trotz der Nähe von Steinvorkom-
men greift man beim Hausbau wie gewohnt auf Lehmziegel zurück (links vorn), ein Hinweis auf die hanchinesische Besiedlung.

CHINA

0   500   1000 km

● Dakong

Agrar-Ökosystem

Reis im Bild der herbstlichen Kulturlandschaft. Neben der Rispe verwandelt sich bei der Reife auch ein großer Teil der Blätter in ein leuchtendes Goldgelb (Foto 337). Üblich ist hier eine Fruchtfolge Winterweizen (bzw. Raps oder Gründünger)– Naßreis–Naßreis. Der Süden der Provinz Jiangxi ist daneben das einzige Zuckerrohranbaugebiet nördlich des Nanling-Gebirges von nennenswerter Ausdehnung (Foto 338). Zuckerrohr benötigt mindestens ein Jahr zum Ausreifen, was normalerweise erst im Frühjahr der Fall ist. Zum Aufnahmezeitpunkt im Herbst war es bereits etwa 5 m hoch herangewachsen. Da

die Pflanze nach dem Abschlagen wieder austreibt, wird Zuckerrohr *(Saccharum officinale)* bis zu zwanzig Jahre lang auf demselben Feld angebaut. Die Heimat dieser Pflanze liegt vermutlich auf den Inseln Südostasiens, von wo aus sie sehr früh nach Südchina gelangte. Die Verarbeitung erfolgt schon seit längerer Zeit in protoindustriellen Methoden in marktorientierten Betrieben (BRÜCHER 1977, S. 82). Zuckerrohr reagiert sehr günstig auf starke Bewässerung, weshalb sich Zuckerrohr- und Naßreisfelder gut integrieren und in einem System zusammen bewässern lassen. Allerdings wird das Zuckerrohrfeld tiefer gepflügt und nicht überstaut.

Bei Fenggang (Kreis Ganzhou), etwa 40 km weiter östlich in Richtung Beckeninneres, bestehen die Hügel nicht mehr aus hartem Gneis, sondern aus weichem, tonig gebundenem Sandstein des kreidezeitlichen Deckgebirges. Dennoch bleibt es bei der prinzipiellen Aufteilung der Kulturlandschaft (Foto 339). Wieder wird die Niederung von Naßfeldern eingenommen, derzeit in unterschiedlichen Stadien der Ernte, daneben von einzelnen Zuckerrohrfeldern. Die Hügel weisen aufgrund der Weichheit des Gesteins zwar sanftere Formen auf, dennoch bleibt die Deutlichkeit des trennenden Knicks am Hangfuß erhalten. Auf den Hängen selbst sind zum Teil Trockenfelder angelegt, allerdings nicht zusammenhängend und insgesamt wenig intensiv bewirtschaftet. Auf ihnen werden Gemüse oder Süßkartoffeln angebaut (vorn). Die Dörfer liegen in kleinen Baumhainen etwas erhöht am Hang der Hügel, wo sie nichts von den kostbaren Naßfeldern verbrauchen.

Interessant ist es, einen Blick auf die Einteilung der Naßfeldflur zu werfen (Foto 340). Die Wasserversorgung erfolgt als flußgespeiste Kanalbewässerung durch Ausleitung aus einem kleinen Bach, der kanalisiert zwischen zwei Dämmen quer durch das Bild läuft, dann rechtwinklig abknickt und entlang der Bäume auf die andere Seite der ehemaligen Talaue wechselt, wo er erneut im rechten Winkel umbiegt und kerzengerade weiterfließt. Die Niederung der früheren Aue ist

so eben, daß große Bereiche genau im selben Niveau liegen, wie etwa der gesamte Vordergrund oder der linke Mittelgrund. Dennoch sind auch diese Areale in relativ kleine Felder unterteilt und nicht zu größeren Einheiten zusammengefaßt. Anhand des Nebeneinanders von fast reifen (gelbgrün), ganz reifen, abgeernteten und schon umgepflügten Feldern läßt sich der Vorteil solch kleiner Einheiten erkennen, zumindest unter vorindustriellen Bedingungen ohne Maschineneinsatz und ohne größere Planierungsarbeiten. Sie können jeweils für sich bepflanzt, bewässert und bearbeitet werden. Eine vollständige Bearbeitung größerer Felder würde die Konzentration zahlreicher Arbeitskräfte auf jeweils ein einziges Feld bedeu-

ten – angesichts der Vielzahl der Arbeitsgänge im Naßreisanbau ein erheblicher organisatorischer Aufwand, ohne daß ein zusätzlicher Nutzen zu erzielen wäre. Die Flureinteilung ergibt sich somit vornehmlich aus den Notwendigkeiten der Arbeitsorganisation und der Betriebsstruktur, weniger aus den Besitzverhältnissen.

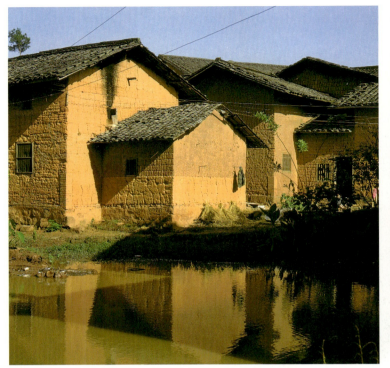

Ländliche Architektur

Sie wird von dem bei den Han-Chinesen üblichen Baumaterial Lehm bestimmt, hier wegen des Ausgangsgesteins von kräftig orangefarbigem Ton. Die Dörfer sind sehr kompakt, die Häuser stehen eng zusammen (Foto 341). Normalerweise werden die luftgetrockneten Lehmziegel mit einem Lehmputz geschützt, weshalb die Ziegelstruktur nur selten von außen zu sehen ist. In diesem Gebiet werden die Haustüren meistens als Halbtür ausgeführt, die nur unten zu verschließen ist, hauptsächlich um das Kleinvieh draußen zu halten (Foto 342). Rechts neben der Tür lehnt ein Waschbrett an der Wand. Nicht

wenige der Gehöfte haben Nebengebäude, insbesondere kleine Scheunen (Foto 343). An den Wänden lehnen allerlei Gerätschaften, von der Reistrocknungsmatte über ein Streichbrett zum Glätten der Anzuchtbeete und einen Rechen bis hin zu Reisigbesen. Die Fenster bestehen nur aus einem hölzernen Gitter. Alle Wohnhäuser sind aus drei Jochen aufgebaut und haben daher auch drei Räume; zum Teil ist der mittlere davon nicht geschlossen und öffnet sich direkt auf die Gasse (Foto 344). In der Aufnahme sind neben der Dachkonstruktion die Regelmäßigkeit des Dorfgrundrisses, die Enge der Gassen und die Nähe der Nachbarhäuser zueinander zu erkennen. Foto 345: Die Ästhetik der Lehmziegelarchitektur.

345

Alltagskultur der Ackerbauerngesellschaft

Im jährlichen Ablauf der bäuerlichen Tätigkeiten wird eine Vielzahl von Geräten benötigt, die zum größten Teil selbst oder von lokal spezialisierten Handwerkern hergestellt werden, oft im Nebenberuf. Die Materialien für diese Landwirtschaftsgeräte entstammen der unmittelbaren Umgebung, wobei die im Süden allerorten angepflanzten Bambusstauden eine überragende Rolle als Lieferanten spielen. Die Mehrzahl der Alltagsgegenstände wird mit einfachen Schmuckformen oder Mustern verziert, die von Region zu Region, oft auch von Dorf zu Dorf wechseln und als unbewußte Tradition weitergegeben werden. Im Gegensatz zu industriell gefertigter Massenware verleiht diese einfache Art der Gestaltung den Landwirtschaftsgeräten einen dezenten, unscheinbaren, aber eindeutigen lokalen Charakter: Alltagskultur der Ackerbauerngesellschaft.

Da infolge der fehlenden Viehzucht kaum Zugtiere für Fuhrwerke zur Verfügung stehen, bildet das Tragholz das wichtigste Hilfsmittel für den Lastentransport auf dem Land. Traghölzer bestehen entweder aus einem geviertelten Bambusrohr oder aus Holz (Foto 346). Für den Transport des auf dem Feld gedroschenen Getreides werden stabile, geflochtene Körbe verwendet, wie sie in Foto 347 bereitstehen und ans Tragholz angehängt werden können. Im Bild bestehen sie aus dünnen Hölzern, die wie bei Weidenkörben um senkrechte Hölzer gewunden sind und am oberen Rand eine Einfassung haben. Dagegen bestehen die beiden Körbe in Foto 346 aus Bambusstreifen, die über Kreuz geflochten sind.

Wenn der Reis geerntet und gedroschen ist, muß er noch getrocknet werden, um ihn für die Lagerung haltbar zu machen. Dazu breitet man die Körner im Herbst, der in ganz China von einer stabilen, regenarmen und noch recht warmen Witterung gekennzeichnet ist, im Hof oder vor den Häusern aus und läßt ihn von der Sonne bescheinen. Damit das Lebensmittel nicht verschmutzt oder sich mit Sandkörnchen mischt, werden Bastmatten daruntergelegt, die ausschließlich für diesen Zweck bereitgehalten werden. Die Matte in Foto 348 besteht aus dünnen, geglätteten Streifen von Bambus, die zusammengewebt und an zwei Seiten an einer Stange befestigt sind, um die gewickelt die Matte das restliche Jahr über ihrer Aufgabe harrt. Interessanterweise ist ein simples Muster eingearbeitet, obwohl es sich nur um ein äußerst einfaches Gebrauchsgut handelt. Im Vordergrund ein Tragekorb und eine Kiste zur Aufbewahrung des fertigen Getreides, beide ebenfalls aus Bambusstreifen gewebt. Nach dem Trocknen werden die Reiskörner zum Worfeln auf Haufen zusammengekehrt.

Während des Trocknungsprozesses müssen die Reiskörner häufig gewendet werden, wofür ein Rechen Verwendung findet, der extra dafür bereitgehalten wird. Das in Foto 349 wiedergegebene Modell besteht ganz aus Holz, mit Griffstange, Querholz und dünnen Latten im Winkel dazu. Daneben liegt ein Worfelkorb, dessen vorne offene Form speziell auf diese Aufgabe ausgelegt ist. Nach dem Trocknen springen die Spelzen auf und können durch wiederholtes Hochwerfen und Wiederauffangen mit dem Worfelkorb von den Körnern getrennt werden – eine Wurftechnik, die gelernt sein will. Auch der Worfelkorb besteht aus geflochtenen Bambusstreifen, ringsherum eingefaßt mit einem gebogenen Bambusrohr.

348
349

7.23. Bergland von Fujian: Naßfeldterrassen und Architektur der Rundhäuser

Gleich hinter der chinesischen Ostküste steigt unvermittelt das Bergland von Fujian auf, ein kaledonisch gefaltetes Mittelgebirge, dessen Kern vorwiegend aus Graniten und Gneisen besteht. Bei einer Höhenlage von über 1800 m, die in einer Entfernung von nur 80 bis 100 km von der Küste erreicht wird, ist es tief zertalt und weist kaum größere Becken oder andere Gunstgebiete auf. So blieb sein Kerngebiet bis zur Mingzeit weitgehend unbesiedelt, bis in mehreren Einwanderungswellen hanchinesische Siedler, vom Mittellauf des

Gelben Flusses stammend, eindrangen. Sie werden als Hakka, im lokalen Dialekt Fujians als Kejia bezeichnet. Ihre Außenseiterrolle mag dafür verantwortlich sein, daß sie sich nicht mit anderen Bevölkerungsteilen vermischten, sondern als eigenständige Gruppe mit sehr strenger Clanorganisation und Familienbindung bestehenblieben. Die sozialen und historischen Besonderheiten spiegeln sich auch im Erscheinungsbild der Kulturlandschaft wider. Das Innere Fujians ist einer der wenigen Räume, wo auch Han-Chinesen größere Naßfeldterrassensysteme mit Hangkanalbewässerung konstruierten. Foto 350 gibt einen Überblick über das Dorf Xincun (Kreis Yongding, Prov. Fujian) mit seiner terrassierten Flur, hervorgehoben durch den herbstlich gelben Reis. Die oberen Hänge sind dicht mit Kiefern, Spießtannen

和圆形建筑

und Bambus, im Bild hellgrün, bewachsen. Eine völlig eigenständige Ausprägung hat die ländliche Architektur in Gestalt der erstaunlichen Gemeinschaftshäuser. Sie weichen in fast allen Merkmalen von der üblichen Bauweise ab, denn sie umfassen Wohnraum für mehrere Familien gemeinsam, sind bis zu vier Stockwerke hoch und bestehen aus einer Kombination von Stampflehm und Holz, um einen Innenhof herumgebaut. Im typischen Fall mischen sich die Gemeinschaftshäuser zwischen einfache Gebäude, wie in Xincun, wo man mehrere quadratische Bauten und ein Rundhaus (links) sieht. In dieser kargen Region, die selten allen ihren Bewohnern eine Lebensgrundlage bieten konnte, haben sehr viele der Auslandschinesen Südostasiens ihre familiären Wurzeln.

CHINA
0   500   1000 km

● Xincun

Agrar-Ökosystem

Die Kultivierung reicht verbreitet den unteren Teil der steilen Hänge hinauf, wofür die Anlage ausgedehnter Terrassensysteme notwendig ist (Foto 351). Die Gipfel der Berge tragen dagegen fast durchweg noch Wald. Infolge der anthropogenen Eingriffe handelt es sich dabei häufig um Sekundärwald aus subtropischen Nadelhölzern (vor allem *Pinus massoniana* und *Cunninghamia lanceolata*) sowie Rhododendron *(Rhododendron simsii)* und Bambus *(Phyllostachis* sp.) als Unterwuchs. Das südliche Fujian liegt bereits so nahe am tropischen Bereich, daß trotz der Höhenlage von 500 bis 600 m noch Bananen ge-

deihen (Foto 352). Die Landnutzung basiert auf Naßreisanbau, wobei zwei Ernten möglich sind, meistens in der Fruchtfolge Gründünger–Naßreis–Naßreis. In tieferen Lagen erreicht
man sogar eine dritte Ernte, wenn im Winter Weizen oder
Raps angebaut werden kann. Dort kommen weitere wärmebedürftige Pflanzen dazu, wie Ananas, Mandarinen oder Zuckerrohr, die aber im Gebirge fehlen.

352

Ländliche Architektur

Zum Faszinierendsten, was die ländliche Architektur Chinas zu bieten hat, gehören die imposanten Rundhäuser (yuanlou), für die es keine Parallele gibt, weder im Land und wohl auch sonst in Asien nicht. Hinsichtlich ihrer Größe, der engen bis hin zu völlig fehlender Bebauung des Hofes sowie der zwischen zwei und vier schwankenden Zahl der Stockwerke differieren die Rundhäuser erheblich. Ähnlich wie die Rundhäuser sind ihre Gegenstücke, die Erdhäuser (tulou) konstruiert, die lediglich einen quadratischen Grundriß aufweisen. Die bekanntesten Exemplare gibt es in den Kreisen Yongding und Nanjing

im Südosten der Provinz Fujian und in den angrenzenden Bereichen der Provinz Guangdong. Man nimmt an, daß die Wurzeln dieser Bauweise auf die Zeit vor der Ankunft der Hakka zurückgehen, die sie dann allerdings weiterentwickelt haben. Die Blütezeit erreichte die auf Wehrhaftigkeit angelegte Architektur im 18. bis 19. Jh., als der Raum sehr unsicher war und von Fehden und Unruhen erschüttert wurde (FREEDMAN 1966, S. 104 – 117). Foto 356 gibt einen Eindruck davon und zeigt den einzigen, verschließbaren Zugang zum Haus Chengqilou. Dennoch wurden auch in den letzten Jahrzehnten noch Rundhäuser gebaut, so das Haus Shengyuanlou in Guzhu in den achtziger Jahren.

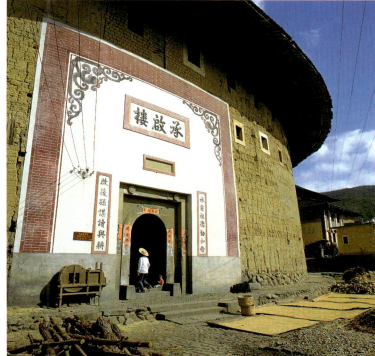

Das größte und bekannteste Rundhaus, das Haus Chengqilou, steht in Gaotou (östlicher Kreis Yingding, Foto 353). Es hat eine Grundfläche von 5376 m², einen Umfang von 1915 m, einen Durchmesser von 61 m und vier Geschosse mit einer Gesamthöhe von 12,4 m. Als Bauzeit wird der Zeitraum zwischen 1662 und 1722 angegeben (China daily, 10.7.1991). Seine Besonderheit ist der völlig überbaute Innenhof mit einem Grundriß aus vier Ringen. Im vierstöckigen Hauptbau, dem äußeren Ring, sind die Lager- und Wohnräume untergebracht. Es folgen ein einstöckiger zweiter Ring mit den Küchenräumen sämtlicher Familien, darauf ein dritter Ring aus Geflügel- und Schweineställen und im Zentrum die Ahnenhal-le, Ausdruck der starken Verwurzelung des Clans (Foto 354). Auch ein Brunnen liegt innerhalb des Hofes, während sich die Toiletten außerhalb befinden (Foto 355). Foto 357 zeigt den schmalen Gang zwischen Küchen- und Außenring.

354 356
355 357

Im Außenring von Chengqilou sind die Wohnräume untergebracht (Foto 358). Jede Wohnung entspricht einem Segment, also vier Räumen übereinander, die über die rundumlaufenden Innenbalkone zugänglich sind. Im Untergeschoß gegenüber der Küche befindet sich der Lagerraum, darüber zwei Wohnräume und im Falle des vierstöckigen Chengqilou ganz oben nochmals ein Speicher. Es gibt dabei nur vier symmetrisch angeordnete Treppenhäuser, was bedeutet, daß man auf dem Weg vom Wohnraum in den Schlafraum unter Umständen an drei Dutzend fremden Wohnungen entlanglaufen muß. Chengqilou verfügt als größtes Rundhaus über 72 Segmentwohnungen mit einer Breite von 2,5 m innen bis 2,7 m an

der Außenwand. Daraus ergibt sich eine Anzahl von 288 Räumen plus 40 Küchen, 32 Ställen und der Ahnenhalle, insgesamt also 361 Räumen. Etwa 600 Personen bewohnen das Gebäude, deren äußerst enge gegenseitige soziale Kontrolle man sich unschwer ausmalen kann.

Interessant ist der Vergleich mit weiteren Rundhäusern, deren Mehrzahl kleiner ausfällt, so wie das Haus Jiqinglou aus Xincun, das dreistöckig ist, 24 Wohnungen, zwei Treppenhäuser und bis auf den Küchenring keine weiteren Räumlichkeiten im Hof hat (Foto 359). Der Eingangsbereich ist wie üblich mit Schriftzeichen und Bemalung verziert und läßt sich ebenfalls verschließen (Foto 360). Reiskörbe stehen davor

bereit und links eine Rotationsworfelmaschine. Foto 361 zeigt eines der kleinsten Rundhäuser, wiederum aus Gaotou, das nur über zwei Geschosse und sechzehn Wohnungen verfügt. Innerhalb des Hofes befindet sich zwar kein Küchentrakt, aber der Brunnen.

Der Gegensatz zwischen äußerem und innerem Erscheinungsbild könnte nicht stärker ausfallen. Im Bild (Foto 362) ein quadratisches Gebäude aus Xincun. Die Außenmauern, die bei großen Häusern bis über einen Meter dick sein können, bestehen aus verputztem Stampflehm, in den ab dem zweiten Stockwerk kleine Fenster geschnitten sind, sehr oft mit weißen Rahmen vom Braun des Lehms abgesetzt. Dagegen steht die hölzerne Innenkonstruktion mit ihrer Offenheit und ihren vielfältigen Verstrebungen. Nach diesem Konstruktionsprinzip lassen sich Gebäude aller Größen herstellen, wie der Neubau in Foto 363. Häufig kann man beobachten, wie zunächst nur eine Ecke aufgebaut wird, wohl in Erwartung zukünftigen Familienzuwachses.

Dorfstruktur

In der Zahl der Rundhäuser, der quadratischen Erdhäuser und der normalen Gebäude unterscheiden sich die einzelnen Dörfer stark. Daraus lassen sich auch unterschiedliche Sozialsysteme ableiten, entweder mit der Dominanz weniger Clans oder einer stärkeren Individualisierung der Dorfgemeinschaft. Im Dorf Chuxi (ganz im Süden des Kreises Yongding) gibt es fünf Rundhäuser verschiedenen Umfangs, dazu drei quadratische Erdhäuser und eine Anzahl kleinerer Gebäude, die fast alle ebenfalls als Mehrfamilienhäuser ausgelegt sind, teils rechteckig, teils mit abgewinkeltem Grundriß (Foto 364). Die mei-

sten Pfade des am Hang hochgezogenen Ortes bestehen aus gepflasterten Treppenwegen. Dahinter ziehen sich Naßfeldterrassen den Hang hinauf.

Gaotou hat neben Chengqilou (Foto 365, links vorne) noch elf weitere Rundhäuser, zwei-, drei- und vierstöckig, die sich über den ausgedehnten Ort verteilen. Dazu kommen noch drei quadratische Erdhäuser und eine Vielzahl weiterer Gebäude, mehrstöckig, im Winkel und für mehrere Familien konstruiert. Daneben gibt es aber bereits diverse Neubauten in völlig fremder Architektur. Nur wenige Siedlungen bestehen aus einem einzigen Rundhaus, das dann praktisch ein kleines Dorf in einem einzigen Haus repräsentiert, wie dieses Gebäude in der

Nähe von Xincun (Foto 366). Es liegt in Akropolislage auf dem Gipfel eines Hügels, für chinesische Dörfer eine absolut ungewöhnliche Position. Interessant ist der vorgelagerte, dreistöckige Eingangs- (und Wehr- ?) Torbau; die Felder schließen rechts an. Foto 367 zeigt einen Blick in das Dorf Hongkeng (Kreis Yongding) mit einer Anzahl kleinerer Häuser, die in Baustil und Baumaterial den großen Mehrfamilienhäusern entsprechen. Diese überwiegen allerdings auch hier.

In der Mitte von Foto 367 ist bereits ein verfallener quadratischer Bau zu erkennen. Eines der Rundhäuser von Gaotou war 1993 ebenfalls schon unbewohnt und bestand nur noch aus der leblosen Hülle.

Foto 368 zeigt das neue Gaotou, wie es sich in diesem Jahr entlang der Hauptstraße präsentierte: monotone, traditionslose, unspezifische, vereinheitlichte Bauweise ohne jede regionale Identität, wie man sie nicht nur in China, sondern auf der ganzen Erde finden könnte.

365 367

366 368

西雙版納：熱帶曲心

7.24. Xishuangbanna (Südyunnan): tropische Agrar-Ökosysteme und Architekturformen

Die Provinz Yunnan, ganz im Südosten Chinas gelegen, unterscheidet sich in mehrerlei Hinsicht vom Rest des Landes. Die chinesische Kolonisierung begann in größerem Umfang erst während der Ming-Dynastie, weshalb bis heute Nicht-Han-Chinesen rund ein Drittel der Bevölkerung stellen. Sie gehören 25 verschiedenen Minderheiten an, so daß in Yunnan fast die Hälfte aller Völker Chinas vertreten ist. Begünstigt wurde und wird

die ethnische Differenzierung vom kleingekammerten Relief, fast überall ein vielgestaltiges Nebeneinander von Hochgebirgen, Schluchten, Hügelgebieten, Becken und Tälern. Dazu kommen die klimatischen Gegensätze, die vom alpinen Hochland von Tibet bis zum randtropischen Süden reichen. Relief- und Klimagegensätze spiegeln sich in unterschiedlichen Agrar-Ökosystemen wider, die neben Minderheiten und ländlichen Architekturformen die kulturlandschaftliche Vielfalt bereichern. Foto 369 (bei Damenglong, Kreis Jinghong, Prov. Yunnan) zeigt einen Landschaftsausschnitt aus Xishuangbanna, der südlichsten Präfektur der Provinz, besiedelt von verschiedenen Minderheiten. Man kann im Bild drei Nutzungszonen unterscheiden, die sich übereinander anordnen. Der Talgrund mit dem ungebändigt dahin-

strömenden Fluß wird vollständig von Naßfeldanbau eingenommen. Dabei ergeben sich markante Abweichungen vom regelmäßig rechteckigen Grundmuster, weil die Feldeinteilung den Verlauf ehemaliger Flußschlingen nachzeichnet. Sie lassen sich anhand der niedrigen Steilkanten verfolgen, mit welchen die Aue von der Niederterrasse abgesetzt ist, ein feiner Geländeunterschied, der beachtet werden muß, weil er die Wasserversorgung der Naßreisfelder steuert. Der jenseitige Hügelbereich, in dem auch die meisten Dörfer liegen, trägt diverse tropische Baumkulturen: Plantagen, Fruchtbaumkulturen sowie Sekundärwald und einige Trockenfelder. Darüber das entwaldete Bergland mit vielen kahlen, braunen Flächen, hervorgerufen durch Brandrodungsfeldbau mit Trockenreisanbau.

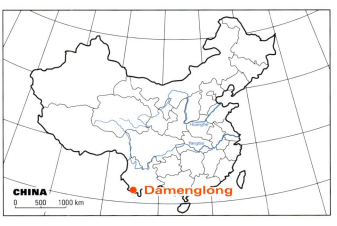

CHINA

0 500 1000 km

Dámenglóng

299

Agrar-Ökosystem

Auch unter randtropischen Klimabedingungen stellt Reis das bevorzugte Getreide dar, dessen Anbau die besten Erträge liefert. Wegen der günstigen Wasserversorgung nehmen Naßfelder die Niederungen Xishuangbannas ein. Bei Jahresdurchschnittstemperaturen von über 20 °C und Frostfreiheit könnte man meinen, hier sei, zumindest bei entsprechender Bewässerung, die größte Anzahl von Reisernten mit den höchsten Erträgen des ganzen Landes zu erreichen. Doch schränken die Besonderheiten der Bodenbedingungen die Klimagunst stark ein. Eine hier besonders wichtige Methode zur Nährstoffkontrolle ist die Bodenregeneration im Winter, weshalb man zu einer Fruchtfolge Brache–Naßreis–Naßreis kommt. Die weiter nördlich verbreiteten Gründüngerpflanzen wie Raps oder Klee können die Brache hier nicht ersetzen. Erst zu Beginn der Regenzeit im Mai werden die Felder mit den vorgezogenen Keimlingen bepflanzt (Foto 370). Für andere Bereiche von Xishuangbanna werden Zuckerrohr und Süßkartoffeln anstelle der Winterbrache angegeben (YANG u. ZHENG 1990, S. 372).

Außerhalb der bewässerten Areale zeigt sich die ganze Vielfalt der tropischen Kulturpflanzen, die oft in Mischkultur angebaut werden. Der abgebildete Hang (Foto 371) trägt Ananas (oben), Papayastauden (Mitte oben), Bananenstauden (rechts oben), Mais (Mitte und Vordergrund), Zuckerrohr (rechts und links oben) und Gemüse (links). Viele Pflanzen werden im Stockwerkanbau kultiviert, wie beispielsweise die Papayas, unter denen Mais ausgesät ist. Das Ananasfeld von Foto 372 ist unter Kautschukjungbäumen angelegt, die erst ab dem fünften bis siebten Jahr angezapft werden können und einen Ertrag abwerfen. Man gewinnt den weißen Milchsaft (Latex), indem man ein Stück der Rinde vorsichtig spiralförmig einschneidet, die für einige Stunden austretende Flüssigkeit sammelt und tropfenweise auffängt (Foto 373). Latex enthält neben dem Hauptbestandteil Wasser etwa ein Drittel Kautschuk, der durch Zugabe von Säure zum Gerinnen gebracht wird (Rohkautschuk). Sind die Bäume herangewachsen, dann bilden sie einen dichten Wald ohne nennenswerten Unterwuchs, die Nutzungsdauer beträgt einige Jahrzehnte.

Brandrodungsfeldbau

Die Hügel- und Bergregionen um Damenglong werden in Höhenlagen um 1000 – 1200 m von einem Agrar-Ökosystem mit ganz anderen Bedingungen eingenommen, dessen Auswirkungen auf Landschaft und Sozialsystem ebenfalls sehr verschieden sind. Brandrodungsfeldbau stellt die älteste Form der Landnutzung dar, weil er eine sehr einfache, wenn auch wenig dauerhafte Nährstoffkontrolle erlaubt. Zunächst wird ein Waldstück abgebrannt, um dem Boden in Form der Asche entsprechenden Dünger zuzuführen. Die Felder werden nicht sehr sorgfältig gereinigt, und oft verbrennen die größeren Stämme nicht mit (Foto 374).

Neben diversen Knollenfrüchten gibt es auch Reissorten, die in den so gewonnenen Feldern gedeihen. Für die Saat geht eine Mannschaft aus zwei Dutzend Dorfbewohnern gleich nach dem Abbrennen ans Werk. Dabei herrscht eine klare Geschlechtertrennung, bei der die Männer immer über den Frauen stehen, die beim Hinweg die Saatgutsäcke zu tragen haben. Die Männer stechen mit etwa 2½ m langen, mit metallenen Spitzen versehenen Bambusstangen kleine Vertiefungen in den Boden, immer quer zum Hang in leichtem Zickzack voranschreitend. In diese werfen die Frauen etwa ein Dutzend Reiskörner, die sie dem Vorrat in einer kleinen Gürteltasche entnehmen (Foto 375).

Beim Aussäen der nächsten Reihe oberhalb werden die Löcher durch herabrieselndes Bodenmaterial wieder verfüllt. Nach wenigen Wochen erscheinen die ersten grünen Halme (Foto 376). Weitere Pflegemaßnahmen sind während der Wachstumsphase, die in die Regenzeit fällt, nicht notwendig. Bei der Steilheit des Reliefs scheidet eine Bewässerung aus, was bestimmte Reissorten gut vertragen. Dies wird jedoch durch vergleichsweise niedrige Erträge und eine längere Wachstumszeit erkauft, die nur eine Ernte im Jahr ermöglicht.

Nach spätestens drei bis vier Jahren sind die Nährstoffvorräte im Boden verbraucht, und ein weiterer Anbau lohnt nicht mehr. Der Nachteil dieser Landnutzungsform besteht im enormen Flächenbedarf, denn die natürliche Vegetation braucht zu ihrer Regeneration viele Jahrzehnte. Das fiel bei geringer Bevölkerungsdichte kaum ins Gewicht, führt aber inzwischen zu einer Verkürzung der Umtriebszeiten und einer Ausdehnung auf extrem steile Hänge (Foto 377). So nimmt sowohl

374 377
375
376

die Bodenerosion zu als auch die für den Vegetationsaufbau notwendige Regenerationsphase ab, wodurch das Agrar-Öko-system im Laufe der Zeit irreversible Schäden erleiden kann.

Die Kulturlandschaft besteht hier aus einem Mosaik abge-brannter, in Nutzung befindlicher Felder, grasbewachsener oder verbuschter Brachen zur Regeneration und Sekundär-waldflächen, die als nächstes abgebrannt werden. Auch die Restflächen auf den steilsten Standorten tragen nur Sekundär-wald, der entweder mit längerer Umtriebszeit abgebrannt oder intensiv für Brennholz ausgebeutet wird. In den kleinen Hüt-ten im Bild übernachten die Bauern, denn die Felder werden von ortsfesten Siedlungen aus bewirtschaftet, die mehrere

Stunden entfernt liegen (Foto 378). Für Wanderfeldbau im ursprünglichen Sinn mit der Verlagerung von Feldern und Siedlungen fehlt der nötige Platz längst. Es ist sehr aufschluß-reich, den Zusammenhang zwischen ethnischer Differenzie-rung und Landnutzung festzustellen. Während die Dai, ein Thaivolk, die Niederungen bewohnen und Naßfeldanbau be-treiben, leben in den Bergregionen um Damenglong Hani, die eine tibeto-burmanische Sprache sprechen und sich auf Brand-rodungsfeldbau stützen. Ihre wirtschaftliche Lage ist wesent-lich schlechter als die des lokalen Mehrheitsvolkes der Dai.

Ländliche Architektur

Die Häuser Xishuangbannas stellen eine große Ausnahme in der ländlichen Architektur Chinas dar, weil sie als einzige auf Stelzen gebaut sind, eine Bauweise, die überall in den Tropen verbreitet ist. Die Gebäude bestehen ganz aus Holz, sind stets zweistöckig und mit einem bis zum Zwischenboden herunter-gezogenen Fußwalmdach versehen, das mit Schindeln gedeckt ist. Rechts oberhalb des Haufendorfes mit seinem unregel-mäßigen Grundriß liegt der Tempel, der nur an den etwas größeren Dimensionen zu erkennen ist. In diesem Gebiet ver-fügt fast jedes Dorf über ein Kloster, das neben der Ausübung

des Hinayana-Buddhismus die Funktion der Schule erfüllt (Foto 379, bei Damenglong, Kreis Jinghong).

Die Konstruktion reflektiert die Anpassung an das tropische Klima. Das Untergeschoß bleibt frei zugänglich und dient als Schweine- und Hühnerstall. Darüber befindet sich das Wohn-stockwerk. Wegen der Hitze fehlen Fenster, während die Dach-schräge als Schutz vor den starken Regenfällen weit herab-reicht, zur besseren Belüftung allerdings nochmals gestuft ist. Auch Nebengebäude wie die kleine Scheune stehen auf Stelzen. Sehr häufig ziert *Euphorbia roylena* die Bambuszäune (Foto 380). Die Einkommensunterschiede der verschiedenen Volksgruppen lassen sich schon äußerlich anhand der Archi-

tektur ablesen. Während die Häuser der wohlhabenderen Dai schindelgedeckt sind, folgen die Häuser der Hani zwar genau denselben Konstruktionsprinzipien, bestehen aber bei erheblich geringeren Abmessungen größtenteils aus Bambus und sind mit Stroh gedeckt (Foto 381, bei Menghan). Auffällig an allen Gehöften ist die sorgfältige Abgrenzung mit Bambuszäunen. In den Gärtchen wachsen neben Gemüse Bananen- und Papayastauden (Foto 382).

Die Architekturformen lassen sich in Yunnan eher räumlich zusammenfassen als bestimmten ethnischen Gruppen zuordnen. Während in Xishuangbanna praktisch alle Minderheiten dieselbe Konstruktion verwenden, bauen die Dai in der Präfek-

tur Dehong in Westyunnan ganz anders. Hier stehen die zweistöckigen Häuser zwar ebenfalls auf Stelzen und sind in Stall unten und Wohnräume oben getrennt. Sie weisen aber einen mehr länglichen Grundriß auf, oft mit querstehendem Anbau, haben ein Satteldach, welches stets strohgedeckt ist, und sind vollständig aus Bambus errichtet. Selbst die Wände, mit denen dort auch der Stall im Untergeschoß versehen ist, bestehen aus geflochtenen Bambusmatten (Foto 383, Leizangxiang, Kreis Ruili).

7.25. Hochgebirge in Nordyunnan: Bewässerungssysteme und Architektur der Naxi

Der Norden der Provinz Yunnan umfaßt mit der südöstlichen Fortsetzung des Himalayasystems ein tektonisch aktives Gebiet, das von extremen Reliefgegensätzen auf engstem Raum geprägt wird. Zwischen den Gebirgsketten des Hengduanshan sind die Schluchten von Salween (Nujiang), Mekong (Lancangjiang) und Jangtseoberlauf (Jinshajiang) eingekerbt. Die stärksten Unterschiede bestehen im Kreis Lijiang, wo die Gipfel generell 4000 m erreichen, im Yulongxueshan sogar 5596 m, der Jangtse dagegen auf etwa 1500 m eingetieft ist, und

das in einer Entfernung von oft nur fünf bis sechs Kilometern. Diesen Raum hat ROCK (1947) in den dreißiger Jahren eingehend erforscht. Mit den Höhenstufen geht der hypsometrische Wandel der Niederschlags-, Vegetations-, Siedlungs- und Landnutzungszonen einher. Die Hochlagen zwischen den alpinen Matten bis etwa 3700 m herunter tragen einen feuchten, unterholz- und flechtenreichen subtropischen Gebirgsnadelwald (*Abies fabri, Abies forrestii, Picea asperata, Rhododendron* sp.). In der Zonierung darunter folgt zunächst ein subtropischer Kiefernwald (*Pinus yunnanensis*), in dem Rodungsinseln mit Siedlungen der Minderheit der Yi liegen. Die unteren Hangbereiche und die Jangtseschlucht liegen derart abgeschirmt im Regenschatten der Berge, daß sie lediglich einen Bruchteil der Niederschläge erhalten, wes-

灌溉系統和雲築

halb hier unterhalb von etwa 2500 m nur noch Trocken-
gebüschformationen gedeihen. In diesem Bereich haben
Angehörige einer anderen Minderheit, der Naxi, ihre
hochspezialisierten Agrar-Ökosysteme angelegt, die
wie grüne Inseln in der widrigen Umgebung liegen
(Foto 384). Die Aufnahme zeigt den Blick von Changfu
hinunter nach Baoshan, auf einem Felsgrat über dem
Jangtse gelegen (Kreis Lijiang, Prov. Yunnan). Die Landnutzung hat hier mit zwei Ungunstfaktoren zu kämpfen,
für die die entsprechenden Kontrollmethoden entwik-
kelt werden mußten: Das steile Relief zwingt überall zur
Terrassierung, während die geringen Niederschläge eine
dauerhafte Bewässerung erfordern. Das Gebiet lag am
3. Februar 1996 im Zentrum eines Erdbebens, welches
schwerste Zerstörungen anrichtete.

CHINA
0 500 1000 km

Agrar-Ökosystem

Die Landnutzung um Baoshan zerfällt in zwei Bereiche, die im Landschaftsbild sofort zu unterscheiden sind. Die bräunlichen Gräser und Büsche der unbewässerten Hänge werden mit Ziegen und Schafen stark beweidet, was neben den geringen Niederschlägen zur schütteren Vegetationsbedeckung beiträgt. Dagegen stechen die auffällig grünen, bewässerten Felder ab, zwischen denen die Siedlungen angelegt sind. Rutschungen wie rechts oben sind in dem seismisch aktiven Gebiet an der Tagesordnung (Foto 385). Der Schlüssel für die Einpassung der Ackerterrassen in das unruhige und äußerst steile

Relief sind hervorragende Geländekenntnisse und exakte Anpassungen. Die Höhe der oft mehrere Meter messenden und teilweise mit Steinen befestigten Stützmauern ist am Größenmaßstab der Bauern in dem frisch gefluteten Reisfeld zu ersehen (Foto 386). Bei der Terrassierung müssen sämtliche Geländeunterschiede, Ausbuchtungen und Einkerbungen, Vorsprünge und Hangmulden, sorgsam nachgezeichnet werden. Der Tiefenlinie in Bildmitte folgt ein kleiner Bewässerungskanal, von dem aus das Wasser auf die Felder verteilt wird. Die Wege verlaufen auf den Terrassenkanten und sind nur für Fußgänger oder Tiere ausgelegt (Foto 387).

Die Landnutzung basiert auf dem Wechsel von Naßfeld und Trockenfeld. Über den Winter sät man entweder Weizen, oder die Felder bleiben brach liegen. Zum Aufnahmezeitpunkt Ende Juni war bereits die zweite Saat ausgebracht, entweder Mais, der schon einige Wochen herangewachsen war, oder Reis, der gerade aus dem Anzuchtbeet umgesetzt wurde (vgl. Foto 388). Aus diesen Kombinationen ergeben sich als Fruchtfolgen Winterweizen–Naßreis bzw. Mais oder Winterbrache (Naßfeld)–Naßreis mit zwei oder nur einer Ernte im Jahr. Die jeweilige Nutzungsabfolge erfordert genaue Absprachen, da die Felder nicht unabhängig voneinander bewässert werden und die Kanäle nicht beliebig umgeleitet werden können. Die individuellen Zuleitungen in die Felder lassen sich zwar leicht öffnen und schließen, aber die von einem Kanal transportierte Gesamtwassermenge muß in einem bestimmten Bereich verteilt und untergebracht werden. Dabei stömt das Wasser terrassenweise abwärts durch eine feste Gruppe von Feldern (Foto 389). Bei den über die Flur verteilten Bäumen handelt es sich zum größten Teil um Nuß-, daneben auch Pfirsichbäume. In diesem Raum erreicht der Naßreisanbau in 2700 m seine weltweit größte Höhe (v. WISSMANN 1973, S. 124).

Hangkanalbewässerungssystem

Die Wasserversorgung der Felder beruht auf einem ausgeklügelten Hangkanalbewässerungssystem mit Kanalisierung, Umleitung und Verteilung der Bäche, die zuverlässig ganzjährig von den Hochlagen herabströmen. Foto 390 zeigt den Gegensatz zwischen den üppig grünenden Bewässerungsarealen und den kargen Hängen, in denen auch steile, nicht verbuschte Trockenfelder liegen, die im Sommer noch zusätzlich bebaut werden können. Durch das steil abfallende Kerbtälchen am Gegenhang kommt ein Bach herab, dessen flach geneigte, fast hangparallele Ausleitungskanäle entlang der Buschreihen gut

zu verfolgen sind. Sie versorgen jeweils ein kleines, klar umgrenztes Areal. Die zwei Schwemmkegel, die am Fuß der beiden einander gegenüberliegenden Kerben in den Jangtse ragen, werden ebenfalls intensiv genutzt.

Das Hangkanalbewässerungssystem besteht aus mindestens drei hierarchisch angeordneten Kategorien von Kanälen. Der ungenutze Hang rechts im Bild wird von zwei dicht bewachsenen Hauptkanälen durchquert, die den gesamten unteren Terrassenbereich mit Wasser versorgen (Foto 391). Um den hohen Wasserdurchfluß kontrollieren zu können, haben sie nur ein geringes Gefälle. Die Felder im Vordergrund werden von zwei Verteilungskanälen gespeist, die senkrecht zur Hang-

neigung in Geländemulden ganz rechts und im Vordergrund nach unten führen. Auch im linken Bild verläuft ein derartiger Kanal hinab, der vom Hauptkanal abzweigt, welcher höhenlinienparallel den oberen Abschluß der Terrassen bildet. Die kleinen Verteilungskanäle können mit erheblich steilerem Gefälle angelegt werden, da sie nur das Wasser für die unmittelbar anschließenden Bereiche transportieren. Aus ihnen wird es über schmalste Abzweigungskanälchen oder Rohrleitungen aus Bambus in die Felder geleitet.

391

Ländliche Architektur

Die ländliche Architektur der Naxi lehnt sich an entsprechende Vorbilder an, die in den meisten Gebieten Zentral- und Ostyunnans üblich sind, hat in der konkreten Ausprägung aber auch ihren eigenen Stil (Foto 392, Baoshan). Die Gebäude bestehen aus einer Kombination von Lehmziegeln im Untergeschoß, denen eine hölzerne Tragkonstruktion für Obergeschoß und Dach aufgesetzt wird. Den sich ergebenden Sims schützt man oft mit einem schmalen Klebdach. Die Wände des als Wohnraum genutzten ersten Stockwerks bestehen aus Brettern, in der unteren Hälfte oft auch noch aus vorgesetzten

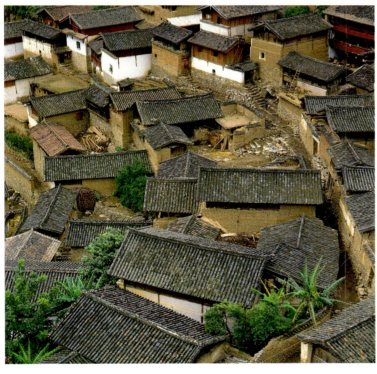

Lehmziegeln. Das fensterlose Erdgeschoß dient teils ebenfalls als Wohnraum, teils nur als Stall für Schafe und Ziegen oder als Lager (Foto 393). Die im steilen Gelände beengten Platzverhältnisse führen zu einem sehr geschlossenen Aufbau als enges Haufendorf mit schmalen Gassen. Die meisten Gehöfte bestehen aus zwei oder drei im Winkel angeordneten Gebäuden, von denen die seitlichen die Ställe und Scheunen beherbergen (Foto 394). Häufig wird die gesamte Vorderfront des Hauses in Holz aufgeführt und ebenfalls von einem Klebdach unterbrochen, während nur die Giebel- und Rückwände aus Lehmziegeln bestehen. Für die Fundamente verwendet man in der Regel Steine, die manchmal bis in den unteren Wand-

bereich hochgezogen werden, so daß dann drei Baumaterialien verarbeitet werden. Die dünne metallene Rohrleitung im Bild dient der Wasserversorgung (Foto 395). Die Naxi sind ein Volk mit einer sehr alten Kultur, das eine tibeto-burmanische Sprache spricht, wofür sie sogar eine eigene Schrift entwickelt haben, obwohl sie nur 250 000 Angehörige zählen. Die Gesellschaft der Naxi ist matriarchalisch organisiert (Foto 396).

393 395
394 396

Hochgebirgsbesiedlung der Yi

Etwa 1500 – 2000 m oberhalb der Naxi lebt in Höhenlagen über 3000 m eine andere Minderheit, die ebenfalls eine tibeto-burmanische Sprache sprechenden und über eine eigene Schrift verfügenden Yi (Lolo). Die insgesamt 6,6 Mio. Personen besiedeln allgemein die bergigen Gebiete von Südsichuan über Westguizhou, wo sie zumindest seit der Han-Zeit ansässig sind, bis zum Süden Yunnans. Die einfache Landnutzung der Yi ist grundverschieden von derjenigen der Naxi mit ihrem komplizierten Bewässerungsfeldbau. Die Aufnahmen entstanden nur wenige Kilometer entfernt oberhalb von Baoshan. Mit

simplen Methoden werden Felder durch Brandrodung gewonnen, die dann fast ausschließlich mit Kartoffeln bestellt werden. Dazu kommen ein wenig Gersteanbau und Viehhaltung (Foto 397).

Die primitiven Blockhäuser bestehen ganz aus rohen Balken, deren Rinde meist nicht entfernt wird (Foto 398). Die Gebäude sind mit Brettern bzw. langen Legschindeln gedeckt, die von großen Steinen beschwert werden, deren Herunterrollen wiederum eine aufgenagelte Querleiste verhindert. Kamine fehlen zumeist, und der Rauch zieht direkt durchs Gebälk nach oben ab. Die Gehöfte, teils auch angrenzende Kartoffelfelder, umgibt man hier immer mit auffälligen hohen Holzzäunen, vermutlich zum Schutz vor Wildtieren. Auch in bezug auf die ländliche Architektur fällt die Diskrepanz zwischen den eine gewisse Wohlhabenheit ausstrahlenden Gebäuden der Naxi und den sehr ärmlich wirkenden Hütten der Yi ins Auge.

7.26. Hypsometrischer Kulturlandschaftswandel im Honghe-Gebiet (Südostyunnan): Profil von Gejiu

Die Aufnahmen der folgenden Seiten stammen von Orten, die im Kreis Gejiu entlang eines Profils über den Ailaoshan von insgesamt 50 km Distanz liegen. Hier läßt sich ein markanter Wandel der Klima-, Vegetations-, Siedlungs- und Landnutzungszonen mit Relief und Höhenlage beobachten, verstärkt durch den Gegensatz der Exposition nach Norden bzw. Süden (vgl. Abbildung 15 auf Seite 318). Der gesamte Osten von

Yunnan wird von einer flachwelligen Kalktafel eingenommen, deren Höhenlage meist zwischen 1500 und 1800 m beträgt und subtropisches Klima aufweist. Darin sind kleine Täler und Becken eingesenkt, in welchen sich die durchweg hanchinesische Bevölkerung konzentriert, spezialisiert auf intensiven Naßreis- und Gemüseanbau. Dieser Bereich endet im Südosten abrupt am Nordrand des Gebirgszugs Ailaoshan, der sowohl eine Kulturlandschaftsgrenze als auch ein interessantes Beispiel für einen hypsometrischen Kulturlandschaftswandel bildet. Auf der Südseite bricht das Gebirge entlang einer tektonischen Bruchlinie ab, deren Verlauf das Tal des Roten Flusses (Honghe) nachzeichnet, eingeschnitten bis auf 250 m Tiefe. Hier leben verschiedene Minderheiten. Es herrscht bereits tropisches Klima, was

四垂文化

nicht zuletzt an der Landnutzung mit ihrem gemischten Nutzungssystem abzulesen ist (Foto 399, Huangcaoba, Kreis Gejiu, Prov. Yunnan). Man baut auf Naßfeldterrassen Reis als Grundnahrungsmittel an (rechts im Hintergrund). Dazu kommt der vielfältige tropische Anbau mit Bananen (links), Zuckerrohr und verschiedenen tropischen Fruchtbäumen. Es ist aufschlußreich zu beobachten, wie sich mit den natürlichen Voraussetzungen nicht nur Landnutzungssysteme und Anbaufrüchte, sondern auch Besiedlung und ländliche Architektur wandeln. Ohne einen zwingenden Kausalzusammenhang konstruieren zu wollen, wird es hier offensichtlich, daß sich bestimmte ethnische Gruppen im jeweiligen Umfeld auf bestimmte Nutzungs- und Siedlungsformen spezialisiert haben.

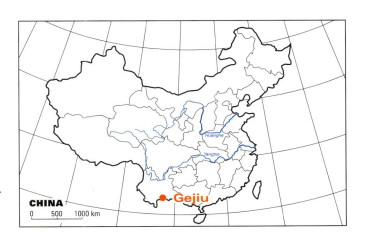

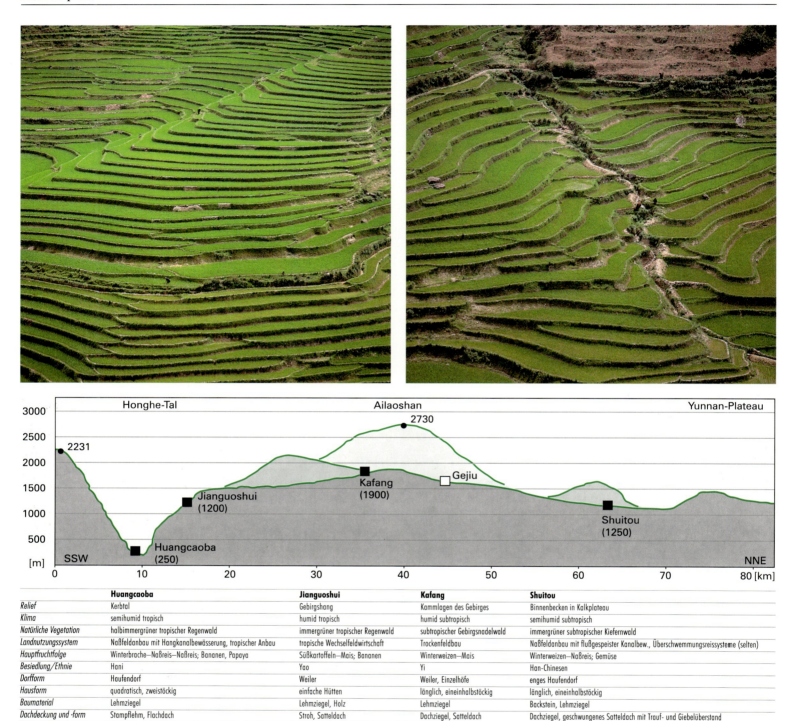

Abbildung 15: Skizze des Profils von Gejiu: Wandel der Kulturlandschaft im Bereich des Ailaoshan. Der Profilschnitt folgt der Straße Jijie–Gejiu–Huangcaoba. Überhöhung 1:10. Quelle: ONC Blatt J-11 1:1 Mio. und eigene Geländebeobachtungen. Entwurf: JOHANNES MÜLLER

	Huangcaoba	Jianguoshui	Kafang	Shuitou
Relief	Kerbtal	Gebirgshang	Kammlagen des Gebirges	Binnenbecken in Kalkplateau
Klima	semihumid tropisch	humid tropisch	humid subtropisch	semihumid subtropisch
Natürliche Vegetation	halbimmergrüner tropischer Regenwald	immergrüner tropischer Regenwald	subtropischer Gebirgsnadelwald	immergrüner subtropischer Kiefernwald
Landnutzungssystem	Naßfeldanbau mit Hangkanalbewässerung, tropischer Anbau	tropische Wechselfeldwirtschaft	Trockenfeldbau	Naßfeldanbau mit flußgespeister Kanalbew., Überschwemmungsreissysteme (selten)
Hauptfruchtfolge	Winterbrache–Naßreis–Naßreis; Bananen, Papaya	Süßkartoffeln–Mais; Bananen	Winterweizen–Mais	Winterweizen–Naßreis; Gemüse
Besiedlung/Ethnie	Hani	Yao	Yi	Han-Chinesen
Dorfform	Haufendorf	Weiler	Weiler, Einzelhöfe	enges Haufendorf
Hausform	quadratisch, zweistöckig	einfache Hütten	länglich, eineinhalbstöckig	länglich, eineinhalbstöckig
Baumaterial	Lehmziegel	Lehmziegel, Holz	Lehmziegel	Backstein, Lehmziegel
Dachdeckung und -form	Stampflehm, Flachdach	Stroh, Satteldach	Dachziegel, Satteldach	Dachziegel, geschwungenes Satteldach mit Trauf- und Giebelüberstand

Tal des Honghe

Dem engen, auf bis 250 m eingeschnittenen Haupttal und seinen Nebentälern fehlt aufgrund der raschen Einschneidung ein breiter, flacher Talboden, weshalb sich die Landnutzung an das unruhige Relief anpassen muß. Im Naßfeldanbau kommt daher fast nur Hangkanalbewässerung in Frage, für die komplizierte Terrassensysteme angelegt werden mußten. Um die maximal steuerbare Wassermenge nicht zu überschreiten, werden die Felder unterbrochen, auch wenn es vom Gelände her möglich wäre, längere zu konstruieren (Foto 400, unten). Senkrecht zum Hang verläuft ein Verteilungskanal, der die

anschließenden Felder be- bzw. entwässert. Gebüsch und Gras am Rand des Kanals werden vom Vieh abgeweidet, wie in Foto 401, wo ein Bauer sein Rind hütet.

Im tropischen Anbausystem wird das Grundnahrungsmittel Reis durch die Kultivierung einer großen Zahl von Früchten ergänzt. Die häufig vorkommende Papaya (Carica papaya), die aus Mittelamerika eingeführt wurde, ist eine Staude, die Hauptphase ihrer Fruchtproduktion im zweiten bis vierten Jahr hat. Sie treibt Blüten und Früchte wegen des Gewichts am Stamm (Kauliflorie; Foto 402). Die Banane (Musa sp.), von der eine große Zahl von Sorten existiert, stammt von zwei in Südostasien heimischen und vielfach gekreuzten Wildarten

400 401

ab. Man gliedert sie in Obstbananen und Mehlbananen (Kochbananen). Die Banane bildet eine 4 – 7 m hohe Staude, deren oberirdischer Teil nach Blüte und Fruchten abstirbt, die aber etwa zwei Jahrzehnte lang immer wieder aus dem Wurzelstock austreibt (Foto 403). Beide Pflanzen tragen mit dem charakteristischen Erscheinungsbild ihrer Blätter wesentlich zum Bild der tropischen Kulturlandschaft bei.

Die Hani, rd. 1,1 Mio. Personen, die eine tibeto-burmanische Sprache sprechen, sind während der Tang-Dynastie aus dem Randbereich Tibets nach Süden gezogen. Sie besiedeln ein relativ geschlossenes Gebiet in den Tälern des Ailaoshan, wo sie im Gegensatz zu den verstreuten, kleinen Siedlungs

arealen in Xishuangbanna ihre Eigenständigkeit besser bewahren konnten (Foto 404). Anders als sonst in Yunnan üblich, halten die Hani im Honghe-Gebiet an ihrer traditionellen Architektur mit quadratischen, zweistöckigen Häusern aus Lehmziegeln und eng am Hang gruppierten Haufendörfern fest. Trotz der hohen Niederschläge sind die Gebäude stets mit einer Balkendecke flach gedeckt, auf die eine Schicht aus Lehm und Stroh aufgebracht und festgestampft wird. Die Dachterrasse wird mit benutzt und bewohnt, wie die überall als Zugang angestellten Leitern zeigen (Foto 405). Flachdach, Einstöckigkeit, Lehmbauweise und kubische Bauform erinnern rein äußerlich an die Häuser der Oasen in Xinjiang.

Südabhang des Ailaoshan

Nur wenig oberhalb wandelt sich die Kulturlandschaft am Abhang des Ailaoshan. Das auf Hunderte von Metern steil abfallende Relief hat überall ein so starkes Gefälle, daß sich kaum einmal eine Verebnung bietet, um ein Dorf anzulegen, oder wo man günstigere Voraussetzungen für die Landnutzung vorfände (Foto 406, Jianguoshui, ca. 1200 m, Kreis Gejiu, Prov. Yunnan). Einzelne Pflanzen wie der Baumfarn (*Coryota urens*) weisen auf die ursprüngliche Vegetation, immergrünen tropischen Regenwald, hin (Foto 407). Er verdankt seine Existenz den tropischen Luftmassen, die von Süden her in die

Niederungen und Täler eindringen können, sich am Ailaoshan abregnen und Niederschläge von über 2000 mm bringen (vgl. Foto 406).

Die Landnutzung zwischen etwa 600 und 1300 m Höhe basiert auf tropischer Wechselfeldwirtschaft, bei der immer nur ein Teil der Felder bestellt wird, während man den Rest brach liegen läßt, damit sich der Boden erholen kann. Man baut Süßkartoffeln, Mais und Bananen an, letztere vor allem im unteren Hangbereich in größeren Monokulturen (Foto 408). Der Streifen zwischen Tal und Kammlagen wird von Yao, einer weiteren Minderheit, besiedelt. Der hohe Flächenbedarf der Wechselfeldwirtschaft erlaubt nur Weiler mit wenigen Gehöften, weil

sonst die Wege zu den Feldern zu weit würden (Foto 409). Die Bedingungen von Relief und Landnutzung ergeben nur eine bescheidene Lebensgrundlage, was an der sehr einfachen ländlichen Architektur mit kleinen, strohgedeckten Lehmziegelhäusern abzulesen ist. Die Giebel bleiben zur besseren Belüftung teilweise offen, teilweise sind sie aber auch mit Brettern verschlossen. Bemerkenswert ist der große Vorrat an Brennholz, unter dem ein Schwein Schatten sucht (Foto 410).

 407 409
408 410

Kammlagen des Ailaoshan

Zwanzig Kilometer weiter zeigen die Kammlagen des Gebirges, die im Bereich der Pässe und Sättel über 1800 m liegen und in den benachbarten Gipfeln 2730 m erreichen, wiederum ein anderes Landschaftsbild. Das wellige Relief besteht aus Hügeln und Bergen, zwischen denen die Äcker liegen, die im Trockenfeldbau bewirtschaftet werden (Foto 411, oberhalb von Kafang, ca. 1900 m, Kreis Gejiu, Prov. Yunnan). Hier herrscht bei bereits deutlich abnehmenden Niederschlägen humid-subtropisches Klima, was auch für die verhältnismäßig fruchtbaren braunen Waldböden verantwortlich ist. An et-

lichen Stellen tritt das unterlagernde Kalkgestein zutage und bildet kleine Anhöhen, die eine interessante Flora mit Farnen und Edelweiß (*Leontopodium* sp.) tragen (Foto 412).

Zusammen mit dem Hügelrelief, den braun gefärbten Böden, dem noch vorhandenen Wald und der Landnutzung entstehen auf den ersten Blick fast mitteleuropäisch anmutende Kulturlandschaftsbilder (Foto 413). Der Anbau beschränkt sich fast ausschließlich auf Winterweizen, gefolgt von Mais als zweiter Ernte im Jahr. Das Maisfeld wird in der Aufnahme gerade per Hand gejätet und gehackt (Foto 414). Die Kammlagen des Gebirges sind von einer dritten Minderheit, Angehörigen der Yi, besiedelt. Im Kreis Gejiu liegen die südlichsten Sied-

lungsgebiete dieses Volkes, das bis in den Süden von Sichuan vor allem die jeweiligen Bergregionen bewohnt (Foto 415). Auf der Basis ihrer kulturellen Eigenständigkeit und straffen Gesellschaftsordnung entzogen sich die Yi in ihren entlegenen Siedlungsräumen bis zur Mitte dieses Jahrhunderts der Kontrolle der hanchinesischen Zentralgewalt (HÖLLMANN 1991).

412 414
413 415

Binnenbecken des Kalkplateaus

Auf der Nordseite des Gebirges, wiederum kaum mehr als 25 km entfernt, wandelt sich die Landschaft erneut und geht bald in die Kalktafel des Plateaus von Yunnan über. Bei etwa 900 mm Niederschlag und einer Höhenlage von ca. 1250 m herrscht hier semihumid-subtropisches Klima (Foto 416, Shuitou, Kreis Gejiu, Prov. Yunnan). Im Relief lassen sich zwei Bereiche klar unterscheiden. Die Hügel- und Hangbereiche tragen nur eine arme, stark degradierte Gras- und Gebüschvegetation, die höchstens noch zur Beweidung taugt, vor allem mit Schafen. Dem stehen die üppig grünenden Becken und

Talungen gegenüber, in die das Bodenmaterial erodiert und damit auch die Bodenfruchtbarkeit verlagert worden ist. Der intensiv betriebene, auf besonders günstige Beckenlagen beschränkte Naßfeldanbau ist typisch für die hanchinesischen Landnutzungssysteme in ganz Südchina.

Die Hügel haben ihre auf Kalk ohnehin dünne Bodendecke nach der Entwaldung fast völlig verloren, so daß unter den gelbbraunen Böden großflächig das Gestein bzw. fossile rote Bodenschichten zum Vorschein kommen und nur eine Beweidung mit Schafen und Ziegen auf den äußerst kargen Flächen in Frage kommt (Foto 417). Im krassen Kontrast dazu bieten sich in den Niederungen gute Bedingungen für Naßreisanbau,

wobei zwei Ernten pro Jahr selten sind, die Fruchtfolge Winterweizen–Naßreis die Regel ist. Dazu kommt intensiver Gemüseanbau. Die Bewässerung erfolgt über Hangkanäle (Foto 416, vorn), meistens aber mittels flußgespeister Kanalbewässerung (Foto 418, Xianghuiqiao, Kreis Shiping, Prov. Yunnan). In manchen der Becken befinden sich Seen, so wie der Yilonghu bei Shiping. An seinen Ufern wird Flachwasserreis in einem natürlichen Überschwemmungssystem angebaut. Der Reis wird dabei im flachen Uferbereich ausgesät, wo er auskeimt und anschließend mit dem während der Regenzeit ansteigenden Wasserstand mitwächst (Foto 419). Die Siedlungen, kompakte Haufendörfer, zeichnen sich durch Backstein-

bzw. Lehmziegelbauweise, eineinhalb Stockwerke, Dächer mit weitem Trauf- und Giebelüberstand *(xuanshanding)*, geschwungene First- und Giebellinie und Ziegeldeckung aus (Foto 420). Sie unterscheiden sich damit deutlich von der Bauweise jenseits des Ailaoshan und weisen alle wesentlichen Elemente der ländlichen Architektur Südchinas auf, was Herkunft und kulturellen Hintergrund ihrer Bewohner sichtbar werden läßt.

417 419
418 420

8. Regionalisierung der Kulturlandschaften Chinas und der Wert ihrer Vielfalt

Dieses Buch versucht, die Gestaltungskraft darzustellen, die im Beziehungsgefüge Mensch – Umwelt steckt und die in der Kulturlandschaft sichtbar zum Ausdruck kommt. In bezug auf die Landschaft heißt Gestaltung, etwas Neues zu erschaffen, ohne die natürlichen Grundlagen zu zerstören. Das Entscheidende hierbei ist die wechselnde Kombination der agrarökologischen und gesellschaftlichen Einflußfaktoren, denn aus diesem Wechselspiel ergibt sich letztlich die große kulturlandschaftliche Vielfalt. Erst diese Vielfalt bietet die Möglichkeit der Regionalisierung. Sie faßt auf mittlerer Maßstabsebene Kulturlandschaften mit vergleichbarer Ausprägung zusammen und grenzt sie gegenüber Räumen, die durch ein anderes Faktorengefüge geprägt werden. Als eine Zusammenfassung des bisherigen Textes sowie der Fotografien werden die Grundzüge der Regionalisierung der Kulturlandschaft in Form von zwei Karten dargestellt, aufgeteilt auf die beiden Hauptthemenbereiche.

Bei der Umgestaltung der Natur- zur Kulturlandschaft geht es nicht um die Landnutzung als solche. Im Mittelpunkt steht vielmehr das Bestreben des Menschen, die Kontrolle über die ökologischen Prozesse zu erlangen, um das Land für sich nutzen zu können. Es sind nicht die Parameter des *Agrar-Ökosystems*, sondern die Reaktionen des Menschen darauf, die der Ausprägung der Kulturlandschaft ihren Charakter verleihen. Dazu kommen gesellschaftliche Einflüsse. Vom Ackerbau ist die Seßhaftigkeit und damit die *ländliche Architektur* als Gestaltungselement der Kulturlandschaft nicht zu trennen. Trotz aller Einheitlichkeit in den Dorfstrukturen und Bauprinzipien bestehen in China vor allem im Baumaterial gravierende Unterschiede. Dies verleiht der Regionalisierung der ländlichen Architektur ihren deutlichen landschaftlichen Bezug, der im Gegensatz zur national viel einheitlicheren städtischen Architektur steht.

Anhand der Regionalisierung wird die enorme gestalterische Vielfalt der Kulturlandschaft erkennbar. Als Ergebnis der Auseinandersetzung des Menschen mit seiner Umwelt, die gerade in China über lange Zeiträume zu verfolgen ist, haben sich regional verschiedene Kulturlandschaften mit eigenständiger, unverwechselbarer Charakteristik herausgebildet. Sie beziehen ihre kulturelle Identität aus der Gestaltung durch den Menschen. Mit Handarbeit, genetischer Vielfalt und Umweltbeeinflussung, kultureller Identität und Wanderungsbewegungen sind Zusammenhänge angesprochen, die keineswegs allein in China relevant sind, sondern die sich, in unterschiedlichen Erscheinungsformen und Auswirkungen, weltweit zeigen. Angesichts der kulturellen Tendenzen auf der Erde am Ende des zwanzigsten Jahrhunderts, die von Globalisierung und Kommerzialisierung, Mobilität und Effizienz geprägt sind, fragt man sich im *Ausblick* auf zukünftige Entwicklungen nach den Chancen für *Bewahrung oder Wandel der kulturlandschaftlichen Vielfalt*.

8.1. Karte der Agrar-Ökosysteme Chinas

Die Karte in Abbildung 16 versucht, die Kulturlandschaft durch die Klassifizierung von Agrar-Ökosystemen zu definieren (Spalte 1). Sie sind das Ergebnis der kontrollierenden Eingriffe des Menschen (Spalte 5), die je nach Umweltbedingungen und Anbaufrüchten, aber auch aufgrund der Besiedlungsgeschichte und -dichte regional wechseln. Die Beweidung, hinsichtlich der agrarökologischen Folgen der am wenigsten prägende Eingriff, ist in China ganz überwiegend auf die nicht für Ackerbau geeigneten Randgebiete beschränkt und bleibt hier unberücksichtigt. Die Arbeitsintensität (Spalte 6), ein wesentliches Charakteristikum der Kulturlandschaft Chinas, steht in engem Zusammenhang mit der Implementierung der verschiedenen Kontrollmethoden der Agrar-Ökosysteme. Die Angaben zur Zahl der landwirtschaftlichen Arbeitskräfte je Hektar Ackerfläche stammen aus Nanjing dili yu hupo yanjiusuo et al. (1989, S. 65 f.), ebenso wie die Angaben zur Verbreitung der Zusatzbewässerung und des Brandrodungsfeldbaus (S. 143 f.), die grundlegende Einteilung in Naß-/Trockenfeld wurde aus Zhongguo kexueyuan dili yanjiusuo (1980) übernommen.

Die gravierendsten Eingriffe und die stärkste kulturlandschaftliche Prägung sind durch die Bewässerung bedingt. Deren Intensität ist unter Angabe der entsprechenden Kontrollmethoden in der Legende von oben nach unten abnehmend aufgeschlüsselt. Mit ihr verschneiden sich die Reaktionen des Ackerbau treibenden Menschen auf die Reliefunterschiede, die der Legende von links nach rechts zunehmend zugrunde liegen (Spalten 2 – 4). Terrassierung wird als entsprechende agrarökologische Kontrollmethode sowohl im Naß- als auch im Trockenfeldbau angewandt, was die Ausprägung der Kulturlandschaft weiter differenziert. Hier besteht allerdings kein linearer Zusammenhang. Über einem Schwellenwert, wo der Aufwand die nötigen Eingriffe nicht mehr lohnt, sind die Akkerflächen der ebenen Gunstlagen mit Gebüsch- und Waldformationen auf den steilen Hängen durchsetzt. In Ortsnähe unterliegen die Flächen dem Druck des ungeregelten Sammelns von Brennholz und sind oft stark degradiert und verbuscht, während auf den entlegenen Gipfeln Wälder stehen, in denen Bauholz gewonnen werden kann.

Aus agrarökologischer Sicht ist der Ackerbau grundsätzlich nach Trockenfeldbau (inkl. Zusatzbewässerung) und Naßfeldanbau zu unterscheiden. Der Einstufung als Naßfeld liegt ein fundamentaler anthropogener Eingriff zugrunde, der die Konstruktion des Bewässerungssystems, den Aufbau eines luft- und wasserundurchlässigen Bodens wie auch zum Teil die Umgestaltung des Reliefs betrifft, was nicht ohne weiteres wieder rückgängig gemacht werden kann. Auch wenn auf nicht gefluteten Naßfeldern andere Pflanzen als Zwischenfrucht angebaut werden können, so ist doch das gesamte Nutzungs- und Agrar-Ökosystem auf dauerhaften Naßreisanbau abgestellt. Der hohe Aufwand bei der Umgestaltung des Agrar-Ökosystems läßt sich nur mit hohen Erträgen rechtfertigen, was sich in der Arbeitsintensität zeigt, die im Naßfeldanbau ihre Spitzenwerte erreicht. Am zersplitterten Kartenbild im Süden Chinas wird der Einfluß des Reliefs auf die Agrar-Ökosysteme sichtbar. Obwohl hier überall Naßfeldanbau dominiert, kommen je nach regionalen und lokalen Verhältnissen bestimmte Bewässerungsmethoden, teils zusammen mit Terrassierung, zur Anwendung. Sie sind in der Karte getrennt dargestellt und unterscheiden sich auch hinsichtlich ihrer Arbeitsintensität.

Nördlich der klimatisch bedingten Reisgrenze bildet die Nordchinesische Tiefebene die größte zusammenhängende Region Chinas, die von keinerlei reliefbedingten Restriktionen betroffen ist. Hier herrscht deshalb flächendeckend Trockenfeldbau vor, der nur hinsichtlich der Zusatzbewässerung zu differenzieren ist, die in den letzten Jahrzehnten zur Ertragsstabilisierung und -steigerung stark ausgeweitet wurde. Trotz der Zusatzbewässerung bleiben allerdings die agrarökologische Struktur, die Bodenbedingungen, die Schwankungen in der Wasserversorgung und die Landnutzungsmethoden weitgehend dieselben wie im reinen Trockenfeldbau, ohne daß derart starke Umformungen wie im Naßfeldanbau erfolgten. Obwohl in den Oasen im Westen Chinas fast ständig bewässert werden muß, ist selbst deren Agrar-Ökosystem dem Trockenfeldbau mit Zusatzbewässerung zuzurechnen, erkennbar am weitgehenden Fehlen von Naßreisanbau.

Im gesamten gebirgigen Westteil Innerchinas bildet im Trockenfeldbau die Terrassierung diejenige Methode, die die Bearbeitung erleichtert, die Erosion unter Kontrolle bringt und die Erträge erhöht, was die hohe Arbeitsintensität dieses Eingriffs ins Agrar-Ökosystem rechtfertigt.

Die geringste Arbeitsintensität weisen zwei völlig gegensätzliche Regionen auf. In den neu erschlossenen, dünn besiedelten Trockenfeldbaugebieten der zentralen Mandschurei spielt die Mechanisierung eine relativ starke Rolle, die ansonsten bei zu komplizierter Terrassierung oder Bewässerung auf erhebliche Schwierigkeiten stoßen würde. Ganz im Süden Chinas dagegen zeichnen sich die Gebiete mit Brandrodungsfeldbau durch sehr geringe Arbeitsintensität aus. Diese Nutzungsmethode kennt neben der turnusmäßig wiederkehrenden Beseitigung der Vegetation keine weiteren Eingriffe ins Agrar-Ökosystem.

8.2. Karte der ländlichen Architektur Chinas

Die Karte der ländlichen Architektur Chinas in Abbildung 17 versucht, von einem landschaftlichen Ansatzpunkt auszugehen, und basiert auf dem Baumaterial als Hauptkriterium. Darin kommt allerdings indirekt auch der Bezug zur Besiedlungsgeschichte, zu den Minderheiten, den Siedlungsräumen und ihrer unterschiedlichen landschaftlichen Ausstattung zum Tragen. Die kulturlandschaftliche Wirksamkeit dieser Zusammenhänge wird anhand der ausgedehntesten Region sichtbar. Es besteht auf den ersten Blick eine weitgehende Übereinstimmung zwischen intensiv betriebenem Ackerbau, dichter hanchinesischer Besiedlung und einer ländlichen Architektur, die auf die Verwendung von Lehm in verschiedenen Formen als Baumaterial spezialisiert ist. Dem stehen die gebirgigeren Bereiche im gesamten Südwesten Chinas gegenüber, wo die

Landnutzung fast nirgends flächendeckend ist. Dort stand immer ausreichend Holz als Baumaterial zur Verfügung, wenn man nicht sogar den anstehenden Stein verwendete, woraus viele Minderheiten eigenständige Architekturformen entwickelt haben. Wie die Fallbeispiele zeigen, darf hier jedoch nicht einseitig auf ethnische Abhängigkeiten geschlossen werden, denn unter den entsprechenden natürlichen Voraussetzungen kamen verschiedene Völker zu ähnlichen Architekturformen, oder dieselbe ethnische Gruppe entwickelte unterschiedliche Baustile.

Das Baumaterial bestimmt seinerseits viele konstruktive Besonderheiten, weswegen es weiter zu differenzieren ist. Das Spektrum der Lehmbauten und ihrer architektonischen Lösungen reicht in China von der Einmaligkeit der Höhlenwohnungen im anstehenden Rohlöß über Stampflehm mit vorwiegend einstöckigen Gebäuden bis zu Lehmziegeln, die größere Bauten mit eineinhalb Stockwerken ermöglichen und mehr im Süden verbreitet sind. Unter bestimmten gesellschaftlichen Bedingungen hat man aus Lehm auch besondere Architekturformen entwickelt, wie die mächtigen Rundhäuser mit Wehrfunktion in Fujian, in denen mehrere Dutzend Familien in bis zu vier Stockwerken Platz zusammen leben. Holz und Stein ermöglichen wiederum ganz andere Konstruktionen als Lehm, häufig große, mehrstöckige Gebäude. Diese Beispiele sollen demonstrieren, daß die ländliche Architektur neben gesellschaftlichen Faktoren auf einem Wirkungsgefüge zwischen Mensch und Umwelt beruht, aus welchem sich je nach dominierenden Faktoren regionale Charakteristika entwickelt haben.

Einstöckigkeit, Satteldach mit konkavem Profil, Ziegeldeckung, Ebenerdigkeit und geschlossenes Dorf lassen sich als allgemeine Merkmale der ländlichen Architektur Chinas nennen, weshalb sie in der Legende zu Abbildung 17 nicht extra erwähnt sind. Als einzige Ausnahme von der in China allgemein üblichen Ebenerdigkeit ist die Stelzenbauweise verschiedener Minderheiten zu erwähnen, die im tropischen Yunnan mit seinem feuchtwarmen Klima siedeln. Daneben spielen die Dachformen – Pult-, Sattel-, Tonnen-, Walm- und Fußwalmdach – als Unterscheidungsmerkmal eine wichtige Rolle. Als Ergänzung treten hierzu Angaben zur Siedlungsstruktur, die aber als Kriterium in China nur von untergeordneter Bedeutung ist, weil sie nur selten vom Normalbild des geschlossenen Dorfes (Haufendorf) abweicht. Als landesweit wichtigste Ausnahme ist die Einzelhof- und Weilerstruktur im Becken von Sichuan zu erwähnen, was an der kleinräumigen Kammerung des Reliefs liegt, die nur Platz für jeweils wenige Felder bietet. Längliche, gestreckte Reihensiedlungen finden sich teilweise entlang von Flüssen und Kanälen in den Tief- und Küstenländern, worin wiederum landschaftliche Gegebenheiten zum Ausdruck kommen.

8.3. Ausblick: Bewahrung oder Wandel der kulturlandschaftlichen Vielfalt

Der Besucher, der sich über die verbesserten Reisemöglichkeiten in China freut, bemerkt gleichzeitig die Veränderungen, die das Land mit der Öffnung für Menschen und Ideen erfaßt haben. Die Dramatik, mit der dieser Wandel stattfindet, läßt die Frage aufkommen, ob noch Platz für die Bewahrung gewachsener Dorfbilder bleibt. Oder wird die Vereinheitlichung so rasch und umfassend erfolgen wie in den chinesischen Städten, deren Gesicht schon heute in vielen Fällen sei-

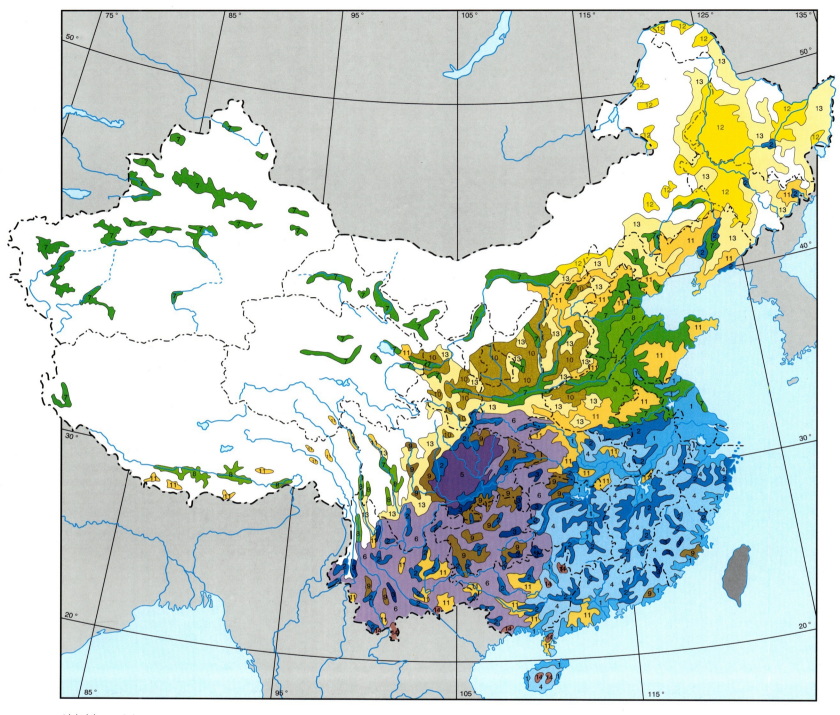

Abbildung 16:
Karte der Agrar-Ökosysteme Chinas. Geordnet hinsichtlich der Bewässerung und der Reliefunterschiede, die jeweils verschiedene anthropogene Eingriffe erfordern. Insgesamt ergibt sich eine Tendenz (keine konsequente Abstufung) von höchster (Tabellenposition links oben) zu geringster Nutzungsintensität (rechts unten), nachvollziehbar auch anhand der Arbeitsintensität. Unter Verwendung von Zhongguo kexueyuan dili yanjisuo (1980), Nanjing dili yu hupo yanjiusuo et al. (1989, S. 65 f., 81 f., 143 f.). Entwurf: JOHANNES MÜLLER

| | Vorherrschendes Agrar-Ökosystem | wenig ← Terrassierung → starke | | | Hauptsächlicher anthropogener Eingriff | Arbeitsintensität im Anbau (landw. Arbeitskräfte pro 100 ha Ackerfläche) |
		Tiefländer, Niederungen und Becken	Hügelländer	Hügel- und Bergländer, kleinräumig durchsetzt mit Steilbereichen ohne Ackerbau		
	Naßfeldanbau (shui tian)	1			Pumpbewässerung aus tiefliegenden Gräben, Trockenlegung, Eindeichung	vielfach über 750
		2			Flußgespeiste Kanalbewässerung mit Wasserreservoiren, geringe Terrassierung	500 – über 750
			3		Hangkanalbewässerung, starke Terrassierung	500 – 750
				4	Bewässerung (verschiedene Systeme), teils Terrassierung, Holzgewinnung, Teeanbau	500 – 750
	Naß- und Trockenfeldbau im kleinräumigen Wechsel	5			Im Naßfeldanbau Bewässerung	500 – 750
				6	Teils Bewässerung, Terrassierung, Holzgewinnung	375 – 750
	Trockenfeldbau mit Zusatzbewässerung und Oasenwirtschaft (shui jiao di)	7			Zusatzbewässerung, gleiche Anbaufrüchte wie im Trockenfeldbau (in Nordchin. Tiefebene verbreitet erst seit 1949)	250 – 375
	Trockenfeldbau mit und ohne Zusatzbewässerung im kleinräumigen Wechsel	8			Teils Zusatzbewässerung	150 – 375
	Trockenfelder (han di)		9		Starke Terrassierung im Südchinesischen Bergland	375 – 500
			10		Starke Terrassierung im Löß ab geringer Hangneigung	150 – 250
		11			Terrassierung und marginales Land im kleinräumigen Wechsel	100 – 375
		12			Mechanisierung relativ stark (meist in seit 1859 neu erschlossenen Gebieten)	unter 100
				13	Teils Terrassierung (außer im Nordosten), Holzgewinnung	100 – 375
	Brandrodungsfeldbau (re zuo)			14	Brandrodung	100 – 150

(Linke Randachse von oben nach unten: intensiv → ; Bewässerung ; keine)

ne kulturelle Identität zugunsten einer global-westlich geprägten Architektur mit einförmigen Gestaltungsmerkmalen verloren hat?

Der gravierendste Wandel der Dorfbilder begann, als im Zuge der Wirtschaftsreformen bis Mitte der achtziger Jahre vor allem die Landwirtschaft profitierte, währenddessen sich vor allem im Umkreis der größeren Städte die Struktur vieler Dörfer grundlegend verändert hat und die Bausubstanz oft fast vollständig erneuert wurde. Nachdem sich die Einkommenszuwächse inzwischen auf den Dienstleistungs- und Industriesektor und damit die Städte verlagert haben, hat sich der Neubauboom auf dem Lande zwar verlangsamt. Andererseits bringt nun das wachsende Heer von wandernden Saisonarbeitern Geld sowie Vorstellungen von ihren städtischen Arbeitsplätzen mit in solche Dörfer, die sehr viel weiter im Hinterland liegen.

Der Wandel betrifft dabei nicht nur das Baumaterial an sich, sondern gerade die daran gekoppelten konstruktiven Besonderheiten, mit denen der Verlust regionaler Charakteristika einhergeht. Die zunehmende architektonische Uniformität wird darüber hinaus vom Einzug zuvor völlig unbekannter architektonischer Elemente begleitet, woran nicht zuletzt das Eindringen moderner westlicher Lebensformen ablesbar ist. Beispiele dafür sind die allgemeine Trennung von Küche und Wohnraum, der nun mit Sofa und Fernseher bestückt wird, oder die Abkehr vom Bauprinzip der Symmetrie, Anzeichen für die schwindende Bedeutung der Familie als sozialer Grundeinheit. Die Globalisierung auch der chinesischen Wirtschaft findet ihre Entsprechung in der Angleichung der unterschiedlichen Lebensformen und – äußerlich sichtbar – in der Vereinheitlichung der Architekturformen des Landes.

Im Zuge des wirtschaftlichen und gesellschaftlichen Wandels kommt es in China aktuell zu einer bemerkenswerten Verstärkung der ökonomischen und sozialen Disparitäten auf mehreren Ebenen, ablesbar wiederum an der ländlichen Architektur. Ein deutliches nationales Ost-West-Gefälle erstreckt sich von den wirtschaftlich prosperierenden Küstenräumen zu den immer noch entlegenen Gebieten im Landesinneren. Dazu

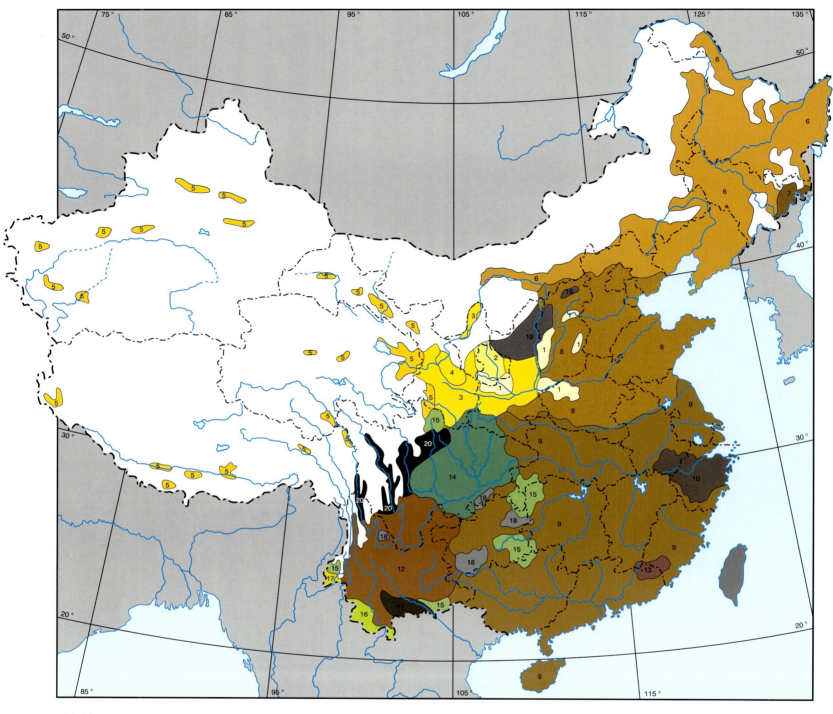

Abbildung 17:
Karte der traditionellen ländlichen Architektur Chinas. Angegeben sind jeweils nur die vorherrschenden Formen, dazu kommen regelmäßig weitere Formen. Als Normalität finden unter Besonderheiten keine Berücksichtigung: Einstöckigkeit, Satteldach, Ziegeldeckung, Ebenerdigkeit, Haufendorf. Entwurf: Johannes Müller

	Baumaterial		Konstruktive Besonderheiten, Dachform
1	Lehm	Anstehender, roher Lößlehm	Höhlenwohnungen am Hang (kaoshan yaodong)
2			Höhlenwohnungen mit eingegrabenem Hof (aoting yaodong) auf dem Plateau
3		Stampflehm	Pultdach
4			Tonnendach
5			Flachdach
6		Stampflehm und Lehmziegel (ungebrannte Ziegel)	Strohdeckung häufig, große Fensterfront nach Süden
7			Walmdach, Strohdeckung häufig
8		Lehmziegel	Große Fensterfront nach Süden, geringer Traufüberstand
9			Weiter Trauf- und Giebelüberstand, häufig eineinhalbstöckig
10			Weiter Traufüberstand, Stufengiebel, häufig eineinhalbstöckig
11			Flachdach

	Baumaterial		Konstruktive Besonderheiten, Dachform
12	Lehm/Holz		Traufüberstand mit Klebedach, hölzernes Tragsystem, eineinhalbstöckig
13			Rundhäuser (tulou) und quadratische Häuser (yuanlou), hölzerne Innenkonstruktion, gr. Innenhof, 3–4stöckig
14	Holz		Holzfachwerk, Gefachfüllung: Bambus
15			Holzfachwerk, Gefachfüllung: Bretter, ein- bis dreistöckig
16	Holz/Bambus		Stelzenbauweise, Fußwalmdach mit Schindel- oder Strohdeckung, zweistöckig
17	Bambus		Stelzenbauweise, Stroh- oder Schindeldeckung, zweistöckig
18	Stein	Kalkstein	Traufüberstand, Steindeckung, eineinhalbstöckig
19		Sandstein	Tonnendach, höhlenähnliche Gebäude, teils echte Höhlen
20		Granit, Sandstein	Flachdach, zwei- bis vierstöckig, Viehstall im Untergeschoß

kommen regionale Disparitäten zwischen den Kernräumen der Provinzen um die Hauptstädte und den Randgebieten, wo man noch häufig vollständige Dorfbilder in traditioneller ländlicher Architektur finden kann. Schließlich verstärken sich die Disparitäten zwischen den von Han-Chinesen und den von Minderheiten besiedelten Gebieten, weil gerade sie oft abseits der Modernisierungsregionen liegen. Es ist erstaunlich zu sehen, wie weit die Lebensformen innerhalb Chinas von westlichstädtischer bis zu traditionell-ländlicher Prägung mittlerweile voneinander abweichen.

Die traditionelle ländliche Architektur erscheint vor dem Hintergrund des Modernisierungsprozesses kaum noch als identitätsstiftender Faktor, sondern eher als Spiegel der gesellschaftlichen Wandlungen und Ausdruck wirtschaftlicher Rückständigkeit. Im Vergleich zu anderen Entwicklungsländern sind allerdings in China die Begleiterscheinungen der Verstädterung, wie Massenlandflucht ganzer Familien und ausgedehnte Elendsquartiere, bislang erheblich weniger dramatisch ausgefallen. In diesem Zusammenhang wird der Wert der starken kulturellen Identifikation der Landbewohner mit ihrer Heimat deutlich. Sie bezieht sich nicht nur auf die äußerlich sichtbare Bewahrung der ländlichen Architektur, sondern beinhaltet die Sozialsysteme, die Alltagskultur und die Lebensweise, die in den Bauformen zum Ausdruck kommen.

In bezug auf die Agrar-Ökosysteme scheint sich die Frage nach Bewahrung oder Wandel zwar noch nicht derart offensichtlich zu stellen, steht aber unmittelbar bevor. Da die Ernährungssicherung für die Gesamtbevölkerung lange Zeit prekär war, stehen Produktivität, Intensivierung und Mechanisierung der Landnutzung nach wie vor im Vordergrund. Dennoch reicht es nicht aus, Agrar-Ökosysteme nur aus einer kurzfristi-

gen agrartechnischen Perspektive zu betrachten. Vielmehr ist der Zusammenhang zur zunehmenden Angleichung von Nutzungsmethoden und Anbauprodukten und zur Vereinheitlichung der Agrar-Ökosysteme herzustellen. Man sollte deshalb auch nach der Problematik des bevorstehenden Wandels und nach dem langfristigen Wert fragen, den die Bewahrung der Vielfalt der Kulturlandschaften hat.

Die exakte Kontrolle der verschiedenen Parameter des Agrar-Ökosystems hat sich als das charakteristische Merkmal des chinesischen Entwicklungsweges in der Landnutzung herausgebildet. Landnutzungsformen, die auf weitgehender Mechanisierung und großbetrieblichen Strukturen basieren, lassen sich zwar prinzipiell auf weite Teile der Gunstgebiete im Osten Chinas übertragen, allerdings sind sowohl die agrarökonomischen als auch die sozialen Grenzen zu bedenken. Eine allgemeine Mechanisierung würde angesichts des hohen Arbeitseinsatzes ein ungeheures Arbeitskräftepotential freisetzen, ein Problem, welches den Planungsbehörden Chinas sehr wohl bewußt ist. Man muß außerdem berücksichtigen, daß die hohe Arbeitsintensität pro Flächeneinheit im Ackerbau Chinas ihre Entsprechung in hoher Produktivität hat, was sich nicht ohne weiteres auf größere Dimensionen und Einheiten übertragen läßt. Durch verbesserte Bewässerung, Düngung und neues Saatgut ist die Flächenproduktivität sogar noch zu steigern, wie die letzten Jahre zeigten. Am Beispiel Japans ist erkennbar, daß sich eine angepaßte Mechanisierung mit entsprechend klein dimensionierten Maschinen bis zu einem gewissen Grad auch mit kleinbetrieblichen Strukturen, eng gestaffelten Terrassen und extrem kleinen Feldgrößen vereinbaren läßt und die Kulturlandschaft nicht zwangsläufig grundlegend verändern muß.

331

Anders steht es um die Hügel- und Gebirgsbereiche, die gerade in Süd- und Westchina große Räume einnehmen, wo Ackerbau unter extremen Bedingungen betrieben wird. Teilweise handelt es sich dabei um Grenzertragsflächen, die nur wegen des enormen Landdrucks durch die Überbevölkerung erschlossen wurden und deren Tragfähigkeit angesichts Überweidung oder Erosion bereits überschritten ist. Oft sind es aber gerade Regionen, in welchen Minderheiten siedeln, die hochspezialisierte, sehr komplizierte Agrar-Ökosysteme entwickelt haben, um in diesen schwierig zu erschließenden Landschaften eine dauerhafte Lebensgrundlage zu finden. Weil sie weitgehend auf Subsistenz und nicht auf ökonomische Konkurrenzfähigkeit ausgerichtet sind, bringt die zunehmende Erschließung und wirtschaftliche Integration eine rasche Marginalisierung dieser Regionen mit sich. Dadurch gehen hier in kurzer Zeit eigenständige, über Jahrhunderte gewachsene Kulturlandschaften verloren.

In diesem Zusammenhang wirkt die allgemeine politische Forderung nach weiterer Globalisierung auch der Agrarmärkte und nach Abschaffung von Handelsbarrieren äußerst problematisch. Wie sich im Falle Europas zeigt, kommt es zu einer Vereinheitlichung der Landnutzung, die auf regionale oder gar lokale agrarökologische Gegebenheiten zunehmend weniger Rücksicht nehmen kann. Sie führt nicht nur zum sichtbaren Verlust von Kulturlandschaftsbildern und gefährdeten Tier- und Pflanzenarten. Damit geht vielmehr die Globalisierung des Nahrungsmittelhandels einher, die erhebliche Abhängigkeiten im Zugang zu Saatgut, Pestiziden und Düngemitteln bewirkt. Untrennbar damit verbunden ist eine dramatische Reduzierung des genetischen Potentials, das in der Vielfalt der Anbaufrüchte steckt. Bereits heute wird vor der drohenden ökologischen und ökonomischen Anfälligkeit durch Schädlinge, Klimaschwankungen und Wirtschaftskrisen gewarnt, die die zunehmenden Monopolstrukturen der Welternährungsbilanz mit sich bringen (so z. B. auf der FAO-Welternährungskonferenz in Rom im November 1996).

Immer deutlicher werden die Vorteile einer Nahrungssicherung auf breiter regionaler Basis. Die Erhaltung des genetischen Potentials der Anbauprodukte ist eine kulturelle Errungenschaft, die nicht in Datenbanken, sondern nur in der Kulturlandschaft selbst zu erreichen ist. Sie ist einerseits an die Vielfalt ökologisch weit differenzierter Standorte gebunden. Andererseits basiert sie auf den Kenntnissen der feinen Unterschiede der Nutzpflanzen hinsichtlich Ansprüchen, Anpassungsmöglichkeiten und Reaktionen auf ökologische Veränderungen, ein Wissen, das die praktischen Erfahrungen der Bauern vor Ort voraussetzt.

Gerade am Beispiel Chinas wird der Wert individuell gewachsener Kulturlandschaften deutlich: als Maß für die Anpassungsmöglichkeiten, welche Handarbeit, individuelle Pflege und kleinbetriebliche Strukturen an lokal wechselnde Umweltbedingungen bieten; als Anschauungsmaterial von Umweltschäden sowie des entsprechenden Spektrums an Reaktionen und Gegenmaßnahmen; als Studienobjekt für die Vielfalt der Landnutzungsmethoden und ihrer möglichen Weiterentwicklungen; als Reservoir der biologischen Diversität der Anbaufrüchte und nicht zuletzt als Spiegelbild des Mensch–Umwelt–Beziehungsgefüges, dessen kulturelles Erbe uns in den Industrieländern bereits vielfach verlorengegangen ist.

Regionalization of the cultural landscape of China and the value of its diversity

The objective of this book is to focus on the ingenuity and creative power inherent in the interactions between Man and environment, as manifested in the cultural landscape.

In this context, the terms ingenuity and creative power should only be employed to describe the reshaping of a landscape without destroying the pre-existing natural ecosystem. The decisive factor in this process is the interaction of agroecological with social factors, bringing about a great variety of cultural landscapes. It is only this diversity which makes it possible to characterize and define regions. On a medium scale one can comprise cultural landscapes with similar features as one unit and separate them from regions which are characterized by a different combination of influencing factors. Summarizing of the text and the photographs of this book, the main features on which a regionalization of the cultural landscape of China may be based are presented in the form of two maps, each of them representing one of the two main thematic fields.

The prominent feature in this context is to examine at the process of reshaping the natural into a cultural landscape and not land use itself. For being able to use the land, the everlasting quest of man is to seek control over the processes within the *agro-ecosystem*. It is not the parameters of the system itself, but the reactions of man, which lead to the reshaping of cultural landscapes. Additionally, purely social parameters have their influence. Arable farming, by far predominating in Inner China, is inextricably linked with the establishment of permanent settlements. Therefore *rural architecture* constitutes another major feature. Even though the structure and form of the villages and the main architectural traits show a relative similarity across China, there is a considerable variation in the building materials. This makes for a clear connection between the regionalization of rural architecture and the landscape, a marked contrast to the much more uniform urban architecture throughout the nation.

The regionalization provides a clue to the enormous variety in the design of the cultural landscape. As a result of the system of interactions between Man and environment, which can be traced back over long periods especially in the case of China, cultural landscapes have developed showing unique characteristics and drawing their cultural identity from human design. Manual labour, biodiversity and environmental change, cultural identity and migration streams are associated with this phenomenon not only in China but, in different appearances and with different implications, world-wide. Taking into account the global cultural trends at the end of the twentieth century, like global integration, human mobility, commercialization and efficiency, the question of *conservation versus change of the diversity of cultural landscapes* arises.

Map of the agro-ecosystems of China

The map in *figure 16* attempts a classification of the cultural landscape by defining agro-ecosystems (column 1). These are the result of the controlling interferences of man (column 5), changing not only in reaction to the environmental conditions and the crops planted, but also in response to the settlement history and the population density. Pasture is not considered in this context as it shows the least agroecological effects and is generally restricted to the marginal regions of China not suitable for agriculture. The intensive labour input (column 6),

one of the key elements of the cultural landscape of China, depends heavily on the implementation of the controlling interferences. The number of agricultural workers per hectare has been taken from Nanjing dili yu hupo yanjiusuo et al. (1989, p. 65–66) as is the distribution of irrigation and shifting cultivation (p. 143–144), whilst the fundamental differentiation between paddy fields and dry farming is from Zhongguo kexueyuan dili yanjisuo (1980).

The most important interferences and the strongest influence on the landscape are caused by irrigation. Its intensity is arranged in the legend decreasing from top to bottom, together with the particulars of the controlling methods. Intermingled with this factor are the responses of the farmers to the steepness of relief, which are presented in the matrix with intensity increasing from left to right (columns 2–4). Terrace construction is a controlling method used with paddy as well as dry fields, leading to further differentiation of the landscape. In this respect there is, however, no linear relationship in the matrix. Above a certain threshold, where the labour required outweighs the revenues, fields are limited to favourable level terrain, interspersed with shrub formations and woodland on the steeper hills. These areas are often degraded owing to the collection of firewood around the villages, whereas forests suitable for cutting timber prevail on the more remote ranges.

From the agroecological point of view there exists the fundamental difference between dry farming (incl. supplementary irrigation) and paddy fields. Speaking of paddy fields means a comprehensive interference by Man, comprising the construction of the irrigation system, the build-up of a top soil impermeable to water and air, and to some extent the reshaping of the landform; all of them changes which are not readily reversible. Even though it is possible to grow other crops on paddy fields when not irrigated, the agro-ecosystem as a whole is designed for a lasting cultivation of wet rice. The extremely complicated efforts to reshape the agro-ecosystem are only rewarded by the high yields, a fact which in turn is expressed in the labour input, ranking highest with paddy agriculture. The dispersed structure in South China clearly shows the influence of the landforms on the characteristics of agro-ecosystems. Despite the overall predominance of paddy agriculture, different irrigation systems, some including the construction of terraces, are implemented in adaptation to regional and local conditions. They are distinguished on the map, and they also differ in the amount of labour input required.

North of the climatic limitation of rice cultivation, the North China Plain constitutes the largest region of China, unhampered of any relief restrictions. Therefore dry farming prevails over the whole region, only modified in places by supplementary irrigation. The latter has been expanded considerably over the last few decades in order to stabilize and increase yields. However, the basic characteristics of the agro-ecological structures, namely the conditions of the topsoil and the fluctuations of the water supply, remain largely the same as for dry farming, in contrast to the more fundamental changes associated with paddy fields. Although the fields in the oases of western China require almost permanent irrigation, their agro-ecosystem also has to be classified as dry farming with supplementary irrigation; a classification supported by the almost complete absence of wet rice cultivation.

In the dry-farming region of the mountainous west-central China terracing is the suitable method for facilitating cultivation, controlling soil erosion, and increasing yields, in compensation for the high labour input. The lowest labour input is found in two distinctly different regions. One of them, the dry farming areas of central north-east China (Manchuria), which

333

have been developed fairly recently and which are, by Chinese standards, sparsely populated, are characterized by a high degree of mechanization. This would be difficult to be implemented in a region with complicated terrace and irrigation systems. The other one is in the far south of the country, where slash-and-burn agriculture is practised. It is also characterized by generally low labour inputs, as this method causes no interference with the agro-ecosystem other than the periodical clearing of the natural vegetation.

Map of the rural architecture of China

The map in *figure 17* attempts to illustrate the rural architecture of China from a landscape point of view and concentrates on the building materials as the central criterion. Implicit in this criterion, however, is its relationship with settlement history, with minorities, and with the varying conditions of the landscape of the settlement regions. The influence of these relationships may be exemplified for the largest of the regions. At first glance there is a striking accordance between intense cultivation, dense Han-Chinese population and a rural architecture specializing in the use of loam in different forms as a building material. This stands in contrast to more mountainous south-western China, where land use almost nowhere covers the whole land. In these regions timber was invariably available for building houses. In other parts stone was used, and it was generally the minorities who, under the circumstances prevailing, developed their own architectural styles. As can be seen from the photographs it would be misleading to postulate a one-sided ethnic interdependence from this, because under certain circumstances different ethnic groups have developed similar forms of architecture or the same ethnic group make use of different styles.

The building material in turn determines many construction principles, a further reason to distinguish by it. The range of buildings constructed on the basis of loam and the architectural consequences resulting includes the unique loess cave dwellings, mainly one-storey structures made of tamped earth, and houses built of adobe bricks. These make possible larger structures often one and a half storeys high, more common in the south. Certain social conditions may lead to the development of specific forms of architecture, such as the mighty roundhouses of Fujian housing several dozens of families in up to four storeys. The use of wood or stone makes possible an architecture very different in style to that of loam, with large, multi-storey houses being common. These examples are intended to show that rural architecture, in addition to social factors, is also based on a system of interactions between Man and the environment, from which regional characteristics have evolved.

Single-storey buildings, saddleback roofs with a concave profile, roofs covered with tiles, ground-level structures and nucleated villages are standard building principles of the rural architecture of China, for which reason they are not particularly mentioned in the legend to figure 17. The stilted houses of different minorities in tropical Yunnan, an area of damp climate, represent the sole exception to the ground-level construction generally adopted in China. The form of the roof plays an important role as a distinguishing feature, including shed, saddleback, barrel and hipped roofs. Additionally, details on the settlement structures are given, although they are of minor importance in China, as they rarely differ from the standard nucleated village. As the most significant exception to this rule the dispersed hamlets and single farms of the Sichuan Basin must be mentioned, in response to the conditions of the extremely hilly relief, allowing only for pockets with a very limited number of fields. Elongated linear settlements are found along some canals and rivers in the lowlands and near the coast.

The diversity of cultural landscapes: conservation versus change

The visitor to China, pleased to take advantage of the improved means of travel, at the same time realizes the changes that have been caused by the influx of visitors and by new ideas. The intensity of these changes leads to the question whether there is still a future for the conservation of traditional the villagescape, or whether uniformity will spread as rapidly and pervasively as in Chinese cities where architecture has largely lost its cultural identity in exchange for a global western type with standardized features.

The most dramatic change in the shape of villages has taken place when the agricultural sector took profit from the economic reforms in the first half of the 1980s. During this period the structure of many villages, especially on the periphery of the cities, was changed fundamentally, often to the point of complete rebuilding. Now, as the increase of income has shifted to the secondary and tertiary sectors, that is to the cities, the construction boom in the villages has slacked. On the other hand, the growing number of seasonally migrating workers brings money and ideas from their jobs in the cities into villages situated much further in the hinterland. The change is affecting not only the building material, but also the construction principles associated with it, hitherto exhibiting the regional characteristics. Furthermore, the growing uniformity in architecture is accompanied by the advent of previously unknown architectural elements, reflecting the infiltration of modern western standards into Chinese life. Examples are the general separation of kitchen and living room, which is now equipped with sofa and TV-set, or the abandoning of the principle of symmetry in architecture, which may be interpreted as a sign of the dwindling importance of the family as the basic social unit. The global integration of the Chinese economy is paralleled by the standardization of the different ways of life and – physically manifested – by the increasing uniformity of the architecture throughout the country.

In the present process of economic and social change in China a remarkable increase of disparities can be noted on different scales, again visible in the rural architecture. A distinct nation-wide east-west gradient extends from the economically prosperous coastal areas to the still remote poor regions of central China. Regional disparities exist between the core areas around the provincial capitals and the marginal areas, where quite often complete villages in traditional rural architecture may still be found. Finally the disparities are growing between the regions inhabited by Han-Chinese and those populated by minorities, often situated far away from the booming regions. It is amazing to observe how widely life forms within China are diverging by now, ranging from western-urban to traditional-rural.

In view of the modernizing process traditional rural architecture seems no longer to constitute a factor of identity, but merely appears to mirror the social change and to express economic backwardness. However, in the case of China the well known side effects of mass migration and squatter settlements regularly accompanying urbanization are less dramatic, as compared to other developing countries. In this context the value of cultural identification of the rural population with their home regions should be noted. This does not merely refer to the physically visible structures, but also includes the social systems, everyday culture and ways of life, all reflected in the rural architecture.

irrigation (intensive → no)		few ← terracing → intensive				
	Predominant agro-ecosystem	Plains, lowlands, basins	Hill country	Hill country and uplands interspersed with steep hills without arable farming	Principle human interference	Labour input on cultivated area (rural work force per 100 ha of arable land)
intensive	Paddy fields	1			Pump irrigatior from low-lying ditches, drainage, flood control	largely over 750
		2			Canals on river terraces fed by main river, reservoirs, some terracing	500 – over 750
			3		Contour canals fed by tributaries, intensive terracing	500 – 750
				4	Irrigation (different systems), some terracing, forestry, tea gardens	500 – 750
irrigation	Paddy fields interspersed with dry farming	5			Irrigation of paddy fields	500 – 750
				6	Some irrigation, terracing, forestry	375 – 750
	Dry farming with supplementary irrigation and oases	7			Supplementary irrigation, same crops as with dry farming (in North China Plain largley after 1949)	250 – 375
	Mixture of dry farming with and without supplementary irrigation	8			Some supplementary irrigation	150 – 375
no	Dry farming		9		Intensive Terracing in South China	375 – 500
			10		Intensive Terracing in loess areas starting a- low slope angle	150 – 250
		11			Terraced land interspersed with marginal lcnd	100 – 375
		12			High degree of mechanization (largely in regions first developed after 1859)	under 100
				13	Some terracing (except in Northeast), forestry	100 – 375
	Slash-and-burn agriculture			14	Slash-and-burn	100 – 150

Figure 16:
Map of the agro-ecosystems of China. Arranged by irrigation and relief intensity, each of which requiring different types of human interference. There is a general tendency (though no consequent graduation) from intensive (top left position of table) towards extensive land use (bottom right), also indicated by the grade of labour input. Including information from Zhongguo kexueyuan dili yanjisuo 1980, Nanjing dili yu hupo yanjiusuo et al. (1989, p. 65 f., 81 f., 143 f.). JOHANNES MÜLLER

In the case of the agro-ecosystems, the question of conservation versus change does not yet seem to arise in such an obvious way, but will do so in the near future. Because the provision of enough food for the growing population used to be at a delicate balance, productivity, intensification and mechanization are still the dominant topics of agriculture. In spite of this it is not sufficient to see agro-ecosystems merely from a short term agrotechnical point of view. Rather, attention should be focused on the increasing similarity of cultivation methods and products as well as to the growing uniformity of agro-ecosystems. Therefore attention should be called to the problems associated with the forthcoming change and to the long-term value of the conservation of the diversity of cultural landscapes.

The precise control of the different parameters of the agro-ecosystem has evolved as a characteristic feature of the Chinese mode of development in agriculture. Principally, forms of land use based on mechanization and large-scale farming could be applied in most parts of the agriculturally favoured regions of eastern China. However, the agroeconomical as well as the social limitations must be taken into account. Considering the high level of labour input a general mechanization would result in the demobilization of a huge work force, a problem the planning authorities in China are well aware of.

Moreover it must be borne in mind that the high labour input per unit area in Chinese agriculture is balanced by a high productivity and that this interrelationship cannot readily be transferred to larger dimensions and units. It is even possible to further increase the productivity per unit area by the application of improved irrigation, more fertilizer and new plant varieties, as has been shown over the last years. As the Japanese example indicates, a modest mechanization with small machinery is to a certain extent compatible with small-scale farming structures, narrow terraces and small field sizes, not necessarily leading to a fundamental change of the cultural landscape.

The picture is different in the hilly and mountainous regions, especially in southern and western China where agriculture is carried out under extreme conditions. In part this is marginal land, which has been taken under cultivation simply because of the pressure arising from overpopulation, and where overgrazing and soil erosion indicate severe ecological problems. Quite often, however, these are regions where minorities have settled and have developed highly specialized, extremely complicated agro-ecosystems in order to gain a susCosystkle living out of these hostile landscapes. Because of their orientation towards subsistence rather than economic competitiveness, the improved infrastructure and economic integration is rapidly rendering these regions marginal. Through this process unique cultural landscapes, developed over centuries, will be lost within a short time.

In this context the general political demands to globalize the food markets further and to abolish trade restrictions will produce very negative effects. As can be seen in the case of Europe, this strategy will result in a uniformity of land use, increasingly unable to respond to regional, let alone local, agroecological conditions. Uniform land use not only leads to the vanishing of cultural landscapes as well as endangered animal and plant species. Along with it comes the global integration of food markets, resulting in considerable dependencies such as the access to seeds, pesticides and fertilizers. Closely related to this is the dramatic reduction of biodiversity, represented by the plant varieties cultivated. Already warnings are expressed pointing out the ecological and economical instability caused by the monopolism in the global food market, prone to parasites, climatic oscillations or economic crises (i.e. at the FAO world food conference in Rome, November 1996).

The advantages of a food production on a broad regional basis are becoming increasingly clear. The preservation of the genetic diversity of the cultivated plant varieties is a cultural achievement which cannot be guaranteed in data bases, but only within the cultural landscape itself. It is related to the continuing existence of a wide range of ecologically different habitats as well as familiarity with the delicate differences in the demands, the flexibility and the reactions of the cultivated plants. This knowledge requires the practical experience of the local farmers.

China provides an instructive example of the value of individually developed cultural landscapes: as a measure of the flexibility of strategies which manual work, individual cultivation and small-scale structures offer in different environmental conditions; as an illustration of ecological degradation and the range of reactions and counteractions; as a study of the variety of land-use methods and their possible further development; as a reservoir of biodiversity of food crops; and last but not least as a reflection of the interactions between Man and the environment, the cultural heritage of which has largely been lost in the industrialized countries.

	Building material		Special features of construction
1	Clay	In-situ raw loess	Cave dwellings (cliff side type)
2			Cave dwellings (pit-cave type) on the plateau
3		Tamped earth	Shed roof
4			Barrel roof
5			Flat roof
6		Tamped earth and clay bricks (air-dried bricks)	Thatched roof common, broad S-exposed window front
7			Hipped roof, thatching common
8		Clay bricks	Broad S-exposed window front, small eaves overhang
9			Wide eaves and gable overhang, often one and a half storeys high
10			Wide eaves overhang, stepped gable, often one and a half storeys high
11			Flat roof

	Building material		Special features of construction
12	Clay/wood		Eaves overhang with canopy, wooden structure, one and a half storeys high
13			Round and square houses, wooden interior structure, large court, three to four storeys high
14	Wood		Half-timbered work, bamboo-filled panels
15			Half-timbered work, board-filled walls, one to three storeys high
16	Wood/bamboo		Stilted structure, hipped roof, shingle or thatched roof, two storeys
17	Bamboo		Stilted structure, thatched or shingle roof, two storeys high
18	Stone	Limestone	Eaves overhang stone slab-covered roof, one and a half storeys high
19		Sandstone	Barel roof, cave-like dwellings, some real caves
20		Granite, sandstone	Flat roof, two to four storeys high, livestock at ground floor

Figure 17:
Map of the traditional rural architecture of China. Only the major forms are indicated, with additional forms occurring regularly. The following standard features: single storey buildings, saddleback roofs, tilde roofs, ground-level structures and nucleated villages are not specifically mentioned. JOHANNES MÜLLER

中国人文景观的区域性和多样性

本书试图对人文景观中调节人与环境二者关系的因素作一介绍.在这关系中起决定性作用的是农业生态和人类社会影响的有机结合.正是因为这样的结合才产生了多样的景观.从不同的景观又产生了不同的区域.这个区域性的观点是把不同的人文景观根据其特征和所受的外界影响在空间上进行划分.作为对上述文章和图片的总结,将用两张图表来说明人文景观区域性的基本特征,分别放在两个主要的论题上.

把自然景观改变成人文景观并不仅仅是单纯的土地利用,其中也有人类通过控制生态过程来利用土地所进行的努力.人文景观的外形特点不仅仅是农业生态系统的参数,而且是人的作为所赋予的.除此以外,还有社会因素的影响.与农业密不可分的是定居生活和农村建筑.后者也是构成人文景观的一个因素.尽管中国的村落结构和建筑方法各地基本一致,可是各种建筑材料间却存在着天壤之别,这使农村建筑染上了明显的地区特色,从而与中国较为统一的城市建筑风格形成对比.

在塑造形式上极其多样的人文景观可按区划辨别.在中国,人类和环境的长期抗争,导致了不同区域的人文景观都有其不容混淆的特征和鲜明的文化内涵.手工劳动,遗传变异,环境因素,文化背景及迁徙情况,其中的内在联系不仅在中国,而且在世界范围内以其不同的表现形式和影响体现了出来.洲际性,机动性,商业化和高效率是二十世纪末的世界文化导向.人们不禁要对"保留"和"变迁"的可能性以及人文景观多样性的现代价值提出疑问.

中国农业-生态图

如图16所示的人文景观分类,是由于人类对农业生态系统控制性地治理而形成的.它随着地环境条件,作物,居住历史和居住密度的不同而变化.植草是对农业生态系统影响最小的一种土地利用手段,这在中国仅局限于不适宜耕种的边远地区,本文对此不作阐述.第六栏是劳动强度,它是这个图表的主要特征,它与各种不同的土地控制方法有着密切的联系.每单位耕地面积所使用的劳动力数据和扩大附加灌溉及热作耕地的情况均引自南京地理与湖泊研究所的"中华人民共和国国家农业地图集"(1989, 65--66页),水田和旱地的基本划分则引自中国科学院地理研究所的"中国土地利用现状概图"(1980).

大规模的土地治理以及人文景观中明显的特征都是受灌溉制约的.在图表说明中注有强度及相应的控制方法,它们在表中自上而下依次递减.在图表说明中同时也从左向右递增列出从事农耕的人对不同的地貌所做出的反应.梯级治理作为相应的农业生态控制方法在水田和旱地上均可使用,这使不同的人文景观又增加了其差异性.当然这中间没有必然联系.在不需作任何治理的平地或陡坡上,都会有灌木丛和树林混杂的情况.离居住地近的地方,由于无规则的薪炭用柴,土壤退化,灌木零散而生.只有较远的山顶尚有林木,可以取之为建材.

从农业生态的角度来看,农田主要分为旱地和水田两类.水田来自于人的治理,其中所涉及的有灌溉系统的设计,不透气,不渗水的土壤的培育以及局部改变地表面貌,这些都不是轻而易举的事.水田总的耕作和生态系统是为长期种植水稻而设计的,尽管在没有充水时可以轮作其它作物.为造水田而在改变农业生态系统过程中所付出的巨大消耗只有通过高产才能得到补偿.劳动强度是最大的,地形可与其它地区零散的地形相比,这就最明显地表面貌对农业-生态系统的影响.尽管这儿基本上都是水田耕作,但由于各地情况不一,所以灌溉方法因地制宜,部分与梯田相结合,因此,劳动强度也各个不相同.这在图表上都已分别示意.

中国面积最大的连片平地是在水稻区以北.那儿的农业不受地表情况的限制,旱耕遍及全地区.唯一要区别对待的是,有些地方要进行附加灌溉.近几十年来,为稳产,增产而采取了附加灌溉的措施.尽管如此,农业生态结构,土壤条件,水供给的多少以及耕作方式依然和单一旱地耕作区一样,没有与水田耕作区那样有明显的改变.虽然在中国西部的绿洲农业中几乎不停地进行灌溉,但那儿的农业生态系统仍属于必须有附加灌溉的旱地耕作.最明显的就是那儿不能种水稻.

在中国的整个西部山区,旱地耕作中的梯级治理是用以减轻劳动,控制水流失并增加产量的一种有效方式.这使在治理农业生态系统过程中所耗费的高劳动强度得以补偿.劳动强度最小的是两个截然不同的地区:一个是新开发的内蒙旱地耕种地区,那儿人烟稀少,机械化起了很大的作用,不象在复杂的梯田和灌溉系统里,机械化就有相当的难度;另一个是南方的热作地区,那儿除了定期除去植被以外不必采用其它任何治理农业生态系统的措施,劳动强度因此也不高.

中国农村建筑图

中国农村建筑图(图17)是着眼于地形,以建筑材料为主要对象,间接涉及村居史,居住空间及其各种地形.在这些因素之间,由于所涉及的地域广阔,人文景观的效应就变得明显了.首先引人注目的是高度强化的农业生产,密集的中国汉族式村居及农村建筑之间的和谐关系.农村建筑多以粘土作为材料,形式多样.与此相反的是整个西南多山地区,土地利用从未达到相当密集的程度.假如不用周围的石头作建筑材料,用石的充足的木材的使用就谈不上.而少数民族却利用石材发展了独特的建筑形式.从所举的例子看,这不仅仅是由民族因素决定的,因为在相应的自然条件下,不同的民族会采用类似的建筑形式,或在同一个民族内出现不同的建筑风格.

建筑材料决定了结构特色,因而要对此进一步加以区分.中国的粘土房屋及其建筑手段形式繁多,从黄土地区别致的窑洞住宅到两层的夯土房屋再到两层半的粘土砖建筑.在特定的社会条件下,人们还用粘土造出了一些独特的建筑,如在福建省内带有防御性质的庞然圆形民宅,可达四层之高的圆形民宅可容纳几十家住户.与粘土结构不同的木石结构则清楚地体现了农村建筑和地形性质间的内在联系.这些例子反映农村建筑除了受社会因素影响外,主要基于人与环境的相互作用.这个相互作用关系,按不同的主导因素导致各地方特色的形成.

平房,双坡屋顶,屋顶用瓦,地面建房以及居住集中的村落是中国农村建筑的普遍特征,因此在图17的说明中不特别列出.在中国大多是地面建房.唯一例外的就是在云南湿热的热带条件下生活的少数民族.他们所用的是支撑式建筑方法.此外,各类屋顶式样,如单坡屋顶,双坡屋顶,四坡屋顶和斜山顶.在区别房屋特征时也起着重要作用.在此可作参考的还有居住结构的说明,然而这在中国却没有重要的参考意义,因为那儿大多数都是集居村庄.就全国范围来说,只有四川盆地的单独农户结构和几户村落结构是个明显的例外.这是因为地表结构把可利用的耕地零星分割的缘故.在平原和沿海地区,条状分布的住宅区也会散落在河流沿岸.这同样体现了地理环境的特征.

远景展望: 人文景观多样性的保留和变迁

凡是对中国有所改善的旅游条件喷喷称道的游客都会发现,中国由于人员和思想开放所起的变化.这个戏剧性的变化势必要让人们提出这样一个问题,是保留已形成的各具特色的农村面貌,还是将它迅速地变成如中国目前的城市一样的统一面貌.中国城市因单纯地仿照西方建筑特征,已在很多方面失去了本身的文化个性.

农村面貌的巨大变化发生在经济改革开始至八十年代中期.在此期间,农村颇受其利.在大城市附近的村庄,建筑材料彻底变化,建筑材料几乎彻底更新换代.随着城市服务性行业和工业部门经济收入的增长,农村的建筑热有放慢的势头.而另一方面,日益壮大的打工大军把钱和城里的观念带回到他们偏僻落后的家乡.起变化的并不只是建筑材料而已,更重要的是,与此相关的建筑结构特点也起了变化,地方的特色也随之消失.在日趋增强的统一的建筑风格里渗透了西方现代生活方式,这是前所未有的建筑变化.譬如厨房和起居室的沙发以及在起居室里布置沙发和电视机,或者放弃对称造房的原理.作为社会基本单位的家庭,其意义正在减弱.外观上显而易见的建筑形式的统一化,相应的生活方式,中国经济走向世界同样也反映在这两点上.

在中国的社会经济转变过程中,出现了多层次的经济和社会差异,这也反映在农村建筑上.就全国范围来说,经济繁荣的沿海地区和内地的边远地区之间呈东西向差异.在地方上,还有环绕省会的中心地带与边缘地区之间的差异.人们往往可以在边缘地区发现完整的以传统农村建筑构成的村落.此外,汉族地区和少数民族地区的差异也在增大,少数民族地区往往远离现代化区域.西方-城市型和传统-农村型这两种生活方式之间的距离之大令人吃惊.

传统农村建筑已不再是体现个性的因素,而只作为社会演变的标志和经济落后的表现.人们不应忘记,在世界其它地方,通常有和城市化相伴而来的社会现象,如大批农村劳动力外流和贫困问题.在中国却没有出现.由此可见中国农村居民与其家乡文化的息息相关.这种关系的表现方法不仅在于形式上保留农村建筑,而且还在于从建筑形式上体现出来的包含了日常生活习俗的社会系统.

长期以来,全中国的食品供给一直是个棘手的问题,因此,首当其冲的还是生产力,提高土地利用率和农业机械化问题.然而,单用着眼于眼前利益的农业技术来对待农业生态系统是不够的,更重要的是应把土地利用方法,作物品种和农业生态系统有机地结合起来.因此,人们应对当前的变迁提出质疑并探求长远价值.而这长远价值就存在于保留人文景观的多样性中.

土地利用在中国的特征就是对农业生态系统各参数的精确调控.以高机械化和大规模生产为基础的土地利用尽管理论上可以套用到华东很多地区,但实际上却受到农业生态因素及社会因素的限制.随着科技的普及势必让大批农业劳动力解放出来,对于这个问题,中国各计委部门一定是心中有数的.同时还必须看到,中国农业每单位面积的高劳动强度有相应的高生产力,近年来的实践证明,生产力通过改善灌溉系统,运用肥料和更新品种还会进一步提高.在日本还可以看到,运用小型农用机械,结合小型企业结构,在紧凑的梯田上因地制宜地实行机械化.可见人文地形并非彻底改观不可.

丘陵和山地的情况又与其它地区不同.在中国的西南,丘陵和山地的面积很大,农业耕作是在特殊条件下进行的.有些农田是因人口多,现有耕地不够才开垦的,所以产量低微.由于过量畜牧和水土流失,田地已完全超负荷使用.这些地区往往是少数民族的居住地.他们为了在这难以用上的地形中找到一个长久的生活基础,发展了特有的非常复杂的农业生态系统.它是为了生存而不是由于经济竞争而产生的,因而新的开发和经济发展使这一地区迅速落后,千百年来形成的独特人文景观也由此在短期内消失殆尽.

在这种情况下,提出笼统的政治要求,譬如让农业市场国际化,消除贸易壁垒,都会带来极其严重的后果.在拿欧洲的情况看,土地利用一体化,人们越来越不顾及各地区地形的特殊情况.这不仅影响到人文景观和动植物种类的保留,更严重的是由此将出现食品贸易的国际化.这将引起植物品种,农药和化肥的对外依赖.与此相关的是因植物种类繁多而导致基因潜力的减弱.全球性食物的普及势必扩大农业劳动力解放出来,而这一切又导致了生态和经济上免疫力的削弱.这一情况已引起了人们的注目.(如在FAO世界粮食组织1996年11月罗马世界营养会议的决议).

根据各地具体情况确定食物供给,这个方针的优点日益明显.保持作物的基因潜力是个文化上的成就,它并不是通过计算机数据处理可以做到的,它只存在于人文景观中.它一方面存在于生态上迥异的不同地区,另一方面,人们对经济作物的生长条件和适应性能精确认识也与之紧密相联.这种知识来源于农民的实践经验.中国这个例子恰好体现了由因地制宜所形成的人文景观的价值:它是衡量因地制宜的尺度,而手工劳动,有针对性的护理以及受各地不同环境制约的小型企业结构又给因地制宜提供了多样的可能性;人文景观也是一个参照物,从它可以观察环境损坏程度以及对此做出的反应和采取的措施;它是各种土地利用方法及其发展前景的研究对象;它可以保持种植品种在生物学上的差异,反映人与环境的相互关系.在工业发达国家,这个意义上的文化遗产已经消失殆尽了.

施衡 译
一九九七年四月六日

Übersetzung: SHI HENG

主要农业-生态系统	少量或没有梯级处理	强化梯级处理	斜坡小范围无耕地处理	主要治理形式	劳动强度 (每百公顷耕地所需劳动力)
水田	1			机械灌溉	大大超过 750
	2			河渠灌溉	500 – 750 以上
		3		坡地水渠灌溉	500 – 750
			4	各种系统的灌溉、伐木、种茶	500 – 750
水田,旱地小范围内交替耕作	5			灌溉	500 – 750
			6	灌溉梯级治理、伐木	375 – 750
水浇地	7			附加灌溉,种植作物与旱地相同 (在华北平原从1949年起推广)	250 – 375
水浇地和旱地小范围 交替耕作	8			部分附加灌溉	150 – 375
旱地		9		华南山地的梯级治理	375 – 500
		10		黄土地区缓坡梯级处理	150 – 250
	11			级处理	100 – 375
	12			机械化程度相当高	100 以下
			13	梯级处理(东北除外)、伐木	100 – 375
热作			14	热作	100 – 150

图16
系中国农业生态系统图.此图以灌溉和地表差别作为分类依据,两者所需的治理各不相同.
在表上,尽管递减情况不规则,但总的趋势是图表左上方的最高利用率到右下方的最低利
用率.也可参考劳动强度.参考书目:中国科学院地理研究所1980年出版的"中国土地利用
现状概图"和南京地理与湖泊研究所1989年出版的"中华人民共和国农业地图集",65-
66页,81-82页,143-144页.制图者: JOHANNES MÜLLER

编号	建筑材料		结构特点, 屋顶形式
1	粘土	露出地表的原始黄土	靠山窑洞
2			凹庭窑洞
3		夯土	单坡屋顶
4			拱形屋顶
5			平顶
6		夯土和粘土砖	普遍使用稻草屋顶, 房屋正面朝南
7			四坡屋顶, 普遍使用稻草屋顶
8		粘土砖	房屋正面朝南, 屋檐较窄
9			屋檐和山墙檐远伸, 通常是一层半结构
10			屋檐远伸, 马头墙 通常是一层半结构
11			平顶

编号	建筑材料		结构特点, 屋顶形式
12	粘土/木材		有前檐和屋檐的结构, 木结构, 一层半
13			圆形和方形土楼, 内部木结构, 三至四层
14	木材		木桁架结构, 竹笆作为桁架填墙
15			木桁架结构, 木板作为桁架填墙, 一至三层楼
16	木材/竹子		干阑式建筑形式, 稻草或木板铺盖的歇山顶, 二层楼
17	竹子		干阑式建筑形式, 稻草或木板屋顶, 二层楼
18	石料	粘土砖	有屋檐, 石屋顶, 一层半
19		沙岩	囤顶, 窑洞和类似于窑洞的建筑
20		花岗岩, 沙岩	平顶, 二至四层楼, 有些有地下畜圈

图 17
中国传统农村建筑图. 该图以展示各地普遍建筑形式为主, 同时也兼顾其它形式. 平房, 双坡屋顶, 屋顶用瓦, 地面建房, 居住集中的村庄, 这些民居的惯用形式, 在"村居结构特点"一栏中就不再特别注明. 制图: JOHANNES MÜLLER

Literatur

Aktuelle IRO-Landkarte (1986):
China heute und im Jahr 2000. – Jg. 33, H. 7, München (IRO), 16 S.

ANDREAE, B. (1983):
Agrargeographie: Strukturzonen und Betriebsformen in der Weltlandwirtschaft. – 2. Aufl., Berlin (de Gruyter), 504 S.

BAUMANN, T., u. M. LEE [Hrsg.] (1988):
The Language Atlas of China. – 36 Karten mit Erläuterungen, Chinese Academy of Social Sciences, Beijing, Australian Academy of Humanities, Canberra. Hong Kong (Longman Group).

BEATTY, H. J. (1979):
Land and lineage in China: a study of T'ung-Ch'eng county, Anhwei, in the Ming and Ch'ing dynasties. – London (Cambridge Univ. Press), 208 S.

BLUNDEN, C., u. M. ELVIN (1983):
Cultural Atlas of China. – Oxford (Equinox), 239 S.

BRAY, F. (1986):
The rice economies: technology & development in Asian societies. – Berkeley (Univ. of California Press), 254 S.

BRAY, F. (1986):
Agriculture. – In: NEEDHAM, J. [Hrsg]: Biology and biological technology, Teil II. = Science and civilization in China. Vol. 6,2. Cambridge (University Press), 718 S.

BRÜCHNER, H. (1977):
Tropische Nutzpflanzen. Ursprung, Evolution und Domestikation. – Heidelberg (Springer), 529 S.

BÖHN, D. (1987):
China – Klett-Länderprofile. Stuttgart (Klett), 363 S.

BUCHANAN, K. (1970):
The transformation of the Chinese earth. – London (Bell), 336 S.

BUCK, J. L. (1937):
Land utilization in China: a survey of 16,786 farms in 168 localities and 38,256 farm families in twenty-two provinces in China, 1929 – 1933. – Bd. 1: Text, 494 S., Bd. 2: Atlas, 146 S., Bd. 3: Statistics, 473 S. Nanking (Univ. of Nanking). Reprint 1986 Taipei (Southern Materials Ctr.).

CASTELL, W. GRAF ZU (1938):
Chinaflug. – Berlin (Atlantis), 192 S.

Changzhou shi guihuazhu (1987):
Changzhou shi qutu [Planungsabteilung der Stadt Changzhou: Karte der Region Changzhou]. Changzhou.

CH'U, T. (1965):
Law and society in traditional China. – Paris (Mouton).

DERBISHIRE, E. (1983):
On the morphology, sediments and origin of the Loess Plateau of Central China. In: GARDNER, R., u. H. SCOGING [Hrsg.]: Meta-geomorphology. – Oxford (Clarenden Press), S. 173 – 194.

DESSAINT, A. Y. (1980):
Minorities of southwest China: an introduction to the Yi (Lolo) and related peoples and an annotated bibliography. New Haven.

DOPPLER, W. (1991):
Landwirtschaftliche Betriebssysteme in den Tropen und Subtropen. – Stuttgart (Ulmer), 216 S.

EGGEBRECHT, A. [Hrsg.] (1994):
China, eine Wiege der Weltkultur: 5000 Jahre Erfindungen und Entdeckungen. – Ausstellungskatalog Roemer- und Pelizaeus-Museum, Hildesheim, Mainz (von Zabern), 589 S.

ELLENBERG, H. (1986):
Bauernhäuser in Mitteljapan und Mitteleuropa – ein kausalanalytischer Vergleich. – Nachrichten der Akademie der Wissenschaften in Göttingen, H. 1, S. 17 – 44.

ELLENBERG, H. (1990):
Bauernhaus und Landschaft: in ökologischer und historischer Sicht. – Stuttgart (Ulmer), 585 S.

ENDICOTT, S. (1992):
MaGaoqiao Village, Sichuan: habitat in the red basin. In: KNAPP, R. [Hrsg.]: Chinese landscapes: the village as a place. – Honolulu (Univ. of Hawaii Press), S. 259 – 268.

ESCHENBACH, S. V. (1986):
Die Entwicklung der Wasserwirtschaft im Südosten Chinas in der Südlichen Sung-Zeit anhand einer Fallstudie. – Münchener Ostasiatische Studien, Bd. 43. Wiesbaden (Steiner), 246 S.

FAN, W. (1992):
Village fengshui principles. In: KNAPP, R. [Hrsg.]: Chinese landscapes: the village as a place. – Honolulu (Univ. of Hawaii Press), S. 35 – 45.

FAO [Food and Agricultural Organization]/UNESCO (1977):
Soil map of the world 1 : 5 Mill. – Vol. VIII, Blatt 3. Paris.

FEI, H. (1939):
Peasant life in China: a field study of country life in the Yangtze valley. – 5. Aufl. 1962, London (Routledge & Keagan Paul), 300 S.

FRANKE, G. [Hrsg.] (1994):
Nutzpflanzen der Tropen und Subtropen. – 3 Bde., Stuttgart (Ulmer), 359 + 403 + 479 S.

FREEDMAN, M. (1966):
Chinese lineage and society: Fukien and Kwangtung. – New York (Humanities Press), 274 S.

Geographie aktuell (1993):
Zahlen und Daten aktuell. – H. 1/93, S. 28 – 34.

GOLANY, G. (1992):
Chinese earth-sheltered dwellings: indigenous lessons for modern urban design. – Honolulu (Univ. of Hawaii Press), 200 S.

GRIST, D. H. (1975):
Rice. – 5. Aufl. London (Longman).

HEBERER, T. (1986):
Probleme chinesischer Regionalentwicklung. – Geographische Rundschau, Jg. 38, H. 3, S. 130 – 138.

HÖLLMANN, T. O. (1991):
Ein Volksstamm von ungemütlicher Selbständigkeit: die Yi (Südwestchina) und ihre materielle Kultur. – Fonticuli, Bd. 2, Berlin (Quest), 105 S.

HSEUNG, Y., LI, J., et al. (1984):
The soil atlas of China. – Bilingual ed., Institute of Soil Science, Academia Sinica [Hrsg.], Beijing (Cartographic Publishing House), 86+42 S.

ISRAEL, O. (1919):
Die Stötznersche Szetschwan-Expedition. – Petermanns Geographische Mitteilungen, Jg. 65, S. 57 – 63, 94 – 100.

JERVIS, N. (1992):
Dacaiyuan village, Henan: migration and village renewal. In: KNAPP, R. [Hrsg.]:
Chinese landscapes: the village as a place. – Honolulu (Univ. of Hawaii Press), S. 245 – 257.

JIN, Q., u. W. LI (1992):
China's rural settlement patterns. In: KNAPP, R. [Hrsg.]:
Chinese landscapes: the village as a place. – Honolulu (Univ. of Hawaii Press), S. 13 – 34.

JOHANN, A. E. (1955):
Große Weltreise: Ein Führer zu den Ländern und Völkern dieser Erde. – Bielefeld (Bertelsmann), 479 S.

KNAPP, R. (1986):
China's traditional rural architecture: a cultural geography of the common house. – Honolulu (Univ. of Hawaii Press), 177 S.

KNAPP, R. [Hrsg.] (1992):
Chinese landscapes: the village as a place. – Honolulu (Univ. of Hawaii Press), 313 S.

KNAPP, R., u. D. SHEN (1992):
Changing village landscapes. In: KNAPP, R. [Hrsg.]:
Chinese landscapes: the village as a place. – Honolulu (Univ. of Hawaii Press), S. 47 – 72.

KOLB, R. (1992):
Landwirtschaft im alten China: Teil I. Shang-Yin. – Berlin (systemata mundi), 228 S.

LANG, O. (1946):
Chinese family and society. – New York (Yale Univ. Press), 395 S.

LEGEL, S. [Hrsg.] (1989/1990/1993):
Nutztiere der Tropen und Subtropen. – 3 Bde., Leipzig (Hirzel), 467 + 556 + 728 S.

LESER, H., et al. (1993):
Wörterbuch Ökologie und Umwelt. – 2 Bde., München und Braunschweig (dtv u. Westermann), 241 + 233 S.

LIANG, S. (1984):
A pictorial history of Chinese architecture: a study of the development of its structural system and the evolution of its types. Hrsg. v. W. FAIRBANK. – Cambridge (Massachusetts Institute of Technology Press), 201 S.

LI, X. (1990):
Recent development of land use in China. – GeoJournal, vol. 20, H. 4, S. 353 – 357. Dordrecht.

MA, Y. [Hrsg.] (1989):
China's minority nationalities. – Beijing (Foreign Languages Press), 450 S.

MAILLART, E. (1937):
Oasis interdites: de Peking au Cachemire. – Paris (Grasset). Deutsche Ausgabe: 1988, Stuttgart (Thienemanns), 320 S.

MÜLLER, J. (1990):
Funktionen von Hecken und deren Flächenbedarf vor dem Hintergrund der landschaftsökologischen und -ästhetischen Defizite auf den Mainfränkischen Gäuflächen. –
Würzburger Geographische Arbeiten, Bd. 77, zugleich Abhandlungen des Naturwissenschaftlichen Vereins Würzburg, Bd. 31, 318 S.

Nanjing dili yu hupo yanjiusuo, zhongguo kexueyuan dili yanjisuo (1989):
Zhonghua renmin gongheguo guojia nongye dituji [Geographisches und Limnologisches Institut Nanjing und Kommission für Geographie der Chinesischen Akademie der Wissenschaften: Landwirtschaftsatlas der Volksrepublik China]. – Beijing (Zhonggou ditu zhubanshe), 187 S.

NEEDHAM, J.: (1959):
Mathematics and the sciences of the heaven and the earth. – Science and civilization in China, vol. 3, Cambridge (University Press), 877 S.

NEEDHAM, J.: (1959):
Mechanical engineering. – Science and civilization in China, vol. 4,2, Cambridge (University Press), 759 S.

ODUM, E. P. (1980):
Grundlagen der Ökologie. – 2 Bde., Stuttgart (Thieme), 836 S.

POPP, E., WEBER, H., u. R. ZIEGLER (1992):
Fundamente Kursthemen: Der asiatisch-pazifische Raum. – Stuttgart (Klett), 168 S.

RAPOPORT, A. (1969):
House form and culture. – Englewood Cliffs (Prentice Hall).

REN, Z. (1985):
Distribution and classification of cave dwellings in the loess regions of China. – Architectural Society of China [Hrsg]: Proceedings of the international symposium on earth architecture, 1 – 4 November 1985, Beijing, S. 331 – 342.

RICHTER, G. (1988):
Bodenerosion in den Mittelbreiten. – Praxis Geographie, Jg. 18, H. 12, S. 47 – 51. Braunschweig.

RICHTER, G. (1992):
Formung und Bodenerosion im Mao-Relief des Chinesischen Lößplateaus. In: BROGIATO u. CLOSS [Hrsg.]: Geographie und ihre Didaktik, Teil 1. – Materialien zur Didaktik der Geographie, H. 15, S. 435 – 462. Trier.

RITTER, C. (1852):
Einleitung zur allgemeinen vergleichenden Geographie und Abhandlungen zur Begründung einer mehr wissenschaftlichen Behandlung der Erdkunde. – Berlin.

ROCK, J. F. (1947):
The ancient Na-Khi kingdom of southwest China. – 2 Bde., Cambridge (Harvard University Press), 554 S.

ROLF, A. (1987):
Die chinesische Kultur. In: SCHECK, F. R. [Hrsg.]: Volksrepublik China. – Köln (Du Mont), S. 121 – 175.

SCHMITHÜSEN, J. (1968):
Der wissenschaftliche Landschaftsbegriff. In: TÜXEN, R.: Pflanzensoziologie und Landschaftsökologie. Bericht über das internationale Symposium in Stolzenau/Weser 1963 der Internationalen Vereinigung für Vegetationskunde. – Den Haag (Junk), S. 23 – 24.

SCHULTZ, J. (1995):
Die Ökozonen der Erde: Die ökologische Gliederung der Geosphäre. – 2. Aufl., Stuttgart (Ulmer), 535 S.

Shanghai shuhua chubanshe [Hrsg.] (1984):
Changyouzi zitie [Schreibvorlage für gebräuchliche Zeichen]. – Shanghai, 400 S.

SKINNER, S. (1982):
The living earth manual of feng-shui: chinese geomancy. – London (Routledge & Keagan Paul), 129 S.

State Statistical Bureau of the People's Republic of China [Hrsg.] (1991):
China statistical yearbook 1991. – Beijing (China Statistical Information and Consultancy Center), 742 S.

Statistisches Bundesamt [Hrsg.] (1969):
Länderbericht Volksrepublik China. – Stuttgart (Kohlhammer), 104 S.

Statistisches Bundesamt [Hrsg.] (1985):
Länderbericht Volksrepublik China. – Stuttgart (Kohlhammer), 109 S.

Statistisches Bundesamt [Hrsg.] (1992):
Länderbericht Europäischer Wirtschaftsraum. – Stuttgart (Metzler-Poeschel), 162 S.

Statistisches Bundesamt [Hrsg.] (1993):
Länderbericht Volksrepublik China. – Stuttgart (Metzler-Poeschel), 141 S.

Stevens, K. M., u. G. E. Wehrfritz (1988):
Southwest China off the beaten track. – Lincolnwood/Chicago (Passport Books), 288 S.

Tian, S. Q., Tang, W. Y., Tan, C. F., et al. (1984):
Jianming dili cidian [Kleines geographisches Wörterbuch]. – Hubei renmin chubanshe, 452 S.

Thilo, T. (1994):
Wesensmerkmale chinesischer Baukunst. In: Eggebrecht, A. [Hrsg.]: China, eine Wiege der Weltkultur: 5000 Jahre Erfindungen und Entdeckungen. – Ausstellungskatalog Roemer- und Pelizaeus-Museum Hildesheim, Mainz (von Zabern), S. 63 – 79.

Troll, C. (1963):
Qanat-Bewässerung in der Alten und Neuen Welt. – Mitteilungen der Österreichischen Geographischen Gesellschaft, H. 105, S. 313 – 330. Wien.

Uhlig, H. (1981):
Der Reisbau mit natürlicher Wasserzufuhr in Süd- und Südostasien: Überlegungen zur Bedeutung, Gliederung, Verbreitung und Terminologie. – Aachener Geographische Arbeiten, H. 14, Teil 1, S. 287 – 319.

Uhlig, H. (1984):
Reisbauökosysteme mit künstlicher Bewässerung und mit pluvialer Wasserzufuhr: Java und analoge Typen in Südostasien. – Erdkunde, Jg. 38, H.1, S. 16 – 29 + Beil. Bonn.

Voiret, J.-P. (1984):
Abriß zur chinesischen Technik und Wissenschaft. In: Eggebrecht, A. [Hrsg.]: China, eine Wiege der Weltkultur: 5000 Jahre Erfindungen und Entdeckungen. – Ausstellungskatalog Roemer- und Pelizaeus-Museum Hildesheim, Mainz (von Zabern), S. 563 – 567.

Vogel, H.-U. (1994):
Naturwissenschaften und Technik im alten China. In: Eggebrecht, A. [Hrsg.]: China, eine Wiege der Weltkultur: 5000 Jahre Erfindungen und Entdeckungen. – Ausstellungskatalog Roemer- und Pelizaeus-Museum Hildesheim, Mainz (von Zabern), S. 14 – 36.

Weggel, O. (1987):
China: zwischen Marx und Konfuzius. – Aktuelle Länderkunden, 2. Aufl., München (Beck), 340 S.

Weischet, W. (1980):
Die ökologische Benachteiligung der Tropen. – 2. Aufl., Stuttgart (Teubner), 127 S.

Wenzens, E. (1996):
Gelingt es, 1,3 Mrd. Chinesen zu ernähren? – Praxis Geographie, Jg. 26, H. 1, S. 14 – 18. Braunschweig.

Wheatley, P. (1965):
Agricultural terracing. – Pacific Viewpoint, vol. VI, H. 2, S. 123 – 144.

Widmer, U. (1986):
Neue Strukturen im ländlichen China. – Geographische Rundschau, Jg. 38, H. 3, S. 138 – 145.

Wilhelmy, H. (1975):
Reisanbau und Nahrungsspielraum in Südostasien. – Kiel (Hirt), 100 S.

Wissmann, H. v. (1973):
Reisanbau in Süd-Yünnan. In: Rathjens, C., Troll, C., u. H. Uhlig: Vergleichende Kulturgeographie der Hochgebirge des südlichen Asien. – Erdwissenschaftliche Forschungen, Bd. V, S.122 – 128. Wiesbaden.

Wittfogel, K. (1931):
Wirtschaft und Gesellschaft Chinas: Versuch der wissenschaftlichen Analyse einer großen asiatischen Agrargesellschaft, Teil 1. – Schriften des Instituts für Sozialforschung an der Universität Frankfurt/M, H. 3,1, Leipzig (Hirschfeld), 767 S.

Wittfogel, K. (1938):
Die Theorie der orientalischen Gesellschaft. – Zeitschrift für Sozialforschung, Jg. 7, H. 1 – 2. Paris.

Wirth, E. (1979):
Theoretische Geographie. Grundzüge einer Theoretischen Kulturgeographie. – Stuttgart (Teubner), 336 S.

Yang, Q., u. D. Zheng (1990):
On altitudinal land use zonation of the Hengduan mountain region in southwestern China. – GeoJournal, vol. 20, H. 4, S. 369 – 374. Dordrecht.

Yoon, H.-K. (1990):
Loess cave-dwellings in Shaanxi Province, China. – GeoJournal, vol. 21, H. 1/2, S. 95 – 102. Dordrecht.

Yu, T.-R. [Hrsg.:] (1985):
Physical chemistry of paddy soils. – Berlin (Springer), 217 S.

Zhang, Z. (1980):
Loess in China. – GeoJournal, vol. 4, H. 6, S. 525 – 540. Wiesbaden.

Zhang, L., Dai, X., u. Z. Shi (1991):
The sources of loess material and the formation of the Loess Plateau in China. – Catena supplement, Bd. 20, S. 1 – 14. Cremlingen.

Zhong, G. (1990):
The types, structure and results of the dike-pond system in South China. – GeoJournal, vol. 21, H. 1/2, S. 83 – 89. Dordrecht.

Zhongguo kexueyuan dili yanjisuo (1980):
Zhongguo tudi liyong xianzhuang gaitu [Geographisches Institut der Chinesischen Akademie der Wissenschaften: Übersichtskarte der aktuellen Bodennutzung Chinas]. – Beijing (ditu chubanshe).

Zhongguo kexueyuan yuyan yanjiusuo cidian bianzhuanshi (1973): Xiandai hanyu cidian [Lexikonabteilung des Instituts für Sprachforschung der Chinesischen Akademie der Wissenschaften: Modernes chinesisches Lexikon]. – Beijing (cidian chubanshe), 1400 S.

Zhu, H. (1990):
The present state and developmental orientation of land utilization in mountainous red earth regions in China – take Fujian province. – GeoJournal, vol. 20, H. 4, S. 375 – 379. Dordrecht.